U0240321

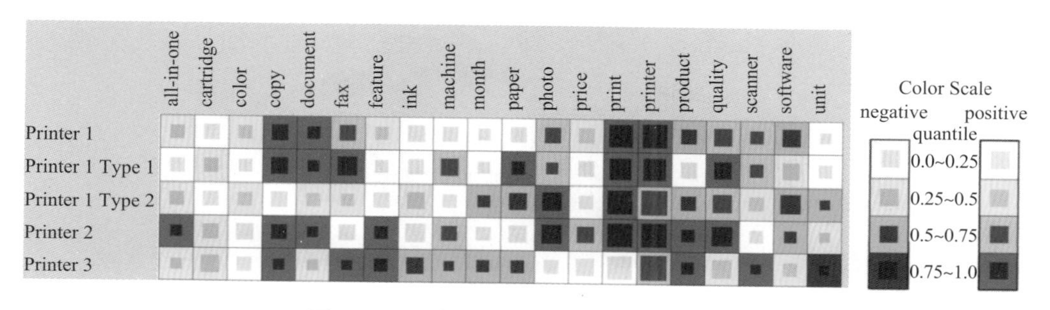

图 9.29　用户对打印机的评价反馈可视化

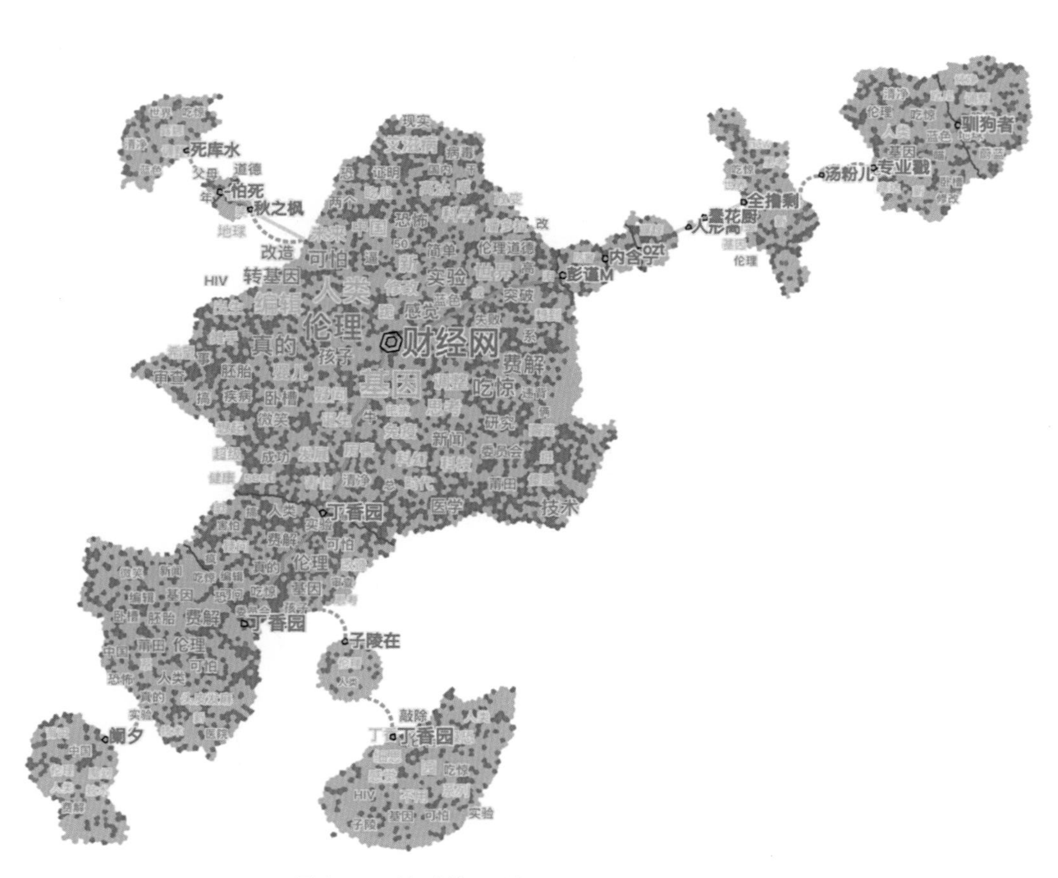

图 9.36　针对基因编辑婴儿的微博语义理解

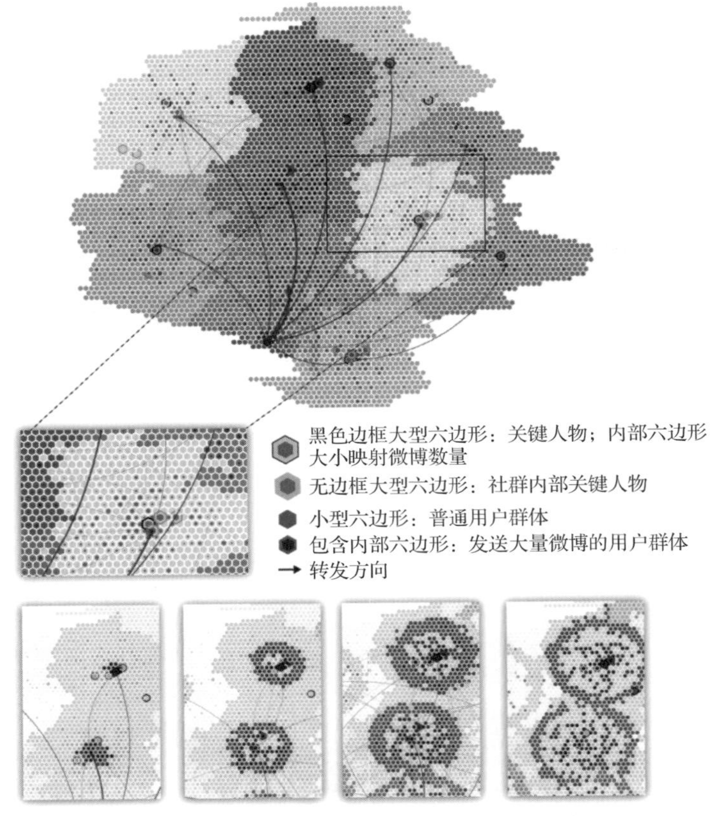

图 9.37　D-Map 的视觉编码

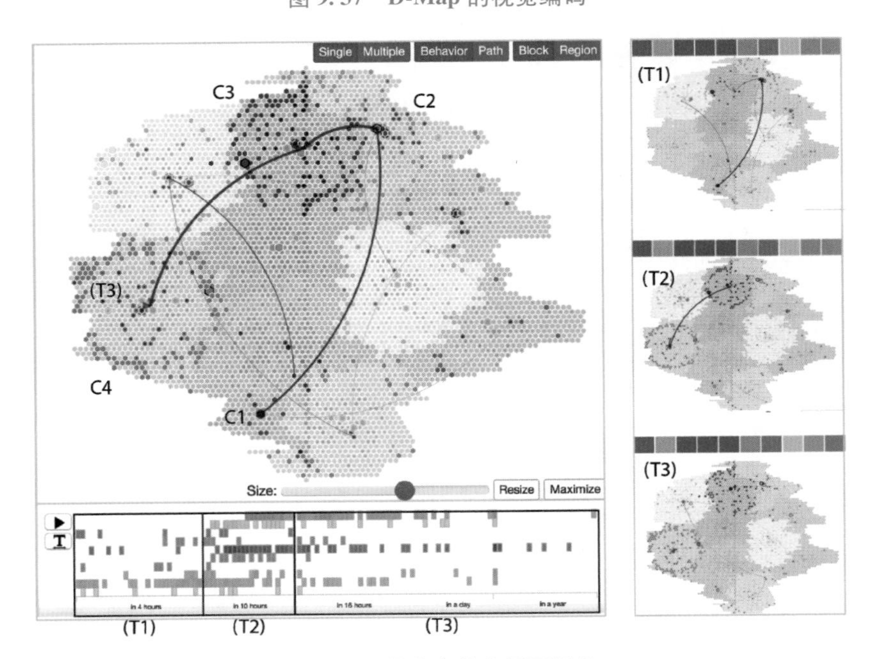

图 9.38　单个事件传播可视化

主　编　周　烜　陈志广

参　编　蔡　鹏　胡卉芪　张岩峰
徐　辰　袁　野　王平辉
戴金权　黄晟盛　魏哲巍
袁晓如　王建民

Ten Lectures

当下，大数据已成为互联网、人工智能和数字化转型等的基础理论，宏观了解大数据前沿理论与技术，对于大数据方向的研究人员以及从事大数据开发的工程师来讲至关重要。本书由多位大数据领域专家学者合作完成，通过10章内容，深入浅出地阐述大数据的完整前沿知识体系，帮助读者以宏观视角把握大数据的发展方向和突破口，真正从普通开发者晋升为拥有大数据思维并能解决复杂问题的技术专家。

本书既可作为大数据方向低年级研究生研究大数据技术的入门指南，也可作为从事大数据研究的科研人员的参考书。

图书在版编目（CIP）数据

大数据十讲／周烜，陈志广主编．—北京：机械工业出版社，2023.9
（计算机科学前沿丛书．十讲系列）
ISBN 978-7-111-73681-3

Ⅰ．①大… Ⅱ．①周… ②陈… Ⅲ．①数据处理 Ⅳ．①TP274

中国国家版本馆 CIP 数据核字（2023）第 155458 号

机械工业出版社（北京市百万庄大街 22 号 邮政编码 100037）
策划编辑：梁 伟 责任编辑：梁 伟
责任校对：郑 婕 李 婷 责任印制：张 博
北京联兴盛业印刷股份有限公司印刷
2024 年 1 月第 1 版第 1 次印刷
186mm×240mm · 27.25 印张 · 2 插页 · 459 千字
标准书号：ISBN 978-7-111-73681-3
定价：95.00 元

电话服务 网络服务
客服电话：010-88361066 机 工 官 网：www.cmpbook.com
010-88379833 机 工 官 博：weibo.com/cmp1952
010-68326294 金 书 网：www.golden-book.com
封底无防伪标均为盗版 机工教育服务网：www.cmpedu.com

丛书序

党的十八大以来，我国把科教兴国战略、人才强国战略和创新驱动发展战略放在国家发展的核心位置。当前，我国正处于建设创新型国家和世界科技强国的关键时期，亟需加快前沿科技发展，加速高层次创新型人才培养。党的二十大报告首次将科技、教育、人才专门作为一个专题，强调科技是第一生产力、人才是第一资源、创新是第一动力。只有“教育优先发展、科技自立自强、人才引领驱动”，才能做到高质量发展，全面建成社会主义现代化强国，实现第二个百年奋斗目标。

研究生教育作为最高层次的人才教育，在我国高质量发展过程中将起到越来越重要的作用，是国家发展、社会进步的重要基石。但是，相对于本科教育，研究生教育非常缺少优秀的教材和参考书；而且由于科学前沿发展变化很快，研究生教育类图书的撰写也极具挑战性。为此，2021 年，中国计算机学会（CCF）策划并成立了计算机科学前沿丛书编委会，汇集了十余位来自重点高校、科研院所的计算机领域不同研究方向的著名学者，致力于面向计算机科学前沿，把握学科发展趋势，以“计算机科学前沿丛书”为载体，以研究生和相关领域的科技工作者为主要对象，全面介绍计算机领域的前沿思想、前沿理论、前沿研究方向和前沿发展趋势，为培养具有创新精神和创新能力的高素质人才贡献力量。

计算机科学前沿丛书将站在国家战略高度，着眼于当下，放眼于未来，服务国家战略需求，笃行致远，力争满足国家对科技发展和人才培养提出的新要求，持续为培育时代需要的创新型人才、完善人才培养体系而努力。

郑纬民

中国工程院院士

清华大学教授

2022 年 10 月

“十讲”序

由于读者群体稳定，经济效益好，大学教材是各大出版社的必争之地。出版一套计算机本科专业教材，对于提升中国计算机学会（CCF）在教育领域的影响力，无疑是很有意义的一件事情。我作为时任 CCF 教育工作委员会主任，也很心动。因为 CCF 常务理事会给教育工作委员会的定位就是提升 CCF 在教育领域的影响力。为此，我们创立了未来计算机教育峰会（FCES），推动各专业委员会成立了教育工作组，编撰了《计算机科学与技术专业培养方案编制指南》并入校试点实施，等等。出版教材无疑也是提升影响力的最重要途径之一。

在进一步的调研中我们发现，面向本科生的教材“多如牛毛”，面向研究生的教材可谓“凤毛麟角”。随着全国研究生教育大会的召开，研究生教育必定会加速改革。这其中，提高研究生的培养质量是核心内容。计算机学科的研究生大多是通过阅读顶会、顶刊论文的模式来了解学科前沿的，学生容易“只见树木不见森林”。即使发表了顶会、顶刊论文，也对整个领域知之甚少。因此，各个学科方向的导师都希望有一本领域前沿的高级科普书，能让研究生新生快速了解某个学科方向的核心基础和发展前沿，迅速开展科研工作。当我们将这一想法与专业委员会教育工作组组长们交流时，大家都表示想法很好，会积极支持。于是，我们决定依托 CCF 的众多专业委员会，编写面向研究生新生的专业入门读物。

受著名的斯普林格出版社的 *Lecture Notes* 系列图书的启发，我们取名“十讲”系列。这个名字有很大的想象空间。首先，定义了这套书的风格，是由一个个的讲义构成。每讲之间有一定的独立性，但是整体上又覆盖了某个学科领域的主要方向。这样方便专业委员会去组织多位专家一起撰写。其次，每本书都按照十讲去组织，书的厚度有一个大致的平衡。最后，还希望作者能配套提供对应的演讲 PPT 和视频（真正的讲座），这样便于书籍的推广。

“十讲”系列具有如下特点。第一，内容具有前沿性。作者都是各个专业委员会中活跃在科研一线的专家，能将本领域的前沿内容介绍给学生。第二，文字具有科普性。

定位于初入门的研究生，虽然内容是前沿的，但是描述会考虑易理解性，不涉及太多的公式定理。第三，形式具有可扩展性。一方面可以很容易扩展到新的学科领域去，形成第 2 辑、第 3 辑；另一方面，每隔几年就可以进行一次更新和改版，形成第 2 版、第 3 版。这样，“十讲”系列就可以不断地出版下去。

祝愿“十讲”系列成为我国计算机研究生教育的一个品牌，成为出版社的一个品牌，也成为中国计算机学会的一个品牌。

中国人民大学教授

2022 年 6 月

前言

数据对现代社会的重要性日趋凸显。2019年，党的十九届四中全会首次将数据与土地、劳动力、资本、技术并列作为重要的生产要素。2020年，《中共中央国务院关于构建更加完善的要素市场化配置体制机制的意见》和《中共中央国务院关于新时代加快完善社会主义市场经济体制的意见》均强调要培育和发展数据要素市场。足以看出，数据对于整个社会而言已不仅仅是一种普通资源，而将成为在未来构建新的生产模式和商业模式的基石。当前，为大众所熟悉的互联网搜索引擎、电子商务平台、社交平台，之所以能够为社会创造价值，很大一部分原因是归结于它们对大规模数据的使用。如今，各行各业都在广泛积累数据，并积极探索如何运用数据去改进自身的业务形态，从而提升竞争力。由数据驱动的数字化转型已经成为了各行业提升生产效率的重要手段。

对一家企业或者一个经济个体而言，数据的开发和利用是一个系统工程，涉及商业模式、生产模式、组织架构、技术方案等多个方面。“大数据”作为一套技术体系，只是整个系统工程中的一个环节，主要用于完成数据的汇聚、管理和信息提取，为数据要素的价值发挥提供技术支撑。即便如此，“大数据”技术所涉及的理论、工程方法、工具和系统已经相当丰富和广泛，覆盖了数十个重要研究领域。未来，这些领域的技术突破都将对数字化转型产生直接推动作用，具备极高的研究价值。

本书主要面向的读者包括高等院校的低年级硕士生和博士生，以及从事相关行业的技术人员。本书选取了十个重要的“大数据”研究领域进行深入介绍，希望帮助读者对大数据技术形成一个整体认识，同时也希望激发读者对其中研究领域的兴趣，引导他们开展更深入的探索和创新工作。对其中的每一讲，编者都邀请了国内在相关领域最顶尖的学者进行撰写，力图能够将各个领域最前沿、最关键的技术呈现给读者。

由于本书的每一讲都出自不同的作者，读者在学习时可能会感受到写作风格具有一定的差异，甚至会发现不同研究领域的学者对同一个问题的不同观点。编者在邀请各位作者编写内容时，刻意避免对各位作者的写作方式和内容做过多限制，希望能将各个学术领域的话语体系和看问题的角度原汁原味地呈现给读者。编者希望能够获得读者对于本书的反馈，提出更好的建议。

本书的内容分为四个部分。第一部分包括两讲，主要介绍典型的大数据存储和管理系统，分别由中山大学陈志广教授和华东师范大学蔡鹏教授、胡卉芪副教授撰写。第二部分包括三讲，主要介绍三种不同形态的大数据处理系统，分别由东北大学张岩峰教授、华东师范大学徐辰教授和北京理工大学袁野教授撰写。前两部分内容合在一起就基本勾勒出了用于构建大数据基础设施的核心技术。第三部分包括三讲，主要介绍大数据分析层面的关键技术，包括多种典型的数据分析算法以及用于大数据建模的机器学习技术和工具，分别由西安交通大学王平辉教授、Intel Fellow 戴金权、Intel 技术专家黄晟盛和中国人民大学魏哲巍教授撰写。第四部分的两讲主要涉及与应用（用户）密切相关的大数据技术，其中一讲介绍数据可视化技术，由北京大学袁晓如教授撰写，另一讲介绍大数据在工业领域的垂直技术和应用实例，由清华大学王建民教授撰写。

编　者

2023 年 6 月

目 录

第4讲 流计算系统

第5讲 大图数据处理系统

第 7 讲 大数据分析——机器学习

第 1 讲
大数据存储系统

编者按

本讲由陈志广撰写。陈志广是中山大学副教授，深入研究大数据存储与处理系统、并行与分布式计算，在相关领域有丰富的科研成果和工程经验。

大数据处理已经成为各领域的基础支撑技术，在推动技术变革、提升商业竞争力等方面发挥着重要作用。各式各样的大数据应用不断涌现，有力推动了大规模计算机系统的发展和演进。大数据处理作为一种典型的数据密集型计算模式，对存储系统的数据管理和访问性能提出了很高的要求，因此大量的学术研究和系统研发工作围绕大数据存储展开。当前，在云计算系统、分布式集群和超级计算机等计算环境中均存在大量的大数据应用，然而不同计算环境中大数据存储的形态和关键技术不尽相同。本章重点介绍大规模云存储系统和分布式集群、超算环境中的网络文件系统。

1.1 大规模云存储系统

从数据访问接口的角度可以把存储系统分为块存储、对象存储和文件存储等类型。在大规模云计算环境下，分布式块存储与对象存储是重要的存储形态，其中涉及复杂的数据布局问题，是学术界的研究热点。此外，大规模存储系统中的海量数据索引既是构建存储系统的核心技术，也是应用支撑系统的关键组件，在大数据存储领域占据举足轻重的地位。

1.1.1 云存储系统架构

云存储的概念由云计算衍生而来，其核心是聚合集群中的大量存储资源，以所见即所得、动态可伸缩、位置透明的服务方式提供给上层应用。典型的云存储架构如图 1.1 所示，存储系统在逻辑上可分为三个层次，即访问接口层、数据管理层和存储资源层。

访问接口层是整个存储系统的对外接口，当前主流的访问接口包括文件接口、对象

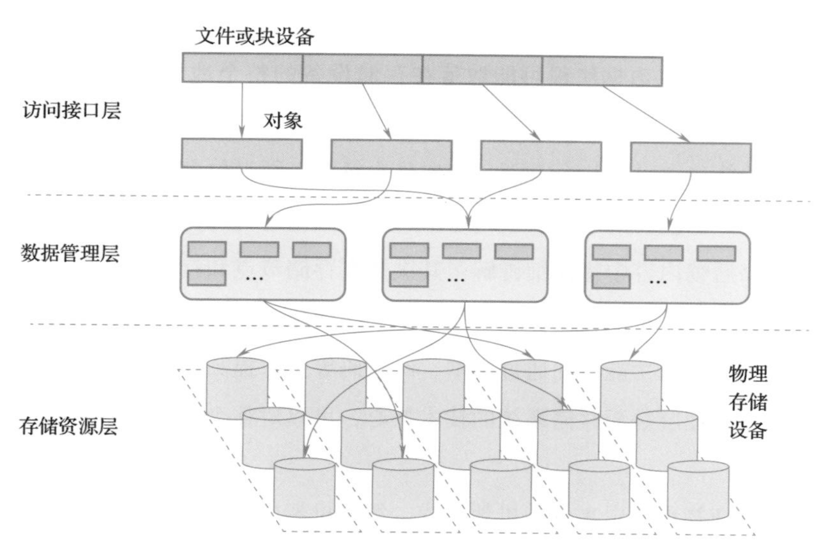

图 1.1　典型云存储架构

接口和块存储接口。文件接口是指遵循 POSIX（可移植操作系统接口）规范的文件访问接口，在此不再赘述。对象接口一般采用 RESTful（表述性状态转换）风格，定义了 GET、PUT、POST、DELETE 等几种简单操作，通过唯一的对象标识访问各个数据对象。对象存储摒弃了文件系统中层次化目录树的结构，将所有对象保存在扁平化的名字空间中，显著提升了存储系统的可扩展性。亚马逊 S3（Amazon Simple Scorage Service）、Swift 等云存储系统就采用了对象存储接口。块存储接口是存储系统最底层的访问接口，如磁盘、RAID（独立磁盘冗余磁盘阵列）、逻辑卷等都通过块存储接口访问，文件系统直接安装在块设备之上。为了兼容传统系统软件，云存储系统在分布式环境下聚合来自多个节点的存储资源，形成虚拟化的块设备，为用户的云主机提供云硬盘，并在云硬盘上直接安装文件系统，从而保证用户在云计算环境下与使用自己本地计算机时的体验一致。

访问接口层之下是数据管理层，主要负责上层各种形态的数据（文件、对象、云硬盘等）到底层存储资源的映射。以云硬盘为例，每个硬盘的容量一般在 TB 量级，整个存储空间从逻辑上被划分成大量的段（或称作对象）。在 Ceph（分布式文件系统）块存储系统中，每个段的容量默认为 4MB。在其他一些云存储系统中，每个段的容量可为 32GB。这些段分布在底层资源池的不同存储节点上。如果一个段的容量较大（如

32GB），那它并不是连续地存放在物理存储设备上的，相反，如果每个段被划分为大量的4KB数据块，那这些数据块很可能散落在存储设备的整个地址空间中。以上多层次的分布化在一定程度上体现了云存储系统的虚拟化特征。基于以上数据组织方案，数据管理层的核心功能包含以下几个方面。首先是为每个云硬盘包含的段以及每个段包含的数据块建立索引，以便在响应上层读写请求时可对数据进行定位查询，大数据存储中的索引系统在本书后续内容中将详细讲解。其次是在存储节点和存储设备之间实现读写请求及数据的调度，通过负载均衡、容量均衡等手段优化云存储的性能。最后是提供逻辑卷、快照、备份等高级功能，并通过副本、纠删码等技术提高数据存储的可靠性和可用性。因此，数据管理层是云存储系统的技术核心，可以对整个系统的功能和性能产生决定性影响。

存储资源层在物理上由大量的机架组成，每个机架中部署数十台主机，每个主机上配备若干存储设备。所有主机通过高速可扩展的网络相连，形成大规模的存储资源池。上述数据管理层的组织结构表明，主机上的存储设备并不直接暴露给上层应用，而是需要经过多层次的虚拟化，通过文件、对象、数据块等特定的接口以服务的方式供应用使用。具体而言，这些存储设备由本地文件系统（如XFS，一种高性能的日志文件系统）管理，但该文件系统并不直接保存上层应用可读的数据，而是保存大量的数据对象或数据段。分布在不同存储设备的多个数据对象由数据管理层最终聚合成上层应用可见的块存储设备或文件。

当前主流的云存储系统均采用上述的总体架构。例如，Ceph RBD（RADOS Block Device，块存储接口）是当前开源生态中最具影响力的块接口云存储系统之一。它提供两种访问接口：供用户态调用的librbd和供内核态调用的krbd，其中krbd已经集成到Linux中成为一个内核模块。Ceph RBD的块设备被称为Image，每个Image被划分为多个对象，大量的数据对象依据CRUSH算法（可控的、可扩展的、分布式的副本数据放置算法）保存在底层RADOS集群的存储设备上。CRUSH算法和RADOS集群结构将在后续章节详述。Amazon S3是著名的对象访问接口云存储系统，它采用扁平化的双层结构，第一层是存储桶（bucket），第二层是对象。每个对象通过如s3://bucketname/filename格式的全局唯一URL访问，其中bucketname和filename显式地记录了对象在存储资源层的放置位置。

1.1.2　云存储资源管理与数据布局

云存储的重要特征是高性能、可扩展和高可靠。为了达成这些目标，系统研发者在大规模存储资源管理和数据布局方面展开了创新设计。本节以 Ceph 系统中的 RADOS 对象管理系统和 CRUSH 数据布局算法[1] 为例，介绍云存储系统中的这两方面关键技术。

1. RADOS 对象管理系统

RADOS（Reliable Autonomic Distributed Object Store），即可靠、自治的分布式对象存储，2007 年由加利福尼亚大学圣克鲁斯分校提出，现由 Ceph 开源社区开发和维护。RADOS 改变了传统存储系统中将存储节点视为被动设备的观念，使用基于可扩展哈希的受控副本分布算法使客户端和对象存储设备直接通信，由此达到千设备级的可扩展性。同时，它保持了一致的数据访问和强大的安全语义，同时允许节点通过使用小型集群映射半自动地进行自我管理复制、故障检测和故障恢复。RADOS 在为客户机提供单一逻辑对象存储的镜像的同时，兼具出色的性能、可靠性和扩展性。如图 1.2 所示，RADOS 包括三个部分：①由数千个对象存储设备（Object Storage Device，OSD）组成的集群用以存储系统中的所有对象。②一个小型的紧耦合监视器集群共同管理所有集群成员和数据分布的集群映射。③通过简单对象存储接口访问数据的大量客户端。

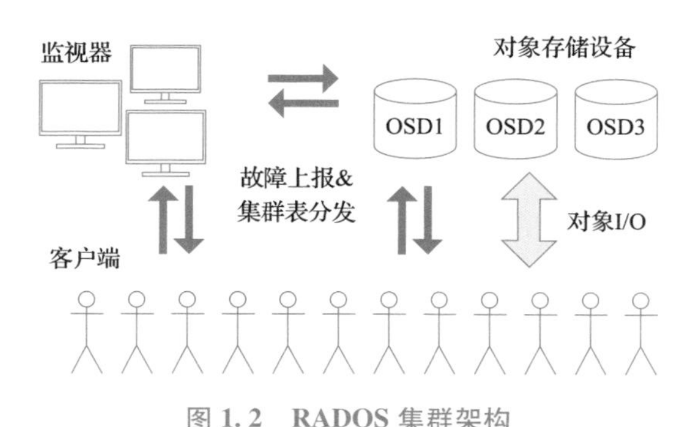

图 1.2　RADOS 集群架构

RADOS 存储系统具有动态特征，它们是增量构建的，可随着新存储设备的部署和旧设备的退役而增长和收缩。因此，RADOS 需通过监视器对版本化的集群映射表（cluster map）操作，确保数据分布的一致视图以及对数据对象的一致读写访问。该映射记录集群中包含哪些 OSD，并紧凑地指定系统中所有数据在这些设备上的分布。集群映射被每个存储节点（storage node）以及与 RADOS 集群交互的客户端复制，并通过惰性传播小型增量的方式进行更新。集群映射通过版本号（epoch）反映其变化。映射 epoch 允许通信各方就当前的数据分布达成一致，并确定它们的信息何时（相对）过时。由于 RADOS 集群可能包含数千台或更多设备，因此简单地向所有通信方广播映射更新是不切实际的。幸运的是，不同 epoch 的映射只有在两个正在通信的 OSD 之间才显著不同，这两个 OSD 可采取一定的算法达成一致。以上做法允许 RADOS 将映射更新与 OSD 间的其他消息结合起来，延迟分发映射更新，从而有效地将分发开销隐藏在 OSD 间的通信中。每个 OSD 维护过去增量映射更新的历史记录，用其最新的 epoch 标记所有消息，并跟踪其他 OSD 上最新的 epoch。如果一个 OSD 从某个有旧映射的 OSD 处接收到一个消息，它将共享必要的增量以使对方保持同步。同样，当联系一个被认为具有较老 epoch 的 OSD 时，增量更新会被预先共享。为检测故障而定期交换的心跳消息确保映射更新在 $O(\log n)$ 的时间复杂度内（n 为集群中的 OSD 数量）快速传播。以上方法是云存储系统动态可扩展的关键所在。

为了进一步提升系统的可扩展性，RADOS 将所有的 OSD 划分为放置组（Placement Group，PG），并通过两阶段的计算将数据对象映射到 OSD 中，计算过程如图 1.3 所示。

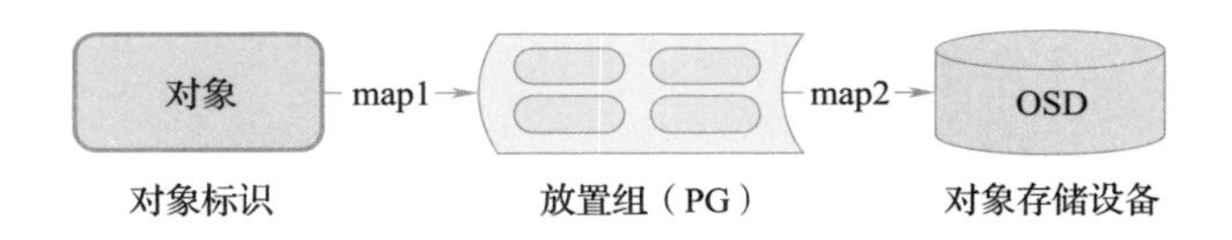

图 1.3　两阶段的映射计算过程

对象首先据其标识（ID）经由哈希和取余算法被分配到特定放置组以实现负载均衡；然后据放置组标识，经由基于可扩展哈希的受控副本分布（Controlled Replication Under Scalable Hashing，CRUSH）算法放置到一系列对象存储设备中，以实现高可靠、自平衡等特性。

（1）第一个映射：(nrep，hash(oid)&mask)→pgid

如图 1.3 所示，客户端负责生成对象名，第一次映射首先根据对象名计算出一个 32 位的哈希值，然后经过对存储池 PG 数取模等算法，得到存储池内的 PG 编号，再结合对象本身记录的存储池标识最终得到负责存储该对象的 PG。注意，存储池是一个比

PG 更大的概念，每个存储池包含大量的 PG。存储池的提出是为了实现故障隔离或不同的副本策略，存储池内的放置组共享同样的策略。

（2）第二个映射：CRUSH(rule_nrep，pgid)→(osd1，osd2，osd3)

第二个映射采用著名的 CRUSH 算法将一个对象映射到具体的 OSD 上。CRUSH 算法是 RADOS 中最重要的算法之一，下一节将重点讲解 CRUSH 算法的细节、优劣以及最新的云存储布局算法。

在 RADOS 这种 PB 级甚至 EB 级的存储系统中，存储设备的故障和恢复是频繁发生事件。为了方便选择合理的数据恢复策略，RADOS 为每个 OSD 赋予了 4 种外部可见的状态，存储在集群映射表中。这 4 种状态包括两个维度，见表 1.1，第一个维度标识设备是否可访问，如设备处于在线状态则为 Up，否则为 Down；第二个维度标识一个设备是否在映射表和某个 PG 中，如果属于某个 PG 则为 In，否则为 Out。RADOS 采用以上 4 种状态对存储设备实施动态管理。

表 1.1 存储设备状态表

状态	In	Out
Up	正常；主动服务 I/O	在线但空闲
Down	目前不可访问；但 PG 数据尚未被重新映射到另一个 OSD	设备失效

2. CRUSH 数据布局算法

现代大规模云存储系统面临着在超大规模存储设备上管理 PB 级以上数据的难题。这类场景往往要求数据在集群中均匀分布以达到负载均衡，通过合理的副本策略来确保数据的安全，设计高效的布局方案来优化系统存储效率与资源利用率，具备高效的寻址策略来实现系统的快速响应。此外，当面临系统中存储设备数量的变化时，如何尽可能减少数据迁移量来使系统恢复平衡，亦是需要着重考虑的方面。以上多种因素成为影响大规模云存储系统可扩展性、可靠性和性能的关键。Ceph 中的 RADOS 通过一个基于哈希的受控多副本策略 CRUSH 来解决上述问题。

CRUSH 是一个能高效地将对象副本在存储集群上进行布局的伪随机数据分布算法。它仅需要将对象的唯一标识、存储集群层次结构的描述和备份的放置策略作为 CRUSH 的输入，即可通过计算将对象的多个备份受控地映射到系统不同物理区域的多个存储设备上。这一策略具有两方面的优势：一方面，它实现了完全的去中心化和高度并发，因为系统中的任一方都可以通过计算得出任何对象的位置，这不同于以往元数据服务器上的查表操作；另一方面，它所需的元数据很少且几乎是静态的，只有在系统出现设备加入或移除时发生变化。这些优势使得 CRUSH 尤其适用于对可扩展性、可靠性和性能要求极高的大规模云存储系统。

（1）集群层次结构描述——集群映射表

CRUSH 首先采用集群映射表来描述 RADOS 存储集群的层次结构。集群映射表是一个由 OSD 和 Buckets 两部分组成的树形数据结构，CRUSH 用其来描述存储集群中可用的存储资源及逻辑组织关系。例如，在实际的云数据中心，通常会存在“数据中心-机架-主机-设备”这样的树形层次结构。在集群映射表中，所有的叶子节点都是最低一级的物理存储设备（例如 HDD、SSD 等），称为 OSD；所有的中间节点统称为 Bucket，每个 Bucket 可以是一些 OSD 的集合，也可以是多个低一级别的 Bucket 集合；根节点则代表整个存储集群的入口，称为 Root。集群映射表中的每一个节点都有自己的数字标识 ID、类型 Type 以及权重 Weight。其中，数字标识和类型主要用来标识节点在集群中所处的层级和位置，只有叶子节点（即 OSD）才拥有非负的数字标识，表明其是保存数据对象的最终物理设备，而其他类型的中间节点 Bucket 则不然。CRUSH 根据每个 OSD 的权重将数据对象近似均匀地分布到集群中，OSD 的权重由系统管理员根据其容量（主要）来指定，而 Bucket 的权重由其所有子节点的权重加和得出。表 1.2 中列举了集群映射表中常见的节点类型。所列举的所有类型中，大多数集群只使用这些类型中的一小部分，其他可以根据需要进行调整。图 1.4 展示了“root-row-rack-device”的层次结构图。

表 1.2　集群映射表中常见的节点类型

类型 ID	类型名称	描述	类型 ID	类型名称	描述
0	device/osd	一个 osd 进程，如 osd. 0、osd. 1	6	pod	一组 row 或一组 pdu
1	host	主 osd 进程所在的存储服务器	7	room	机房，包括多种设备
2	chassis	机框	8	datacenter	数据中心，包括多个机房
3	rack	机架	9	zone	区域，包括多个数据中心
4	row	一系列机架中的一行	10	region	域，包括多个区域
5	pdu	电源分布单元	11	root	根

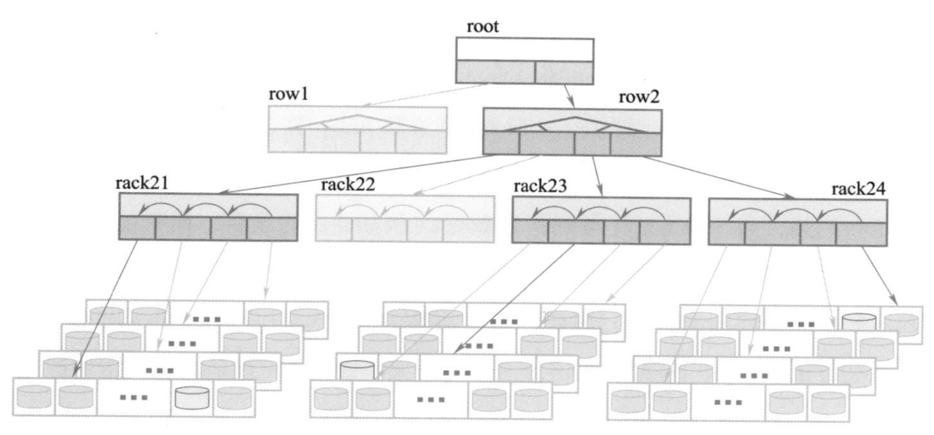

图 1.4 “root-row-rack-device”的层次结构图

（2）副本放置策略

CRUSH 使用集群映射表建立对集群层次结构的描述之后，可以使用相应的规则来指定对象副本数以及放置副本时的限制条件，从而完成数据映射。每条规则中除了包含必要的配置信息之外，还包含了多个操作，这些操作共分为 3 类：Take、Select 和 Emit。

- Take——从集群映射表中指定某个特定编号的 Bucket，作为后续步骤的输入。默认情况下，系统总会将 Root 节点作为下一步进行副本位置选择的起点。
- Select——从上一步输入的 Bucket 中随机选择指定数量和类型的条目（items）。Select 的结果可能会作为下一次选择的输入，但最后一次 select 操作的输出将会是最终的选择结果。
- Emit——将最终的选择结果传递给上级调用者并返回。

基于图 1.4 所示的集群层次结构，表 1.3 中展示了一个操作序列以及每一个操作的输出结果，图 1.4 还展示了这一系列操作具体的选择过程。

表 1.3　副本选择示例

操作	结果
take(root)	root
select(1,row)	row2
select(3,rack)	rack21　rack23　rack24
select(1,device)	device2107　device2313　device2437
emit(void)	

（3）Select 算法

CRUSH 目前支持副本池（replicated pools）和 EC 池（erasure coded pools）两种备份策略，相应地，有两种 Select 算法——Firstn 算法和 Indep 算法。在 EC 池策略中，Indep 算法必须严格按照指定的数量和顺序返回选择结果，而副本池策略所对应的 Firstn 策略则不一定。例如，当 Select 无法得到指定数量（例如 4）的条目，而只能得到 3 个时，Firstn 可能输出形如［0,2,3］的结果（数字可代表 OSD 编号），且由于副本池中每份副本保存的是完全相同的数据，因此，选择结果为［0,3,2］也并无不同；而 Indep 则会输出形如［0,CRUSH_ITEM_NONE,2,3］的结果，即 Indep 总是会输入指定数量的条目，无法选出的条目则使用 CRUSH_ITEM_NONE 来填充，且每个条目之间的相对位置亦不能发生改变，否则会导致校验块的位置发生变化，进一步引发数据出错。

Select 算法在执行过程中，如果选中的条目出现故障、过载或者与已被选中的条目发生冲突，都将触发 Select 算法重新进行选择。因此，为了防止 Select 算法陷入死循环，需要指定最大尝试次数。

Select 算法也支持故障域模式。以 Firstn 为例，在故障域模式下，Firstn 将返回指定数量的 OSD，并且保证这些 OSD 位于不同的、指定类型的故障域中。例如，当故障域类型设置为 Rack 时，Select 选中的所有副本都位于不同机架中的 OSD 上；当故障域类型设置为 Host 时，Select 选中的所有副本都位于不同主机中的 OSD 上。

（4）Bucket 选择算法

CRUSH 最初提供了 4 种方式来组织层次结构中的 Bucket（即非叶子节点），分别是 Uniform buckets、List buckets、Tree buckets 和 Straw buckets，并在每种方式下分别定义了不同的函数 $c(r,x)$ 来伪随机地选择所需的 item。尽管在选择 item 时，基于前三种表示的选择算法可能会有更优于第四种表示的时间复杂度，但是，当存储集群发生结构发生变化时，只有第四种表示下，集群中所需迁移的数据量是最小的。因而，前三种表示方式很快就被弃用，而最终只留下了 Straw 这一种方式。

基于 Straw 的 Bucket 选择（下文统称为 Straw 算法）在副本放置时，能通过一种模拟抽签的方式让所有的 item 公平竞争。模拟抽签，即为每个 item 分配一个长度随机的签，签长最长的 item 最终将会胜利。每个签的长度最初只是一个固定范围中的一个值，基于对象唯一标识符 x、副本编号 r 和 Bucket item i 的哈希得到。其中，对于 Bucket 中的 item，由于 CRUSH 对每个 OSD 及其上层的 Bucket 赋予了权重，而在选择过程中，我们往往更倾向于让权重更大的 item 获得更大的签长，因此可以使用权重来影响签长的计算结果。此外，副本编号 r 在选择过程中起到随机因子的作用。由于所选中 item 可能出现故障、过载或者与已被选中的 item 发生冲突，需要重新进行选择，而选择结果仅与对象标识符 x 和副本编号 r 有关，所以为了后续的重新选择与前一次选择结果不同，就需要将副本编号 r 作为随机因子并对其进行调整，尽可能选出不同的 item。还需要注意的是，为了避免一直选择不到符合要求的 item 而使算法陷入死循环，需要针对每一个副本的选择过程设置最大尝试次数。

（5）CRUSH 数据重平衡

在大规模云存储系统中，存储设备的加入与移除时有发生，导致集群中原有的数据平衡被打破，此时则必须通过数据迁移来实现重新平衡。在 CRUSH 中，Straw 算法不仅起到副本放置的作用，同时优化了数据重平衡过程中的数据迁移量。根据上文的分析可以看出，在每一轮 Bucket 选择过程中，每个 item 的签长只与自身编号和权重相关，基于此则可以证明 Straw 算法对于设备的加入和移除所导致的数据迁移量是最优的。具体地，考虑以下过程：假设当前 Bucket 中有 n 个 item（$item_1, item_2, \cdots, item_n$），给定任意 x 及其副本编号 r，分别计算每个 item 的签长，得到（$L_1, L_2, \cdots, L_3$），其中的最大值为 L_{max}。现在向 Bucket 中插入新条目 $item_{(n+1)}$，新条目的签长 $L_{(n+1)}$ 只与自身编号和权重相关，而与其他 item 无关，因此可以进行独立的计算。由于 Bucket 选择算法总是将签长最大的 item 作为选择结果，因此如果 $L_{(n+1)} > L_{max}$，则新插入的 $item_{-(n+1)}$ 将作为新的选择结果，对象 x 的 r 副本将会被映射其上；反之，对副本 r 的已有映射结果不会造成任何影响。

由此可见，对于增加一个 item，Straw 算法会随机地将已有 item 上的部分数据重新映射到新加入的 item 上；同样的，对于移除一个 item，该 item 中原有的数据也会被随机地重新映射到其他 item 中。因此，无论是添加或者移除设备，都不会导致数据在所添加或移除的设备以外的任意两个设备之间进行迁移。

理论上，Straw 算法对于实现数据重平衡是非常完美的，然而在 Straw 算法整整使用了 8 年之后，得益于 Ceph 系统的广泛应用，越来越多的 Ceph 用户抱怨集群规模的变动导致了远超预期的数据迁移量。对此，研究者们不得不重新审视 Straw，并提出了更高效的算法。例如，从 CRUSH 的 V4 版本开始，改进后的 Straw2 算法已经成为 Bucket 选择的默认算法；MAPX 算法则是一个针对 CRUSH 实现数据重平衡过程中数据迁移量不可控的改进方案；AttributedCH[4] 更多地考虑了当前存储系统的异构特性。

1.1.3 大规模索引系统

云存储系统中无处不在地存在索引系统。例如，逻辑块到物理块之间的映射关系、海量应用数据的高效管理等都需要建立索引系统。索引系统所采用的数据组织形式各式各样，其中键值对索引系统由于类型简单、结构灵活从而脱颖而出。目前，键值存储系统主要采用索引结构，包括哈希索引、B+树以及 LSM-Tree 等，不同的索引结构具有其独特的优势，适用于不同的场景。

以哈希表为索引结构的索引系统，通常于内存中建立哈希表，哈希表中存储键值对，考虑到数据量庞大而内存有限，更多情况下，哈希表中存储的是键以及值在外存中存储的地址。然而由于通过哈希表中存储对地址值进行访问会导致大量的随机 I/O，大规模索引表现不佳，因此哈希索引更多地被用于小数据规模的纯内存（inmemory）索引，或与其他索引结构配合进行辅助索引。基于哈希的索引系统的相关研究工作主要采取一些更高效的哈希算法来提升索引系统性能，例如采用 Cuckoo 哈希算法等。

B+树（B+Tree）也是一种广泛使用的索引结构，许多传统的数据库例如 InnoDB、MongoDB 等都采用 B+树作为底层索引。基于 B+树的索引系统具有非常优秀的读性能，这来源于两个方面。一方面，与哈希索引不同，键值对在 B+树中按照键的大小被有序地组织起来，因此 B+树能够实现非常高效的范围查询；另一方面，B+树的一个叶子结点中能够存储多个数据，一个节点通常存储在一个块或多个块中，由此减少了在大量数据查询时所需的块 I/O 次数。然而，随着数据的不断插入，需要不断调整 B+树以维持有序，从而带来较大的开销。

日志结构合并树（log-structured merge tree，LSM-Tree），以日志的形式通过追加来保存键值对。LSM-Tree 在内存中缓冲一部分数据，随后批量刷写到磁盘中，采用追加的形式，使得最近写入的数据能够保存在相邻的位置，不需要对磁盘进行随机访问，利用了磁盘顺序写的高带宽实现了极高的写性能。在采用追加写形式的同时，LSM-Tree

还能够维持数据的部分有序，使得基于 LSM-Tree 的索引系统也能实现不差的读性能。

当前云存储面对的存储需求已经逐渐向写偏斜，数据的写入多于数据的读取，对索引系统写性能的要求逐渐凸显。已有非常多的前沿工作，针对 LSM-Tree 索引系统的读性能进行优化，使其读性能能够与基于 B+树的键值存储相媲美。因此，基于 LSM-Tree 的索引系统逐渐成为主流，广泛运用于写密集场景。

1. 基于 LSM-Tree 的索引系统

以经典的 LSM-Tree 键值存储系统 LevelDB 为例，如图 1.5 所示，基本的 LSM-Tree 由两部分组成。一部分是内存中的 Memtable，其起到了缓冲数据的作用，最近写入的数据存放在 Memtable 中，并进行了初步的排序，达到 Memtable 容量上限后才会刷写到磁盘中。另一部分是磁盘中的 SSTable（sorted string table），以层次形式被组织起来。当 Memtable 中的数据刷写到磁盘中时，会转变为 SSTable 保存在 L_0（level-0）中，因此 L_0 中的所有数据并不是完全有序的，仅在 SSTable 内部维持有序，无序数据越多则读性能越低，因此 L_0 的容量是最小的，随着层次的加深容量逐渐增大。当 L_0 存放的数据量达到上限时，为了使 Memtable 能够继续刷写到 L_0，LevelDB 会整合 L_0 的 SSTable，与 L_1 的 SSTable 进行重新排序，提高数据的有序度，再将数据统一保存到 L_1 中，由此，L_1 的数据是完全有序的，在 L_1 中进行数据查询的速度也更快。以此类推，当某一层

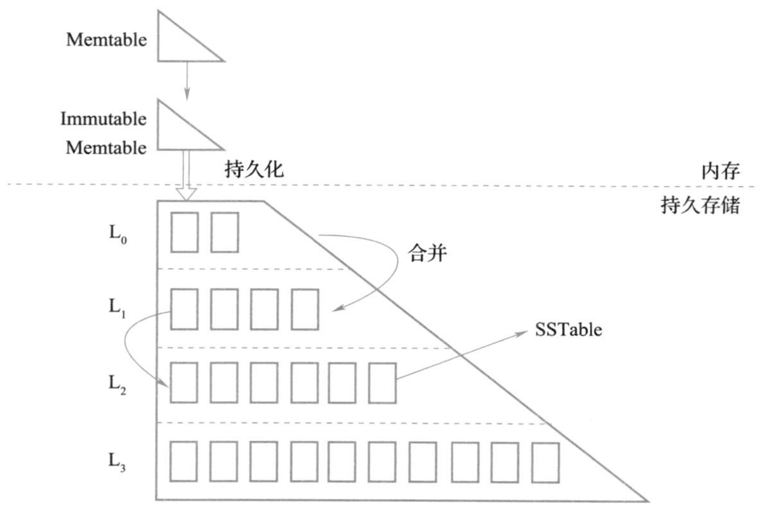

图 1.5 LSM-Tree 的存储结构

存放的数据达到上限时，均进行重新排序并保存到下一层中，这个过程称为合并（compaction）。

在数据写入方面，LSM-Tree 存在写放大。基于 LSM-Tree 的索引系统既要实现追加写带来的高写入性能，又要维护数据的有序度，不免存在额外的开销，合并是其维护数据有序度的重要过程，许多问题也由此而来。合并过程的本质即，将需要重新排序的数据从磁盘中读取到内存进行归并排序，再写回到磁盘中，频繁的数据重写带来了严重的写放大。

在数据读取方面，LSM-Tree 存在读放大。基于 LSM-Tree 的索引系统通过 SSTable（或 Memtable）所存储的键范围来判断目标数据是否落在某个 SSTable（或 Memtable）中，随后对 SSTable（或 Memtable）进行二分查找，这样的查询方式不免会带来误读，即所读取的 SSTable 并不包含目标键值对，也就带来了无效的磁盘 I/O。一次读操作可能伴随着多次磁盘 I/O，因此基于 LSM-Tree 的索引系统存在严重的读放大。

在数据存储方面，LSM-Tree 存在空间放大。为了提高写性能，所有写入操作均采用追加形式，其中包含数据的更新。在基于 LSM-Tree 的索引系统中，更新与插入采用相同的写入接口，当需要更新时，只需要写入新版本键值对即可。由此，同一个键可能有多个版本的数据被存储，但只有最近写入的版本才有效，其余版本的键值对则占据了存储空间，造成了空间放大。

2. LSM-Tree 性能优化

基于 LSM-Tree 的索引系统存在的写放大、读放大和空间放大现象是学术界广泛关注的问题，相关的优化工作不断推陈出新，将其性能一次又一次推上顶峰。

写放大一方面降低了 LSM-Tree 索引系统的写性能，另一方面，随着越来越多的存储介质采用固态硬盘（solid state disk，SSD），严重的写放大也降低了 SSD 的寿命。为此，许多研究对 LSM-Tree 的写放大问题进行了优化，最被广泛采用的策略是降低层次有序度以及键值分离。由于写放大主要来自合并过程，而合并的目的是保持层次有序，因而降低层次有序度也就降低了合并所带来的开销。然而，数据的有序度越低，查询也越慢，所以相关优化工作需要找到写放大与读性能之间的平衡。PebblesDB[2] 借助了跳表的思想，将每一层的数据使用 Guard 管理起来，划分为互不相交的几个区间，将 SSTable 追加到区间中，虽然牺牲了区间内部的数据有序度，但大大降低了合并的开销，也极大程度地减小了写放大。键值分离将键和值分开保存，使得 LSM-Tree 只需维护键和值地址，大大减少了每次合并涉及的数据量，从而减小了写放大。然而，键值分离需要二次读取才能获取实际值，降低了读性能，此外，尽管 LSM-Tree 需要维护的数据量减少了，但对值进行更新和垃圾回收也会引入额外的开销。因此，采用何种方式对值进行管理以及以何种频率进行垃圾回收在采用键值分离的相关优化工作中至关重要。WiscKey 采用日志的方式存储值，在进行垃圾回收时引入了额外的 LSM-Tree 查询开销；HashKV 根据值大小进行了选择性的键值分离，一定程度上减少了维护值所需的开销；Titan 在 WiscKey 的基础上，通过计算垃圾数据的占比来决定垃圾回收的时机，降低了垃圾回收产生的开销。然而，除了需要二次 I/O 才能读取值以外，上述优化工作均以无序的方式对值进行存储，在范围查询或点查询时会引发随机 I/O，降低读性能。DiffKV 不再使用日志的形式对值进行管理，而是采用 v-Tree 的结构维持值的部分有序，使得其在减小写放大的同时仍能保证较好的读性能。

读放大问题直接影响了基于 LSM-Tree 索引系统的读性能，降低对 SSTable 的误读是降低读放大的根本方法，读性能最大的瓶颈来自磁盘 I/O，一旦减少磁盘 I/O 次数，读性能可得到显著提升。最广泛使用的策略是使用布隆过滤器（bloom filter，BF）。布隆过滤器是一种概率数据结构，在占用极少量空间的同时，能够辅助判断集合成员——查询元素是否为集合成员，布隆过滤器能够过滤掉不在集合中的元素。然而，对于可能存在于集合中的元素，布隆过滤器会存在误判，因而只能起到一定的辅助作用。基于 LSM-Tree 的索引系统存在读放大的原因是存在对 SSTable 的误读，对 SSTable 运用布隆过滤器能够避免部分无效的 I/O，从而减小了读放大。相关工作分别在不同的粒度上对基于 LSM-Tree 的索引系统应用布隆过滤器。LevelDB 为每个数据块分配布隆过滤器；RocksDB 为每个 SSTable 分配布隆过滤器；Monkey 为不同层次的文件分配不同大小的布隆过滤器。这些工作的本质都是为了在不使得布隆过滤器占据过多空间的情况下使得其误判率最低、收益最高。ElasticBF 提出了一种自适应的布隆过滤器，能够根据数据的访问频率，为不同的数据分配不同大小的空间用于创建布隆过滤器，使得访问频率高的数据能够有较低的误读率。另一种常见的优化策略是提高缓存命中率，若查询的数据能够在缓存直接命中，也就能减少磁盘 I/O 次数。缓存占用内存空间，如何用尽可能少的空间换取最大的性能收益，是相关工作的研究重点。现有的用于 LSM-Tree 索引系统的缓存主要存放三种粒度的数据：数据块、键值对，以及键和值地址。LevelDB 所用缓存以数据块为单位存放数据；RocksDB 所用缓存既存储数据块也存储键值对；Cassandra 所用缓存既存储键值对也存储键和值地址。由此可见，不同粒度的缓存有不同的利弊，相关工作只能根据工作负载的特征对其进行权衡。Ac-key 提出了一种自适应的缓存策略，能够识别工作负载的特征动态，调整缓存所存储的数据粒度，达到缓存成本和缓存收益的最优平衡。此外，提升读性能的相关工作还包括基于热点识别的优化方法、基于新型存储介质的优化方法等，这些方法改变了数据在 LSM-Tree 中的布局，能够使得数据查询过程中发生误读的 SSTable 减少，同时借助新型存储介质的高性能，能够提高基于 LSM-Tree 的索引系统的总体性能。

空间放大的问题来自 LSM-Tree 的异地更新方式，即数据的更新不是通过修改原数据而是通过追加新版本数据来完成，因此过期数据无法及时清除。然而，一部分的过期数据会在 LSM-Tree 的合并过程中被清除，因而空间放大在一定程度上被转化为写放大。此外，大部分的大规模存储系统出于成本考虑，不会采用成本较高的存储介质去存储全部数据，因此基于 LSM-Tree 的索引系统存在的空间放大问题受到的关注较少。RocksDB 采用两种方式降低其空间放大：一方面根据数据量动态调整每个层次的容量大小，另一方面采用多种压缩策略。在基于 LSM-Tree 的索引系统中，层次越深则容量越大，在 LevelDB 中，每个层次的容量呈 10 倍增长。Dong 等人提出写放大、读放大以及空间放大与层次容量增长的倍数相关，倍数越大，空间放大和读放大越小，写放大则越严重。此外，空间放大也与合并策略相关。主流的合并策略分为两种：Leveling 和 Tiering。两者的主要区别在于，Leveling 合并选取了两个相邻层次的数据进行合并，能够更及时地将位于更深层级的过期数据清除；Tiering 合并只选择单个层次中的数据进行合并，减少了合并的频率和开销，但无法及时清理过期数据。因此相较之下，采用 Tiering 合并的策略会使得空间放大更严重。

总而言之，基于 LSM-Tree 的索引系统所存在的写放大、读放大以及空间放大问题是由 LSM-Tree 本身的结构带来的，无法完全消除。现有研究工作尽管提出了各种出色的方案使得基于 LSM-Tree 的索引系统的性能越来越好，也只是在降低写放大、降低读放大、降低空间放大三者之间进行权衡，大规模云存储提出的需求随着大数据时代的发展在不断进行调整，相关研究工作对三者的取舍也因而在不断变化。

1.2 大规模文件系统

除了上述的云计算环境，在分布式集群、超级计算机等系统中也存在多样化的大数据应用。与云存储系统中常用的块存储、对象存储接口不同，分布式集群中一般部署分布式/并行文件系统，为上层应用提供文件级的数据访问服务。本节首先介绍用于管理各独立存储设备的本地文件系统，然后对分布式/并行文件系统中的关键技术展开进一步分析。

1.2.1　本地文件系统

本地文件系统提供文件语义的抽象，按照目录树的方式组织文件，用户通过层次化的路径访问文件，而文件则表现为可以改变长度的连续字节数组。此外，文件系统通常还保存了文件和目录的访问权限和大小等元数据信息。为了节省硬盘空间和灵活使用文件，文件系统还需要支持文件链接功能。文件系统的空间分配算法需要尽可能地将给同一个文件分配连续的物理空间，提高文件的读写性能。所以，分配算法还需要尽可能地减少磁盘空间碎片的产生，并在必要的时候重新移动文件的物理内容，以达到减少碎片的目的。在计算机运行过程中，可能发生程序崩溃或电源掉电等意外状况，文件系统由于其持久化的特点，必须提供保护机制以保证数据的崩溃一致性。这通常是以预写日志（write ahead logging）的方式来保证，也就是在修改设备上的数据前，先写入到一个日志中，等成功写入日志之后才修改设备数据。这样就可以在崩溃后检查日志和磁盘数据，对不一致的地方并修复。

本地文件系统的挑战在于如何高效管理存储设备的物理地址空间，因此其设计方法与存储设备的特性息息相关。当前广受关注的存储设备包括磁盘、固态盘及非易失内存等。本节针对每种存储设备选择一种本地文件系统并有针对性地介绍。

1. EXT 类文件系统（扩展文件系统）

EXT 类文件系统是历史悠久的文件系统之一，至今经历了 Ext2、Ext3、Ext4 等三个成熟版本。由于早期的存储设备主要是磁盘，EXT 类文件系统的许多机制主要围绕磁盘展开设计。磁盘以扇区为单位进行读写，因此早期操作系统将磁盘读写接口抽象为块设备接口，以扇区的倍数为单位进行 I/O 操作。由于磁盘访问延迟为毫秒级，硬件延迟占比极大，为了匹配软件速度，操作系统还提供了页面缓冲（page buffer）机制，将磁盘内容缓存在内存中，对于相同磁盘地址的读写，可以先在内存中进行，等到需要的时候再向磁盘发起 I/O。另外，磁盘的物理结构决定了其除了数据传输延迟以外还有寻道延迟等，因此磁盘的顺序读写性能远远优于随机读写性能，这是磁盘文件系统设计时需要重点考虑的因素。操作系统可以将一批 I/O 请求根据访问磁盘的地址进行重新排序，尽可能地发起顺序 I/O，提升读写性能，降低延迟。

EXT 类文件系统起源于 20 世纪 90 年代，早期使用位图的数据结构进行空闲块的分配与回收。在磁盘空间迅速增长后，位图数据结构占用空间较大，且分配回收速度会变慢，因此后期的 Ext4 文件系统采用了基于 Extent 的数据结构进行块空间分配回收，这也是现代文件系统广泛采用的分配方式。Extent 只需要保存一段连续块空间的起始设备地址以及空间大小，以高效的方式进行大段空间的管理。然而出于兼容性的考虑，Ext4 的一个 Inode 仅能存储 4 个 Extent，每个 Extent 最大为 128MB。如果文件需要多于 4 个 Extent 索引，那么就需要将 Extent 组织为 Extent 树来扩展空间。

为了进一步减少文件碎片的产生，Ext4 使用了预测分配和延迟块分配技术，当一个文件被创建后，会预测性地分配 8KB 空间，如果文件关闭时没有使用这么多空间，就再进行回收；而在一个文件因为写入更多数据需要分配更多物理空间时，Ext4 并不会对每一次写请求都立即分配一块空间，而是将脏数据缓存在内存中，等到确实需要提交数据到磁盘时（例如调用了 sync），再根据数据缓存使用的情况一次性申请连续空间作为 Extent。为了利用局部性，Ext4 将一个存储卷划分为许多 128MB 的块组。在为文件分配空间的时候，优先从文件 Inode 所在的块组分配，减少了磁盘在读取 Inode 后读取数据块的寻道时间。同理，同一个文件夹内文件的 Inode 将尽量分配在同一个块组中。如果在根文件夹中创建文件或文件夹，Ext4 则会扫描块组，将新创建的 Inode 放入负载最轻的块组中，使得文件尽可能均匀散布在磁盘上。

对于文件夹的存储，Ext4 使用了基于 B 树的哈希树（HTree）来存放文件夹项的索引，哈希树的扇出度很高，通常只有两层，以便快速访问。在根据文件名查找文件时，首先计算它的哈希值，并根据哈希值找到哈希树的叶子节点，再比对叶子节点中的文件名从而确定具体的文件夹项。

在 Ext4 中，用户可以按需选择崩溃一致性的级别。最低级别不保证崩溃一致性，读写性能最高，但是元数据和文件数据均不能保证崩溃一致性。元数据一致级别则只保护元数据相关的崩溃一致性，在用户收到来自文件系统的成功响应之后，元数据操作将安全地持久化到设备上，但文件本身的内容仍存在丢失或不一致的风险。最高级别的一致性则对每一次元数据或文件写操作都先写入日志，再修改磁盘数据。这个级别由于每一次写入都需要写入两份数据，性能低下，仅适合少量数据的场景。

Ext4 存在一些不足，例如并发度不佳，缺少高级功能等。ZFS 除了提供文件系统抽象，还提供了更多高级的功能，例如快照、压缩、存储池化等。快照是文件系统某一时刻的只读镜像，它并不是直接复制两份数据，而是使用了时间戳的方式，以类似指针的方式指向原始数据。一个快照只需记录当前文件系统和上一次快照点之间的差异，从而节省存储空间，提高创建和恢复效率。压缩功能可以透明地将文件内容以压缩方式存储在设备上，并在读取的时候自动解压缩，从而以读写性能下降为代价，换取更高的存储空间效率。存储池化支持将不同的设备以类似 RAID 的方式组合在一起，灵活配置不同的数据可用性能和读写性能。

2. 面向固态盘的 F2FS 文件系统

近年来，随着闪存技术的不断发展，基于闪存的固态盘（Solid State Drive，SSD）已成为构建高性能存储系统的主要存储设备。相对于磁盘，固态盘具有极高的并发性、随机访问性能较好、读写延迟不一致、寿命有限等特性。然而现有的文件系统主要针对磁盘设计，没有考虑固态盘的特殊性。因此，大量研究者围绕面向固态盘的文件系统展开研究。下面重点介绍有代表性的 F2FS 文件系统。

当前常用的 SSD 采用 NAND 闪存芯片，以闪存页大小为读写单位。由于闪存的读写特性，如果需要写入一个闪存页，需要先擦除上面的数据再进行写入。然而闪存页的擦除速度较慢，延迟在毫秒级，如果对同一个闪存页频繁进行擦除写入操作，会导致闪存页的磨损，写入次数超过一定阈值将无法存储数据。因此，操作系统发起的写入请求，并不会直接覆盖写入原来的闪存页，而是由 FTL 层负责以磨损均衡的方式分配一个空闲的闪存页再进行写入，并将原来的数据标记为“无效”，但并不擦除。为了提供块设备兼容性，SSD 提供了 FTL 层将逻辑块地址转换为内部存储芯片地址。当写入数据积累到一定程度时，闪存中就会存在大量的“无效”页，FTL层需要进行“垃圾回收”的操作，批量擦除“无效”页。然而垃圾回收时的擦除粒度为由许多闪存页组织在一起的闪存块，如果一个闪存块中存在有效页，那么FTL需要先将有效数据重新映射到其他空闲页面，再擦除这个闪存块。可以看出，FTL承担的功能十分复杂，同时也有可能导致读写延迟的不确定性。另外，一些传统文件系统的优化可能会和FTL本身的优化冲突，例如文件系统可能会将冷热数据分别存放，而FTL为了磨损均衡又会将这些数据打散在不同的存储芯片，破坏了局部性。如何在文件系统中有效地管理SSD闪存芯片成了研究的重难点之一。

F2FS是一个日志文件系统，将随机写入转换为顺序写入，文件系统会定时清理无用的日志以腾出空间。根据NAND的物理布局特点，F2FS将一个存储卷划分为不同的段，连续的段组合成区间，连续的区间组合成区域。在分配数据块的时候以段为单位，以区间为单位进行文件系统清理操作，从而更好地符合FTL的运行特点。

F2FS区分了随机读写和顺序读写的区域。随机读写为主的区域存放的是节点地址转换表等索引，而顺序读写为主的则是文件的数据和节点。在传统的日志结构文件系统中，如果一个文件的直接索引Inode发生了变化，需要自叶子节点开始递归地更新间接索引Inode。由于Inode一般较小，如果更新频繁会导致SSD中存在大量的垃圾页面。针对这个问题F2FS提出了使用节点地址转换表，在文件的索引中只记录节点ID，然后再根据转换表得到节点的实际物理存储地址。这样，在更新一个文件之后，就不需要递归地更新Inode，只需要更新节点转换表即可，减少了SSD的写入。

为了更好地区分冷热数据，F2FS区别于传统日志文件系统，只使用一个日志记录文件系统的所有操作的方式，并提出了使用多个日志分别记录不同温度数据的操作。F2FS主要将数据分为三种温度：冷、暖、热，并且区分节点块和数据块，因此总共有六个日志区域。默认情况下，直接索引Inode和文件夹的数据区块被认为是热数据，而因为清理被移动的数据块、用户手动标记的数据块和多媒体文件数据被认为是冷数据。多个日志区域有利于充分发挥SSD内部多个存储芯片并行发出读写指令的优势。需要注意的是，由于FTL层的存在，不同的冷热数据也有可能被交织写入到SSD的同一个闪存区块中，所以F2FS将日志分别写入到不同区域来避免这种不对齐的现象。

F2FS的日志清理分为前台清理和后台清理。前台清理只有在没有足够的空闲区间写入的时候才会触发，后台清理则是由一个内核线程定时触发。对于前台清理，F2FS 使用贪心算法，优先选择有效数据块最少的区间，以降低清理延迟。对于后台清理，F2FS 不仅考虑了区间中有效数据的比例，还考虑了一个区间中所有段的平均年龄，这也给 F2FS 多一个机会来区分冷热数据。

F2FS 在普通状态下以只追加日志的方式写入，将随机写入转换为顺序写入。当存储空间使用率较高的时候，将使用交织日志的方式写入，以避免写入延迟。交织日志将新的数据写入到一个含有脏数据段中的空闲空间，而不在前台清理这个脏数据段。由于 SSD 随机写入性能良好，这种方式并不会带来较大的性能损失，但在 HDD 上这种方式就不再适用。

F2FS 虽然考虑了 SSD 的读写特性，但是仍通过块设备层操作 SSD，仍有可能存在一定的不对齐现象，并且由于 F2FS 的无效日志有可能实际上位于 SSD 的不同闪存芯片上，降低了 FTL 垃圾回收效率。因此 ParaFS 提出由文件系统本身承担 FTL 的功能，实现了一个简化版的 FTL——S-FTL。S-FTL 使用静态区块映射，垃圾回收时不移动有效数据，靠 ParaFS[3] 的垃圾回收来移动，并且暴露了闪存通道数、闪存页大小等物理参数给文件系统层。ParaFS 在存储空间分配时不仅考虑了闪存通道，还考虑了数据冷热，尽可能将文件数据分布在合理的芯片上。同时，ParaFS 的 S-FTL 层的垃圾回收是和 FS 层配合的，提高了垃圾回收效率。最后，为了避免擦除操作影响 I/O 延迟，ParaFS 实现了并行度感知的调度算法，尽可能将读、写和擦除操作调度到不同并行单元上，使得系统性能更加平稳，避免突发的延迟高峰。

3. 面向非易失内存的文件系统

近年来，以英特尔的 3D-Xpoint 为代表的非易失内存引起了广泛的关注。非易失内存与 DRAM 内存一样可按字节寻址，访问延迟与 DRAM 在同一个量级，且具备持久存储能力。当前的文件系统主要针对块存储设备，不能直接部署在非易失内存之上，面向非易失内存研发文件系统是近年来的一大热点。根据最新消息，英特尔暂时搁置非易失内存的进一步布局。但是，如果非易失内存相关的技术得到进一步突破，必将对存储系统产生深远的影响。因此，本小节仍然关注面向非易失内存的文件系统，重点介绍具有代表性的 NOVA 文件系统。

NOVA[4] 文件系统针对 NVM 设备并发度高的特点，单独给每一个 Inode 记录日志，日志以单链表的方式存储。通过在内存中构建索引的方法，实现高效的元数据操作。NOVA以内存页为粒度进行空间管理。在空间分配算法上，NOVA充分利用了现代CPU多核的特点，为每一个CPU核心分配不同的分配池，避免了单一的竞争热点。NOVA使用了激进的空间分配算法，一个Inode初始占用一页的空间，在每次空间耗尽后，都以上一次分配的大小的两倍分配新空间，直到达到一个阈值后不再增长。NOVA并不保存分配器的状态，而是将每一次分配操作记录在Inode日志中，在重启时扫描所有Inode日志以重构状态。

针对CPU可能存在的写乱序以及缓存问题，NOVA使用MFENCE以及CLFLUSH指令保证写入的顺序和持久化。在一个日志项被添加到Inode日志中之后，会先调用CLWB指令，将还处于CPU缓存中的日志项写入NVM。然后调用SFENCE和PCOMMIT指令将日志项提交，SFENCE是为了避免CPU将提交操作在日志项写入前乱序执行。最后，更新Inode的日志尾部，指向新的尾部，同样需要SFENCE指令的保护，以避免更新操作在提交操作前被乱序执行。对于横跨多个Inode的复杂操作，例如文件重命名，NOVA先在涉及的Inode下写入日志，然后通过一个原子的日志尾部更新操作提交一个元数据操作。NOVA只记录元数据的操作日志，对于文件数据，NOVA使用写时复制的方式写入新的页面后再更新日志指向新的页面。这种方式也简化了垃圾回收的实现，只需要维护主存中的空闲链表即可。为了避免文件系统受越界内存操作的破坏，NOVA平时将文件系统对应的内存区域页表访问权限设置为只读，仅在陷入内核态需要进行I/O操作的时候临时关闭CPU的读写权限，检查打开写窗口，从而低成本且最大限度地保护文件系统数据。

对于目录结构，NOVA在内存中构建基数树索引，以文件名的哈希值作为键，从而实现高效的查找。对于文件页的索引，NOVA同样采用了基数树的方式实现。文件的Inode日志中记录了每一次写入操作的起始页面和长度，在写入的时候，如果写入的部分和之前的写入记录有重叠，那么NOVA会先将重叠部分复制到新分配的页面中，再在这个页面后写入数据。然后，NOVA会更新内存中的基数，更新文件的逻辑地址映射关系，最后更新Inode的尾日志指针。

NOVA的缺点是多个线程同时写入文件的时候，会因为日志产生严重的锁竞争问题。这是因为NOVA的锁粒度太粗。pNOVA针对NOVA并发度不佳的问题，提出了使用字节范围锁来细化锁的粒度，从而提高并发度，更充分地发挥 NVM 设备的并发性能。此外，NOVA 分配空间时没有利用现代 CPU 支持 2MB 大页的特点，分配的地址未必大页对齐，在文件系统长时间使用后，NVM 文件将占用宝贵的 TLB 空间，造成严重的性能下降且产生空间碎片。WineFS 提出了大页感知的分配算法，尽可能地预留大页对齐的地址，在分配大空间的时候优先分配大页对齐的地址。为了减少文件系统碎片的产生，还根据 CPU 来组织日志，而非为每个文件组织日志。KucoFS 是一种用户态-内核态协作的非易失内存文件系统。KucoFS 将文件数据直接映射到应用内存空间，从而提供高效的文件读写接口。但对于重要的文件系统的元数据，则不允许用户态直接修改，而是需要通过 IPC 的方式向内核发起操作请求，由内核完成元数据的更新。研究发现 VFS 的路径解析实现十分低效，所以 KucoFS 选择了在用户态完成路径解析后，再由内核验证解析的合法性，进一步地提高了元数据性能。

总之，本地文件系统是存储系统的基石，其挑战在于正确抽象日新月异的存储设备，合理管理存储设备空间并发挥其全部读写性能，以应对高并发的文件读写请求，为上层应用提供高效的文件语义抽象。

1.2.2　网络文件系统

随着技术和场景的发展，上层应用的数据规模和计算系统的节点规模均日益增大，文件系统也从本地式、小规模逐步向分布式、大规模演进。根据部署的环境不同，可将这类文件系统划分为面向分布式集群的分布式文件系统和面向超级计算机的并行文件系统。由于这两类文件系统在核心技术上有大量的共同之处，人们将它们统称为网络文件系统。

网络文件系统，顾名思义，即通过将多个存储节点把网络相连起来，并把这些节点上的存储资源进行统一抽象为运行在计算集群上的应用提供一个全局的、硬件架构透明的文件系统。通过这一方法，网络文件系统使得文件服务的容量、带宽、并发度等重要指标可以横向扩展，从而满足上层应用的需求。

网络文件系统的设计面临多个维度的挑战。①高性能：主要的性能指标包含带宽、延迟和并发性。②高可靠性：在分布式环境下软硬件错误的概率都是不可忽略的，因此网络文件系统需要保证数据在不同的异常状态下的正确性。③强扩展性：区别于本地文件系统，横向扩展是网络文件系统的一大优势，而扩展性的强弱会直接影响系统可支撑的规模和成本。④低成本：高速存储和网络设备往往非常昂贵，因此网络文件系统需要充分利用不同类型的硬件设备的特点以及数据的冷热特性来降低成本。

由于应用的复杂性，往往无法使一个网络文件满足所有应用场景的需求，因此需要针对不同场景的核心诉求进行设计。如上所述，网络文件系统可以分为分布式文件系统和并行文件系统两大类。分布式文件系统更多被用于云计算、大数据处理等场景，其主要特点是高效扩缩容、低成本；并行文件系统更多被用于高性能计算，其主要特点是高性能、高并发。

本小节分析网络文件系统的主要组成部分以及主流架构，同时介绍数个典型网络文件系统的核心设计，最后介绍该领域当前主要的研究方向。

1. 网络文件系统架构

抽象地来看，网络文件系统与本地文件系统的功能一致，即维护文件路径到实际数据存储位置的映射，区别在于系统中的不同组件之间通过网络进行交互。主流的网络文件系统包含客户端、元数据服务和数据服务三个主要组件。图 1.6 展示了网络文件系统中典型的请求处理逻辑。

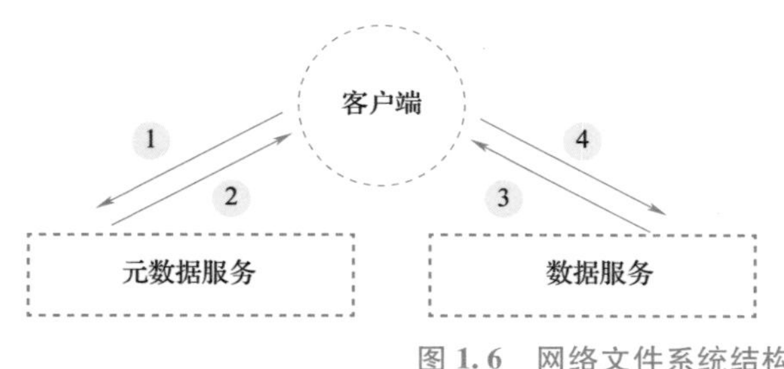
客户端
1
2
3
4
元数据服务
数据服务
1 客户端访问/path/to/file，向元数据服务请求相关元数据
2 元数据服务返回结果
3 客户端直接访问数据服务读写数据
4 数据服务返回结果

图 1.6　网络文件系统结构

1）客户端。通过系统调用（内核态客户端，FUSE 客户端）或者专有库为用户提供网络文件系统访问的入口。客户端的主要功能是解析请求，并转发到系统的不同组件。此外，一些网络文件系统会在客户端中提供缓存，从而优化元数据及数据操作的性能。

2）元数据服务。负责维护网络中文件路径到数据存储位置的映射，主要包含名空间（目录树）的管理，文件内数据页的索引以及锁管理，同时还需要存储文件的大小、权限等信息。元数据服务的架构大致可以分为中心化和非中心化两种，分别用于满足不同场景的需求。

3）数据服务。负责提供数据在节点间的分布策略，以及维护节点内数据到物理存储设备上的映射。许多网络文件系统采用本地文件系统来实现本地数据存储，也有一些系统采用定制的本地存储系统存储数据以优化性能。

元数据服务作为网络文件系统的“大脑”，是网络文件系统设计的核心，同时也是最容易成为系统瓶颈的组件。主流网络文件系统，如 HDFS、Lustre、Beegfs、IBM Spectrum Scale 等普遍采用中心化的元数据服务架构，其采用独立的元数据服务器（或集群）管理元数据和处理元数据操作；另外也有如 GlusterFS 的网络文件系统，其使用去中心化的元数据服务架构，即没有独立的元数据服务器，而是在客户端上通过分布式哈希表等方式计算出文件数据的存储位置。

下面从两种典型的元数据服务架构出发来介绍目前主流网络文件系统的设计。对中心化的网络文件系统架构，介绍为大数据处理场景而设计的 HDFS 以及为高性能计算场景而设计的 Lustre，对非中心化的网络文件系统架构，简要描述 GlusterFS 的关键设计。

（1）HDFS

HDFS（Hadoop Distributed File System）是 GFS 的一个基于 Java 的开源实现。HDFS 于 2010 年提出，现已广泛用于工业界中，作为支撑大数据处理框架 Hadoop 数据读写和存储需求的分布式文件系统。

HDFS 主要面向的场景有这样几个特点。①硬件可能故障。HDFS 使用大量廉价机器构成分布式文件系统，其中任意一台均有可能故障，需要进行容错。②大批量的数据流式访问。HDFS 上层支撑的 Hadoop 等应用需要进行大量批处理任务，需要高吞吐的数据访问。③数据文件较大。一般在 HDFS 上放置的数据至少是 GB 级别的。④简单的一致性需求。上层应用的场景只会在创建文件的时候进行写入，创建完后只会进行多次读取或追加写，不会直接修改。

HDFS 围绕这些场景的特点，设计了如下的架构。HDFS 采用客户端-服务器模式的网络架构，由一个 NameNode 和多个 DataNode 组成。在 HDFS 中，一个文件将会被划分成大小为固定大小的文件块（默认为 128MB，可调整）。这些文件块将会存放在不同的 DataNode 中，而文件路径和文件块位置之间的映射关系则存放在 NameNode 中。由此可见，NameNode 集中存储了 HDFS 中的元数据，是中心化的体现。为了避免因 NameNode

故障而导致数据丢失，HDFS 还会加入一个 Secondary NameNode，用于为 NameNode 做检查点。另外，HDFS 默认选择较大的文件块，能够让单个大文件的文件块数量更少，从而减少元数据的量。

客户端读取一个指定文件的流程如图 1.7 所示。客户端首先需要从 NameNode 中获取该文件的文件块 ID 以及每个块所在的 DataNode 编号列表，然后再直接访问每个块对应的 DataNode 以读取该文件块的数据。如果客户端需要写入数据，同样需要先从 NameNode 中申请新的块，NameNode 会分配文件块 ID 和对应的 DataNode 供客户端进行写入。

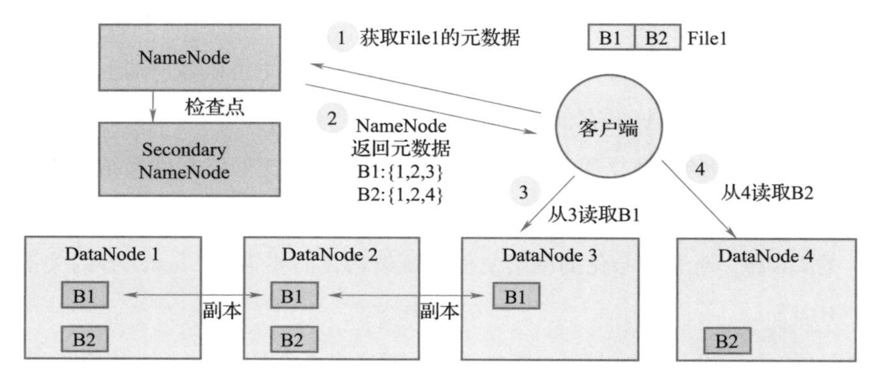

图 1.7　HDFS 文件系统结构

为了提升容错的能力，HDFS 实现了三副本机制。考虑到 HDFS 一般构建在廉价的机器上，如果一个文件块仅存放在一台机器里，磁盘、网络、主板等部件的故障都可能造成该文件块数据丢失或不可用。HDFS 的做法是，对于每一个文件块，都会存放在三个不同的 DataNode 上，任意一个 DataNode 的故障或损坏，都不会影响数据的可用性。因此当从 NameNode 中获取元数据时，NameNode 将会为每个文件块提供多个可用的 DataNode 编号，客户端可以从这几个 DataNode 中选取较近的节点进行读写。但三副本同样带来了较高的代价，一是其对存储空间的需求将是原来的三倍，二是写入速度受到影响，为了保证数据的完整性，HDFS 需要三个副本均完成写入后才向客户端返回成功写入的消息。

（2）Lustre

Lustre 是一个开源的、全局单个命名空间的、符合 POSIX 标准的分布式并行文件系统。其具备高可扩展性且高性能，能够支撑数万客户端系统、PB 级别的存储容量以及上百 GB 的聚合 I/O 带宽。由于这些特点，Lustre 被广泛用于如今的超级计算机中，并为超算计算机上的计算负载提供极致的并行 I/O 性能。

Lustre 的架构如图 1.8 所示，主要包括三个部分：管理服务器（MGS）、元数据服务器（MDS）和对象存储服务器（OSS）。管理服务器存储了 Lustre 文件系统的配置信息，并广播配置更改消息。元数据服务器管理整个文件系统的全局命名空间，维护整个文件系统的目录结构、用户权限和元数据一致性，并为客户端提供完整的全局命名空间视图。对象存储服务器负责对象数据的存储，并把文件数据存储到后端的对象存储设备中。客户端可以通过标准的 POSIX 接口访问文件系统。

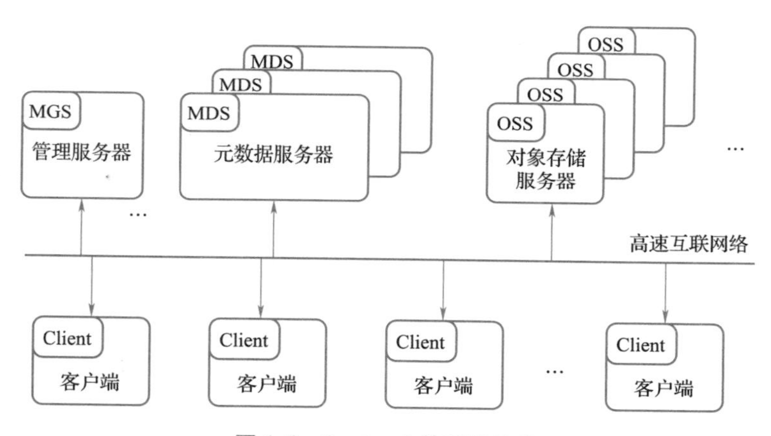

图 1.8　Lustre 文件系统结构

Lustre 中的文件会持久存储在多个不同的 OSS 的对象中。OSS 提供了对象存储的接口，其复用了本地文件系统存储文件的接口存储每个对象文件（如从 ext4 改造的 ldiskfs，或者 zfs 等）。Lustre 将一个文件按照一定大小（默认是 4MB）进行条带化，并以如图 1.9 所示的方式放置在多个不同的对象文件中。通过条带化，Lustre 能够实现并行 I/O，从而充分利用多个对象存储节点所能提供的聚合带宽。值得注意的是，Lustre 默认的条带化大小为 4MB，较小的条带能够提高 I/O 的并行度，并且优化上层应用负载中小读写的性能。当客户端需要读写文件时，客户端首先需要从元数据服务器获取该文件的元数据信息，文件的元数据信息为（OST id，Object id）二元组的一个列表。获取该列表后，客户端就可以并行访问多个 OSS 上对应的对象文件，以条带化的方式读写对象存储服务器上的对象文件。

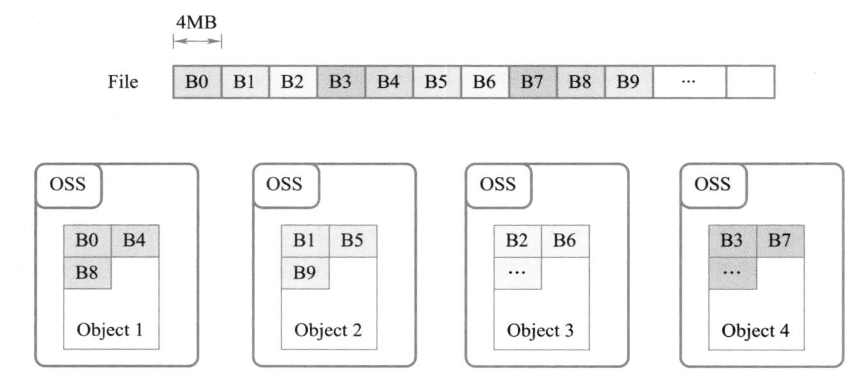

图 1.9 Lustre 条带化策略

为了进一步优化并行 I/O 的性能，Lustre 还对单文件并行 I/O 的场景做了优化。高性能环境下，海量计算节点需要并行写同一个文件不重叠的区间。常见的分布式文件系统如 HDFS，为每个文件维护一个互斥的租约，这导致只有一个客户端能够获取租约并写入，无法满足 $N-1$ 的写入场景。Lustre 使用的分布式锁管理机制（Lustre distributed lock manager，LDLM）基于 VAX/VMS 分布式锁管理机制改进而来。LDLM 能够为对象文件提供字节锁，当一个客户端需要写入对象文件时，LDLM 会先为该客户端分配范围为整个对象文件的锁，若此时还有另外一个客户端也需要写入该对象文件（但地址范围不重叠），LDLM 会根据两个不同客户端的写入范围进行锁分裂，为两个客户端各自提供一个独立的字节级别的区间锁，从而让这两个客户端能够并行读写同一个对象文件。

同时，在数万客户端下，高并发的元数据操作将使元数据服务器的性能成为瓶颈。为了缓解该问题，Lustre 支持使用多个元数据服务器组成集群，共同对外提供元数据服务，并在多个元数据服务器之间划分元数据，从而实现负载均衡。Lustre 使用基于子树划分的方式将整个名字空间的各个子树分布到多个元数据节点，从而缓解大量元数据操作可能造成的性能瓶颈。

（3） GlusterFS

GlusterFS 是一个开源的，可伸缩的分布式文件系统，适用于云存储、媒体流等数据密集型任务，并具有强大的横向扩展能力，可支持数 PB 的存储容量和数千客户端系统。其可通过 Infiniband RDMA 或 TCP 将大量廉价的存储节点通过网络互联构建一个并行的网络文件系统，并为用户提供高可用性、高性能等特点。

GlusterFS 的整体架构只由客户端和存储节点两部分组成，而没有单独的元数据服务器。存储节点提供的存储单元称为 Brick，一个节点可以提供一个 Brick 或多个 Brick（分别对应一个硬盘和多个硬盘的情况）。多个 Brick 可以构成一个存储池，GlusterFS 通过 FUSE 为存储池提供满足 POSIX 协议的 I/O 接口。客户端挂载 GlusterFS 提供的存储池后，将会从服务端获取存储池的配置文件信息。客户端通过这些配置信息，使用分布式哈希表（DHT）算法在本地计算出文件所在的 Brick，从而找到文件存放的位置，进而完成 I/O 操作，如图 1. 10 所示。

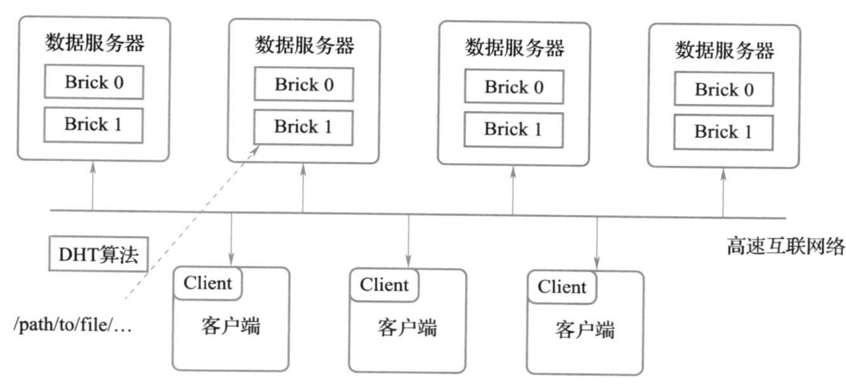

图 1. 10　GlusterFS 文件系统结构

GlusterFS 为用户提供了多种不同的存储池类型，基于存储节点提供的多个 Brick，客户端可以在其上创建普通逻辑卷（文件完整地存放在某个 Brick 上）、条带卷（文件会在多个 Brick 之间条带化存储）、副本卷、条带副本卷（在多个 Brick 上放置文件的副本）和 EC 卷（使用纠删码实现一定的冗余）。由于没有元数据服务器辅助，这些存储池的具体实现都在客户端上完成。

GlusterFS 的去中心化体现在 GlusterFS 使用分布式哈希表（DHT）确定文件的存储位置，因此其不需要单独的元数据服务器存储文件路径和文件存储位置之间的映射关系，而文件本身的元数据和文件一起存储。客户端在进行 I/O 操作的时候，也能避免和元数据服务器之间的一次网络交互，降低了操作的延迟。

GlusterFS 去中心化的元数据管理方式避免了元数据瓶颈，但也带来了新的问题。一个问题是存储池的扩容缩容需要带来额外的数据迁移。GlusterFS 使用文件名计算出哈希值，并根据哈希值确定该文件在哪个 Brick 上（每个 Brick 对应一段哈希值的范围）。但是当存储池中增加或减少 Brick 时，Brick 和哈希值范围之间的关系会重新计算，这会导致一些文件对应的 Brick 发生变化，此时这些文件必须迁移到新的 Brick，否则未来将无法读取到。这类扩缩容操作导致的额外的 I/O，将可能加重存储系统的负载，影响到正常的文件访问操作。

另一个问题是遍历目录的元数据性能不佳。用户常常需要展示一个文件夹下所有文件的相关元数据，在有元数据服务器统一存储元数据的情况下，这些操作往往只需要在元数据服务器内进行即可。但在 GlusterFS 中，一个目录下的每个文件可能都存在不同的 Brick 中，且文件的元数据和文件一起存放，这意味着遍历目录需要读取这些文件所在的所有 Brick，这往往需要和更多的数据服务器交互，元数据操作的延迟更大。为了缓解该问题，GlusterFS 在每个客户端上都具备一定大小的元数据缓存。

2. 网络文件系统前沿

由前面的三个典型的网络文件系统可以看到，网络文件系统的设计需要和场景的需求紧密结合，才能让网络文件系统成为上层负载中可靠且高性能的后端存储。尽管如今业界已经具有如此多成熟的网络文件系统，但由于应用场景的复杂多样，新型硬件的不断推出，单一的网络文件系统设计难以满足所有场景的需求，也无法充分利用新型硬件的性能。因此，在网络文件系统的设计上仍然存在许多优化空间。具体来说，存在以下三个方面的开放问题。

（1）如何设计与实现高吞吐的元数据操作

对用户来说，最容易感知到的就是元数据服务的性能。在用户操作命令行查看目录内容时，元数据服务的性能就体现为每一次命令行操作的延迟。而对于应用而言，批量创建或删除大量文件时也对元数据服务的性能提出极大的考验。因此，人们希望元数据服务能够提供低延迟、可扩展、高吞吐的性能表现。

目前在元数据服务的设计上，主要从三方面去尝试优化。首先，对于单个元数据服务器，可以通过优化存储系统本身设计，或者使用加速器来优化元数据服务性能。其次，对于元数据服务集群，则通过优化服务器之间的负载均衡来提升性能。最后，通过放松元数据接口语义，能够在一些场景下更进一步释放元数据服务性能的潜力。

对于单个元数据服务器而言，元数据的操作性能瓶颈一般在于读写磁盘。传统的并行文件系统，如 BeeGFS，将元数据作为特殊的文件进行管理，由于元数据操作包含大量的小型读写操作，这种管理方式导致存储开销大，并发度低。在海量小文件场景下，元数据处理更容易成为瓶颈。针对以上缺陷，一些研究采用关系型数据库或 NoSQL 数据库来存储元数据。IndexFS[5] 采用 LevelDB 来存储元数据，利用 LSM 树对小型 I/O 的优化和良好的并发性大幅提升元数据处理的效率。CalvinFS 针对元数据存储和一致性维护开销大的问题，通过将元数据组织为 NoSQL 对象并利用分布式数据库 Calvin 来提高元数据处理的性能。另外，HopsFS 主要优化 HDFS 的元数据处理。其主要设计思路是将元数据存储在 NewSQL 数据库 NDB 上，利用其良好的扩张性和并发性来优化元数据操作。另外，除去优化存储操作，当处理性能本身成为瓶颈时，Chen 等人使用 GPU 加速元数据操作，其通过聚合多个元数据请求，发送到 GPU 上并行解析，从而提升元数据操作的吞吐量。

对于元数据服务器集群而言，主要通过优化元数据服务器之间的负载均衡，减少元数据操作的网络请求数来提升性能。由于在元数据服务集群中，元数据需要分布在不同的服务器上，完成一个元数据请求可能会需要分别多次请求不同的服务器，网络开销大，但如果全部元数据都放在同一台服务器上，又会造成负载不均衡的问题。Beegfs 使用基于哈希的方式将所有目录分布到各节点上。其目录的定位比较简单，通过简单的计算就可知道某个目录所在的元数据服务节点，缺点是元数据访问的局部性下降，从而带来较大的网络开销。Lustre 是基于子树划分到不同的元数据服务器上。CephFS 在静态子树划分的基础上根据元数据的热点变化动态调整划分方案，动态子树划分解决了静态子树划分的访问热点问题，但是动态调节的过程中需要迁移数据，在负载频繁变化的情况下会严重影响元数据访问性能。为了进一步优化 CephFS 中的动态子树迁移，Wang 等人提出一种负载感知的方法 Lunule 避免子树划分的不平衡。而 IndexFS 的做法则是使用一种基于动态哈希桶的 GIGA+算法动态迁移解决多个 MDS 之间的负载均衡问题。

严格的 POSIX 接口语义会导致元数据操作性能难以提升，因为其要求全局统一的命名空间，其中每一个元数据操作一旦完成，其结果需要更新到全局的命名空间中，其他客户端需要马上可见，但这种做法在集群规模不断变大的情况下成了限制元数据操作性能的主要瓶颈。事实上，一些场景并不要求需要严格遵循 POSIX 接口。DeltaFS 在 IndexFS 的基础上，通过弱化一致性来提升特定场景下的性能。其主要设计思路是在客户端聚合元数据操作，再批量提交到元数据服务节点，这种设计尽管可以大幅提升元数据服务的并发度及降低操作时延，但是元数据操作并非即时全局可见，因此仅适用于客户端间无须元数据同步的场景。作者也进一步将 DeltaFS 应用于粒子轨迹分析的高性能计算场景中，通过 In-Situ 的方式加速计算过程中间数据的索引。Pacon 致力于提升元数据服务的扩展性，根据高性能计算场景下应用间元数据相互隔离的特点提出了局部一致性，它保证应用内元数据的一致性但是牺牲应用间的一致性，通过将元数据缓存到应用客户端上搭建的分布式缓存上，并异步地提交到元数据服务节点来提高元数据服务的并发性。

（2）如何设计适用于特定环境的 I/O 转发架构

常见的并行文件系统，如 Lustre，BeeGFS，IBM Spectrum Scale，OrangeFS 等文件系统，其客户端上运行着完整的 I/O 栈，每个客户端节点都可以直接访问元数据服务器和数据服务器。但随着集群规模不断增大，计算节点数量不断增加，若每个计算节点的 I/O 操作都需要各自访问元数据服务器和数据服务器，可能会带来这四个方面的问题：①网络流量不均衡，计算节点到存储节点的 I/O 请求可能会挤到相近的链路上造成网络拥堵。②存储节点负载过重，可能会有个别节点需要维护大量的网络连接，造成负载不均衡。③存储网络和计算网络紧耦合，无法根据各自的需求进行设计。④运行完整 I/O 栈将会给计算节点带来不可避免的系统噪声，影响程序执行性能。

为了解决这个问题，2022 年在 TOP500 榜单中的 TOP20 中，有 9 台采用了 I/O 转发架构。在 I/O 转发架构中，完整的 I/O 栈被卸载到 I/O 节点上执行，位于计算节点的客户端仅需要将 I/O 请求转发到专用的 I/O 节点，避免复杂的 I/O 栈在执行过程中由于占用了 CPU 缓存等因素影响了计算节点的性能，因此能够最小化 I/O 在计算节点上的开销，减小系统噪声。I/O 操作实际上仅在 I/O 节点上执行，并通过适当的调度策略提升整体吞吐量。

对于 I/O 转发类的架构，现在在学术界中主要就 I/O 节点上请求的调度、I/O 节点上数据的缓存与预取、计算节点与 I/O 节点间的映射关系这三方面进行研究。Ohta 等人提出了 I/O 流水线和请求调度这两个方法来提升 I/O 转发的性能。Vishwanath 等人在 IBM Blus Gene/P 超算中使用了基于工作队列模型的 I/O 调度减少 I/O 资源的竞争，另外提出了异步数据分级实现计算与 I/O 的重叠，缓解应用的 I/O 瓶颈。在天河二号中文件系统将多个 I/O 节点合并成一个新的抽象：名称空间[6]。在一个名称空间里的任务可以使用 I/O 节点上的 SSD 加速 I/O，I/O 节点也可以使用 SSD 对数据进行缓存。另外，I/O 节点还会根据需要对 I/O 请求采用不同的调度策略以保证公平和资源隔离。石宣化等人提出 SSDUP，其依赖 I/O 节点中的 SSD，根据应用的 I/O 模式，将随机 I/O 写到 I/O 节点中的 SSD，而顺序 I/O 则写到 HDD，减少了 I/O 节点中 SSD 所需容量的大小。神威·太湖之光超算团队提出了一种应用自适应的 I/O 节点动态分配方法[7]，并使用该方法改进了原来的静态映射方法，从而消除了大多数的 I/O 干扰，提升了 I/O 性能。

（3）如何利用快速存储设备及新型硬件

在过去，大多数分布式文件系统都基于机械硬盘而设计。而现在，一方面新型快速存储设备，如固态硬盘，持久内存均已可用；另一方面，网络技术也在不断发展，RDMA、智能网卡带来了更低的网络延迟，更高的带宽。这些技术的发展让网络文件系统需要进行适当的改造，才能充分发挥这些新型硬件的潜力。

在不改动原系统的情况下，可以引入固态硬盘从而提升性能。天河二号[6]将 SSD 安装在 I/O 节点上，实现自适应的数据缓存和预取。Cori 超算则额外增加一些节点安装 SSD 专门用作 Burst Buffer 节点。在计算节点直接增加固态硬盘，客户端能利用计算节点上的（或特定 Burst Buffer 节点上）的多个 SSD 缓解后端并行文件系统的 I/O 压力，提升 I/O 性能。在美国橡树岭国家实验室研发的超级计算机 Summit，其在每个计算节点上都配备了一块 1.6TB 的 NVMe SSD，并在该 SSD 上提供了支持 N-N 和 N-1 写入模式的 SymphonyFS，用户可以根据自己需要选择不同的并行 I/O 方式。Wang 等人提出了 BurstFS，其将多个计算节点本地的 SSD 组成一个临时文件系统，并在计算节点之间使用 hash 划分数据块实现高效的 N-1 并行写入。Vef 等人提出了 GekkoFS[8]，它发现 POSIX 语义中的一些要求限制了临时文件系统的性能，而一般的 HPC 应用并不需要完整的 POSIX 语义接口，因此其放松了 POSIX 语义接口，提升了性能。Qian 等人在 Lustre 上设计了 LPCC，其作为 Lustre 客户端的一个扩展，可以使用计算节点本地的存储透明地缓存后端并行文件系统的内容。Schimmelpfennig 等人基于 GekkoFS，提出了更适用于深度学习负载的临时文件系统。

网络文件系统需要重新设计才能充分发挥新型硬件的潜力。阿里巴巴于 2018 年提出的 PolarFS 充分使用了如今的新型硬件和用户态接口，在 NVMe SSD 上使用 SPDK 减少软件栈开销，并使用 RDMA 进行节点间的通信，重新设计了整个网络文件系统，将 PolarFS 上的读写延迟降低至和本地固态硬盘上的文件系统相近，并通过 ParallelRaft 提升了多节点间副本同步的吞吐量。针对近年来新出的持久内存介质，Octopus[9] 和 Orion 结合 RDMA 在其上设计了高性能的网络文件系统，但由于持久内存延迟极低，均有较大的软件开销。Assise 使用用户态客户端设计网络文件系统，并结合节点上的固态硬盘，热的内容放在持久内存上，冷的内容放在固态硬盘上，进一步优化性能和提高可用容量。LineFS[10] 结合了持久内存和智能网卡的特性，在 Assise 之上，将发布操作和副本操作卸载到智能网卡上，并以流水线的方法优化数据处理时产生的吞吐量。

1.3 本讲小结与展望

当前，云计算系统、分布式集群、超级计算机等各种计算环境中均存在多样化的大数据应用。不同的大数据计算环境对应了不同的大数据存储系统。本讲重点介绍了面向云计算环境的云存储系统和面向分布式集群、超级计算机的大规模文件系统。针对云存储系统，主要介绍了总体架构、关键算法和数据索引；针对大规模文件系统，主要介绍了管理存储设备的本地文件系统和面向高性能、可扩展等需求的网络文件系统。虽然，大数据存储系统在上层应用和使能技术的双重驱动下发展迅速，但还存在大量的开放性问题有待学术界和工业界展开持续的探索。

参考文献

[1] WEIL S A, BRANDT S A, MILLER E L, et al. CRUSH: Controlled scalable decentralized placement of replicated data[C]//Proceedings of the 2006 ACM/IEEE Conference on Supercomputing. Piscataway: IEEE , 2006: 31-33.

[2] RAJU P, KADEKODI R, CHIDAMBARAM V, et al. Pebblesdb: Building key-value stores using fragmented log-structured merge trees[C]//Proceedings of the 26th Symposium on Operating Systems Principles. New York: ACM, 2017: 497-514.

[3] ZHANG J, SHU J, LU Y. ParaFS: A Log-Structured File System to Exploit the Internal Parallelism of Flash Devices[C]//Proceedings of 2016 USENIX Annual Technical Conference . Berkeley: USE-

NIX Association, 2016: 87-100.

[4] XU J , SWANSON S. NOVA: A Log-structured File System for Hybrid Volatile/Non-volatile Main Memoriesin[C]//Proceedings of the 14th Usenix Conference on File and Storage Technologies. Berkeley: USENIX Association, 2016: 323-338.

[5] REN K, ZHENG Q, PATIL S, et al. IndexFS: scaling file system metadata performance with stateless caching and bulk insertion[C]//Proceedings of the International Conference for High Performance Computing, Networking, Storage and Analysis. Piscataway: IEEE, 2014: 237-248.

[6] XU W, LU Y, LI Q, et al. Hybrid hierarchy storage system in MilkyWay-2 supercomputer[J/OL]. Frontiers of Computer Science: Selected Publications from Chinese Universities, 2014, 8(3): 367-377.

[7] JI X, YANG B, ZHANG T, et al. Automatic, application-aware I/O forwarding resource allocation [C]//Proceedings of the 17th USENIX Conference on File and Storage Technologies. Berkeley: USENIX Association, 2019: 265-279.

[8] VEF M, MOTI N, SÜSS T, et al. GekkoFS-A Temporary Distributed File System for HPC Applications[C/OL]//2018 IEEE International Conference on Cluster Computing. Piscataway: IEEE, 2018: 319-324.

[9] LU Y, SHU J, CHEN Y, et al. Octopus: an RDMA-enabled distributed persistent memory file system[C]//Proceedings of the 2017 USENIX Conference on Usenix Annual Technical Conference. Berkeley: USENIX Association, 2017: 773-785.

[10] KIM J, JANG I, REDA W, et al. LineFS: Efficient SmartNIC Offload of a Distributed File System with Pipeline Parallelism[C]//Proceedings of the ACM SIGOPS 28th Symposium on Operating Systems Principles. New York: Association for Computing Machinery, 2021: 756-771.

第 2 讲
分布式数据库

编者按

本讲由蔡鹏和胡卉芪撰写。蔡鹏和胡卉芪分别是华东师范大学的教授和副教授，有多年数据库内核研发经验，曾经为银行核心业务构建分布式数据库系统，获国家科技进步二等奖。

2.1 NoSQL 与 NewSQL

2.1.1 NoSQL 发展历史

1. 从 SQL 到 NoSQL

在 NoSQL 诞生之前，处在数据库领导地位的是关系型数据库，在关系型数据库出现之前，数据管理系统多采用分层数据模型和网状数据模型。在分层数据模型与网状数据模型下，使用者需要知晓数据底层的格式，使用难度较高。直到 1970 年 IBM 的 E. F. Codd 发表名为“A Relational Model of Data for Large Shared Data Banks”(《大型共享数据库的数据关系模型》)[1] 的论文，首次提出关系模型的概念，阐明了新型数据库设计的方法。在关系模型下，人们首先利用实体关系模型为物理世界中的实体及实体间的联系进行建模，再将实体关系模型中的实体及实体间联系利用“关系”进行表示。在关系型数据库中，每个“关系”即为一张二维表。

研究人员同时为关系型数据库设计了非过程化的 SQL 高级语言，以实现数据定义（DDL）、数据操作（DML）以及数据查询（DQL）等功能，通过关系代数中的交、并、差、积，以及投影、选择、连接等算子对数据集合进行操作。关系型数据库利用关系数据模型与 SQL 高级语言，使得数据具体的存储方式对用户透明，用户所见的数据均由称为“关系”的二维表组成，实现了对数据高效地组织、操作与管理。

由于数据库中存在不同线程间的并发操作，甚至系统本身可能出现故障，导致数据不一致现象发生。因此，关系型数据库通常会提供事务的支持。事务是由一组操作序列组成，是数据库对数据操作或恢复的基本单位，并且需要满足 ACID 四个属性[2]。

1）原子性（atomicity）。一个事务中的全部操作，要么全部完成，要么全部取消，不会处在事务的某个中间状态。

2）一致性（consistency）。事务执行使得数据库从一个一致状态转换为另一种一致状态。

3）隔离性（isolation）。在并发环境下，事务与其他并发的事务运行时是相互隔离的。

4）持久性（durability）。事务一旦提交，对数据库中状态的变更是永久性的。

关系型数据库自 20 世纪 70 年代诞生以来，一直占据着数据库设计的主导地位。但是，自从互联网快速发展后，每天产生的互联网数据量暴增，对数据库的存储和计算能力要求越来越高，关系型数据库的局限性也开始显现出来。

应对越来越大的数据量以及数据处理任务，关系型数据库通常会采用纵向扩展方式（scale-up），即不断升级服务器的硬件设施以提升数据的存储与处理能力。但进入 21 世纪后，随着“摩尔定律”逐步失效，服务器的性能提升放缓，与此同时数据量发生爆炸式增长，纵向扩展的方式不足以支撑关系型数据库满足应用需求。因此，利用多台廉价的服务器组成计算集群，即横向扩展方式（scale-out），逐渐得到研究人员的广泛关注。

在横向扩展方式下，计算集群可以通过动态地增加或减少集群中服务器的数量，灵活地应对应用处理数据需求的变化。问题在于，在关系型数据库设计理念下，较难实现横向扩展。在集群环境下，关系型数据库需要对数据进行分片，将其部署在独立的服务器上运行。虽然这样做可以将整个数据库的负载分散到集群中多个服务器上，但由于关系模型中对实体完整性、参照完整性，以及事务的 ACID 等特性的要求，使得关系型数据库对整个集群的管理十分复杂，性能也会有较大的损失。

很多典型的互联网应用对关系模型的完整性约束以及数据的一致性要求并没有传统的关系型数据库严格，因此数据库研究人员着手研发非关系型数据库，NoSQL 便由此诞生了。NoSQL 舍弃了关系型数据库的诸多特点，例如弱化了“关系”概念，减少了对数据完整性的约束，弱化甚至抛弃了事务的概念。这么做的目的是为了抛弃限制关系型数据库在分布式环境下横向扩展的因素，以强化 NoSQL 在分布式环境下高可伸缩性、高可用性等特点。

2. NoSQL 主要特点

关系型数据库采用关系模型将数据拆分成若干个相互关联的“关系”，每个“关系”由一个二维表表示，将待存储的信息以元组的方式按行存储。由于关系模型设计需要遵循“范式”，因此不能在元组中嵌套元组。NoSQL 数据库则采用更为灵活的聚合数据模型，允许在一条记录中嵌套其他的记录结构。

以典型的网上博客为例。用户在平台发布个人博客，系统需要存储用户、博客、评论和热门推荐等信息，为了方便说明关系模型与聚合模型的异同，这里只考虑用户与博客。首先建立如图 2.1 所示的实体关系模型。

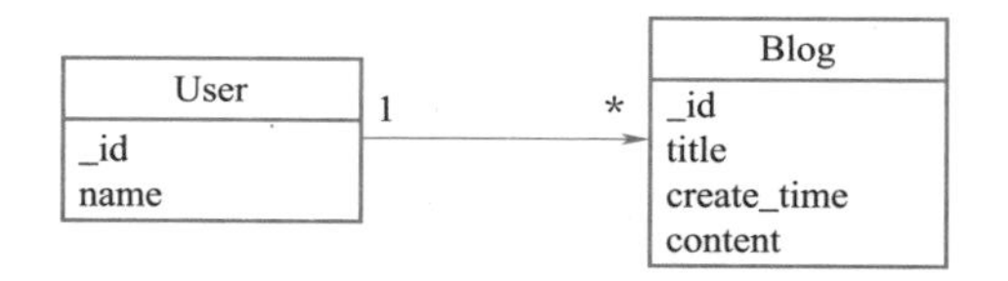

图 2.1　用户-博客实体关系模型

根据关系数据模型对完整性约束的要求，一般会将图 2.1 中的用户-博客实体关系模型设计为图 2.2 所示的两张表，博客数据并不作为用户数据的一部分，而是构成了相互独立的两张关系表，用户与博客之间的联系隐藏在了博客表里的外键 user_id 中。

User	
_id	name
000001	Li Hua

Blog				
_id	title	create_time	content	user_id
000005	NoSQL概述	2022/04/14 12:30	稍后补充	000001

图 2.2　关系数据模型示例

如果根据聚合数据模型，采用 JSON 格式可以设计为如下数据格式。

```
//user
{
    "_id": "000001",
    "name": "Li Hua",
    "blog": [
        {"_id": "000005",
         "title": "NoSQL 概述",
         "create_time": 2022/04/14 12:30,
         "content": "稍后补充"}
    ]
}
```

在聚合数据模型中，记录之间可以嵌套，因此可以将用户与博客信息划为一个大聚合，博客作为用户信息的一个子集存在。值得一提的是，聚合数据模型数据建模方式不唯一。在用户-博客实体关系中，聚合模型也可以像关系模型那样，将用户与博客拆分为两个分离的聚合。具体的设计方式取决于应用的需求，如果应用需要访问用户全部博客，则可采用示例中的设计方式；如果应用只针对单个博客内容进行操作，那么将用户与博客划分为两个聚合更符合实际需求。正是因为聚合模型可以根据需求设计不同的聚合，因此赋予了 NoSQL 超越关系型数据库的灵活性。

NoSQL 除了采用聚合数据模型与关系型数据库不同外，对数据一致性的要求也与关系型数据库有较大的差别。关系型数据库采用事务模型管理对数据的访问，事务需要满足 ACID 特性，这是对数据强一致性的要求。但是在分布式环境下，满足事务 ACID 特性十分困难，并且需要以较大的性能牺牲为代价。在互联网商业环境中，应用需要即时快速地响应用户的需求，同时对于数据的一致性要求也没有传统的关系型数据库那么高。因此 NoSQL 弱化了事务的概念，NoSQL 系统通常采用 BASE 特性进行阐述。

1）基本可用（basically available）。即使系统的部分节点、部分功能无法使用，系统中的大部分节点依然能够访问数据并提供核心功能。

2）软状态（soft state）。允许系统中数据出现不一致的中间状态。NoSQL 数据库通常会在多个节点上部署多份数据副本，发生数据更新时，允许多个副本数据暂时不一致。

3）最终一致性（eventually consistency）。虽然允许系统暂时出现数据不一致的状态，但是经过一个合理的时间范围，数据总会达到新的一致性状态。

最终一致性可以视为 NoSQL 的核心特征，与传统的关系型数据库关注于数据的强一致性不同，NoSQL 在设计之初更多关注系统的可扩展性与可用性。比如，在分布式环境下，NoSQL 数据库会对大数据量进行数据分区。会在多台机器上保留多份数据副本，用于提供更强的数据并发能力，以及提高系统出现故障时的可用性。在 BASE 机制下，当用户修改数据时，并非所有数据副本同步后才算做修改完成，而是直接返回结果，由 NoSQL 系统存储模块继续进行数据副本同步，并不会阻塞写操作。同时，在数据被修改时，NoSQL 也允许其他用户读到尚未更新的副本数据。不过 NoSQL 系统会在一个合理的时间范围内，将所有的副本同步到一致的状态，用户最终可以访问到最新的数据。

3. NoSQL 典型代表

NoSQL 数据库可以说为非结构化数据提供了高效的存储和检索数据的机制[3]，该机制并不采用关系模型的方式建模。实际上，在关系模型提出前，20 世纪 60 年代就有树状模型、网状模型提出。但是“NoSQL”直到 1998 年才第一次被提出，表示一个轻量、开源、不提供 SQL 功能的关系型数据库，但是其核心概念与现今“NoSQL”存在着根本性不同。2009 年，来自 Last. fm 的 Johan Oskarsson 组织了一次讨论关于开源分布式非关系数据库的活动，在活动中 Eric Evans（任职于 Rackspace，全球三大云计算中心之一）重新引入了 NoSQL 这个术语，表示 NoSQL 主要指分布式、非关系型和抛弃事务 ACID 属性的设计理念。

NoSQL 一经提出就得到快速的发展。目前 NoSQL 数据库存在多种类型，如图 2.3 所示，图中列出了 NoSQL 数据库的典型代表：键值数据库 Redis 与 LevelDB、文档数据库 MongoDB 与 CouchDB、图数据库 Neo4j，以及多模型数据库 OrientDB。其中，键值数据库与文档数据库采用前文所述的聚合数据模型，图数据库采用图数据模型，多模型数据库则是对多个模型进行混合。本节的后续部分，会分别介绍若干典型的 NoSQL 数据库，包括键值数据库、文档数据库和图数据库的基本特征与原理，并介绍 Redis、LevelDB、MongoDB 和 Neo4j 数据库的核心特点。

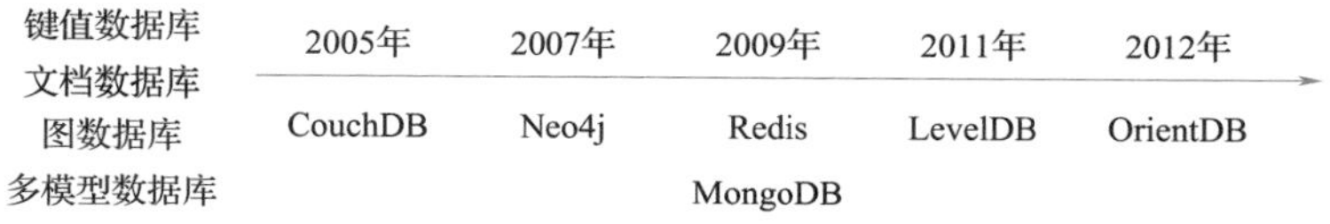

键值数据库 文档数据库 图数据库 多模型数据库	2005年	2007年	2009年	2011年	2012年
	CouchDB	Neo4j	Redis MongoDB	LevelDB	OrientDB

图 2.3 NoSQL 数据库典型代表

2.1.2 键值存储

键值数据库（key-value database），或称为键值存储是数据库最简单的组织形式。与关系型数据库通过 SQL 查询不同，键值存储不需要了解值的数据格式，所有的查询只需要输入键（key），再由系统返回对应的值（value）。键值存储拥有极好的性能，非常适合性能敏感的场景，同时键值存储简单的存储范式有利于工程上的解耦。从目前的应用情况来看，键值存储可以分为内存键值数据库和持久化键值数据库两大类。

内存键值数据库，顾名思义，这种数据库将数据存储在内存中，通过避免对磁盘的

I/O 操作来降低读写的延迟。因为所有的数据在内存中，所以内存键值数据库可以支持更多的数据结构，常见的结构包括：基数树（Radix Tree）、跳表（Skip List）、前缀树（Trie Tree）、多叉查找树（B/B+ Tree）、哈希表（Hash Table）等。目前广泛使用的内存键值数据库有 Redis、Memcached 等，其中 Redis 是目前最为流行的键值对内存数据库。

持久化键值数据库，内存昂贵的价格和较低的存储密度导致内存键值数据库无法胜任大规模的数据存储，所以将数据保存在廉价磁盘上的键值数据库更适合应对海量数据场景。过去传统的键值数据库通常使用 B+Tree 为存储结构，读性能较好但是写性能不能满足当今写敏感的场景，如电商业务。所以如今以 LSM-Tree 为结构的键值存储系统开始被越来越多的厂商所采用。众所周知磁盘的顺序写性能远好于随机写性能，所以 LSM-Tree 通过把随机写转化为顺序写以提高系统的写性能。目前流行的以 LSM-Tree 为结构的存储系统包括 LevelDB、RocksDB 等。

下面对这两大类键值数据库的代表系统：Redis（内存键值数据库）、LevelDB 和 RocksDB（持久化键值数据库）做详细介绍。

1. Redis

Redis（remote dictionary server）是由意大利人 Salvatore Sanfilippo 开发的内存键值对数据库。该数据库使用 C 语言开发，它的读写速度非常快，每秒可以处理超 10 万次读写操作。Redis 不仅能保存字符串，还支持多种数据类型，包括列表、哈希表、集合、有序集合。除了基本的 KV 接口，Redis 还支持其他功能如事务、订阅与发布、Lua 脚本和慢查询日志等。

（1）Redis 数据类型与编码方式

Redis 和其他很多键值数据库的不同之处在于，Redis 除了支持简单的字符串键值对，他还支持其他一系列数据类型，例如列表、哈希表、集合和有序集合。为了支持这些数据类型，Redis 内部实现了多种不同的数据编码方式（数据结构），并根据不同的场景选择合适的编码方式。数据类型和编码方式的不同点在于，数据类型是 Redis 对外暴露的抽象类型接口，而编码方式才是数据真正的存储方式。为了管理这些数据类型和编码方式，Redis 设计了一套自己的类型系统，所有的数据类型均由 redisObject 这个基本对象扩展而来。下面是 redisObject 的基本属性：

```
typedef struct redisObject {
    unsigned type:4;
    unsigned encoding:4;
    unsigned lru:LRU_BITS;
    int refcount;
    void * ptr;
} robj;
```

其中，type 属性表示值存放的数据类型，而 encoding 属性代表了其编码方式，ptr 则是编码后数据的存放地址。例如一个 redisObject 的 type 为 OBJ_SET 而 encoding 为 OBJ_ENCODING_INTMAP，那么这个键值对的数据类型就是集合，它内部采用的编码方式为整数集合。如图 2.4 展示了数据类型与编码方式的对应关系，下面按图 2.4 中的顺序从上而下依次介绍不同编码方式和它们的使用场景。

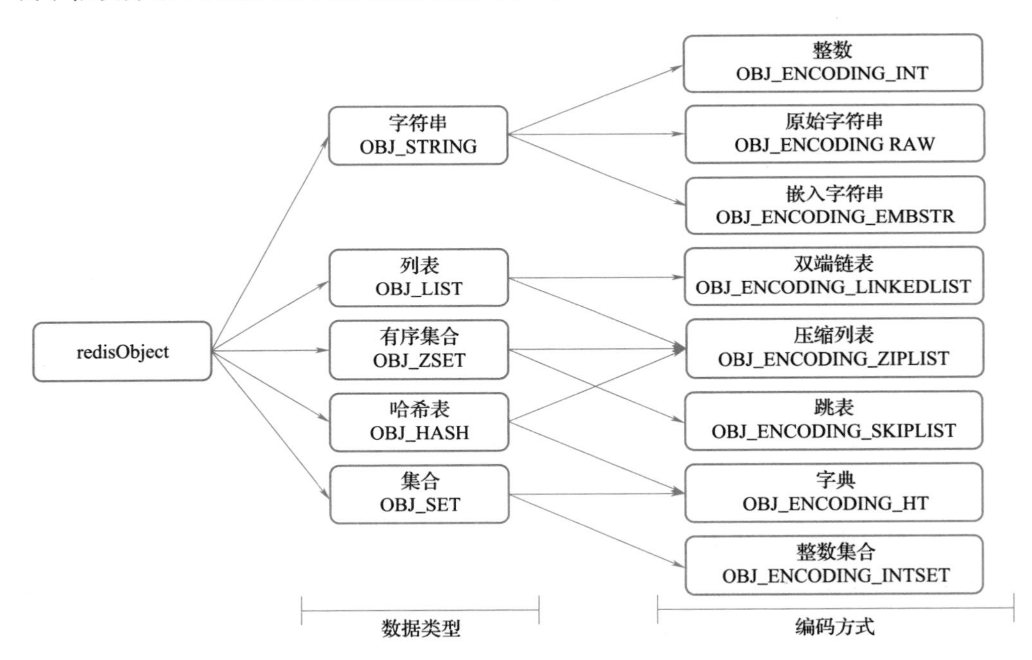

图 2.4　Redis 的数据类型与内部编码方式的映射

首先介绍三种字符串编码方式：整数（INT）、原始字符串（RAW）和嵌入字符串（EMBSTR）。整数用于编码可以表示为整数的字符串（OBJ_STRING），当一个字符串被加入系统时系统会尝试将其转换为整型，而对于无法表示为整型的字符串，系统会根据长度选择编码方式。如果字符串超过 44 字节则使用原始字符串作为编码方式，否则使用嵌入字符串。嵌入字符串将值与 redisObject 编码到一块连续空间，这样做可以加快短字符串的内存分配与回收速度。

接下来是两种链式编码方式：双端列表（LINKEDLIST）和压缩列表（ZIPLIST）。双端列表即双向链表，它用于列表（OBJ_LIST）这一数据类型中，但是双端列表的每个节点单独申请内存，会导致内存碎片化问题。当列表（OBJ_LIST）中数据较少的情况下 Redis 对此进行了优化，设计了压缩列表这一编码方式。压缩列表将所有的节点存放在一块连续的内存空间，如图 2.5 所示，它的头部记录了压缩列表的元信息，主要包括：空间占用、表尾到表头的偏移量和节点的个数，一个 entry 代表一个节点并且连续存放。这样的编码方式虽然插入和删除性能较差，但是可以有效缓解内存碎片问题。压缩列表通常被用作数据量较少的列表（OBJ_LIST）、有序集合（OBJ_ZSET）和哈希表（OBJ_HASH）的编码方式。

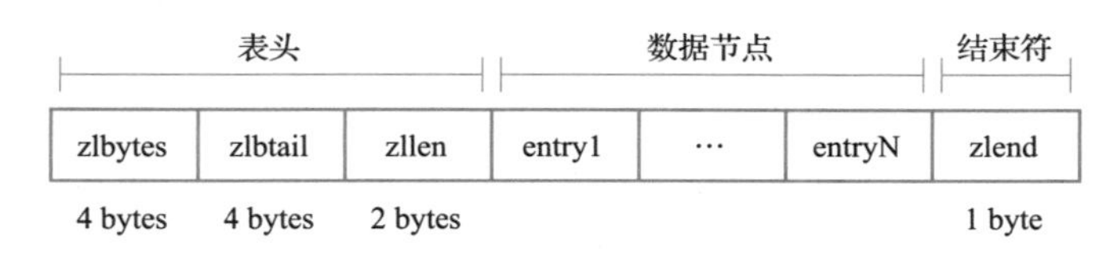

图 2.5　压缩列表的基本结构

下面介绍有序索引数据的编码方式：跳表（SKIPLIST）。跳表是一种利用概率来平衡索引高度的有序结构。通常有序索引结构如红黑树、AVL 树都需要复杂的机制来维持索引的平衡，导致实现较为复杂，而跳表则会让索引的高度按照一定概率增长，从而维持索引高度平衡，这样做的优势是实现简单，且性能可以和传统的平衡树相媲美，其结构如图 2.6 所示。Redis 会在数据量较大的有序集合（OBJ_ZSET）中使用跳表作为编码方式。

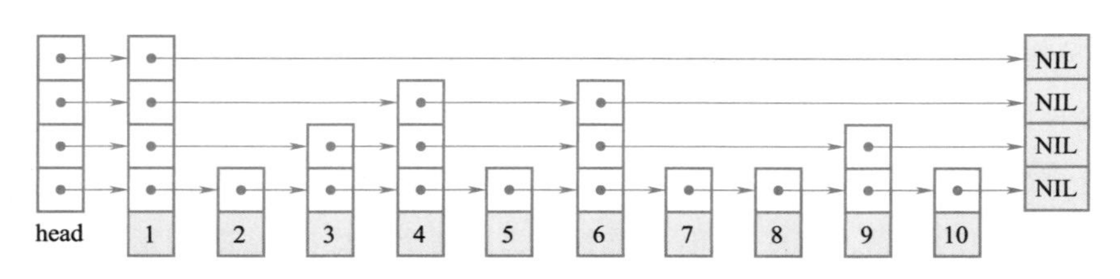

图 2.6　跳表的基本结构

下面介绍无序索引数据的编码方式字典（HT）。Redis 的字典用哈希表实现（需要注意字典的实现方式对于哈希表和数据类型哈希表（OBJ_HASH）不同），但是传统哈希表存在 rehash 操作，这是一种开销极大的操作。Redis 的字典采用了渐进式 rehash，当哈希表触发 rehash 时，Redis 会新建一个哈希表并在之后对字典的操作中将原哈希表的数据逐步转移到新哈希表上，直到原哈希表被清空。这样把 rehash 的开销平摊到每一个操作，避免了性能的抖动。Redis 会在数据量较大的集合（OBJ_SET）和哈希表（OBJ_HASH）中使用字典作为编码方式。

最后介绍整数集合（INTSET）这一编码方式。如果一个集合（OBJ_SET）只包含少量整型数据，那么使用字典（HT）则会产生内存碎片问题，对于这种场景 Redis 设计了整数集合来编码数据。整数集合是一个有序的整型数组，这个编码方式的优点和压缩列表类似，都是将细碎的数据存放在连续的空间内，避免内存碎片问题。同样由于性能问题，这个编码方式只适用于数据量较少的集合（OBJ_SET）。

（2）Redis 的典型使用场景

Redis 作为一个高性能的键值数据库，被广泛应用于生产中，下面主要介绍 Redis 目前主流的使用场景。在介绍使用场景前先列举 Redis 的优点，包括：极高的读写性能、丰富的数据类型、单线程不会有冲突操作、支持数据持久化、自动淘汰过期数据和支持分布式部署等。

1）缓存。缓存是 Redis 最常见的使用场景，这主要是因为 Redis 的读写性能优异，同时支持为每一个键设置生存时间（time to live），生存时间到期后会被自动删除。除此之外 Redis 还支持多种淘汰策略包括：volatile-ttl，优先淘汰最早过期的键值对；volatile-random，随机淘汰过期的键值对；volatile-lru，淘汰最少使用的过期键值对；allkeys-random，随机淘汰任意的键值对；allkeys-lru，淘汰最少使用的键值对。这些特点让 Redis 非常适合作为缓存来使用。

2）分布式锁。在分布式环境中，如果有多个进程需要对同一个数据进行修改，那么为了处理冲突就需要对数据加锁，这里的关键技术就是分布式锁，即所有的进程都通过一个外部系统来对数据进行加锁。在 Redis 中所有请求都是单线程执行，所以 Redis 不存在并发冲突的问题，而且 Redis 性能极高，这两个优势让 Redis 很适合分布式锁这种性能敏感又有大量并发冲突的场景。

3）消息队列。消息队列是一种进程间通信或同一进程的不同线程间的通信方式，它用于存储发送者的请求并等待接受者取回。早期的 Redis 支持发布订阅功能，这一功能让发送者（pub）可以发布消息到指定的频道，订阅者（sub）通过订阅指定频道来接收消息，从而实现消息队列的功能。但是订阅发布不支持持久化功能，也不支持访问历史消息。Redis5.0 新增了流数据类型（stream），这一数据类型提供了消息持久化的能力并让接受者能访问任意时刻的历史数据，还能记住接受者的访问位置，从而完善了 Redis 对消息队列场景的支持。

除此之外，Redis 的应用场景还包括：计数器、排行榜、电商秒杀活动、推荐系统等。

2. RocksDB & LevelDB

（1）LevelDB

LevelDB[5] 是 Google 的两位传奇程序员 Jeff Deam 和 Sanjay Ghemawat 设计开发的持久化键值数据库。和 Redis 不同，LevelDB 的所有数据都存储在磁盘上，只使用少量内存作为 Memtable 和缓存，所以使用成本要低廉得多。LevelDB 提出了 leveling 合并策略并对早期 LSM-Tree 做出了多方面的改进，因此 LevelDB 可以被认为是现代 LSM-Tree 的代表系统。下面通过介绍 LevelDB 的方式让读者对 LSM-Tree 的基本结构和操作有简单的了解。

从图 2.7 中可以看到 LevelDB 的基本结构包括 WAL（Write Ahead Log）、Memtable、Immutable（Immutable memtable）、SSTable 和 Manifest。从写路径上看，所有的写操作会先写入 WAL，用于恢复内存中的数据。接下来写请求会写入 Memtable，Memtable 可以理解为写缓冲，且其中的数据有序，支持快速查询。当 Memtable 写满后，Memtable 会被冻结为 Immutable，即只读的 Memtable。Immutable 会被立刻持久化（flush）到磁盘的第 0 层，成为 SSTable。SSTable 是只读结构，只能通过合并操作重建和删除。Manifest 会记录所有 SSTable 的元信息，让系统重启后知道当前有哪些 SSTable。

上面描述了 LevelDB 的基本写操作，但是这导致了 SSTable 之间数据存在重叠，所以在进行查询操作时就需要读取多个 SSTable 才能找到目标数据，也可能找不到数据，这些无意义的查找带来的开销称为读放大。除此之外随着数据的更新，之前 SSTable 内的部分数据会失效，这些失效的数据仍然占用磁盘的空间，这一问题称为空间放大。

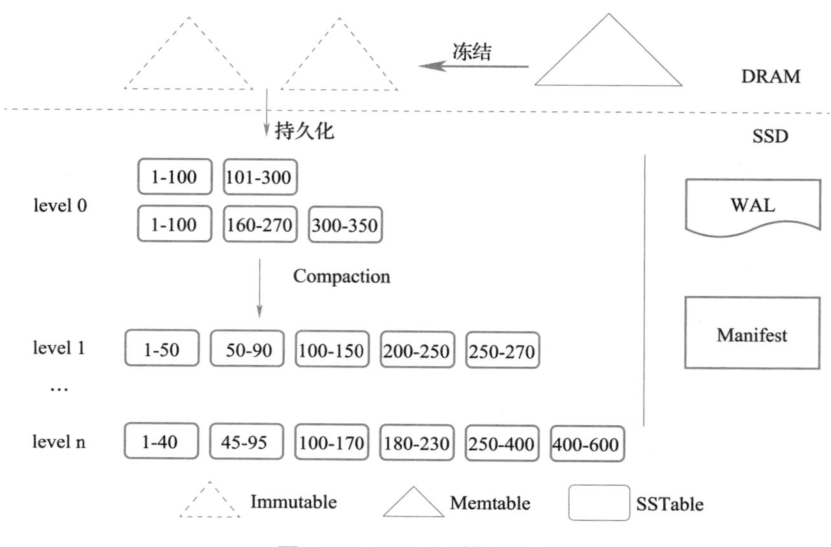

图 2.7 LevelDB 基本结构

为了解决上述问题，LSM-Tree 使用合并（compaction）操作来删除失效数据并将 SSTable 排序，具体操作为将多个有重叠数据的 SSTable 进行归并排序，生成新 SSTable 放入下一层。如图 2.8 所示，第 0 层的两个数据范围为 1～100 的 SSTable 与第 1 层的两个 SSTable 存在重叠，于是系统对这四个 SSTable 执行了合并操作，生成的三个有序的新 SSTable 放到第 1 层，之后的合并操作会将余下的 SSTable 合并。上述过程被称为 Leveling 合并策略，但是合并操作会频繁地重写磁盘上的数据导致写放大（write amplification）问题。除 Leveling 合并外还有一种常见的合并方式 Tiering 合并，它可以有效减少写放大问题，然而这种方式会影响读性能。

（2）RocksDB

RocksDB 是 Facebook 基于 LevelDB 开发的一款键值对数据库，它完全兼容 LevelDB 的接口，并且对 LevelDB 做出了多方面的改进。由于改进较多，下面主要介绍 RocksDB 对 LevelDB 的几个有代表性的改进。

1）多线程写。在 LevelDB 中写操作是单线程执行的，这就导致 LevelDB 不能发挥多核系统的并发能力。对于写操作，LevelDB 的做法是将所有请求推入一个队列，并让一个线程将队列里的请求按顺序执行。在 RocksDB 中如果有多个线程同时写入，那么这些请求会被打包为一个组，第一个加入组的线程负责写 WAL，同时其他线程被挂起。

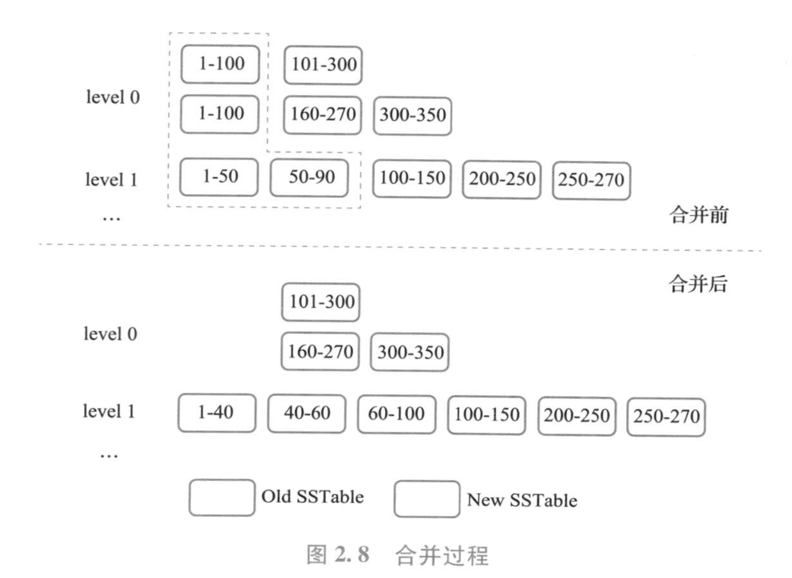

图 2.8　合并过程

当第一个线程写完 WAL 后组内其他线程被唤醒，并发写 Memtable。这一优化最高可以提高三倍的写入性能。

2）优化合并操作。RocksDB 对合并操作进行了多方面的优化，下面分别介绍。

a）多线程合并：LevelDB 一次只能触发一个合并操作，这导致在高速设备下硬件的带宽不能充分利用，而 RocksDB 支持最多 10 个合并同时执行。

b）自定义合并策略：LevelDB 只支持 Leveling 合并策略，这种策略保证一层没有重叠的文件，对读友好，但是写放大更严重。RocksDB 允许用户自己设定合并策略，如对写更友好的 Tiering 合并策略。

c）子合并：当一个合并卷入太多文件时，会导致这个合并持续时间过长，RocksDB 支持将一个大任务拆分为多个子合并任务以提高合并速度。

3）Column Families。Column Family 在列存数据库中常被用作表的抽象。RocksDB 3.0 开始支持的这一功能，对于不同的 Column Family 它们拥有独立的 LSM-Tree 实例，它们的数据相互隔离，所以 Column Family 之间可以采用独立的参数以及独立的合并策略。

4）支持事务。RocksDB 为键值对操作提供了事务接口，用户可以利用 BEGIN/COMMIT/ROLLBACK 接口来保证一批操作满足 ACID 特性，除此之外 RocksDB 还支持乐观事务以及悲观事务以应对不同的场景。下面这个例子展示了一个基本的事务操作。

```
TransactionDB* txn_db;
Status s = TransactionDB::Open(opts, txndb_opts, path, &txn_db);
Transaction* txn = txn_db->BeginTransaction(write_opts, txn_opts);
s = txn->Put("key", "value");
s = txn->Delete("key2");
s = txn->Merge("key3", "value");
s = txn->Commit();
delete txn;
```

2.1.3 文档数据库

文档数据库可以看作是键值数据库的升级版，其具有键值数据库基本的 key-value 结构，并且是无模式的（schemeless），同时又具有键值数据库不具有的新特性。文档中可以嵌套其他文档，并且具有集合的概念，文档中的 value 对用户可见以实现类似关系型数据库的查询功能。

1. 文档数据库基本特点

文档数据库存储、组织数据的原子单位是文档。文档数据库采用 XML、JSON 和 BSON 等半结构化数据格式，具有树状层次结构。得益于半结构化数据格式，文档中允许嵌套文档，并且对于属性数量以及嵌套的深度一般没有限制。因此文档存储无法也不需要预先定义数据模式。

下面是用户-博客实体关系模型中，用户数据的 JSON 存储方式示例。

```
{
    "user_id": "000001",
    "name": "Li Hua",
    "blog": [
        { "title": "NoSQL 概述",
          "create_time": "2022/04/14 12:30",
          "content": "稍后补充"
        },
        { "title": "文档数据库简介",
          "create_time": "2022/04/14 14:23"
        }
    ],
```

```
    "user_level": 5
}
```

根据示例可以看出，user 文档中嵌套了 blog 子文档数据，并且 blog 是一个文档数组，包含两篇博客。文档数据库拥有嵌套文档的表达能力，可以将紧密联系的多个实体设计为一个大聚合，利用文档的嵌套关系表达实体间的联系，因此可以避免关系型数据库的 join 操作。总的来说，文档以 key-value 存储为基础，key 用字符串表示，value 可以为基本数据类型，例如数字、字符串、布尔变量等；也可以是半结构化数据，例如嵌套子文档；或者结构化数据，例如数组。

再详细分析下 blog 嵌套子文档。blog 中包含了两篇博客，第一个含有“content”属性，第二个缺失了“content”属性。这种现象的出现使得文档数据库无法预先定义模式，体现出无模式（schemeless）特性。在关系型数据库下，由于提前定义了模式，如果元组的某个属性缺失，则需要填充“null”。但在文档数据库中，直接省略该属性即可。

上述信息还可以采用 XML 数据格式，XML 与 JSON 相似，都具有自我描述性。具体示例如下所示。

```
<user>
    <user_id>000001</user_id>
    <name>"Li Hua"</name>
    <blog>
        <title>"NoSQL 概述"</title>
        <create_time>"2022/04/14 12:30"</create_time >
        <content>"稍后补充"</content>
    </blog>
    <blog>
        <title>"文档数据库简介"</title>
        <create_time>"2022/04/14 14:23"</create_time >
    </blog>
    <user_level>5</user_level>
</user>
```

除了 JSON、XML 外，部分文档数据库还采用 BSON（Binary JSON）数据格式。如上所述，JSON 是将数据对象序列化为字符串，而 BSON 是将数据对象序列化为二进制码。BSON 相较 JSON，多了几个新的数据类型，并且会在文档数据前添加数据长度等元信息，会加速文档数据的遍历。但同时在某些情况下，由于元信息和索引信息的存在，BSON 消耗的存储空间会大于 JSON。

文档数据库在文档之上存在更高一层的结构，即集合。集合由一组文档构成，也可以看作由若干个文档构成的列表。与关系型数据库中的数据表相比，集合无模式但是支持查询功能，支持索引等结构加快集合内文档的访问。文档数据库集合示例如下。

```
{
    "user_id": "000001",
    "name": "Li Hua",
    "blog": [
        { "title": "NoSQL 概述",
          "create_time": "2022/04/14 12:30",
          "content": "稍后补充"
        },
        { "title": "文档数据库简介",
          "create_time": "2022/04/14 14:23"
        }
    ],
    "user_level": 5,
}
{
    "user_id": "000002",
    "name": "Li Lei",
    "user_level": 0
}
{
    "user_id": "000003",
    "name": "Han Mei",
    "blog":{ "title": "数据挖掘简介",
             "create_time": "2022/4/13 09:43" },
    "user_level": 15,
    "vip": 10
}
```

在集合示例中可以看到三份文档均有稍许不同。第一个文档是基本的一个文档，包含 user_id、name、blog 和 user_level 属性；第二个文档与第一个文档相比简洁了许多，只有 user_id、name 与 user_level 三个属性，我们可以认为该用户刚创建账号，用户信息处于初始状态；第三个文档，相较第一个文档多出了 vip 属性，表示该用户开通了 vip 账户。

以上文档各不相同，但同属于一个集合，这再次体现出文档数据库无模式的特性。文档的结构可以设计得十分灵活，即使同属一个集合的文档，也允许部分文档拥有自己独特的属性，并不强求所有文档的属性保持一致。这也带来了集合划分的问题。一般情况下，会将属于同一实体类型的文档归于同一集合，这就要求在对实体进行建模时，不要采用过于抽象的实体类型，保证属于同一实体的文档核心属性相同。另一个判断的方式是，通过判断应用程序是否需要为同一个集合中的文档编写不同的处理程序决定是否对集合进行划分。如果集合对应的实体过于抽象，使得同一集合中的文档相差较大，应用需要编写不同的程序来处理同一集合的文档，这个时候就要考虑是否对集合进行拆分。

键值数据库中的 value 值对用户不可见，用户只能通过 key 值访问对应的 value，这一点文档数据库采用了不同的设计思路，value 对用户可见，用户可以通过 value 访问对应的文档。在集合内部，我们可以为文档中的某个属性创建索引，用户可以对 value 值进行快速查询，找到具有该值的文档。

2. MongoDB

目前，市面上有多种文档数据库，例如 MongoDB、CouchDB、DynamoDB，不同的文档数据库均有文档数据库的本质特征，但也存在自己独有的特点。下面以目前世界上最流行的 NoSQL 数据库 MongoDB 为例，简要介绍文档数据库的特点。

MongoDB 的逻辑组织结构与关系型数据库类似，对应关系见表 2.1。在 MongoDB 中集合类似关系型数据库中表格的概念，不过 MongoDB 和一般的文档数据库相同，集合没有预先定义模式；与关系型数据库相似，MongoDB 支持对同一集合下文档中的字段创建索引，以提高查询的效率；在关系型数据库下，通常利用 join 操作关联两个表中的元组，不过 MongoDB 采用聚合数据模型，不支持 join 操作；MongoDB 针对文档也设置了主键“_id”字段，作为文档的唯一表示，通过在“_id”字段添加索引可以加快文档的查找。

表 2.1　RDBMS 与 MongoDB 比较

关系型数据库（RDBMS）	MongoDB
数据库（database）	数据库（database）
表格（table）	集合（collection）
元组（tuple）	文档（document）
列（column）	字段（key-value）
索引（index）	索引（index）
表连接（table join）	null（MongoDB 不支持 join 操作）
主键（primary key）	主键（MongoDB 将_id 字段设置为主键）

MongoDB 作为 NoSQL 的典型代表，其架构设计需要适合分布式集群环境，MongoDB 集群架构如图 2.9 所示。一个 MongoDB 集群主要包含三大模块：分片、路由和配置服务器。

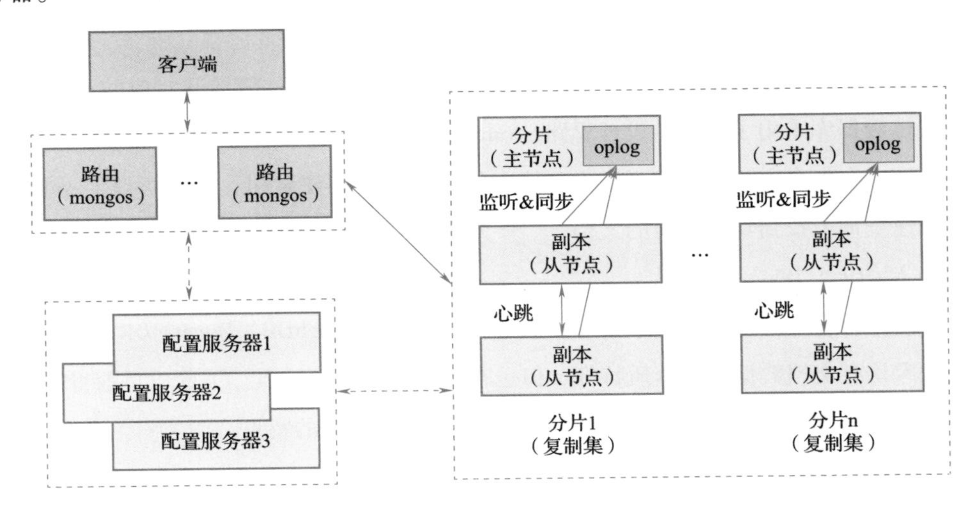

图 2.9　MongoDB 集群架构图

1）分片。负责存储数据的服务器称为分片（shard 或 mongod），包含一个 MongoDB 数据库数据的子集。一般来说，每个分片会有自己的复制集（replication set），采用主从架构维护数据副本。

2）路由。路由（mongos）作为用户访问 MongoDB 数据库的接口，负责客户端与数据库的交互工作，屏蔽了集群执行的具体细节。路由接收到用户的请求时，会解析用户的请求，并从配置服务器中获取到对应数据的分布信息，将请求准确地发送到对应分片中，并缓存数据与路由信息。

3）配置服务器。存储集群的全部元数据和配置信息。为路由功能提供元信息。从MongoDB3.4开始，配置服务器必须设置副本，以提高系统的可用性。

分片与复制是MongoDB的显著特点之一。

在MongoDB中，分片也称为水平分区，是一种根据文档中的某些属性对数据库进行划分的行为，类似在关系数据库中根据某些属性对表格中的行进行划分。在MongoDB集群中，不同的分片通常情况下分布在不同的服务器上。分片技术通过将数据库分为若干个互不相交的子集，将负载分散到各个服务器上，可以有效解决单点写入压力、单点硬件资源不足等问题。

MongoDB数据库分片的依据是分片键与分片算法。分片键由文档一个或多个字段构成，例如文档标识符、日期、分类标识符、地理位置信息等。分片算法则是分片键取值空间与服务器之间的映射规则。MongoDB常用的有两种分片算法：范围分片、哈希分片。

基于范围的分片将分片键的取值空间划分为若干个不相交的子空间，每个子空间对应的文档存储在不同的分片中。如果分片键取值空间可以构成一个有序集，那么十分适合范围分片算法。例如日期字段作为分片键，可以将不同的时间段划分到不同的分片中，拥有相近分片键取值的文档有较大可能处在同一分片。

基于哈希的分片采用哈希函数对分片键取值进行哈希处理，映射到某台服务器上。采用哈希分片算法，分片键只能由一个字段构成，可以将文档均匀地映射到 n 个分片。拥有相近数值分片键的文档经过哈希函数处理后，很可能不在同一分片。

如果将分片视为提升写负载能力的技术，复制则可视为提升读负载能力的技术。除此以外，复制技术还可以为集群带来高可用性。MongoDB采用复制集技术，一组mongod进程（也称shard）维护同一个数据集合，构成了一组MongoDB复制集。一般情况下，MongoDB的复制集包含一个主节点（primary）、两个从节点（secondary）。主节点在更新数据时，会将操作以oplog的形式写入到日志，从节点不断地监听并同步主节点oplog的变化，对数据做相应的修改，保证数据与主节点一致。

在一个复制集中，节点间每2s相互发送“心跳”信号，如果收到其他节点发来的心跳信号则可认定该节点工作正常。如果A节点连续10s没有收到B节点的心跳信息，则可认为B节点发生宕机。如果发生宕机的是主节点，则余下的节点需要进行投票，重新选出主节点用于接收数据的更新操作。

2.1.4 图数据库

图数据库是NoSQL中比较特殊的一类数据库，其不采用面向聚合的数据模型，而是采用与关系数据模型十分相似的图数据模型。在图数据库中，存储的基本单位是节点和边，节点被视为实体关系模型中某个对象的实例，边则表示实体之间的关系。在关系数据模型中，通过外键关联两张表，或者采用关系表的方式表达实体之间的关系，如果在查询中需要获得两张表之间的关系则需要join操作，当数据量较大、涉及的表较多时，join操作十分消耗资源。图数据库显式地存储实体之间的关系，执行查询时无须改变任何数据结构即可遍历图数据，避免了join操作。

为了获得更高的写性能，NoSQL通常采用分片的方式横向扩展。图数据库由于采用了类似关系数据模型的图数据模型，图中的任何一个节点都可能与其他节点关联，很难将整个数据库划分为不相交的数据子集。因此，图数据库的横向扩展能力受限。不过图数据库依然可以采用增加从节点的方式，提升数据库的读性能与可用性。

1. 图数据库基本特点

图数据模型的基本元素是节点和边，由节点和边构成的图存在一些基本的属性及操作。图2.10展示了一个简单的图数据模型示例。图中包含两种实体类型，分别为研究人员和研究方向，表示实体之间联系的边具有方向和属性。示例中，“李华”是“韩梅”的导师，图数据模型利用从“李华”到“韩梅”的一条有向边表示“导师”关系，并且包含属性“开始日期”。研究人员“李雷”研究方向为“数据挖掘”，图数据模型利用从“李雷”到“数据挖掘”的一条有向边表示“研究方向”关系，并包含属性“科学基金”，记录“李雷”在“数据挖掘”方向申请的科学基金。

由图中的节点和边作为基本单位，可以构成更为复杂的数据结构。路径是由不重复的节点和边构成，并且从起始节点到终止节点间存在一条通路。如果路径中的边是有向边则称为有向路径，如果是无向边则称为无向路径。

节点和边可以具有一些权重信息作为边的属性，使得路径可以具有更多的含义。例如，在一个城市道路地图中，节点表示城市，边表示城市间连通的道路。在这个图模型

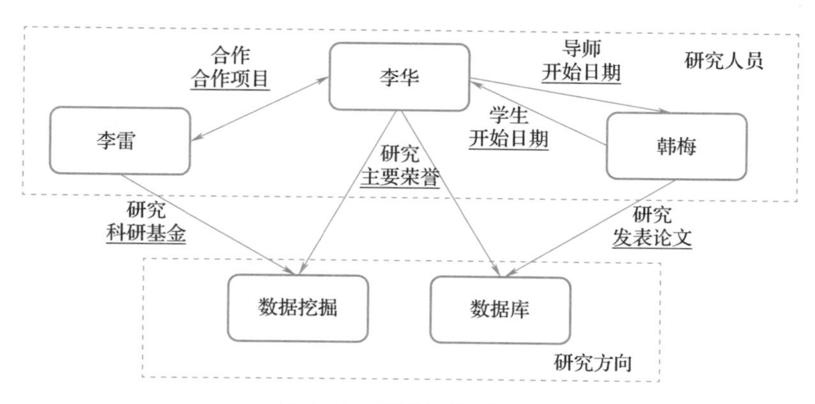

图 2.10　图数据模型示例

中，我们可以为边附上距离信息。那么图中的路径表示从一座城市到另一座城市之间的道路，并且可以根据边的距离信息，计算出路径的长度。

利用图模型可以为很多问题建模，例如最短路径问题、最大流问题、旅行商问题等。可以利用图模型，为节点和边添加相应的权重信息，支持应用对图进行进一步的计算操作。图的遍历是对图模型的一种基本操作，是以一种特定的方式对图中全部的节点进行遍历的过程。常用的遍历方式有深度优先遍历、广度优先遍历，以及特定度量下的优先遍历。

2. 图数据库典型代表

图数据库自从被开发出来，由于其采用特殊的图数据模型，受到了学术界和工业界的广泛关注，Neo4j、OrientDB、GraphDB 等图数据库被广为人知。下面以目前世界上最流行的图数据库 Neo4j 为例，介绍图数据库的特点。

Neo4j 作为一款商用图数据库，其利用集群技术提高系统整体的性能、可扩展性与可用性。起初 Neo4j 部署了高可用集群，经过后续的不断改进，于 Neo4j 3.1.0 的企业版上线了因果集群，采用了更先进的集群架构方式，极大地提高了 Neo4j 的性能与可用性。

Neo4j 为了加快图的遍历速度，采用了无索引邻接设计（index-free adjacency），数据库中每个节点都会维护邻接节点的引用信息，这一点与关系型数据库采用外键表达表之间联系的方式非常不同。图 2.11 与图 2.12 展示了关系型数据库与 Neo4j 在查询实体之间关系时的不同。

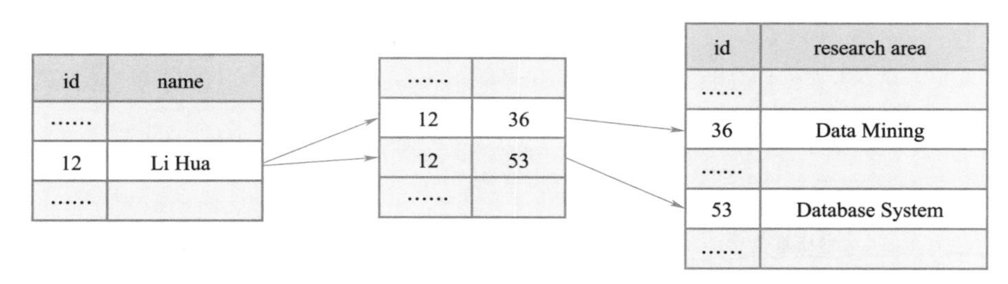

图 2.11　RDBMS 关系查询示例

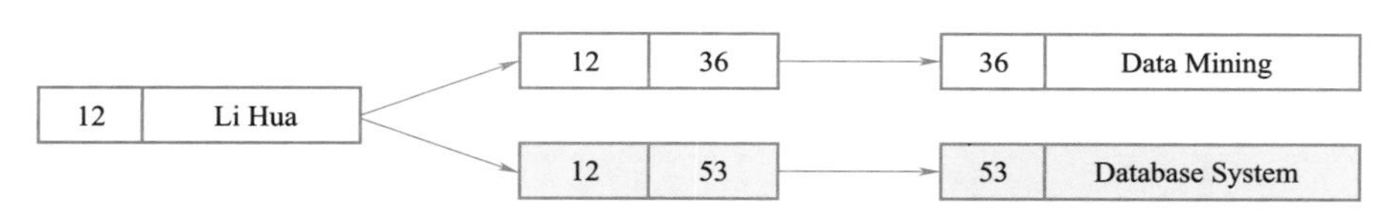

图 2.12　Neo4j 无索引邻接查询示例

根据图 2.11 所示，关系型数据库在查找“Li Hua”的研究领域时，需要遍历研究人员与研究领域之间的多对多关系表，时间复杂度为 $O(n)$。即使采用索引机制，时间复杂度也为 $O(\log(n))$。关系型数据库连接查询的效率随着关系表中记录的数量增加而降低。但在 Neo4j 中，采用图 2.12 所示的无索引邻接查询方式，实体之间的关系作为实体的引用存在。通过遍历“Li Hua”的邻接表，只需要 $O(1)$ 的时间复杂度即可获取其研究领域的信息，且查询时间与系统中数据量的大小无关，具有良好的可扩展性。

Neo4j 采用 Cypher 图数据库查询语言对图数据执行增删改查。Cypher 与 SQL 类似，都是结构化查询语言，可以将各种语句组合起来，传递中间结果。Cypher 也在语法结构上借鉴了 SQL，通常可以将常用语句分为查询语句和更新语句两类。常用的查询语句有以下几种。

1）MATCH。根据用户定义的图模式，从图中获取符合模式的数据。

2）WHERE。指定约束条件，用于筛选生成的中间结果，常与 MATCH、WITH 语句相互配合，不能独立存在。

3）RETURE。将结果按照某种规则返回。

常用的更新语句有以下几种。

1）CREATE（DELETE）。创建（删除）节点或边。

2）SET（REMOVE）。利用 SET 为节点和边添加属性；反之使用 REMOVE 移除不需要的属性。

3）MERGE。根据输入的节点标签与属性对图数据进行匹配，如果已经存在则返回；反之，则创建新的节点。在唯一性约束下，MERGE 由于其先判断后创建的处理模式，因此十分有用。

Neo4j 图数据由节点和边构成，节点表示实体，边表示实体之间的关系。仅有节点和边的基础概念还不足以表达图的全部信息与能力。Cypher 利用模式（pattern）的概念，对任一节点和边构成的模式进行编码，生成更为复杂的数据。简而言之，模式主要功能在于匹配用户定义的图结构。

Cypher 如果不采用模式匹配，则一次查询只能包含一个关系连接一对顶点。如果使用模式匹配，可以支持任意复杂的查询表达。例如，在图 2.13 数据中查找“Li Lei”的合作者的合作者，可以采用下面的 Cypher 代码。

```
MATCH (researcher:Researcher {name: 'Li Lei'})-[r1:Collaborator]-()-
    [r2:Collaborator]-(col_of_col_Lilei)
RETURN col_of_col_Lilei
```

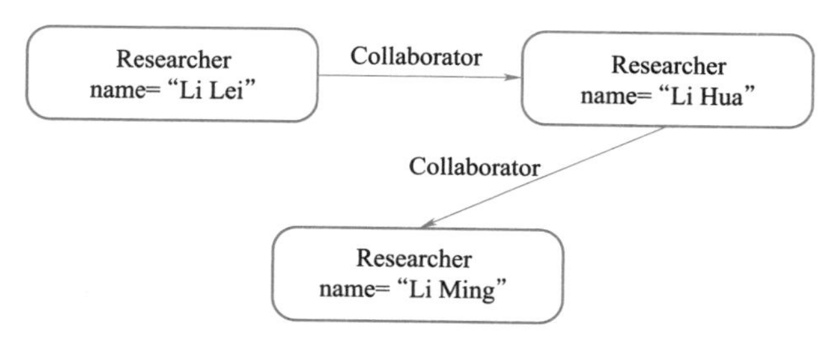

图 2.13　Neo4j 图数据示例

该段代码描述的查询行为是：查询“Li Lei”的“Collaborator”的“Collaborator”对应的研究人员。查询的起始点是“name”属性为“Li Lei”的 Researcher 节点，遍历的第一个关系类型是“Collaborator”，得到中间结果“Li Hua”，即“Li Lei”的合作者。之后以“Li Hua”为起点，继续遍历第二个“Collaborator”关系。查询结果返回名字为“Li Ming”的研究者。

但这里存在一个问题，在执行第二个关系查询时，由于“Li Lei”也是“Li Hua”的合作者，那么结果会返回“Li Lei”，这样查询的目标用户同时也存在于结果中，显然这并不符合一般情况。由于不定长查询在实际应用中经常出现，不做约束检查的话，可能会陷入无限遍历的循环中。

Neo4j 通过采用关系同构的方法进行路径匹配[9]，有效地减小了结果集并防止无限遍历。关系同构在执行图的模式匹配过程中添加了隐式约束：对于每个路径匹配记录，不能多次返回相同的关系。在关系同构约束下，Neo4j 在上述查询语句中不会返回查询目标自身。若应用希望在结果中能返回查询用户，可以将上述模式划分到多个 MATCH 查询语句中，如下所示：

```
MATCH (researcher:Researcher {name: 'Li Lei'})-[r1:Collaborator]-
    (collaborator)
MATCH (collaborator)-[r2:Collaborator]-(col_of_col_Lilei)
RETURN col_of_col_Lilei
```

利用中间变量“collaborator”存储中间计算结果，将一个 MATCH 查询拆分为两个，第二个 MATCH 查询将“collaborator”作为当前用户重新开始新的查询。因此关系同构约束不会影响到第二次查询的结果，“Li Lei”将作为结果被返回。

2.1.5 NewSQL 代表

进入 21 世纪，淘宝、京东、饿了么等互联网应用极大地便利了我们的生活，但同时也提出了更高的性能要求，比如需要支持百万甚至千万级的并发量、随时可用服务、支持复杂查询并保持一致性等。

NoSQL 提供了传统数据库所欠缺的扩展性以及较好的读写性能，但同时 NoSQL 也有难以回避的缺陷。首先，NoSQL 并不支持 SQL 语句，SQL 至今仍是行业内最广为使用的标准查询语言，不支持 SQL 意味着额外的学习成本以及系统应用迁移。其次，绝大多数的 NoSQL 不支持事务特性，无法满足银行、网上交易系统等需求较强一致性，以及复杂查询的应用。再次，NoSQL 技术尚不成熟，简单的数据存储模式带来的是较为复杂的数据管理，造成极大的运维成本。最后，NoSQL 缺乏统一标准，不同的 NoSQL 使用不同的查询语句，造成运行在其上的应用极难相互打通和迁移，不利于数据共享、数据分析等功能的实现。以上的种种缺陷使工业界重新回归关系型数据库，并思考在传统数据库上支持高可扩展性和高性能的可能性。NewSQL 就是在这样的背景下应运而生。

与诸多术语类似，关于 NewSQL 没有统一、清晰的定义。Andrew Pavlo 和 Matthew Aslett 指出 NewSQL 是对现代关系型数据库的统称，这类数据库对一般的 OLTP 读写请求提供可横向扩展（scale-out）的能力，同时支持事务的 ACID 保证；同时 Andrew Pavlo 进一步定义了 NewSQL 面向读写事务的特点：①耗时短。②使用索引查询。③针对不同的输入，有固定的查询执行方式。Michael Stonebraker 则认为 NewSQL 特指实现了无锁并发控制技术和无共享分布式架构的数据库。但有一点相对清晰：NewSQL 需将业务逻辑与数据库逻辑相分离；同时兼顾 NoSQL 数据库的扩展性、高可用性，以及传统数据库的功能接口（事务和复杂查询能力）。简而言之，可以将 NewSQL 理解为分布式可扩展的关系数据库。

从宏观角度来看，现在学界和工业界对于 NewSQL 大致可分为两类：①使用全新架构设计开发的分布式数据库；②云计算平台提供的数据库，即云数据库。Matthew Aslett 还提出了第三种类型的 NewSQL，即在中间件层实现 NewSQL 特性的数据库。本书不对这类型数据库进行展开，虽然它也具备横向扩展的能力，但其架构是较为冗余和低效的，在中间件和底层数据库都保有 SQL 解析和查询计划生成等过程。第一类中的代表数据库有 Spanner[4]、OceanBase[5]、TiDB[12]、CockroachDB[11] 等；而第二类数据库中，则以 Amazon Aurora[13]、ClearDB 为代表。同时，从系统架构设计来看又可分为：①共享存储型。②无共享型。③计算、内存与存储分离型。两种分类方式各有侧重，但也相互联系，如考虑到云计算中资源池化的特点，云数据库在设计上大都属于共享存储型类。本小节中将主要根据宏观分类列举具有代表性的数据库，使读者对 NewSQL 中相关知识和技术有一个初步认识，而基于架构的分类和阐述将在“2.2 分布式数据库架构”中详细展开。

1. 分布式数据库

（1）数据分片（sharding）

分布式数据库中保证其可扩展性的一项重要的技术是数据分片。分片技术将一个表拆分成多个不同的表存储在不同节点上，拆分后的每一个表成为一个分区。单个机器计算和存储资源总是有上限的，而通过分片技术将数据分别放在不同的节点上使得整个集群可以很好地横向拓展（scale-out）。此外，对一个表的读取操作可以分配到不同节点之上并行执行，进一步提高了查询性能。同时，考虑到应用的视图通常只是关系的子集，且应用需要在多个站点上访问同一个关系的多个视图，分片技术能减少大量通信和存储开销。最后，分片技术为安全性提供了保障，宕机时将影响从全数据不可用降低至单分片不可用。

但分片技术的缺陷同样明显，当写操作跨多台机器时会形成分布式事务，其复杂的提交协议会对性能产生极大影响。另外，如果分片方式不合理或者应用需求存在冲突，分片很有可能导致负载不均衡，使某一个节点成为系统的瓶颈，该问题又称为热点问题。

分片方式按照分片的方向和策略两个维度分为不同类别。按方向分类可分为水平分片和垂直分片，这两种分片方式清晰明确，如图 2. 14 所示。

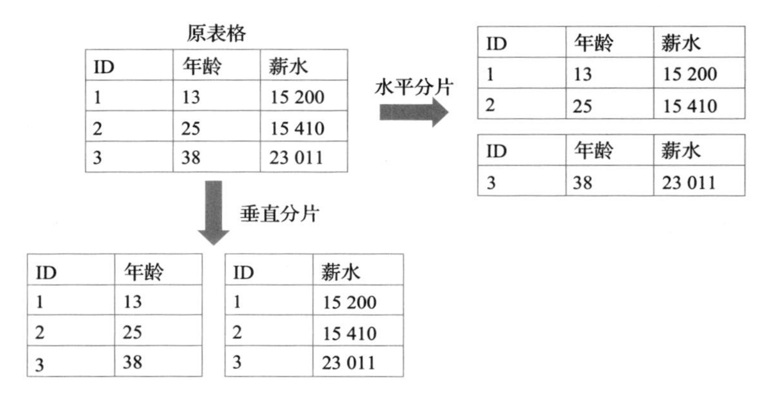

ID	年龄	薪水
1	13	15 200
2	25	15 410
3	38	23 011

ID	年龄	薪水
1	13	15 200
2	25	15 410

ID	年龄	薪水
3	38	23 011

ID	年龄
1	13
2	25
3	38

ID	薪水
1	15 200
2	15 410
3	23 011

图 2. 14　垂直分片和水平分片

而按策略分类主要有三种：基于键、基于范围和基于目录。基于键的方法对选定的一列应用哈希函数，通常哈希得到的不同结果个数即为节点个数，两者一一对应，拥有相同哈希值的数据存储在同一节点，如图 2. 15 所示。这种方法可以最大限度保证各节点负载均衡，避免数据热点，但同时该方法对节点数量变化非常敏感，一旦变化则需要新的哈希函数，且所有数据需要重新分配，未完成前，系统将处于停滞状态。

原表格

ID	年龄	薪水
1	13	15 200
2	25	15 410
3	38	23 011

Hash:ID%2

ID	年龄	薪水
2	25	15 410

ID	年龄	薪水
1	13	15 200
3	38	23 011

图 2. 15　基于键的数据分片

基于范围的方法对选定列的值进行分段，处于同一段的数据分配至同一节点，如图 2.16 所示。这种方法实现非常简单，只需读取特定字段并判断其分段即可，节点数量的变化对性能影响也较小，但同时该方法不能有效实现节点间的负载均衡，极有可能遇到热点问题。

原表格

ID	年龄	薪水
1	13	15 200
2	25	15 410
3	38	23 011

薪水是否大于200

ID	年龄	薪水
1	13	15 200
2	25	15 410

ID	年龄	薪水
3	38	23 011

图 2.16　基于范围的数据分片

基于目录的方法为原始表新增属性分片键（delivery zone），再经由映射表将分片键属性值相同的数据分配至同一节点，如图 2.17 所示。这种方法相较前两者更灵活，可以将每条数据分配至任一节点，适合应用逻辑非常明确的服务，但该方法需要多维护一列属性和一张映射表，增加查询和存储开销的同时，映射表可能成为单点瓶颈。

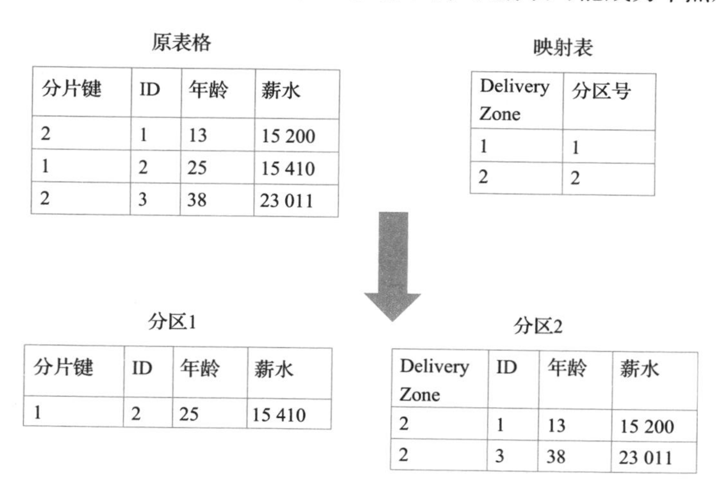

原表格

分片键	ID	年龄	薪水
2	1	13	15 200
1	2	25	15 410
2	3	38	23 011

映射表

Delivery Zone	分区号
1	1
2	2

分区1

分片键	ID	年龄	薪水
1	2	25	15 410

分区2

Delivery Zone	ID	年龄	薪水
2	1	13	15 200
2	3	38	23 011

图 2.17　基于目录的数据分片

（2）分布式提交协议

前文提到分片的缺点之一就是会带来分布式事务，为了保证原子性和持久性，分布式事务有专门的提交协议，其中应用最为广泛的是两阶段提交（2PC），执行流程如

图 2. 18 所示。2PC 中主要有两个角色参与者（participants）和协调者（coordinator），前者就是所有参与分布式事务的节点而后者是额外的节点保证所有参与者的一致性。所谓两阶段，是指投票阶段（voting phase）和执行阶段（decision phase）。在投票阶段，协调者向参与者发送事务请求，各参与者在本地执行事务，并向协调者汇报是否可以执行该事务，此时事务不会被真正提交。当协调者收到各参与者可以执行的回复后，进入第二阶段，否则直接放弃事务。在执行阶段，协调者向参与者发送提交请求，参与者收到后将本地事务提交并回复协调者。如果协调者收到的回复均是成功则事务执行成功，否则协调者发送回滚指令，所有参与者回滚事务。

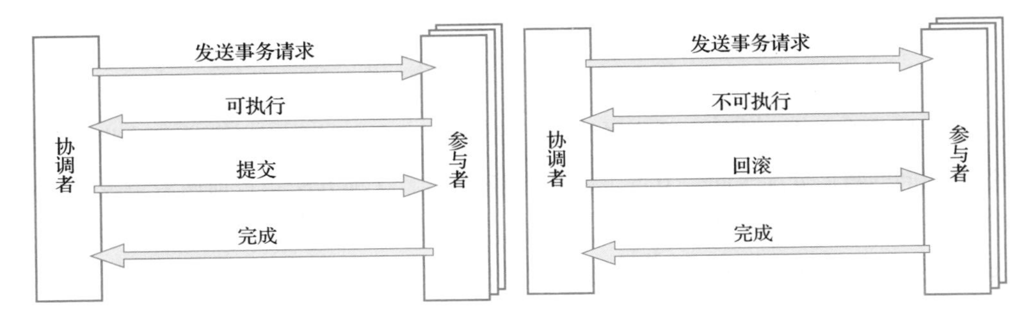

图 2. 18　2PC 执行流程

虽然 2PC 可以很好地保证数据库的一致性问题，但其性能堪忧，需要大量通信开销，在整个执行过程中，资源一直处于占用的状态，而如果某个参与者长时间未回复将造成其他节点资源的浪费。另外，2PC 存在单点故障，当协调者出现问题时，整个系统将受阻塞。为了解决这个问题出现了很多基于 2PC 的各种变体，如 3PC、TCC 框架等，有兴趣的读者可自行查阅相关资料。

下面将介绍 TiDB 中的分片思路和提交协议以提供更直观的理解。TiDB 架构（如图 2. 19 所示）中客户端使用 MySQL 通信协议，保证了其兼容传统数据库的事务和复杂查询接口。具体来说，TiDB 在计算引擎层中基于 Percolator 实现了 2PC 分布式协议，以进行事务处理；同时，实现了基于代价的可自适应选择存储层或是缓存中数据查询的优化器以及分布式执行器，以执行复杂查询。

TiDB 中负责存储的 TiKV 键值存储引擎，TiKV 中负责存储的基本单位是区域（region）并采用基于范围的分片，如图 2. 20 所示，即每个区域负责该区间内的所有数

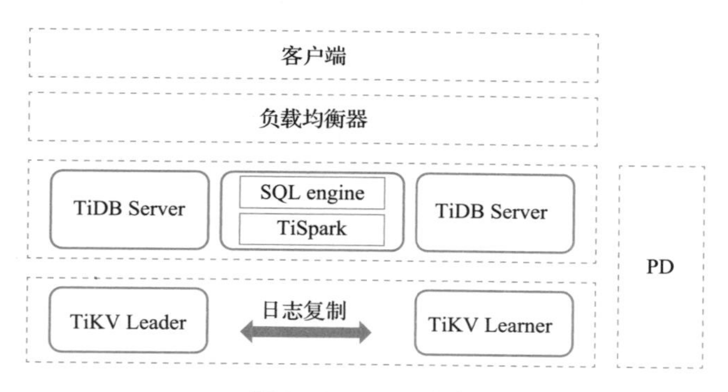

图 2.19　TiDB 架构

据。如前文所述，该种方法存在热点问题，对此 TikV 通过在不同节点放置数据副本在保证可用性的同时，利用 PD 将请求发送至不同节点并行执行有效解决了读操作的热点问题。此外，TiKV 还会通过启发式的方式将经常一起使用的不同表的对应分片放在同一节点上以避免分布式事务。

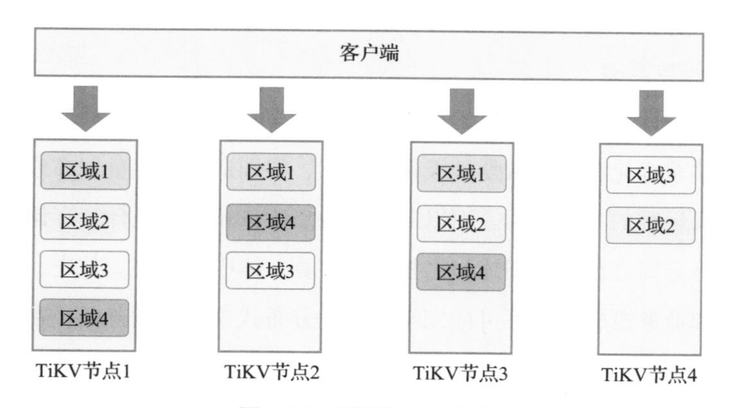

图 2.20　TiKV 中的分片

在分布式事务协议方面 TiDB 实现了基于 Percolator（将在后文“2.4.1 分布式事务处理”小节中详细介绍）的 2PC，具体流程如图 2.21 所示。与传统的 2PC 的区别主要有三点：①协调者只与指定的主锁键（primary lock key）进行通信，可以大幅减少通信成本；②协调者在 PD 中记录了提交时间戳，避免了因为单点故障造成的丢失；③异步提交辅助锁键（secondary lock keys），提高性能的同时避免因故障使资源无法释放。

此外，TiDB 基于 Raft 协议来保证整个系统的高可用性，同时 TiDB 为每个 Raft 组在领导者（leader）和跟随者（follower）之外新增学习者（learner）角色。学习者异步获

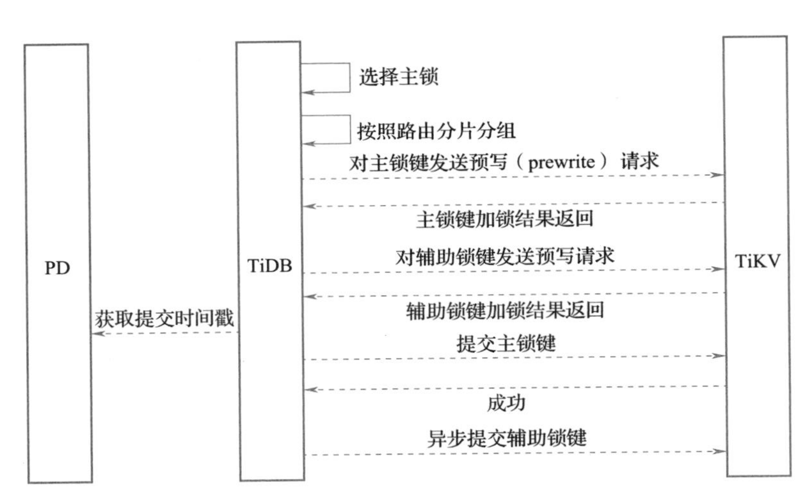

图 2.21　TiDB 中的 2PC

取领导者中的数据来响应读请求，提高性能的同时，考虑到学习者既不参加领导者选举，也不算在日志提交时的仲裁里，可有效降低同步开销。

2. 分布式云数据库

云数据库是云计算背景下诞生的产物。云数据库具备集群部署标准化、资源利用效率化、版本迁移兼容化和故障恢复秒级化等特点，特别适合弹性负载亦或是难以承担基础设施购置以及运维的小型公司。而以上这些特点所依赖的就是计算存储分离的架构。

在介绍存算分离之前，先阐述与之相反的存算一体中的缺陷。首先，分布式架构中数据分库逻辑和业务逻辑几乎不可能完全一致，分布式事务不可避免，在要求较强一致性的情况下，这类事务可能对性能造成较大影响。其次，可能造成机器的浪费，因为计算和存储不可能同时到达瓶颈，总有处于空闲状态的存储/计算资源。最后，可扩展性一般，尤其是在数据量很大的时候，扩展一个新节点往往需要迁移大量数据。在这样的背景下，存算分离逐渐成为新的趋势。

我们首先来明确计算存储分离的概念，计算是需要用到内存和 CPU 的操作，数据库就是其中一种计算节点，事务就是对应的计算；存储是提供持久化的设备，可以是磁盘、SSD、NVM 等。而分离意味着数据库实例中的事务计算和存储节点上的持久化可以并行执行，不存在物理上的依赖，如脏页必须写回造成的同步。计算层能够自动实现读写分离，按需构建上层透明的计算资源；存储层采用多租户分布式的高可用存储系统，能够具备TB级或PB级的扩展能力。各自形成计算资源池和存储资源池，二者均可独立扩展，快速伸缩，保证高可扩展性和高性能的同时，不浪费资源。实现分离的核心理念是日志即数据，具体持久化流程如图2.22所示。事务修改数据后，生成易失日志，隔段时间对所有易失日志进行持久化，一旦完成就宣告事务提交成功，之后由持久化设备完成日志的回放。流程中的日志回放和事务执行完全并行，即为计算存储分离。而提出日志即数据这一理念的公司是Amazon，它们基于这一理念开发了云数据库Aurora，下面以Aurora为例介绍云数据库。

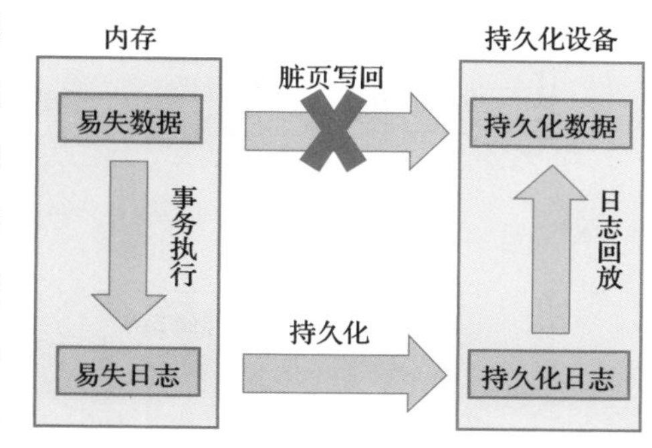

图2.22 数据持久化流程

Amazon Aurora是Amazon旗下的云数据库服务，通过给用户提供各类操作的API来封装底层数据库的配置、调优、备份冗余等。在实现上，Aurora是基于InnoDB的变体，但将其磁盘I/O读写分离至存储服务层，并支持与社区版MySQL相同的隔离级别：标准ANSI级别、快照隔离（SI）和一致性读（consistent read），所以Aurora支持传统数据库关于事务和复杂查询的接口。

首先，对Aurora的整体架构做一个简单介绍，如图2.23所示，包括Aurora隔离数据库、应用程序和存储间的通信以提高安全性。其中，应用程序通过Customer VPC访问数据库；数据库通过RDS VPC和控制平面交互；数据库通过Storage VPC和存储服务节点交互。Storage VPC使用DynamoDB存储配置、元信息、备份到S3数据的信息等；而RDS VPC在每个实例部署一个代理（host manager）用以监控集群运行状况并确定是否做异常切换或实例重建。

同时，Amazon Aurora主要做了三点尝试来保证其高可用性、可扩展性和服务性能：①通过独立出容错的存储层，使得数据库性能在宕机时不受太大影响。②通过限制数据库层（计算层）向存储层只传递重做日志，大幅度减少网络I/O。③通过将备份和恢复重做日志转化为异步操作来提高故障恢复和备份的性能。

自容错的存储层是计算和存储分离的保证。Aurora提出了AZ的概念，即一个区域包含多个AZ，AZ间低延迟连接，且故障隔离，同时AZ故障意味着AZ中所有节点和

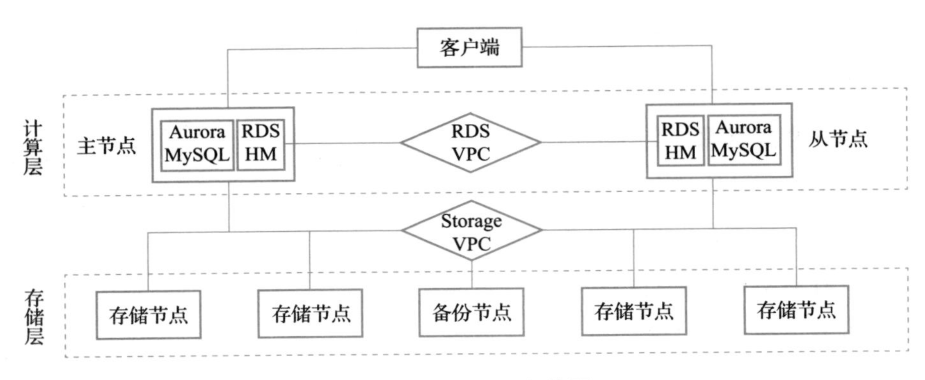

图 2.23 Aurora 架构图

磁盘均故障。Aurora 通过基于仲裁（quorum）的投票协议，取 $V=6$，$V_r=3$，$V_w=4$ 保证整个 AZ 和一个附加节点发生故障时不丢失数据，并允许整个 AZ 故障而不影响写操作。Aurora 进一步引入段的概念，其大小固定为 10G，是背景噪声最小的故障和修复单元，较小的体量保证了其较快的修复速度，从而降低了服务不可用的概率。两者相结合使得存储层可被计算层简单地视为永远可用的服务。

上述高可用需要通过副本冗余来保证，但严重的写放大带来的是同步停顿和延迟增加。如像传统数据库一样传输重做日志、二进制日志（binlog）、数据页、二次写（double-write）等信息，将导致其延迟变得难以忍受。对此，Aurora 认为日志即数据，仅重做日志记录和少量元数据通过网络进行写入，以提供较好的性能，并可通过并发请求减轻抖动的影响（如图 2.24、图 2.25 所示）。经过测试，Aurora 在存储节点写入的数据相比 MySQL 减少了 46 倍。

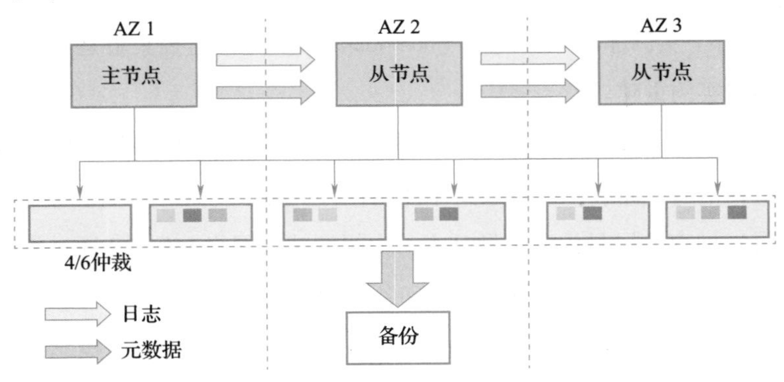

图 2.24 Aurora 的网络 I/O 示意图

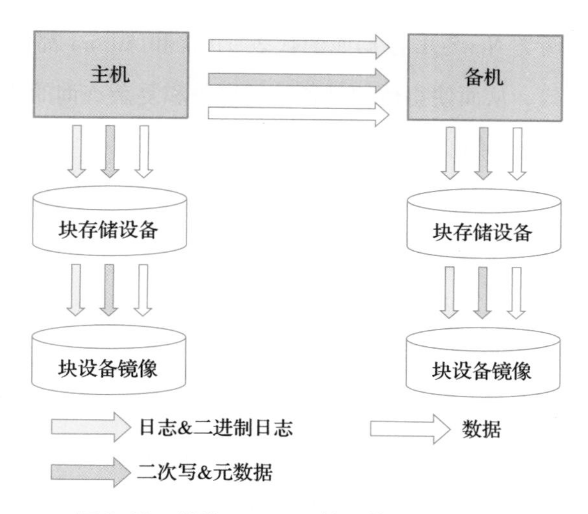

图 2.25　镜像 MySQL 的网络 I/O 示意图

因为网络 I/O 中不再传输数据页本身，Aurora 持久化、备份和恢复的方式也发生了变化。Aurora 存储节点持久化流程共分为 8 步（如图 2.26 所示）：①接收日志并将其添加至内存队列。②将日志持久化并确认。③识别日志中因包丢失产生的空缺（通过排序和分组）。④与其他节点通信填补空缺。⑤回放日志生成新数据页。⑥定期将日志和新数据页备份至 S3 中。⑦定期对旧版本垃圾回收。⑧定期对数据页进行 CRC 校验。

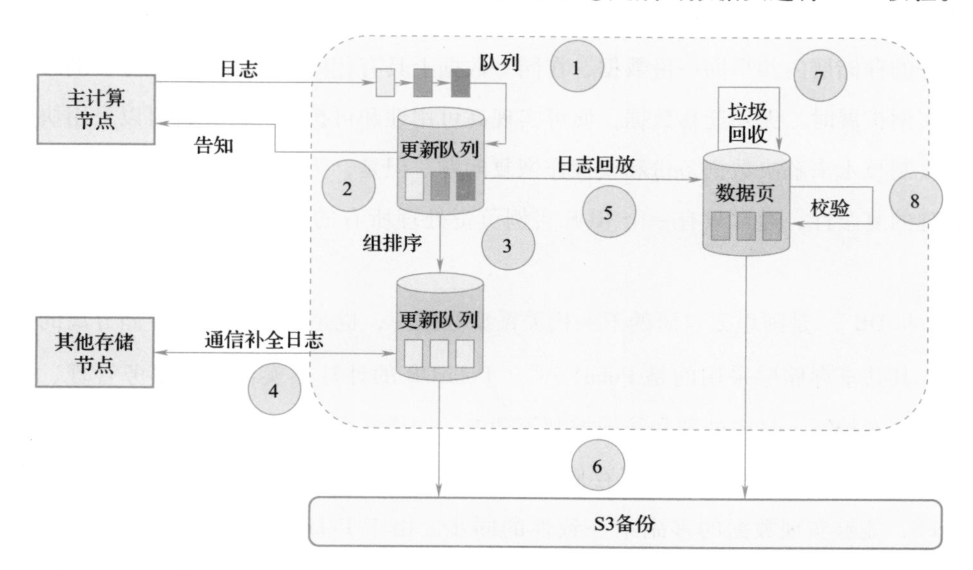

图 2.26　Aurora 存储节点流程

总结来说，作为两类 NewSQL 数据库的代表 TiDB 和 Aurora 都保留了传统数据库的通信协议或是 API 接口，从而使得他们具备处理事务和复杂查询的能力；同时两者分别通过 raft 协议和仲裁保证了他们的高可用以及可扩展。

2.2 分布式数据库架构

2.2.1 共享存储型

近年来，IT 系统对于大规模海量数据存储的需求日益增加，数据库逐渐朝着云原生方向发展。据 Gartner 在 2020 年发布的数据库市场分析报告中指出，预计到 2022 年 75%的数据库将被部署或迁移至云端。然而，直接搬迁上云的传统数据库（如前文提到的基于镜像的 MySQL）虽然能够基于多云容器编排技术提供一定的弹性和稳定性，但并未复用云平台进行架构改变，在可用性和拓展性方面存在局限，例如指数级增长的并发访问导致数据同步缓慢，难以支持 TB 级的存储拓展等。针对上述问题，具备计算存储分离架构的云原生数据库成为目前学术界和工业界重点关注的发展方向。本小节以阿里云 PolarDB 为例，重点介绍计算存储分离架构中采用共享存储的解决方案。所谓共享存储方案指的是关系型数据库服务（Relational Database Service，RDS）实例和只读实例在统一的存储层内共享同一份数据，在同一数据上具有相同的视图，当服务实例故障或可读实例扩展时，无须迁移数据，便可实现高可用性和可扩展性，并且可以采用快照和写时复制技术来解决数据备份和误操作恢复问题。但是，为了避免写冲突以及分布式事务处理的复杂性，通常只有一个 RDS 实例负责处理所有的写请求，例如插入、更新和删除。

PolarDB[9] 是阿里云自研的下一代关系型数据库，也是基于计算和存储分离的架构设计，其共享存储层采用的是 PolarFS[10]。PolarDB 的计算层实例提供事务管理、查询优化、并发控制、日志处理和访问控制等功能，同样实现一个可读写的主实例及多个只读的从实例的高扩展结构。共享存储层是一个高性能、低延迟读写的分布式文件系统 PolarFS，能够实现数据的多副本一致性的同步。由于 PolarDB 是从 2015 年开始研发，彼时服务器集群所在的互联网数据中心（Internet Data Center，IDC）之间的数据传输从万兆网络逐步替换成远程直接存取技术（Remote Direct Memory Access，RDMA），通过将 RDMA 协议固化于硬件介质之上，以及支持 Zero-copy 和 Kernel bypass 这两种途径来达到其高性能的远程直接数据存取的目标。因此 PolarDB 团队认为对于高性能的服务器集群而言，网络 I/O 不再是瓶颈，而是基于内核 syscall 开发的数据库软件，重点关注用户态 I/O 和基于新型网络硬件的性能优化。相较于 Aurora 计算层只传输日志，由存储层负责回放数据的解决方案，PolarDB 并没有过多改动 MySQL 内核代码，依旧传输 Redo 日志文件和数据文件至存储层，但是针对 Aurora 提出的网络瓶颈问题，PolarDB 通过 SPDK 开发套件来提升本地 I/O 的处理性能，引入 RDMA 技术来缩短计算层与存储层之间的传输延迟。

在存储层方面，PolarFS 本身是建立在 PolarStore（基于 RDMA 网络的分布式存储模块）之上的分布式文件系统，相比通用的文件系统，PolarFS 引入以下机制提供低延时、高吞吐和高可用等特性。首先，PolarFS 充分利用 RDMA 和 NVMe-SSD 等新型硬件，在用户空间构建轻量化的网络栈和 I/O 栈，避免过多处理和切换内核锁。其次，PolarFS 向计算层主实例提供一个类 POSIX 的文件接口 libpfs，以此在编译过程中替换操作系统提供的文件系统接口，使得整个 I/O 路径都能保存在用户空间。最后，PolarFS 通过消除锁和关键数据路径 I/O 的上下文切换，避免不必要且多余的内存复制，并且 PolarFS 设计了基于 Raft 的 ParallelRaft 一致性协议来保证无序的日志确认、提交和应用，进而保证数据的高并发、持久性及可用性。

在计算层方面，PolarDB 通过以下手段来提高查询处理性能，以满足实时分析的需求。首先，将表扫描等与存储相关性强的计算任务彻底从 CPU 下推，并交由存储层中的特殊物理介质——计算存储驱动（Computation Storage Drivers，CSD）来实现，这样能够有效降低计算层与存储层之间 I/O 网络链路的带宽消耗，并且充分复用存储层多余的计算能力来提高资源利用率。其次，为了提高事务性能，PolarDB 在内核层面做了不少优化，例如改进无锁 lockless 算法来减少锁之间的相互冲突，直接从存储层获取简单且重复的查询结果以降低优化器和执行器的开销，以及在 Redo log 中加入元数据来减少日志解析的 CPU 开销等。最后，PolarDB 通过多线程并行执行来降低包括 I/O 传输以及 CPU 计算在内的处理时间，以便充分利用现代多核大内存的硬件资源以达到相应时间的大幅缩短。

2.2.2 无共享型

随着面向数据驱动的大规模应用不断发展与迭代，越来越多的大型企业的工作负载呈现跨区域的地理分布态势，伴随而来的是不同业务场景对于数据存储位置的细粒度化控制需求。主要包括：①合法合规。遵循数据本地化所在地区的相关规范和监管。②高性能。数据存储尽量靠近需求侧以满足特定应用毫秒级的高要求。③高可用。存储策略提供数据备份选项，并且具备较强的容灾与自动恢复能力。④接口通用。提供 SQL 的操作接口和可串行化的事务语义以简化上层应用的开发与迁移。本小节介绍的 CockroachDB[11]（下文用 CRDB 简称）是一款面向全球化组织或企业的跨区域数据场景，基于云平台提供高扩展性、高可用性、强一致性和高性能的 OLTP 事务型数据库，旨在无人为干预情况下，以极短的中断时间容忍磁盘、主机、机架甚至整个数据中心的故障；并且采用完全去中心化架构，集群中各个节点的地位完全对等。由于是类 Spanner[4] 的无共享（share-nothing）的体系架构，每个节点或实例提供计算与存储功能，自底向上分别是存储层、分布式事务层和 SQL 处理层。

1. 存储层

CRDB 的底层存储是由一系列的分布式键值存储单元（key value store）组成，并且会将所有的用户数据（表、索引等）和几乎所有的系统数据（元数据）存储在一个键值对的有序 map 中。这个键空间被划分为连续的小块，称为 Range，这样每个键都可以在一个 Range 内找到。每个 Node 可以启用若干 Store，每个 Store 包含多个 Range，Range 作为 KV 层数据管理的最小单元，是复制同步的基本单位，也是数据分片的最小单位。目前由 pebbl 数据库实现单节点内的本地 KV 存储，默认大小是 64MB。从 SQL 的角度来看，一个表和它的二级索引最初映射到一个单一的 Range 中，Range 中的每个键值对代表了表中的一条记录（也称为主索引，因为表是按主键排序的）或二级索引的一条记录。一旦某一 Range 大小达到 512MB（默认值），会被分裂成两个 Range。同样当 Range 过小也会触发合并操作。

每个 Range 的多个副本之间使用 Raft 协议进行同步，即 Range 是一个 Raft group，数据的复制不在节点层面，而是在 Range 层面，并提供了数据放置（data placement）的细粒度控制。关于书中涉及三种数据放置策略，本质上是在性能和容错能力间的不同权衡，包括 Geo-Partitioned Replicas、Geo-Partitioned Leaseholders 以及 Duplicated Indexes。

2. 分布式事务层

在跨区域部署的前提下，CRDB 的事务处理支持可序列化的隔离级别，以及提供近乎 linearizability 的线性一致性保障，并且能够保持不错的读写性能。CRDB 采用了 MV-TO 的并发控制方式，每个事务被分配唯一的时间戳，事务基于时间戳的顺序建立在串行化历史中的先后顺序，也就是说，一个事务所有的读写操作，都在这个时间戳上“原子性瞬时”完成。

为了保证跨 Range 操作原子性，CRDB 通过 raft 将每个事务都与一个事务记录 Record 相关联，事务的原子提交是通过记录其 Commit 之前的所有写入临时值（CRDB 中称为写意图）得以实现，也就是说，数据不会直接写入存储层，而是写入到“写意图”的临时状态中。无论何种操作都会根据关联的事务记录的状态来处理该写意图，即操作的最终结果依赖于写意向的事务记录。

1）COMMITTED。直接读取写意向，并通过移除到事务记录的指针将其转换成 MVCC 数据。

2）ABORTED。忽略写意向并将其删除。

3）PENDING。表示有一个必须要解决的事务冲突。

4）STAGING。表示该操作应该通过验证 Coordinator 是否还在对该事务的事务记录进行心跳操作，即检查该 staging 事务是否还在进行中；若还在进行，则该操作应该等待。

写意图本质上就是一个常规的 MVCC 键值对，通过一个指向事务记录的元数据来与已提交的普通记录区分。该元数据存储了事务的四种当前状态，如上所述。如果某个参与者的写意图失败，事务状态会被标记为 ABORTED，该写意图则会被丢弃。在事务提交后，该写意图会被标记为正常的 MVCC 键值对。事务记录的作用是一次性地改变所有写意图的可见性，并且持久化到与事务的第一次写入相同的 Range 中。事务的所有写意向都指回到该记录，这将允许任何事务检查其遇到的任何写意向的状态，从而更好地支持分布式事务的并发处理。当然上述协议会需要多次通信往返，CRDB 为此引入事务流水化和并行提交的机制，此处就不继续展开了。

3. SQL 处理层

SQL 处理层是将客户端 SQL 查询转换为下层的键值对操作，同时对上层应用提供 PostgreSQL 的方言和通信协议（为了解决与 PostgreSQL 在 MVCC 事务在行为模式上的冲突，社区正在逐步考虑引入 CRDB 特定的客户端驱动程序）。大致逻辑是集群任何节点或实例都可作为接入点处理客户端发来的 SQL 请求，节点内部将 SQL 请求转化成 KV 操作，并在必要时发送至其他节点，完成处理后汇总结果并返回至客户端。和其他 OLTP 数据库类似，SQL 层组件包括解析器 Parser、计划器 Planner 和执行器 Executor。查询优化部分采用了 Cascades 的优化器框架，并定义了一系列的转化规则，主要分为两类 Normalization Rules 以及 Exploration Rules。前者可以看作基于规则的优化，一定会执行此类重写转化，原有的计划树不再保留；后者可看做基于成本的优化，不一定产生更优的执行计划，会保留原有的计划树，并根据估算的成本来选择较优的执行计划。具体依次经由四个阶段：Parse->Prep->Search->Execute。其中 Search 阶段会交错应用上述两类转化规则，直到遍历完成所有探索空间。

2.2.3 计算、内存与存储分离型

受计算、内存绑定的影响，传统单机数据库及近几年流行的 Amazon Aurora、Alibaba PolarDB、华为 TaurusDB 等云原生数据库，其缓存池生命周期都和计算节点高度绑定，无法独立伸缩及存活。目前主流的一写多读/多写架构中，各节点独立管理的缓存之间存在一定冗余，且仅能为当前节点提供服务，不能脱离于计算实例独立伸缩，为系统内多个计算实例提供读写服务。

云原生数据库发展的另一个趋势是将内存和计算解耦[8]，在解耦存储的基础上，充分发挥云数据库的弹性伸缩、成本可控的优势。解耦内存同样能够打破单机内存的上限，理论上分布式的共享缓存模型可为系统提供容量接近无限的缓存服务；同时共享的设计，可供多个计算实例同时读写，减小了多个节点冗余缓存的成本，无状态（少状态）计算实例扩展的同时，迁移成本大幅降低，且无须分配额外的内存资源，计算层伸缩更加灵活。

内存解耦的优势不仅限于控制成本和弹性伸缩，其提供的瞬时故障恢复能力及计算实例快速迁移也是计算-存储分离架构不能比拟的。非内存解构架构的数据库在计算节

点启动、迁移及故障恢复时，需要一段时间对缓存进行预热，会对上层业务有着一定的影响。而解耦内存的数据库，新加入的计算节点能够利用共享的缓存池，无须预热（或更少的预热）就可以快速为上层应用提供服务。一写多读的架构中，当主节点出现故障不能提供服务时，除了切换实例的时间，若没有共享缓存的加持，切换至新的节点时同样需要时间预热。另一方面，除了减少预热时间，当计算节点出现故障后，重新启动时仅需要恢复部分仅存在于本地缓存的脏页，独立共享的缓存池不需要恢复就能快速提供服务，大幅减少了故障恢复的时间。

解耦内存架构为分布式数据库发展提供了诸多便利，但其仍然存在部分缺点。一方面内存不再和计算绑定，事务失去了快速访问本地缓存池的优势；另一方面一般内存解耦的架构是通过网络来访问缓存池，这样带来的后果是访问缓存池的时延大幅增加。在目前计算-存储分离架构中，一写多读的方案，往往只读节点通过主节点发送的日志或者从共享存储拉取的日志来回放并更新本地的缓存项，以达到和主节点缓存一致的目的。而内存分离后的共享缓存架构，带来了另一方面的问题，即主节点和读节点对同一缓存项的访问需并发控制，对于多主架构更是一项挑战。

传统数据库 Oracle RAC 和 IBM DB2 Purescale 基于计算-存储分离架构分别设计了两种不同的架构，分别是 RAC 的分布式共享缓存和 Purescale 的集中式共享缓存。RAC 利用 GCS（Global Cache Service）思想，提出了 cache fusion 概念，即把多个节点上的多个内存区逻辑上形成大的分布式共享缓存池，它不再只是每个节点独占的缓存区，而是通过分布式资源管理器管理的共享缓存池，可为多个计算实例同时提供读写服务。每个缓存页面，在系统内可同时存在多个副本，但只有一个是可读写的，其他的仅仅作为镜像，为并发事务提供一致性读服务。具有读写权限的节点也成为该页的 master node，其他实例发起该页的修改请求时，独占权限会被转移，同时留下本地副本镜像。Purescale 则采用了不同的思路来设计共享缓存，它使用一个专用的节点提供全局共享缓存 GBP（Global Buffer Pool）服务，而计算实例本地仅保留小容量的内存以满足事务执行需要。不同的实例之间不需要传输数据页，事务发起读写请求会向共享缓存申请 P-Lock 锁获取对应页的独占权限，事务结束时释放对应权限并把修改后的页面传送至 GBP 中。

RAC 和 Purescale 均采用了锁机制来控制多节点实例对共享内存数据的访问，二者都采用了 RDMA 高速网络来加速跨节点缓存项传输。PolarDB 在最新的工作 LegoBase

中，也利用 RDMA 网络来加速解耦内存后的云数据库对缓存访问的速度。PolarDB 采用一写多读的架构，除共享储存外，其引入了 gmCluster（global memory cluster）为计算实例提供全局缓存访问。PolarDB 把缓存分为两层，一层是各计算节点本地缓冲池，另一层是由多个节点的内存区域组成的全局缓存，并提供特定 API 供计算层透明访问。全局缓存的内存区域被注册在本地 RDMA 网卡中，被分为大小固定为 16KB 的页面，一次单边 RDMA 读写的速度仅为 11.6 微秒。分离的全局缓存池更具吸引力的是故障恢复的速度，PolarDB 将 ARIES 改进为双层协议，其中第一层涉及计算实例和共享存储，计算层在事务结束时将日志持久化至共享存储，然后将脏页添加至本地刷脏链表即可提交。该链表会在后台被异步刷到 gmCluster 中。而协议的第二层则涉及 gmCluster 和共享存储，全局缓存管理器会定期推进检查点以持久化数据库更改至共享存储。当计算节点故障时，仅需要根据日志恢复计算实例故障前的状态即可，这个过程仅涉及少量本地缓存项，所以在短时间内便可服务上层业务。而仅当计算实例和全局缓存服务都故障时，才会涉及全局缓冲区的预热。

2.2.4 架构对比

本节讨论的分布式数据库不仅限于采用 shared-nothing 的单一架构，而是由通过网络将多个数据库节点组成的逻辑统一的数据库管理系统。根据存储及缓存分布的不同，我们将前文介绍的多种数据库划分为无共享存储型（shared-nothing）、共享存储型（shared-disk or shared-storage）和计算-内存-存储分离型，如图 2.27 所示。

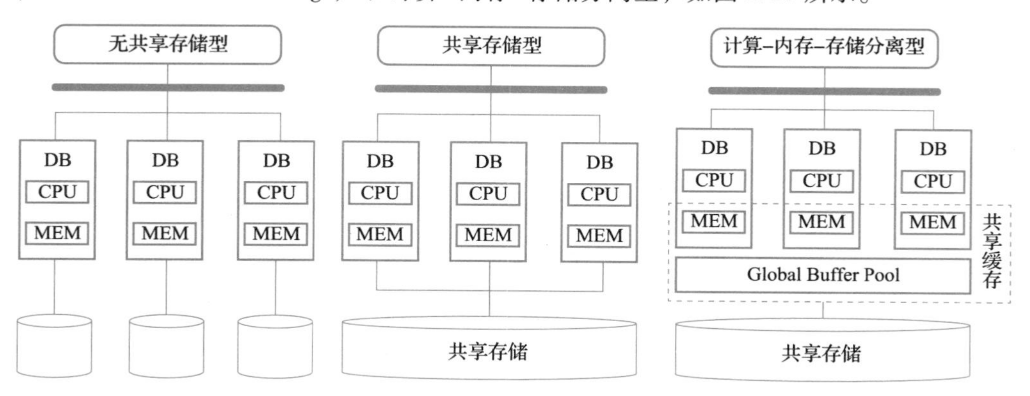

图 2.27　不同架构分布式数据库对比

通常无共享型的架构中，可根据计算层和存储层是否解耦进一步划分为一体式架构和计算存储分离架构。一体式架构中，每个节点既是计算节点也是存储节点，数据被分散到各节点中通过分布式事务被访问。Postgres-XL、OceanBase 和 CockroachDB 等都属于这一类型。而计算存储分离型的分布式数据库，计算层负责 SQL 的解析优化等，存储节点仅存储数据和负责部分简单的算子操作，计算层通过物理查询计划写入存储层或从存储层读取数据。计算存储分离架构的分布式数据库包括 PolarDB-X、TiDB、Apache Trafodion 等。计算存储分离架构更为灵活。由于计算和存储模块的工作负载存在很大差异，可以用不同的编程语言开发这两个组件，在部署中也可以为它们选配不同的机型和节点数量。例如，存储节点对延迟敏感度高，而且需要频繁地调用读写磁盘的系统，所以通常选用 C/C++等系统级语言进行开发，部署时也对磁盘 I/O 性能有较高的要求。一体式架构对于不涉及访问远程数据的本地查询有更好的性能。为了让用户查询“恰好”命中本地数据，通常会在集群最前端的负载均衡器（load balancer）或代理节点（proxy）中引入轻量的分区感知能力，尽可能让查询路由到数据所在的节点上，从而减少不必要的 RPC 开销。

对于云原生数据库而言，共享存储型分布式数据库更具优势。它摒弃了无共享型架构的分片模式，底层存储由分布式存储替代，每个计算层的节点都拥有访问完整数据集的能力。以 Amazon Aurora、阿里云 PolarDB 为例，他们基于传统数据库改造，将原来的数据写入路径改为多副本、可扩展的分布式存储。这样做的好处是提升系统整体的可用性、扩展性，以及保证对现有数据库的兼容。采用共享存储带来的缺点是，通常用主节点和只读节点将计算节点区分开，系统整体的性能存在一定的瓶颈。尽管存储采用了分布式架构，但是计算层还保留着单机数据库的结构，并发事务处理能力（写入吞吐量）受到单个节点的性能上限制约。共享存储架构为计算和存储两层分别弹性伸缩带来了可能，但是受限于单机写入性能的上限，该架构下的计算实例并不能算真正意义上的扩展，因为系统只能添加只读节点来分担读压力，共享存储架构存在明显的性能瓶颈。

计算-内存-存储分离型分布式数据库架构通常也采用了共享存储，并在此技术上提供了共享缓存的能力，进一步提升了系统各层的弹性伸缩能力。这样的系统扩展了共享存储架构的写能力，依托分布式共享缓存及分布式锁等技术，计算层不再区分主节点和只读节点，每个节点都能够提供读写服务，为系统提供了更好的扩展性及可用性，且大幅提升系统整体性能。Oracle RAC 和 IBM DB2 Purescale 是典型采用该架构的分布式数据库系统，尽管二者的分布式缓存实现不尽相同，但也有相通的地方，例如二者都采用了分布式锁作为多个节点的数据同步方案。计算-内存-存储分离型架构并非完美无缺，系统的复杂程度比简单共享存储型要高，多个节点同时写入会造成节点间的数据访问冲突，协调多个节点对同一数据的访问、保证节点间数据一致性时要对已有产品进行大幅改造。同时跨节点的内存访问延迟要控制在很小的范围，小于访问共享存储是基本需求。

分布式数据库随应用场景变化不断发展，从最初的单机数据库发展至多个节点组成的一体式架构系统，性能提升的同时对扩展性也提出了需求，分离存储的架构则很好地满足了这一需求，计算层和存储层分离开，使得各自拥有了很好的扩展性。近年来云计算的需求与日俱增，传统分布式数据库往云原生的方向进化，这能更好地满足用户的需求：降低成本及弹性伸缩。但在这演化的进程中，仍然存在一写多读架构的写性能瓶颈。老牌数据库厂商推出的计算-内存-存储分离型的数据库架构为云原生数据库提供了很好的思路，但是将这种架构搬到云计算场景并非易事，仍然存在很多技术上的难题需要突破。

2.3 数据分片与复制

2.3.1 数据分片

为提高分布式数据库的可靠性和性能，对数据进行分片和复制是必然的选择。因此，在分布式数据库设计问题上，本质就是进行分片和分配，前者指把数据库划分成一个个片段，后者指对片段的最优分布。其中寻找最优分布会涉及复制操作。“2.1.5 NewSQL 代表”已对分片技术的基础知识进行了介绍。本小节会结合最新研究，围绕分片与复制来进行讨论，从而对分布式数据库设计有进一步了解。

分布式数据库设计重点就是最大化数据局部性及最小化通信成本和传输时间，通过分片、分配和复制技术寻求最优设计。当下更多的是对其分开研究，然而，在现有研究中也就将分片技术与分配和复制技术相结合，以提升分布式数据库的性能。例如，

Abdalla和Amer在2012年提出一种水平分片技术，包含在一个具备了分片、复制和分片一体的模型中。其分片方法是将查询量和模式下数据的传输信息相结合，从而同步打破分布式数据库之间的关系。通过避免常规的远程访问和站点之间昂贵的数据传输成本，数据库效率得到显著提升。又如，Lwin和Naing在2018年提出了一种基于不同站点访问模式变化的非冗余动态分片分配技术。在分片的创建过程中，采用水平分区操作将全局关系分解成小块，以减少对磁盘访问的数据量。该算法会对分片进行重新分配，这取决于基于对每个片段数据量进行的访问的时间约束和阈值。此方案可以降低传输成本和响应时间。

在面对大规模问题时，Goli和Rankoohi在2012年对垂直分片中的问题进行研究，引入了蚁群聚类算法，提出了一种新颖的基于启发式的垂直分片算法Hybrid Ant Clustering Algorithm（HACA）。结果表明，其具有更高的精度，并且无论从计算成本还是不相容性等方面考虑，都是一种成本较低的算法。

传统的分布式数据库实现垂直分片是以查询传输和处理成本最小化为依据进行的，然而，在2014年Pazos等人的研究中，提出了以减少分布式数据库中响应时间为依据的垂直分片方法，结果表明，在大多数情况下，传统模型的最优解产生的响应时间大于所提出模型的最优解的响应时间，有时可能是该模型的三倍响应时间。

融入聚类算法实现分片操作也是研究的热门方向。例如，Harikumar和Ramachandran在2015年的研究中，通过实现子空间聚类算法来创建一组片段，将数据与元组属性分开，从而提供了一种独特的混合分片方法。这里使用的投影聚类是将聚类控制在数据的高维子空间中，有助于发现各种实例集的高度相关属性。结果表明，基于聚类的数据分片可以使得数据库访问时间减少，与根据一些统计数据设计而实现的分片方案相比更好。2016年，Ramachandran等人也是基于聚类实现了一种水平分片方案，采用一种可处理多元数据的k-prototype聚类算法进行数据挖掘，这利于发现数据之间的关系。此外，在2019年Noraziah等人提出一种混合分片算法binary vote assignment on grid quorum with association rule（BVAGQ-AR）。该方法使用BVAGQ和称为association rule的聚类数据挖掘技术来管理分片数据库复制。BVAGQ-AR算法能够将数据库划分成包含相似模式的片段。结果表明，使用此算法处理分片数据库复制能够维持数据可靠性，并提高性能和减少响应时间。

从相关研究中可以了解到，一些分片技术是与分布式数据库系统的分配和复制相结合的，有些是基于聚类的，也有针对大规模问题进行设计的，它们或多或少对系统性能进行了提升，减少了响应时间、通信成本等。

然而仍有不足。首先，现大多数可用的方法既没有在现实生活中使用的数据库中进行验证，也没有被证明是合适的，这意味着并不是绝对可靠的，也不是市场驱动的技术。此外，很多工作仅仅针对分片，或者只处理分配，然而可以知道的是，数据的分片和分配越是协作，整体性能和应用程序查询响应时间就越好。因此，设计分布式数据库系统需要的是一种集成的技术，分片与分配之间有很好的“配合”。除此之外，对于混合分片的方案是比较少的，这一块也具有很大的探索空间。

2.3.2 数据复制

数据库完成恰当划分后，需要把片段分配到网络的不同站点。是否将片段重复放置或者仅维护单一复制，取决于只读查询相对于更新查询的比例。然而，分布式数据库一般都是复制，这是因为：①系统可用性，通过数据进行复制避免单点故障；②性能，通信开销是影响响应时间的主要因素，使用复制可以定位附近数据；③可扩展性，数据复制可以让系统适应通过增加站点数量的方式进行扩大，达到合理响应时间。

简单说来，复制会带来一些好处，例如提高数据可用性、提高数据容错能力、更好的负载均衡和降低查询成本；但它也会因为维护副本而带来额外开销，并且，复制中如果存在不实用的数据，将会浪费存储空间，以及延迟复制时间。故而探索一个不错的复制方案是一个很有意义的研究。

当前，有两种方式实现复制：推模式（push replication）和拉模式（pull replication）。推模式中，原始的数据节点将更新发送到副本节点，以确保数据立即更新，侧重于维护数据的一致性，但为确保所有节点一致带来的延迟会导致数据库可用性降低。拉模式是指原始数据节点向副本节点发送“消息”，通知它们存在更新，具体更新何时作用到本地片段由副本节点决定。这种方式数据更新传播到副本的速度较慢，侧重维护数据库可用性，但会出现短暂的数据不一致。在对复制有了一定的基础了解后，接下来将结合一些研究方案来介绍。

在数据网格中站点存储空间有限的环境下，如何有效地利用网格资源成为一个重要的挑战。2013年，Cui等人提出了一种基于支持度、置信度和访问数的动态网格复制算法（Based on Support，Confidence and Access numbers，BSCA）。其复制策略使用关联规则，用于找到数据之间的相关性。但是，数据复制只会在收集组件过程中进行，因此，不可进行同步复制。

在Tian等人2008年的研究中提出的一个基于预取的复制算法（Prefetching-Based Replication Algorithm，PRA）中，当本站点获得一个文件请求且文件不在本地时，它将搜索其他站点，并通过副本目录服务器传输所需的文件副本，本地站点将选择一些相邻的文件来启动复制过程。然而，随着时间的推移，数据库将变得更大。

Pérez等人在2010年提出分级复制方案（Hierarchical Replication Scheme，HRS）是一个根数据库服务器和一个或多个数据库服务器组成的一个层次结构拓扑。一旦进行了更改，所有数据都将被复制到整个副本中。为了保持客户端更新的一致性，所有的块在事务处理过程中被传播和锁定，这意味着一次只有一个客户端可以修改数据。在此基础上，提出分支复制方案（Branch Replication Scheme，BRS）来解决数据网格环境中的可伸缩性和副本修改问题。副本是由一组子副本组成的，通过使用层次树拓扑进行组织，因此副本的子副本不重叠，并且一组子副本的并集是一个完整的副本。该模型适用于并行I/O技术，为数据副本的复制和更新提供了一种高性能且有效的方式。

2010年Noraziah等人提出复制技术Read-One-Write-All（ROWA），他们将所有数据复制到所有站点，这意味着所有服务器将拥有相同的数据。数据可靠性和可用性得到了确认，但问题是数据冗余会很高，造成存储空间浪费，事务处理时间也会很高，因为它必须在所有的服务器上提交事务。

BVAGQ-AR算法在2.3.1小节提到过，这里侧重复制方案来说。此算法在将事务同步更新和提交到具有相同分片数据的站点之前，为小仲裁进行加锁，因此从相邻的副本发送和接收消息所需的计算时间更少，维护数据一致性也更容易。此外，它还增加了并行度，因为通过使用分片，复制和事务可以被划分为几个对片段进行操作的子查询。然而，服务器故障随时可能发生，但这里并不支持通过考虑故障情况来处理碎片化的数据库复制事务管理。

通过对相关研究有所了解后，可以发现，在技术变化如此快速的当下，复制中存在的问题仍在不断发展，然而却没有很好的解决方案，这是需要去深入探究的领域。最后，在这里可以总结出一些决定是否使用复制的因素，从而帮助探究和学习。第一个因素是数据库大小，需要考虑复制的数据量对存储需求和数据传输成本的影响；第二个是数据使用频率，经常使用的数据应该频繁更新；第三个是成本，指的是与同步事务及其组件相关的性能成本、软件开销和管理成本，以及与复制数据相关的容错优势。当远程数据使用频率较高和数据库规模较大时，数据复制可以降低数据请求的成本。

2.3.3 CAP 定理

CAP 定理在分布式环境下对系统设计具有重要的指导作用。本小节将介绍 CAP 定理的发展过程及其在系统设计中的应用，同时还将对 CAP 定理与 ACID 原则之间的区别进行解读。

1. CAP 定理及其发展

CAP 定理起源于加州大学伯克利分校的 Eric Brewer 在 2000 年的分布式计算原理研讨会（PODC）上提出的一个猜想。在 2002 年，麻省理工学院的 Seth Gilbert 和 Nancy Lynch 证明了该猜想，并将其定义为一个定理。CAP 是对一致性（consistency）、可用性（availability）和分区容忍性（partition tolerance）三者的简称，三者的具体含义如下。

1）一致性。在 CAP 定理中，一致性默认指强一致，通常也被称为原子（atomic）或线性（linearizable）一致。强一致要求在分布式环境下数据的多个副本中，关于同一数据的访问请求能获取到一致的结果，这等同于所有副本时刻保持同步。

2）可用性。指系统需要持续提供正常服务，即每个请求都将会接收到响应，而不会无限循环或者失败。

3）分区容忍性。指系统能够容忍网络发生分区。在实际的分布式系统中，节点间网络无法通信造成网络分区是不可避免的，系统应该在网络分区时依然提供服务。

CAP 定理是一种对三个属性的权衡，即在一个发生通信故障的网络中，任何服务都不可能保证对每个请求响应的同时，实现强一致的数据读/写。这意味着对于一个分布式系统而言，当网络发生故障时，CAP 中的三个属性无法同时满足，至多能够满足其中的两个。考虑到在一般的网络环境下，网络故障造成的网络分区是很普遍的，因此分区容忍性成了分布式系统不可避免的特性，这使得系统设计时需要在一致性和可用性之间进行选择或权衡，从而使系统达到某种预期的特性。

关于 CAP 定理的证明，在 Nancy Lynch 的论文中采用了反证法。假设 CAP 三个属性已同时满足，且存在数据项 x（初始值为 v_0）。此时因网络分区，节点形成了两个非空集合 $\{G_1, G_2\}$。在 t_1 时刻，操作 α_1 在 G_1 上修改 x 为 v_1。因为可用性满足，α_1 的修改必然是成功的。随后在时刻 t_2，操作 α_2 在 G_2 上读取 x 的值。由于网络存在分区，G_1，G_2 之间无法通信，α_1 的修改并未同步到 G_2。而可用性要求 G_2 必须对 α_2 的读请求做出响应，因此只能返回初始值 v_0。这显然违背了一致性的要求，与同时满足 CAP 三个属性的假设矛盾，证明了同时满足 CAP 属性是不可能的。

CAP 定理自问世以来在指导系统设计上受到了很多架构师的追捧。因为在分布式系统中网络分区的必然性，分区容忍性是不可或缺的天然要求，因此在系统设计之初，设计者必须在一致性和可用性上进行取舍。CP 的选择意味着牺牲掉部分的可用性换取数据的强一致，而 AP 的选择则是容忍数据的不一致以换取服务的高可用。这种对系统设计的理解方式也是一种对 CAP 定理普遍的误解，即“三者只可择其二”。也正因如此，许多工程师和研究者对 CAP 提出各种质疑，试图证明其在各种场合的不适用性。

关于 CAP 定理的误解来源于 CAP 没有充分考虑不同条件下一致性和可用性的关系。为此，Eric Brewer 不得不在 2012 年发表文章进行解释：实际使用过程中在三个属性中选择两个而牺牲另一个的做法存在误导性，其过分简化了各属性间的相互关系。文章重申了三个观点：①尽管网络分区无法避免，但实际系统中发生分区的时间很少，在系统不存在分区的情况下 CAP 三个属性是可以兼顾的；②势必在 C 和 A 之间做出选择的情况下，该选择也应是灵活的，细粒度的，而不应武断地在系统级别进行取舍；③CAP 的三个属性不是非 1 即 0 的二元变量，而应将其看作连续变量。例如一致性除了强一致之外，还有顺序一致性、因果一致性等较弱的一致性级别。类似地，可用性指标也可根据响应超时的时间长度进行定义。这样一来，在实际进行取舍时，可以在更大的选择空间内考虑对某些属性进行相应程度的舍弃。

2. CAP 实践

虽然系统设计者需要考虑网络发生分区时对数据一致性和可用性的取舍，但具体的取舍方案仍然有很大的灵活性。其最终应该针对具体的应用，最大化数据一致性和可用性的“合力”，以达到某种预期的效果。在实践过程中，通常有以下几种方案。

1）一致性优先。对一致性要求高的应用如银行等，会在优先保证强一致的前提下，对服务进行优化，以尽力保证可用性。该方案最典型范例的是采用一致性协议如 Paxos 和 Raft 等构建的高可用数据库系统。此类系统由一致性协议保证了数据的强一致，且能够容忍不超过一半的副本失效，因此只要分区内仍有一半以上的节点能够互联，则系统依然可以提供服务。这在保证了一致性的前提下，最大化了系统的可用性。

2）可用性优先。在某些对可用性要求高的应用如社交媒体中，用户对于是否能够看到最新的内容并不敏感（例如允许好友的动态更新存在一定的延迟），因此不一定需要很强的一致性。而另一方面，用户更关心响应时间，倘若获取一个好友的动态在数秒内不能得到响应，用户往往会失去耐心。对于此类应用而言，通过牺牲部分一致性来优先保证可用性，从而降低用户请求的响应时间是必要的。

3）灵活的权衡。对于某些应用而言，需要更灵活地调整一致性和可用性之间的权衡。例如一些应用可以容忍过时一小时的数据，但不能够容忍过时一天。这样一来，面对短暂的网络分区，就可以容忍数据不一致的发生（牺牲 C 保证 A）。倘若网络存在持久性的分区，则服务不能保持可用（牺牲 A 保证 C）。航空公司订票系统就是这样一个例子，当飞机上大多数座位都可用时，预订系统显示的剩余座位数可以是过时的。而随着剩余座位的减少，预订系统需要越来越准确的数据以防止超额预定。这样的系统既不提供强一致性，也不保证可用性，但即使如此，这种一致性和可用性的灵活权衡也是有意义的。

4）细粒度的权衡。对于一个庞大的系统而言，并不会对一致性与可用性有统一的要求。通过将系统划分为不同的模块，可以针对每个模块细粒度地对一致性和可用性进行权衡。这样一来，虽然整个系统并不保证一致性和可用性，但系统的每一部分的需求都得到了满足。例如对不同数据分片可以分别进行设计。以电商应用为例，用户可以容忍一些过时的库存信息，因此商品信息数据可以存在不一致。而对于付款信息、账单等数据必须保证强一致。类似的，系统还可以根据操作类型或系统功能等进行划分，从而根据不同模块精细化地选择一致性和可用性。

3. CAP 与 ACID

在分布式数据库领域，通常需要 CAP 定理和 ACID 原则的共同作用，而两者之间的区别与联系为许多从业者造成了困惑。在解释二者的关系之前，先简单回顾一下 2.1.1 小节中 ACID 原则。

从两者的定义不难看出，CAP 定理关注于分布式环境下的数据一致和可用问题，ACID 则是数据库内部对并发事务的约束。两者所描述与解决的问题并不在同一纬度，本身没有太多关联。但随着分布式数据库的发展，为了保证数据库的高可用，往往需要维护多个数据副本，这样一来两者便发生了一些联系，从而共同保证分布式数据库的正确性。但与此同时也带来了一些困惑，其中最主要的困惑来自于两者均包含一致性。ACID 中的一致性指上层应用所产生的事务逻辑不应破坏数据库中的一些约束条件（如账户余额不能小于 0），而 CAP 中的一致性指系统能否保证多副本上数据是同步更新的，是系统自身的性质。因此尽管两者都被称作一致性，但其本质上所维护的数据一致并不相同，不可混为一谈。

CAP 和 ACID 的联系在于，CAP 的一致性与 ACID 的隔离性在分布式数据库系统中共同维护了数据库行为的正确性。前者描述了分布式系统中单个对象上并发操作的执行顺序与操作发生的真实时间之间的约束，后者则对数据库系统中并发事务（多对象操作）执行的相互影响做出了约束。CAP 中一致性的最高目标为线性一致（linearizability），其要求并行操作的执行顺序必须反映它们的真实时间顺序，这是一种对数据最新性（recency）的限制。ACID 中隔离性的最高目标为可串行化（serializability），其要求并发事务的执行互不影响，即事务并发执行结果等价于事务“一条接一条”执行的结果。而对并发事务的执行顺序，可串行化并未做出限制。在当下主流的分布式数据库中，需要结合分布式系统和数据库系统的特性，由 CAP 的一致性对并发事务的顺序做出要求，同时需要 ACID 的隔离性保证并发事务之间不相互影响，两者共同作用来保证分布式数据库的行为是正确的。

2.3.4 分布式一致性协议

从单机数据库到分布式数据库的演进中，存在着单点故障、网络分区、消息的丢失、重复和乱序等问题，这就让分布式环境下的各个数据副本很难保持一致。为此，引入复制状态机来对问题进行抽象化。

如图 2.28 所示，复制状态机是一种确定性的状态机，它能够保证各个副本在相同的初始状态下，按照相同的顺序输入相同的命令，最终达到的状态也是一致的。因此，如果我们对来自客户端的命令进行排序，并在各个副本中按照相同的顺序执行相同的命令，就能够保证各个副本上数据的一致性。这就为分布式一致性协议的提出奠定了基础。

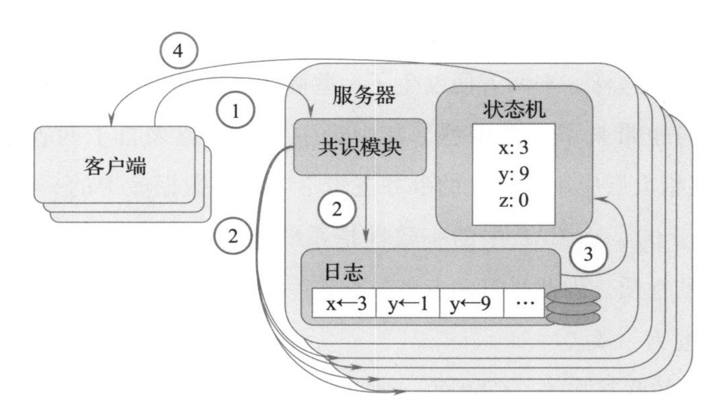

图 2.28　复制状态机

由上文的 CAP 定理可以知道，在能够容忍网络分区的分布式系统中存在着 CP 和 AP 的权衡。为了达到直观上的正确性，即在多个数据副本上，读操作都能读到最新写的数据这样的强一致性，一般选择 CP 模型。因此，这就产生了各种各样的分布式一致性协议，诸如 Viewstamped Replication、Raft、Paxos 等。

在分布式数据库中，依赖分布式一致性协议在多个数据副本之间达成一致，并且在达成一致后，即使集群中出现了故障，也不会改变最终的结果。分布式一致性协议往往采用多数派的原则来确定最终的状态。与此同时，还可以容忍其余少数节点的故障。例如，在拥有 $2F+1$ 个节点的系统中，达成一致的决定需要经过 $F+1$ 个节点的同意，因此，即使 F 个节点同时发生故障，集群依然能够对外提供服务。

接下来我们将简单介绍 Raft 和 Paxos 这两种协议。

1. Raft 协议

在 2014 年 Diego Ongaro 提出了 Raft 协议。从整体上来看，此协议通过在多个数据副本中选择出一个领导者，所有客户端的读写操作都会经过这个领导者，其他副本则被动地与领导者保持一致，那么最终所有的副本就能够达成一致。

因此，Raft 将整个协议拆分成了两个主要部分：领导者选举和日志复制。在 Raft 协议中，有以下三种角色。

1）领导者（leader）。每个任期内领导者唯一，负责接收请求和同步数据。

2）候选者（candidate）。选举时的状态，获得多数选票即可担任领导者。

3）跟随者（follower）。初始启动状态，被动接收日志同步请求并响应。

上面三种状态是不可叠加的，在同一时刻每个进程只能是其中一种状态。它们之间的转换关系如图 2.29 所示。

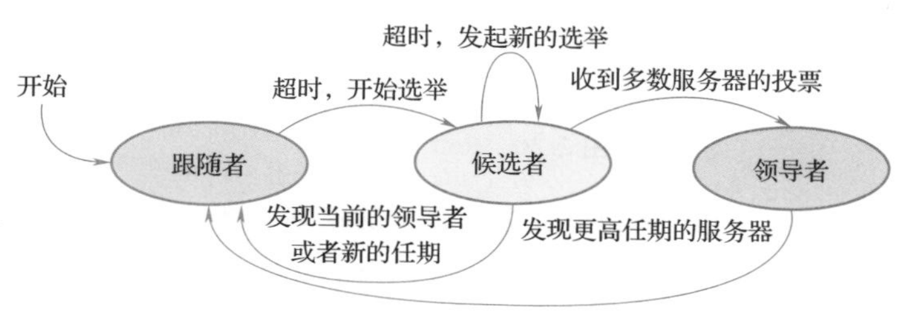

图 2.29　Raft 状态转换

（1）领导者选举

Raft 算法中的领导者是通过超时机制自动选举出来的，这就保证了集群对外服务的高可用。领导者会通过定期地发送心跳给其他节点来维护自己的权威。集群在最初启动的时候，所有节点的状态都是跟随者。在一个随机的选举超时时间（150ms～300ms）后，如果跟随者没有收到来自领导者的消息，就会认为当前集群没有领导者或者领导者发生了故障，那么跟随者就会发起选举。

Raft 将时间分为了不同的任期。每一个任期内的每个节点都只有一张选票，因此，每个任期内也只会产生一个领导者。当发起选举时，跟随者自增任期，并改变自己的状态为候选者，同时询问其他节点是否能给自己投票。最终获得多数选票的候选者节点将成为新的领导者。

（2）日志复制

在完成领导者选举之后，新的领导者会负责与客户端进行通信，并将日志复制到其他节点中。如图 2.30 所示，当领导者收到了来自客户端的命令后，会将命令以日志的形式写入本地存储中，同时将日志发送给跟随者。跟随者在收到日志后，将其写入本地日志中，并且此位置与此日志项在领导者日志中的位置相同，这样才能够保证各个命令在应用到状态机时的顺序是一样的。当领导者发现多数节点已经写入成功，那么就回复客户端写入完成。

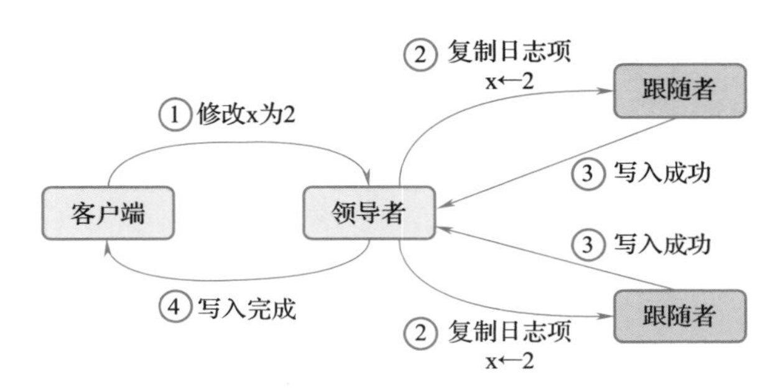

图 2.30 Raft 日志复制

Raft 通过领导者选举和日志复制保证了每个数据副本都拥有与领导者相同的日志，再通过将日志应用到复制状态机，就能够保证最终多个数据副本的一致性。

Raft 算法的应用主要在两个方面，一个是分布式的协调服务，其中最受欢迎的就是 etcd；另一个是分布式存储系统，例如 TiDB[12] 和 CockroachDB[11] 等分布式数据库以及分布式文件系统等。

2. Paxos 协议

Paxos 协议是由 Leslie Lamport 在“The Part-Time Parliament”中提出的，他以介绍 Paxos 岛上议会流程的方式来描述这种算法。Paxos 算法同 Raft 相同，也是一种基于消息传递的协议。

Paxos 可以被细分为 Basic Paxos 和 Multi Paxos 两种算法。前者是解决分布式数据库的副本中如何就某个值或操作达成一致的问题，而后者往往是多个 Basic Paxos 共同执行的结果，探讨如何就一系列值或操作达成共识。这里，我们只介绍 Basic Paxos。

在 Basic Paxos 中，有以下三种不同的角色。

1）提议者（proposer）。提出提案，等待投票抉择。

2）接受者（acceptor）。对提议者提出的提案进行投票，通过多数派原则来确定唯一通过的提案。

3）学习者（learner）。不能提议和投票，只能从其他节点处获取最终结果。

这三种角色彼此兼容，在 Basic Paxos 中一个进程或节点可以同时承担多种不同的角色。

Basic Paxos 算法主要分为三个阶段：准备（prepare）阶段、接受（accept）阶段和学习（learn）阶段。Basic Paxos 的主要过程如图 2.31 所示。

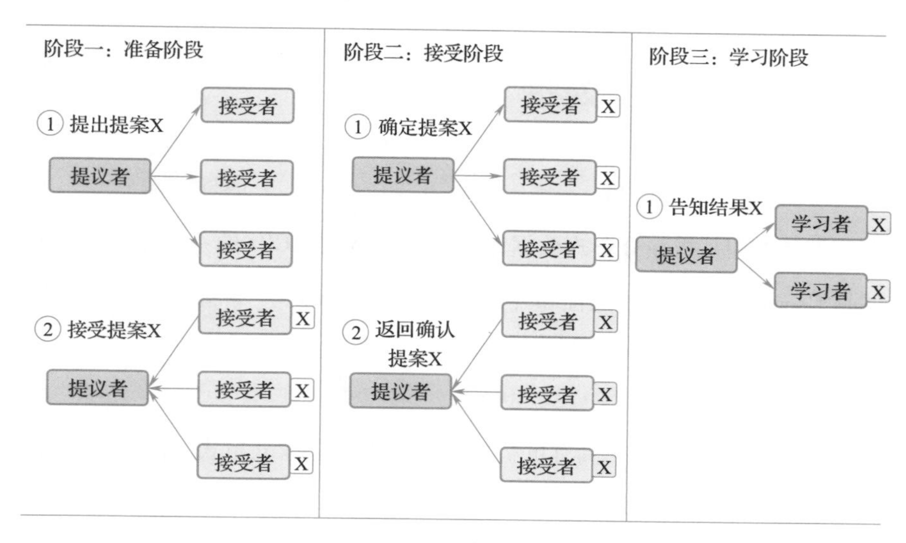

图 2.31　Basic Paxos 协议过程

（1）准备阶段：

Paxos 本质上是一种无主的分布式共识协议。在它的第一阶段中，所有提议者节点都能够提出提案，而在 raft 中，只有领导者才能够发送写入日志的消息。当提议者收到了来自多数接受者返回的确认提案的消息后，才会进行第二阶段来确定最终的提案。

（2）接受阶段：

如果提议者在准备阶段返回的消息里面发现了更新的提案值，那么在接受阶段就会以最新的提案值作为最终确定的提案，尝试达成共识。否则，继续以当前的提案值发起请求。

当提议者收到了多数接受者的回复后，当前的提案就被最终确定。

（3）学习阶段：

当某一提案最终确定后，提议者会将最终结果同步给其他学习者，所有的节点都会达成一致。

Google Chubby 提供了分布式锁服务，像 GFS 等大型系统都会选择它来解决分布式协作、元数据存储等问题，它的底层一致性就是使用 Paxos 算法实现的。分布式数据库系统 OceanBase[5] 也是基于 Paxos 实现的，它利用 Multi Paxos 替换主备同步机制，从而实现了系统的高可用和数据的高可靠。

2.4 分布式数据处理

2.4.1 分布式事务处理

分布式事务处理是指在分布式数据库中保证事务的ACID的一些思想和实现方法。最经典的是Google实现高可扩展性和外部一致性的Spanner[4] 和基于增量更新的Percolator。

1. Spanner

Spanner是由Google研发，具有可扩展、多版本、全球分布式、同步复制等特性的数据库。它是第一个把数据分布在全球范围内的系统，并且支持外部一致性的分布式事务。Spanner具有许多强大特性包括：非阻塞的读、不采用锁机制的只读事务、原子模式变更。它是第一个把数据分布在全球范围内的系统，并且支持外部一致性的分布式事务。

Spanner的主要工作是管理跨越多个数据中心的数据副本，但是在分布式系统体系架构之上设计和实现重要的数据库特性方面也具有很大的提升。尽管有许多项目可以很好地使用BigTable，但是BigTable无法应用到一些特定类型的应用上面，比如具备复杂可变的模式，或者对于在大范围内分布的多个副本数据具有较高的一致性要求。谷歌的许多应用已经选择使用Megastore，主要是因为它的半关系数据模型和对同步复制的支持，尽管它具备较差的写操作吞吐量。由于上述多个方面的因素，Spanner已经从一个类似BigTable的单一版本的键值存储，演化成为一个具有时间属性的多版本的数据库。Spanner支持通用的事务，提供了基于SQL的查询语言。作为一个全球分布式数据库，Spanner提供了几个有趣的特性。①在数据的副本配置方面，应用可以在一个很细的粒度上进行动态控制。应用可以详细规定，哪些数据中心包含哪些数据，数据距离用户有多远（控制用户读取数据的延迟），不同数据副本之间距离有多远（控制写操作的延迟），以及需要维护多少个副本（控制可用性和读操作性能）。数据也可以被动态和透明地在数据中心之间进行移动，从而平衡不同数据中心内资源的使用。②Spanner有两个重要的特性，很难在一个分布式数据库上实现，即Spanner提供了读和写操作的外部一致性，以及在一个时间戳下面的跨越数据库的全球一致性的读操作。这些特性使得 Spanner 可以支持一致的备份、一致的 MapReduce 执行和原子模式变更，所有都是在全球范围内实现，即使存在正在处理中的事务也可以。之所以可以支持这些特性，是因为 Spanner 可以为事务分配全球范围内有意义的提交时间戳，即使事务可能是分布式的。这些时间戳反映事务序列化的顺序。

除此以外，这些序列化的顺序满足了外部一致性的要求：如果一个事务 T1 在另一个事务 T2 开始之前就已经提交了，那么，T1 的时间戳就要比 T2 的时间戳小。Spanner 是第一个可以在全球范围内提供这种保证的系统。实现这种特性的关键技术就是一个新的 TrueTime API 及其实现。这个 API 可以直接暴露时钟不确定性，Spanner 时间戳的保证就是取决于这个 API 实现的界限。如果这个不确定性很大，Spanner 就降低速度来等待这个大的不确定性结束。谷歌的簇管理器软件提供了一个 TrueTime API 的实现。这种实现可以保持较小的不确定性（通常小于 10ms），主要是借助于现代时钟参考值（例如 GPS 和原子钟）。

2. Percolator

在搜索引擎系统中，文档被抓取后需要更新 Web 索引，新的文档会持续到达，这就意味着包含大量已存在索引的存储库需要不断变化。现实中有很多这样的数据处理任务，都是因为一些很小的、独立的变化导致一个大型仓库的转变。这种类型任务的性能往往受制于已存在设施的容量。数据库能够很好地处理这种任务，但是它不会用在如此大规模的数据上。Google 的索引系统存储了十几个 PB 的数据，并且每天在几千台机器上处理数十亿次更新。MapReduce 和其他批处理系统是为了大型批处理任务的效率而量身定制的，并不适合单独地处理小的更新。Percolator 是一个用于逐步处理大型数据集更新的系统，并将其部署以创建 Google 网络搜索索引。通过使用基于 Percolator 的增量处理的索引系统替换基于批处理的索引系统，将 Google 搜索结果中文档的平均年龄缩短 50%。在 Web 索引系统中，系统开始会抓取互联网上的每一个页面，处理它们，同时在索引上维护一系列的不变量。例如，如果在多个 URL 下抓取到了相同的内容，只需要将 PageRank 最高的 URL 添加到索引中。每个外部链接也会被反向处理，让其锚文本附加到链接指向的页面上。这是一个批量处理任务，可以表示为一系列 MapReduce 操作。

考虑如何在重新抓取一小部分网络后更新该索引。仅仅在新页面上运行 MapReduce 是不够的，因为例如新页面和其他网页之间存在链接。MapReduce 必须在整个存储库上再次运行，即在新页面和旧页面上运行。如果有足够的计算资源，MapReduce 的可扩展性使这种方法可行，事实上，这里描述的工作之前，Google 的网络搜索索引就是以这种方式生成的。但是，重新处理整个 Web 会丢弃在早期运行中完成的工作，并使延迟与存储库的大小成比例，而不是更新的大小。

索引系统可以将存储库存储在 DBMS 中，并在使用事务维护不变量时更新单个文档。但是，现有的 DBMS 无法处理大量的数据：Google 的索引系统在成千上万台机器上存储了数十 PB 的数据。像 Bigtable 这样的分布式存储系统可以扩展到我们的存储库的大小，但不提供工具来帮助程序员，在并发更新的情况下以维护数据不变量。

用于维护网络搜索索引任务的理想数据处理系统将针对增量处理进行优化，也就是说，它将允许我们维护一个非常大的文档存储库，并在抓取每个新文档时有效地对其进行更新。考虑到系统将同时处理许多小的更新，理想的系统也会提供机制来维持不变量，不管是并发更新还是保持跟踪哪些更新已被处理。

Percolator 是一个特定的增量处理系统。Percolator 为用户提供对多 PB 资源库的随机访问。随机访问允许系统单独地处理文档，避免了 MapReduce 需要的存储库的全局扫描。为了实现高吞吐量，许多机器上的许多线程需要同时转换存储库，因此 Percolator 提供 ACID 兼容事务以使程序员更容易推断存储库的状态，目前实现快照隔离语义。

除了推导并发性之外，增量系统的程序员需要跟踪增量计算的状态。为了帮助他们完成这项任务，Percolator 提供了观察者，当用户指定的列发生变化时，系统调用代码段。Percolator 应用程序是由一系列观察员构成的，每个观察者通过写入表格来完成一项任务并为“下游”观察员创造更多的工作。外部进程通过将初始数据写入表中来触发链中的第一个观察者。

Percolator 专门为增量处理而构建，并不打算替代大多数数据处理任务的现有解决方案。计算结果不能分解为小而多的更新（例如，对文件进行排序）可以通过 MapReduce 更好地处理。此外，计算应具有较强的一致性要求；否则，Bigtable 就足够了。最后，计算在某个维度上应该非常大（总数据大小，转换所需的 CPU 等），传统 DBMS 可以处理不适合 MapReduce 或 Bigtable 的较小计算。

在谷歌中，Percolator 的主要应用是准备网页以包含在实时网络搜索索引中。通过将索引系统转换为增量系统，系统可以在抓取它们时处理单个文档。这将平均文档处理延迟减少了 100 倍，并且搜索结果中出现的文档的平均年龄下降了近 50%（搜索结果的年龄包括除索引之外的延迟，例如文档之间的时间改变并被抓取）。该系统也被用来将页面渲染成图像，Percolator 跟踪网页和他们所依赖的资源之间的关系，因此当任何依赖的资源发生变化时可以对页面进行重新处理。

2.4.2　分布式查询处理

分布式数据库系统中，分布式存储和数据冗余有利于容灾与故障恢复，提高了系统的可靠性，但分布在不同节点的数据也使分布式查询处理变得更加复杂；分布式数据库系统通过增加集群节点，扩展集群，提高系统可用性与可扩展性，对外提供一致服务，然而，分布式查询的性能并没有随着存储、内存、CPU 等资源的丰富而线性扩展，在不同的系统架构和硬件基础设施上，分布式查询存在不同的性能瓶颈，如何设计高效的分布式查询处理方式从而对分布式资源进行最佳利用，是分布式查询要考虑的关键问题。在简要介绍分布式查询的一般流程后，本小节回顾由集中式数据库走向分布式数据库的过程中，分布式环境为查询处理带来的新挑战以及应对这些挑战的有效技术，主要包括慢速网络的传输能力瓶颈及为优化网络传输开销设计的特殊的连接算法，分布式数据库中利用二级索引的困难与解决办法，以及分布式查询处理系统的最新研究进展。本小节同时也介绍部分新型分布式数据库系统中的实践经验，并在最后延伸介绍分布式数据库系统中分布式查询技术尚未解决或正在解决的问题。

Kossmann 指出，与集中式数据库的查询处理流程类似，分布式查询处理器接收用户查询，经过解析、查询重写、查询优化、计划精细化将用户查询转化为物理执行计划，交由查询执行引擎执行，最后将执行结果返回给用户。分布式数据库系统以缩短查询响应时间，提高吞吐量为查询优化目标，除了生成高质量查询计划、设计高效的查询执行算法之外，索引的设计、数据的放置以及复制和缓存策略也会很大程度地影响分布式查询处理的性能。

1. 优化网络传输开销——慢速网络的传输能力瓶颈

对于通过慢速网络连接计算、存储等资源的分布式数据库系统，网络传输开销成为限制查询性能的主要瓶颈，分布式查询优化器选择执行计划时需要将通信成本纳入考虑，减少节点之间的数据传输成为查询优化的重要目标之一。

在分布式系统得到大规模应用之初，一些能够减少数据传输通信成本的连接算法成为优化分布式数据库中连接操作的有效技术，经典算法包括半连接算法（semi-join）与基于布隆过滤器的连接算法（bloom-join）。半连接是由连接和投影运算衍生而来的代数关系运算，对于两个节点间的连接运算，其基本思想是，首先只将投影的连接列发送至另一个节点并与第二个关系连接来降低转移成本；然后，将第二个关系中的所有匹配元组发送回第一个站点，以计算最终的连接结果。半连接算法在分布式数据库系统 SDD-1 中得到广泛应用，但 SDD-1 中的半连接操作不能并行执行，这会在一定程度上增加查询的响应时间。基于布隆过滤器的连接算法在节点间传输连接列的紧凑表示而非连接列本身，算法首先在连接列上构建一个布隆过滤器，并在节点之间传输，然后再执行连接操作，这一连接算法使用位向量来确定集合的成员关系，利用布隆过滤器减少了传输的元组数量，在 R^* 中被证明较基本的半连接算法更为有效。

除了应用半连接、基于布隆过滤器的连接等算法降低查询执行时的传输成本之外，在数据库部署时设计合适的数据放置策略可以通过利用数据的分片与复制，降低由网络延迟带来的影响并更充分地利用系统资源。例如，基于 Paxos 协议的分布式数据库 OceanBase 在进行数据分区与分布时，在副本均衡的基础上，使用 RootService 根据租户 Primary Zone 等因素，均衡各机器分区 Leader 数目。通过把分区 Leader 聚集到同一机器上，减少分布式事务执行的可能，减少业务请求的响应时间；通过把分区 Leader 在多机上打散，最大限度利用机器资源，提高系统吞吐能力。更多分布式数据库中的数据分片与复制请参考“2. 3 数据分片与复制”一节的内容。

2. 利用索引加速查询——分布式数据库中的二级索引

索引对于提高数据库中的查询性能非常重要，数据库索引用于快速定位数据，以维护索引数据结构所需的额外写入和存储空间为代价，提高检索数据的速度。下面重点讨论分布式数据库中利用二级索引（secondary index）提高查询性能的方法，二级索引可用于提高使用非主键字段值进行查询的查询性能，相对于集中式数据库，分布式二级索引的构建、维护及利用是一大挑战，其原因是，数据分片通常是通过主键索引（primary index）进行的，查询更容易在主键索引上进行，而在数据分片后，对二级索引进行事务保证和索引结构维护的网络开销与维护代价较高，特别是在近年来逐渐发展的 NoSQL 分布式数据存储中维护二级索引总是要付出性能代价。

分布式数据存储 HBase 本身不支持二级索引，为加速查询，Aiyer 等人在用于 Facebook Messages 的 HBase 中支持了二级索引，基于 LSM 的分布式存储系统 BigTable 将二次索引存储为 LSM 表并就地更新（in-place update）；Cassandra 则在索引 LSM 表上进行仅追加更新（append-only update），它支持局部二级索引，全局二级索引则是通过从这些不同的本地二级索引查找后进行 MapReduce 操作实现的，性能受到影响。文献［6］将各个基于 LSM 的 NoSQL 数据库所支持的二级索引分为嵌入式索引与独立索引两种类型并比较了其性能表现。

分布式数据库 Spanner 没有提供对二级索引的自动支持，受 Spanner[4] 启发的分布式数据库 TiDB 与 CockroachDB（CRDB）都采用键值对存储二级索引。TiDB 支持全局二级索引，有很强的可伸缩性，但全局索引与实际数据不一定在同一个 Region 内，由于维护索引会消耗大量的资源，并且可能会影响在线事务和分析，TiDB 在后台异步地构建或删除索引。CRDB 以索引字段为键，并在键中存储主键列以及索引模式指定的任意数量的附加列，其值通常为空。CRDB 旨在提供全球化跨区域的数据访问能力，支持全局分布的非前缀二级索引，其读性能高度依赖网络延迟，为了提供快速的本地读取能力，通过 CRDB 提供的“复制索引（duplicated indexes）”数据放置策略，复制表上的索引，并将每个索引的租赁者（leaseholder）固定到特定的区域，可以提供快速的本地读取，同时保留在区域故障中的生存能力。虽然这带来了更高的写放大和更慢的跨区域写问题，但对于不经常更新或不能绑定到特定地理位置的数据来说很有用，经常使用但很少更改的二级索引是这种技术的一个很好的候选对象。感兴趣的读者可以进一步学习 CRDB 给出的复制索引的实践案例。

3. 分布式查询计划生成与执行——设计高效的分布式查询处理器

集中式数据库的查询优化是在大搜索空间中确定最优计划的 NP-hard 问题，在分布式数据库中同样如此，分布式查询优化器的目标是在足够快的优化时间内产生非常高效的分布式查询执行计划，数据分布在不同节点，分布式环境的复杂性，可能的数据远程访问与可以通过多个节点并行执行查询等都使得查询优化与执行任务更具挑战。下面介绍近年来三组面向不同目标，具备不同设计特点的查询处理器的有关研究，分别是面向复杂 AP 类查询的 Orca、MemSQL 查询优化器以及旨在消除维护不同类型工作负载之间的传统区别，同时支持 OLTP、OLAP 查询以及大型 ETL 流水线任务的 F1 Query。

Greenplum Database（GPDB）是基于无共享架构的大规模分布式并行处理（MPP）分析数据库，Orca 是用于 GPDB 和 HAWQ 等 Pivotal 数据管理产品的查询优化器，专门为处理大数据量，复杂的分析型工作负载设计。具备模块化、可扩展性、多核适应能力与可验证性等特性。Orca 是基于 Cascades 优化框架的现代自顶向下查询优化器，虽然许多 Cascades 优化器与它们的主机系统紧密耦合，但 Orca 使用高度可扩展的元数据和系统描述抽象，使得 Orca 不再像传统的优化器那样局限于特定的主机系统。Orca 包含一个用于在优化器和数据库系统之间交换信息的框架，称为数据交换语言（Data eXchange Language，DXL），作为优化器与数据库系统解耦的一种通信机制。这种能够作为独立的优化器在数据库系统之外运行的特性使得 Orca 能够更方便地为不同计算架构（例如 MPP 和 Hadoop）提供支持。Orca 是支持多核的优化器，具备多核适应能力，可以把查询优化过程分解为称为优化作业的小工作单元，并通过高效的多核感知调度器，将单个细粒度优化子任务分布在多个核上，从而加快优化过程。

MemSQL 是擅长大规模混合实时分析和事务处理的分布式内存优化 SQL 数据库，基于无共享架构。MemSQL 节点分为调度节点（聚合节点）和执行节点（叶节点）两种类型，聚合节点充当客户机和集群间的中介，叶节点为系统提供数据存储和查询处理，用户的查询被路由到调度节点并进行解析、优化和计划。由聚合节点生成的分布式查询执行计划包括在跨集群的节点上执行的一系列操作，可包括本地计算和读取从其他叶节点上的远程表数据而进行的数据移动。为 MemSQL 设计的查询优化器包括重写模块（Rewriter）、枚举模块（Enumerator）和计划模块（Planner）三个组件，MemSQL 查询优化器认为查询优化需要解决的问题是，如果基于成本的查询重写组件不知道分布成本，那么优化器就会存在在分布式设置中对查询重写做出错误决策的风险，其解决方法是，在 Rewriter 中调用 Enumerator，并根据其分布式感知成本模型对重写后的查询进行代价计算，这种自上而下与自下而上结合的交错重写方式使得查询优化在逻辑计划阶段就考虑分布式执行代价。此外，在分发子查询计划的节点上，MemSQL 可以根据子节点上拥有的更详细的统计信息进行重新优化。

谷歌的 F1 Query 是从分布式关系数据库 F1 演变而来的，F1 Query 具备跨数据源、支持大小规模用例，使用简单或定制业务逻辑的高度灵活性。F1 Query 为数据中心而不是单个服务器或紧密耦合的集群构建，通过将数据存储与查询处理解耦，F1 Query 可以满足跨各类存储系统分析数据的需求，包括关系 DBMS 存储（如 Spanner 存储）、键值存储（Bigtable）与以各种格式存储的分布式文件系统，谷歌数据中心网络这类高性能网络技术的进步能够很大程度上消除访问本地数据与远程数据之间的吞吐量和延迟差异，但从一组在地理上分布的数据中心中选择一个靠近数据的数据中心仍然对查询处理的延迟有很大影响。根据客户指定的执行模式偏好，F1 Query 可以以交互模式或批处理模式执行查询，对于交互式执行，查询优化器应用启发式方法在集中式执行与分布式执行之间进行选择，小规模的查询与事务在接受请求的第一个 F1 服务器上就开始执行，对于更大规模的查询，第一个 F1 服务器仅充当查询协调器，F1 从工作池中动态地的为工作线程分配执行线程以进行分布式执行。批处理执行模式使用异步运行查询的 MapReduce 框架，为处理大量数据及需要长时间运行的查询提供更高可靠性。

互联网应用催生分布式数据库的蓬勃发展，分布式查询处理技术面临各类新挑战，分布式查询处理技术领域尚未解决或正在解决的问题初步总结如下。

（1）分布式查询处理技术如何应对分布式系统的复杂性。

查询处理技术需要以经济高效的方式处理数据，无论是在集中式数据库还是分布式数据库中，查询的优化与执行都是一个重要的研究方向。由于分布式数据库的建立环境复杂，技术内容丰富，因此还存在许多值得进一步研究的方面，在有限的时间消耗与资源占用的前提下，搜索查询计划空间，在分布式与变化的环境中获得准确的数据统计信息并进行准确的代价估计，查询计划并行执行等都是查询优化与执行的重要任务。

（2）分布式查询处理技术如何适应新环境、新硬件的变化。

一些原有的查询处理系统并不能很好地适应基础设施环境的改变，难以充分利用新的架构与环境提供的处理能力，新硬件与基础设施的发展相应地带来上层查询处理技术的变化。例如，在现代支持 RDMA 的高速网络中，跨节点传输数据的带宽正在接近本地内存总线的带宽，最近的工作已经开始研究如何重新设计各个分布式查询操作符以最佳地利用 RDMA。随着云服务的发展，文献［7］指出，现有的公共云提供商提供了数百个异构硬件实例，根据硬件配置不同，性能和成本可能会有数量级的差异，基于此，文献［7］提出，面向云中成本最优查询处理目标的估计模型，估计特定硬件估计特定硬件实例上工作负载的运行时间和成本。

（3）如何进行生产环境中分布式查询的最佳实践。

分布式查询的执行效率与数据放置策略，索引设计等密切相关，数据库系统如何提供自适应服务，降低用户使用难度，根据应用场景指导用户在生产环境中的综合实践，是使得各类与查询处理相关的技术在实际生产环境中发挥效益的另一大挑战。

2.5 本讲小结与展望

本讲围绕分布式数据库 NoSQL 和 NewSQL 展开介绍。这是为满足互联网快速发展对数据库存储与计算能力需求越来越高，且很多经典互联网应用并不需要像关系数据库那样严格的完整性约束与一致性要求的背景下诞生。

NoSQL 主要指分布式、非关系型、抛弃事务部分 ACID 属性的设计理念。典型代表有：键值数据库 Redis 与 LevelDB、文档数据库 MongoDB 与 CouchDB、图数据库 Neo4j 以及多模型数据库 OrientDB。NoSQL 提供了传统数据库所欠缺的扩展性以及较好的读写性能，但同时存在不支持 SQL 语句、不支持事务特性、缺乏统一标准等缺陷。这使得工业界重新回归对关系型数据库的探索，思考在传统数据库上支持高可扩展性以及高性能的可能。

NewSQL 应运而生，但并没有统一、清晰的定义。简而言之，可以将其理解为分布式可扩展的关系数据库。从宏观角度来看，现在学界和工业界 NewSQL 大致可分为两类：使用全新架构设计开发的分布式数据库和云计算平台提供的数据库，即云数据库。对应详细介绍了 TiDB 和 Aurora。从系统架构设计来看又分为：①共享存储型。PolarDB 为代表，提升系统整体可用性、扩展性，并保证对现有数据库的兼容，但并发能力受单节点性能约束。②无共享型。介绍了 CockroachDB，以极短的中断时间容忍磁盘、主机、机架甚至整个数据中心的故障，且集群中各个节点的地位完全对等。③计算、内存与存储分离型。讨论了 Oracle RAC 和 IBM DB2 purescale，PolarDB-X，进一步提升了系统各层的弹性伸缩能力，且大幅提升系统整体性能，但存在系统复杂、访问冲突等问题。

随后我们讨论了分布式数据库设计技术。为提高分布式数据库的可靠性和性能，对数据进行分片和复制是必然的选择。分片技术有水平分片和垂直分片两种。应用不同场景和目标时有不同实现方式：引入蚁群聚类算法的垂直分片技术、减少响应时间为依据的垂直分片技术和融入聚类算法的分片技术等。这些技术或多或少对系统性能都有所提升，但在实际生活中无法验证，且仅分片或仅分配的工作并不能带来很好的效益。实现复制的方法有推模式和拉模式两种。可以通过数据库大小、数据使用频率、成本等因素来探索更合适的复制技术实现方案。复制技术还能带来更好的负载均衡，降低查询成本的好处，但同时也要注意存储空间浪费和复制时间延迟问题。

另外，在系统设计时，CAP 定理具有指导意义。通常使用的方案有：一致性优先、可用性优先、灵活权衡、细粒度权衡。了解 CAP 与 ACID 区别和联系也是很重要的，因为通常需要 CAP 定理和 ACID 原则的共同作用。一致性协议是为了解决单点故障、网络分区、消息的丢失、重复和乱序等问题，依赖分布式一致性协议在多个数据副本之间达成一致，最为经典的是 Raft 和 Paxos 协议。Raft 整个协议拆可分成了两个主要部分：领导者选举和日志复制。Basic Paxos 算法主要分为三个阶段：准备阶段、接受阶段和学习阶段。

为体现分布式数据库中保证事务的 ACID 的一些思想和实现方法，本讲通过介绍 Spanner 和 Percolator 的特性和使用场景来展示。为充分使用分布式资源，设计高效的分布式查询是至关重要的。内容有：慢速网络限制查询性能的解决方案；利用二级索引提高查询性能；介绍高效查询优化器 Orca、MemSQL 查询优化器，F1 Query。此领域还存在如何应对分布式系统的复杂性，如何适应新环境、新软件，以及如何在生产环境中发挥效益等挑战，值得深入探究。

参考文献

[1] CODD E F. A relational model of data for large shared data banks[J]. Communications of the ACM, 1970, 13(6): 377-387.

[2] GRAY J, REUTER A. Transaction processing: concepts and techniques[M]. Berkeley: Elsevier, 1992.

[3] STRAUCH C, SITES U L S, KRIHA W. NoSQL databases[M]. Stuttgart: Stuttgart Media University, 2011: 20-24.

[4] CORBETT J C, DEAN J, EPSTEIN M, et al. Spanner: Google's globally distributed database[J]. ACM Transactions on Computer Systems, 2013, 31(3): 1-22.

[5] YANG Z, YANG C, HAN F, et al. OceanBase: a 707 million tpmc distributed relational database system[J]. Proceedings of the VLDB Endowment, 2022, 15(12): 3385-3397.

[6] QADER M A, CHENG S, HRISTIDIS V. A comparative study of secondary indexing techniques in LSM-based NoSQL databases[C]//Association for Computing Machinery. SIGMODE'18: Proceedings of the International Conference on Management of Data. New York: ACM, 2018: 551-566.

[7] LEIS V, KUSCHEWSKI M. Towards cost-optimal query processing in the cloud[J]. Proceedings of the VLDB Endowment, 2021, 14(9): 1606-1612.

[8] WANG R, WANG J, IDREOS S, et al. The case for distributed shared-memory databases with RDMA-enabled memory disaggregation[J]. Proceedings of the VLDB Endowment, 2022, 16: 15-22.

[9] CAO W, ZHANG Y, YANG X, et al. Polardb serverless: A cloud native database for disaggregated data centers[C]//Proceedings of the 2021 International Conference on Management of Data. New York: ACM, 2021: 2477-2489.

[10] CAO W, LIU Z, WANG P, et al. PolarFS: an ultra-low latency and failure resilient distributed file system for shared storage cloud database[J]. Proceedings of the VLDB Endowment, 2018, 11(12): 1849-1862.

[11] TAFT R, SHARIF I, MATEI A, et al. Cockroachdb: The resilient geo-distributed sql database[C]//Proceedings of the 2020 ACM SIGMOD International Conference on Management of Data. New York: ACM, 2020: 1493-1509.

[12] Huang D, Liu Q, Cui Q, et al. TiDB: a Raft-based HTAP database[J]. Proceedings of the VLDB Endowment, 2020, 13(12): 3072-3084.

[13] Verbitski A, Gupta A, Saha D, et al. Amazon aurora: Design considerations for high throughput cloud-native relational databases[C]//Proceedings of the 2017 ACM International Conference on Management of Data. New York: ACM, 2017: 1041-1052.

第3讲
大数据处理系统——批处理

编者按

本讲由张岩峰撰写。张岩峰是东北大学教授，是分布式系统领域的知名学者，成果在国内头部科技企业获得应用。

互联网的普及和广泛应用，产生了海量的数据并被采集下来。为了从这些数据中挖掘出有价值的信息，许多数据分析、数据挖掘算法被提出来进行大数据的分析与挖掘，然后将分析和挖掘结果用于运营决策，给决策者提供运营参考。例如：统计网站访问日志中最频繁被访问的网页，社交网络网站上潜在好友关系的挖掘，对 Web 页面的重要性排序分析等。在这些应用中，为了加速大规模数据的处理分析速度，我们通常需要利用计算机的多核计算资源进行并行计算，或者利用多台计算机构建的集群进行分布式计算。

针对不同的大数据处理需求，主要有两种类型的系统，即批处理系统和流处理系统。批处理系统接收大量的输入数据，运行一个作业来处理数据，并产生输出结果数据。批处理作业往往需要执行一段时间，根据输入数据的大小，可能会需要几分钟甚至几天。批量作业通常会定期运行，例如每天一次或者每月一次。衡量批处理系统性能的标准主要是，处理一定大小的输入数据集所需的时间。本章将讨论批处理系统。

批处理是构建可靠、可扩展应用的重要技术。谷歌公司于 2004 年发表的论文提出著名的分布式批处理框架 MapReduce[1]，其具有超大规模的可扩展性能和简易的编程模型，可以运行在数千台普通商用主机之上。Hadoop MapReduce[2] 是基于 MapReduce 框架的开源实现，具有庞大的社区和用户群，在业界被广泛使用。Apache Spark 是基于内存的分布式批处理系统㊀，它把任务拆分，然后分配到多个的 CPU 上进行处理，处理数据时产生的中间产物（计算结果）存放在内存中，减少了对磁盘的 I/O 操作，大大提升了数据的处理速度。本章将分别讨论 Hadoop MapReduce 和 Apache Spark 这两个具有代表性的批处理系统。

㊀ 后期 Spark 也提供流处理能力，并支持“批流一体”架构。——作者注

3.1 Hadoop MapReduce

3.1.1 Hadoop MapReduce 概述

Hadoop MapReduce 最开始是解决大规模 Web 数据处理的分布式计算框架，它具有以下几个特点。①易用性。不同于传统分布式程序，需要用户手动编写数据划分、任务调度、网络通信、错误恢复等模块，使用 Hadoop MapReduce 只需要用户主要编写 Map 和 Reduce 函数，而其他复杂的系统实现被框架很好地封装起来对用户隐藏，大大降低了编写分布式程序的开销，同时也避免了一些潜在可能发生的代码实现错误。②扩展性。当一台机器的计算资源不能满足数据处理需求的时候，可以通过增加机器节点数来扩展数据计算和处理能力。③容错性。谷歌公司在设计 MapReduce 模型的时候，就是希望使分布式程序运行在廉价的普通机器（相对于价格昂贵的高性能计算机）上，普通的商用计算机发生故障的概率相对较高，而一台计算机的故障可能导致运行在整个集群上的分布式程序崩溃，这就要求系统要具有良好的容错性，一台机器发生故障后，可以将数据或计算负载迁移到其他机器节点上继续运行。

MapReduce 分成了两个部分：①映射（Mapping），它对数据集合里的每个数据项应用同一个操作，例如，如果想把一个数据表格里的每个数据项的值乘以一个系数，那么把这个乘以系数的计算单独地应用在每个数据项上的操作就属于 Mapping；②化简（Reducing），遍历数据集合中的所有数据项来返回唯一一个结果，例如，输出数据表里一列数字的和这个任务属于 Reducing。当向 MapReduce 框架提交一个计算作业时，它会首先把计算作业拆分成若干个 Map 任务，每个 Map 任务对应输入数据的一部分，被分配到不同的节点上去执行。当所有 Map 任务都执行完成后，会生成一些中间结果文件，这些中间结果文件将会作为 Reduce 任务的输入数据。Reduce 任务的主要目标就是把前面若干个 Map 任务的输出汇总到一起，执行 Reduce 计算（类似聚合操作的计算）并输出结果。MapReduce 的伟大之处就在于编程人员在不懂分布式编程和网络编程的情况下，仅实现 Map 函数和 Reduce 函数这两个接口，就可以将自己的程序运行在分布式系统上，并具有良好的扩展性和容错性。

MapReduce 的核心思想是把某些大的问题（数据处理）分解成小的问题（数据处理），然后让多台计算节点并行分布式地解决小问题，进而解决大问题。MapReduce 的应用场景主要表现在大规模数据的批处理，不要求即时返回结果的场景，例如以下典型的应用场景。

1）计算 URL 的访问频率。搜索引擎的使用中，会遇到大量的 URL 的访问，所以，可以使用 MapReduce 来进行统计，得出<URL，访问次数>的 URL 访问频率的统计结果。

2）倒排索引。设计 Map 函数去分析文件格式是<词，文档号>的列表，Reduce 函数就分析具有相同词的<词，文档号>的数据集合，排序所有的文档号，输出<词，list（文档号）>，就得到一个简单的倒排索引，它可以跟踪词在文档中的位置。

3）Top *K* 问题。在各种的文档分析，或者是不同的场景中，经常会遇到关于 Top *K* 的问题，例如输出一篇文章的出现前 5 个最多的词汇。这个时候也可以使用 MapReduce 来进行统计。

4）数据清洗。在进行核心数据挖掘计算之前，往往需要对原始数据进行清洗，清理掉不符合用户要求的数据或脏数据。清理的过程往往只需要运行 Map 任务，不需要运行 Reduce 任务，即不需要汇总聚合操作。

3.1.2 Hadoop MapReduce 架构和核心组件

Hadoop MapReduce 是谷歌 2004 年提出的 MapReduce 模型的一个开源实现。该系统的整体架构和核心组件之间的关系如图 3.1 所示。

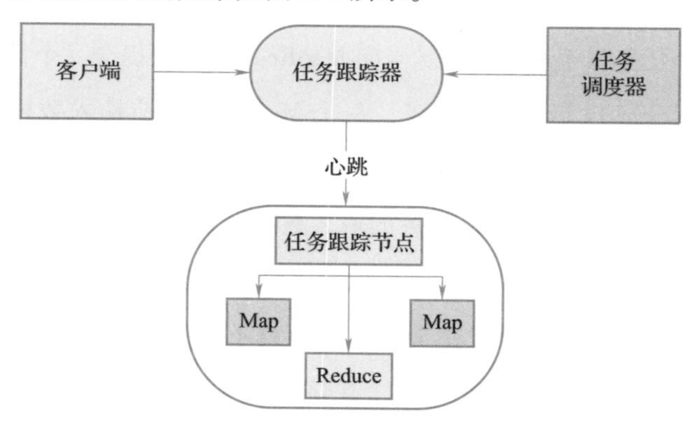

图 3.1 Hadoop MapReduce 整体架构和核心组件

客户端（Client）指用户使用 MapReduce 程序通过 Client 来提交任务到任务跟踪器（Job Tracker）上，同时用户也可以使用 Client 来查看一些作业的运行状态。

Job Tracker 是整个 Hadoop 集群的管理节点进程，运行在整个集群的 Master 节点上，负责的是整个 Hadoop 集群的资源监控和作业调度。Job Tracker 会监控着任务跟踪节点（Task Tracker）和作业的健康状况，会把失败的任务转移到其他节点上，同时也监控着任务的执行进度、资源使用量等情况，会把这些消息通知任务调度器（Task Scheduler），而调度器会在资源空闲的时候选择合适的任务来使用这些资源。任务调度器是一个可插拔的模块，用户可以根据自己的需要来设计相对应的调度器。

Task Tracker 对应每个计算节点的计算进程，整个集群会有多个 Task Tracker 进程对应着多个节点。他们周期性地通过 Heartbeat 心跳信息向 Job Tracker 汇报自己的资源使用情况和任务的执行进度。Task Tracker 接受来自 Job Taskcker 的指令来执行操作（例如启动新任务、终止任务）。Task Tracker 包含若干个 slot 任务槽，它们等量地划分一个节点上计算资源，只有一个 Map 任务或者 Reduce 任务获得 slot 的时候才会启动执行。Task Tracker 调度器会将空闲的 slot 分配给排队等待的任务（Task）使用，可以配置每个计算节点上的 slot 数量来调节任务的并发度。

任务分为 Map 任务和 Reduce 任务，输入数据被切分为若干个 split 文件分片，每个 split 分片由一个 Map 任务来处理，split 文件分片的大小可以用户自定义设置，默认是 Hadoop 分布式文件系统 HDFS 中的 block 的大小（128MB）。一个超大规模的文件在 HDFS 上会被切割分片为多个 block，均匀被分配到集群上的多个节点上存储，每个 block 会有额外几个副本（默认为 3 副本）防止文件块丢失。Hadoop MapReduce 会自动将计算任务分配到靠近数据的节点进行执行，比如在某个节点上存储某个文件块 block，这个 block 对应的 split 分片就会由该节点上分配的 Map 任务来进行处理，如果该节点上已经没有空闲的 slot 可以分配 Map 任务，那么系统也会在其距离较近的节点启动 Map 任务处理该文件块，遵循数据的就近处理原则。如果要处理的是大量的小文件，那么就会存在很多的 Map Task，这显然会特别浪费资源，如果 split 切割的数据块特别大，那么也会一定程度上影响并发性，不利于负载均衡。

3.1.3 Hadoop MapReduce 执行过程

MapReduce 会通过 Map 任务读取 HDFS 中的数据文件，HDFS 中数据的存储是以块的形式存储的，数据块的切分是物理切分，而输入片 split 是在 block 的基础上进行的逻辑切分。每一个 split 对应着一个 Map 任务，一个 split 中的每条记录调用一次用户定义的 Map 函数，最后输出中间结果。Reduce 任务拉取 Map 任务输出的数据，作为自己的输入数据，每个键值对调用用户自定义的 Reduce 函数处理这些数据，最后输出到 HDFS 的文件中。整个流程如图 3.2 所示。

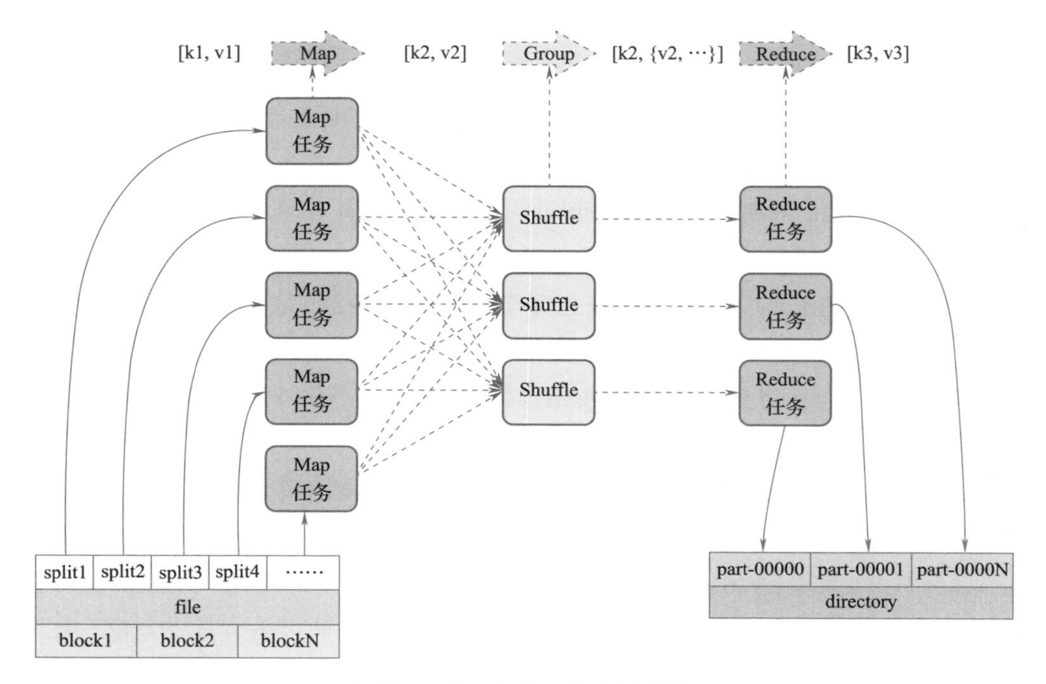

图 3.2　MapReduce 数据流程图

1. Map 任务的执行过程

每个 Map 任务是一个 Java 进程，它会读取 HDFS 中的文件，解析成一系列键值对，经过 Map 方法处理后，转换为一系列键值对输出。整个 Map 任务的处理过程又可以分为以下六个阶段，如图 3.3 所示。

第一阶段把输入文件按照一定的标准分片（split），每个输入片的大小是固定的。默认情况下，输入片（split）的大小与数据块（block）的大小相同。小文件对应一个输入片，大文件会分为多个数据块和多个输入片，每一个输入片由一个 Map 进程处理。

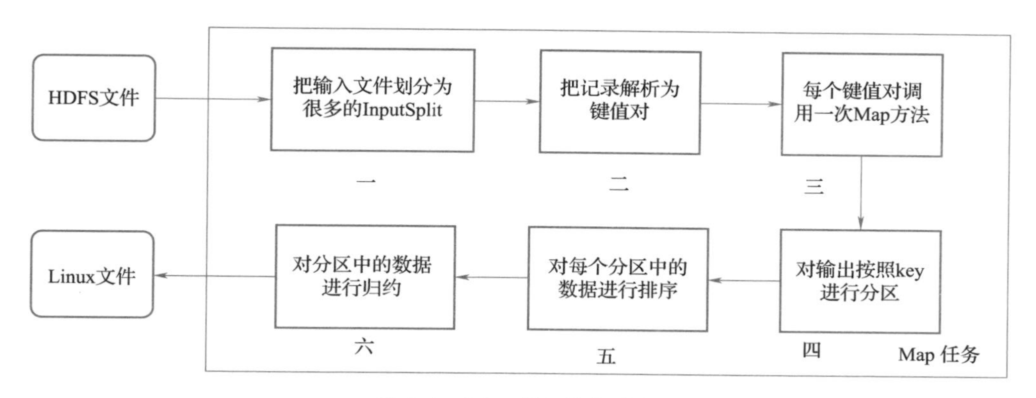

图 3.3 Map 任务执行流程

第二阶段是对输入片中的记录按照一定的规则解析成键值对。默认规则是把每一行文本内容解析成键值对，“键”是每一行的起始位置的文件偏移量（单位是字节），“值”是本行的文本内容。

第三阶段是调用用户定义的 Map 函数。第二阶段中解析出来的每一个键值对，调用一次 Map 函数。如果有 1 000 个键值对，就会调用 1 000 次 Map 函数。Map 函数输出零个或者多个键值对。

第四阶段是按照一定的规则对第三阶段输出的键值对进行分区。分区是基于输出键进行的，分区的数量就是 Reduce 任务运行的数量。默认只有一个 Reducer 任务，可以由用户在主程序中指定。

第五阶段是对每个分区中的键值对进行排序。按照键进行排序，对于键相同的键值对，按照值进行排序。如果有第六阶段，那么进入第六阶段；如果没有，直接输出到本地的 Linux 文件中。

第六阶段是对数据进行 Combine 归约处理，也就是提前进行的 Reduce 处理，通常情况下，键相等的所有键值对会调用一次 Reduce 函数，经过这一阶段，通过网络传输到远端 Reduce 任务的数据量会减少，归约后的数据输出到本地的 linxu 文件中。本阶段默认是没有的，需要用户在主程序中指定。

2. Reduce 任务的执行过程

每个 Reduce 任务是一个 Java 进程，它去远端拉取 Map 任务的输出，经过用户定义的 Reduce 函数处理后的输出写入到 HDFS 中，可以分为如图 3.4 所示的三个阶段。

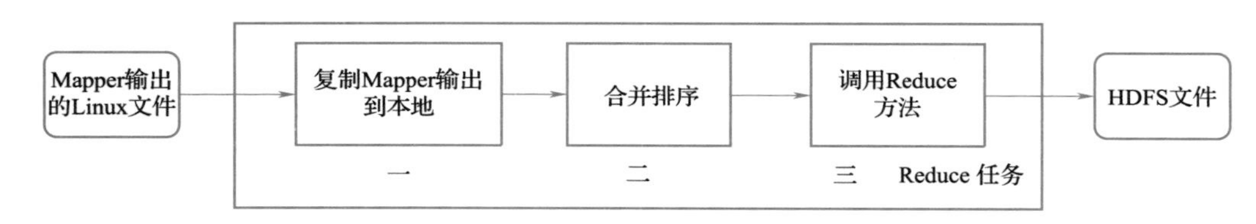

图 3.4　Reduce 任务执行流程

第一阶段是 Reduce 任务会主动从 Map 任务拉取其输出的对应该 Reduce 任务的键值对。

第二阶段是把复制到 Reduce 的本地数据全部进行合并，即把从多个 Map 任务拉取的分散数据合并，再对合并后的数据按照键的顺序进行归并排序，形成一个有序的大文件。

第三阶段是对排序后的键值对调用用户自定义的 Reduce 函数，键相等的键值对调用一次 Reduce 方法，每次调用会产生零个或者多个键值对，最后把这些输出的键值对写入到 HDFS 文件中。

3. Shuffle 过程

Shuffle 是 MapReduce 的核心，是实现分布式编程模型的关键。Shuffle 的主要工作是从 Map 结束到 Reduce 开始之间的过程。如图 3.5 所示，Map 端的 Shuffle 过程包括分片阶段（partition）、复制阶段（copy phase）和排序阶段（sort phase）。

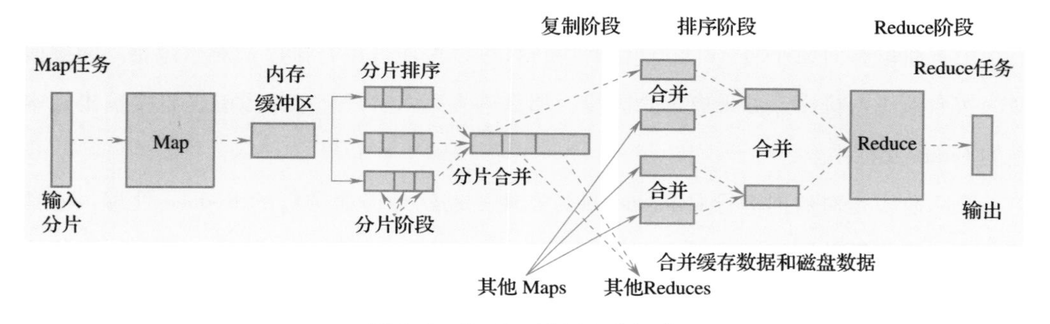

图 3.5　Shuffle 过程实现细节

每一个 Map 进程都有一个环形的内存缓冲区，用来存储 Map 的输出数据，这个内存缓冲区的默认大小是 100MB，当数据达到阈值 0.8，也就是 80MB 的时候，一个后台的程序就会把数据溢写到磁盘上。在将数据溢写到磁盘的过程中要经过复杂的过程，首先要将数据进行分片排序（按照分区号如0,1,2），每个分片对应一个 Reduce 任务。为了避免 Map 输出数据的内存溢出，可以将 Map 的输出数据分为若干个小文件再进行分片合并，这样 Map 的输出数据就被分为了多个批次，每个批次输出根据哈希划分做分片处理。对应于一个 Reduce 任务的若干个小分片经过归并排序，如果有 Combiner，还要对排序后的数据进行 Combine，最后得到一个按照键排好序的输出文件，即将被远端 Reduce 任务拉取。

从图中可以看出 Map 输出有三个分区，有一个分区数据被送到图示的 Reduce 任务中，剩下的两个分区被送到其他 Reduce 任务中。而图示的 Reduce 任务的其他的三个输入则来自其他节点的 Map 输出。

Reduce 端的 Shuffle 主要包括三个阶段：①复制阶段（copy）；②排序合并阶段（sort merge）；③Reduce 阶段。复制阶段是 Reducer 通过 Http 方式取得 Map 端的输出文件。Reduce 端可能从 n 个 Map 的结果中获取数据，而这些 Map 的执行速度不尽相同，当其中一个 Map 任务运行结束时，Reduce 任务就会从 Job Tracker 中获取该信息。Map 运行结束后它将完成消息汇报给 Job Tracker，Reduce 任务定时从 Job Tracker 获取该信息，Reduce 端有多个数据复制线程从 Map 端复制数据。在合并阶段，从 Map 端复制来的数据首先写到 Reduce 端的缓存中，缓存占用到达一定阈值后会将缓存数据写到磁盘中形成一个文件，如果形成了多个磁盘文件还会进行合并，最后一次合并的结果作为 Reduce 的输入。

3.1.4 MapReduce 编程案例

并不是所有大数据分布式处理的任务都可以由 MapReduce 来完成，MapReduce 可能在处理某些任务时候会产生比较大的开销。即使使用 MapReduce 并不总是最优策略，但是 MapReduce 模型确实可以解决大部分问题。下面列举了一些比较典型的使用 MapReduce 的编程案例。

1. 词频统计

如图 3.6 所示，首先，MapReduce 通过默认组件 TextInputFormat 将待处理的数据文件（如 text1. txt 和 text2. txt），把每一行的数据都转变为<key, value>键值对（其中，对应 key 为一行其实位置的文件偏移量，value 为这一行的文本内容）；然后，调用 Map()

方法，将单词进行切割并进行计数，输出键值对作为 Reduce 阶段的输入键值对；最后，调用 Reduce( ) 方法将单词汇总、排序后，通过 TextOutputFormat 组件输出到分布式文件系统 HDFS 中。

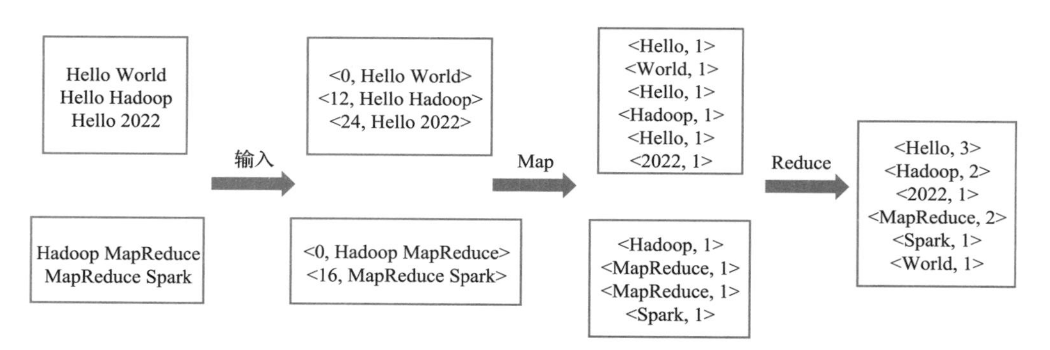

图 3.6 基于 MapReduce 的单词计数

Map( ) 方法与 Reduce( ) 方法的伪代码为：

```
map(Int key, String value):                //key 为文件偏移量,value 为文本内容
for each word w in value:
Emit (w , 1);
reduce(String key, Iterator values):  //key 为一个词,values 为该词计数
int result = 0;
for each v in values:
result += Int(v);
Emit (key, result);
```

其中，Map 函数的输出（word, 1）的键值对，Reduce 把某个单词的所有的计数加起来，最终每个单词输出一个值。除了 Map 和 Reduce 函数之外，用户还需要指定输入和输出文件名，以及一些可选的调节参数。

2. 表连接操作

假设要用 MapReduce 实现两个大表 $R(A,B)$ 和 $S(B,C)$ 的连接操作，首先需要找到两个表中字段 B 一致的元组，即 R 中元组的第二个字段和 S 中元组的第一个字段相同的元组集合。Map 函数分析输入的关系表元组，使用任意一个关系表的元组的 B 值作为输出元组的键，输出元组的值是另一个字段和关系的名称，这样 Reduce 函数可以知道每个元组来自哪个关系表。Map 函数和 Reduce 函数的具体设计如下。

Map 函数：对于 R 关系表的每个元组<a,b>，生成键值对<b,(R,a)>。对于 S 表的每个元组<b,c>，生成键值对<b,(S,c)>。

Reduce 函数：对于每个输入键 b，对应一系列输入值（R,$a1$),(R,$a2$),…,(S,$c1$),(S,$c2$),…。基于这些（R,a）和（S,c）构建所有可能的组合，即（R,$a1$,S,$c1$),(R,$a1$,S,$c2$),(R,$a2$,S,$c1$),(R,$a2$,S,$c2$),…。输出的键就是 b，输出的值就是字段 a 和 c 的所有组合，即<b,($a1$,$c1$)>,<b,($a1$,$c2$)>,<b,（$a2$,$c1$)>,<b,($a2$,$c2$)>,…。

如果关系有两个以上的属性，使用相同的算法同样有效。可以认为 A 代表了存在于 R 但不存在于 S 模式中的所有属性，B 代表了两个模式中共有的属性，C 代表仅在 R 中存在的属性。模式 R 和 S 的一个元组的键是 R 和 S 共有的所有属性的一系列值。R 中的元组的值是 R 加上所有属于 R 但不属于 S 的属性的值。同理，S 中的元组的值是 S 加上所有属于 S 但不属于 R 的属性的值。Reduce 函数查看所有的给定键的键值对，并将 R 中这些值与 S 中那些值以所有可能的方式组合。

3. 矩阵乘法

假设有两个矩阵作为输入，矩阵 $\boldsymbol{M}$ 和矩阵 $\boldsymbol{N}$，矩阵 $\boldsymbol{M}$ 中第 i 行第 j 列的元素记为 m_{ij}，矩阵 $\boldsymbol{N}$ 中第 j 行第 k 列的元素记为 n_{jk}，矩阵乘法结果 $\boldsymbol{P}=\boldsymbol{M}\cdot\boldsymbol{N}$，其第 i 行第 k 列的元素记为 p_{ik}，

$$p_{ik}=\sum_{j} m_{ij}n_{jk}$$

其中，要求 $\boldsymbol{M}$ 的列数等于 $\boldsymbol{N}$ 的行数，才能保证基于 j 求和是有意义的。

可以把一个矩阵看作是一个有三个属性的元组：行号、列号以及矩阵在该行该列元素的值。因此，可以把矩阵 $\boldsymbol{M}$ 的每个元素看成一个元组（i,j,m_{ij}），可以把矩阵 $\boldsymbol{N}$ 的每个元素看成一个元组（j,k,n_{jk}）。由于大型矩阵通常是稀疏的（大多数位置是 0），可以省略大部分矩阵元素的元组，所以这种关系表示对于大型矩阵通常非常适合。

乘积 $\boldsymbol{M}\cdot\boldsymbol{N}$ 差不多是一个自然连接接着分组和聚合。换句话说，$\boldsymbol{M}(I,J,V)$ 和 $\boldsymbol{N}(J,K,W)$ 关于属性 J 的自然连接可以产生五元组（i,j,k,v,w），我们想要的是 v 和 w 元素的乘积，也就是四元组（$i,j,k,v\times w$），因为它代表的是乘积 $m_{ij}\times n_{jk}$。之后就可以进行分组聚合，I 和 K 作为分组属性，所有 $v\times w$ 结果的和作为聚合结果。也就是说，可以将矩阵乘法实现为两个 MapReduce 操作的级联。

第一个 MapReduce 作业。

Map 函数：对于每个矩阵元素 m_{ij}，生成键值对$<j,(\boldsymbol{M},i,m_{ij})>$；同样地，对于每个矩阵元素 n_{jk}，生成键值对$<j,(\boldsymbol{N},k,n_{jk})>$。注意，其中的 $\boldsymbol{M}$ 和 $\boldsymbol{N}$ 不是矩阵本身，而是矩阵的标识符，或者更准确地说，是表示元素来自 $\boldsymbol{M}$ 还是 $\boldsymbol{N}$ 的一个 bit。

Reduce 函数：对于每个键 j，检查其来源矩阵标识。对于来自矩阵 $\boldsymbol{M}$ 的每个值 $(\boldsymbol{M},i,m_{ij})$，以及来自 $\boldsymbol{N}$ 的每个值（$\boldsymbol{N},k,n_{jk}$），产生一个键值对，键是（i,k），值为元素的乘积 $m_{ij}\times n_{jk}$。

这个 MapReduce 的输出再作为另一个 MapReduce 作业的输入来执行分组聚合。

Map 函数：这个函数就是恒等式。也就是说，对于每个具有键（i,k）和值 v 的输入元素，都产生同样的键值对。

Reduce 函数：对于键（i,k），计算该键关联的值列表的和。结果记为$<(i,k),v>$，其中 v 是矩阵 $\boldsymbol{P}=\boldsymbol{M}\cdot\boldsymbol{N}$ 中第 i 行第 k 列元素的值。

3.1.5 Hadoop 生态

1. HDFS

HDFS[2] 是 Hadoop 分布式文件系统（Hadoop distributed file system）。它可以与本地系统、Amazon S3 云存储等集成，可以通过 Web UI 来操作。HDFS 常被用来存储非常大的文件，例如 TB 级甚至 PB 级的大数据。

整个 HDFS 集群可以运行于普通的计算机集群上，不需要可靠性很高的服务器。在由普通计算机组成的集群中（尤其是规模庞大的集群），很可能会有某个节点发生硬件故障的情况，HDFS 通过冗余的多副本机制确保集群在节点失败的时候不会让用户感觉到明显的中断。另外，使用冗余的多副本存储，也可以分担读负载，并可以就近服务，没有单点性能压力。

有些场景不适合使用 HDFS 来存储数据。例如，①需要低延时的数据访问。对延时要求在毫秒级别的应用，不适合采用 HDFS。HDFS 是为高吞吐数据传输设计的，因此可能牺牲延时性能，后面将会介绍的 HBase 更适合低延时的数据访问。②大量小文件。文件的元数据（如目录结构，文件块所在的节点列表，保存在中央管理节点（NameNode）的内存中。一个文件/目录/文件块一般占有 150 字节的元数据内存空间，如果小文件特别多，则需要 NameNode 配置特别大的内存。整个文件系统的文件数量会受限于 NameNode 的内存大小。③多方读写，需要随机写。HDFS 采用追加（Append-Only）的方式写入数据，不支持文件任意 Offset 的修改，不支持多个写入器（Writer）。

2. HBase

HBase 是根据 Google 公司的 Chang 等人发表的论文“Bigtable：A Distributed Storage System for Strctured Data”[3] 来设计的分布式列存储的开源数据库。HDFS 为 HBase 提供可靠的底层数据存储服务，MapReduce 为 HBase 提供高性能的计算能力，Zookeeper[4] 为 HBase 提供稳定服务和 Failover 机制。它具有海量存储、列式存储、极易扩展、高并发性能和稀疏存储等特点。

不同于传统关系型数据库按行存储，即数据表的一行在物理上连续存储，HBase 按列存储数据，即将一列的数据连续存储。行式存储倾向于结构固定，列式存储倾向于结构弱化。行式存储一行数据只需一个主键，列式存储一行数据需要多个主键，来标识每一列。行式存储存的都是业务数据，列式存储除了业务数据外，还要存储列名。行式存储的所有字段需要提前定义好，且不能改变，列式存储不提前定义字段，支持以键值对的形式随意添加新列。实际上 HBase 通过列族 Column Family 划分数据的存储，列族下面可以包含任意多的相似内容的列，实现灵活的数据存取。

HBase 引入 Region 的概念，和关系型数据库的分区或者分片类似。HBase 将一个大表的数据基于行键 RowKey 的不同范围分配到不同的 Region 中，每个 Region 负责一定范围的数据访问和存储。这样即使是一张巨大的表，由于被切割到不同的 Region，利用数据局部性降低数据访问延迟。在 HBase 中使用不同的 Timestamp 来标识不同版本的数据。在写入数据的时候，如果用户没有指定对应的 Timestamp，HBase 会自动添加一个 Timestamp，相同 RowKey 的数据按照 Timestamp 倒序排列，使默认查询的是最新的版本，用户也可指定 Timestamp 来读取旧版本的数据。

3. Hive[5]

虽然 MapReduce 提供简易的编程接口，但是仍然需要用户编写数据处理的业务逻辑。如果处理结构化的关系型数据，SQL 显然是最方便且功能强大的语言，提供丰富的数据处理语义，并且拥有庞大的用户群体。Hive 在此需求背景下应运而生，对客户端提供类 SQL 的查询语言 Hive SQL 支持，将 Hive SQL 语句转换为一个或一系列 MapReduce 作业进行分布式执行。

用户向 Hive 提交 SQL 命令，如果是数据库模式定义语言 DDL，Hive 通过执行引擎将数据表的信息记录在 Metastore 元数据组件中，这个组件通常用一个单机关系数据库实现，记录表名、字段名、字段类型、关联 HDFS 文件路径等元信息。如果是数据查询语言 DQL，就会将该语句提交给 Hive 的编译器进行语法分析、解析、优化等一系列操作，最后生成一个 MapReduce 执行计划。再根据执行计划生成一个或多个连续的 MapReduce 作业，提交给 Hadoop MapReduce 计算框架处理。

Hive 的主要优点是扩展性好，可以处理超大规模的数据，内部提供丰富的且优化的内置函数。主要缺点是相对于传统数据仓库它的查询延时高，对事务的支持比较弱，并且由于其底层还是 HDFS，数据更新操作的执行效率较低。

3.2 Apache Spark

3.2.1 Spark 概述

Spark[6] 是基于内存计算的大数据开源集群计算环境，是在 Hadoop MapReduce 的基础上开发的通用并行框架。Spark 最开始是美国加州大学伯克利分校主导的一个学术研究项目，在 2009 年由 Matei Zaharia 在攻读博士学位期间开发了 Spark 的初始版本，2013 年 Spark 被捐赠给了 Apache 软件基金会，经过短时间内的飞速发展，于 2014 年成为 Apache 的顶级项目。Spark 在 2015 年有超过 1 000 名贡献者，使其成为 Apache 软件基金会中最活跃的项目之一，也是最活跃的开源大数据项目之一。2015 年至今，作为一个通用、快速、可扩展的大数据处理引擎，Spark 已被广泛应用于工业界和学术界。

面向磁盘的 MapReduce 的结果都以文件的形式存储到 HDFS 进行后续读取，而对于某些应用（例如迭代计算）而言，读取和写回两个 MapReduce 作业之间的中间结果到 HDFS 上会造成资源浪费，并且会受限于磁盘读/写性能和网络 I/O 性能的约束，在处理迭代计算、实时计算、交互式数据查询等方面并不高效。基于 Hadoop 的缺陷，Spark 优化了迭代式工作负载，形成连续计算阶段的 DAG（有向无环图），它是一组顶点和边，其中顶点代表 Spark 的弹性分布式数据集（RDD，Spark 中最基本的抽象数据模型）[7]，边代表在 RDD 上施加操作。Spark 读取集群中的数据到内存中，转换成 RDD 数据类型进行后续处理，并一直在内存中存储和运算（即一连串的 RDD 操作），直到全部运算完毕后再将结果 RDD 存储到集群中。

Spark 具有以下几个显著特点。

1）快速。Spark 基于内存运算，多个任务之间的数据通信不需要借助磁盘，而是通过内存。内存与磁盘在读/写性能上存在巨大的差距，因此 CPU 基于内存对数据进行处理的速度要快于磁盘数倍。另外，Spark 实现了高效的 DAG（有向无环图）数据流执行引擎，可以基于内存来高效处理数据流。

2）易用。Spark 支持 Scala、Java、Python、R 和 SQL 脚本，并内置了超过 80 种高性能算法，非常容易创建并行应用程序。而且 Spark 支持交互式的 Python 和 Scala 的脚本语言 shell，可以非常方便地在这些 shell 中使用 Spark 集群来验证解决问题的方法，而不需要打包、上传集群、验证烦琐步骤。

3）通用。Spark 提供适用于批处理、交互式查询（Spark SQL）、实时流处理（Spark streaming）、机器学习（Spark MLlib）和图计算（GraphX）等多种任务的解决方案，它们可以在同一个应用程序中无缝地结合使用，大大减少大数据开发和维护的人力成本和部署平台的物力成本。

4）兼容。Spark 可以非常方便地与其他开源产品兼容，比如 Spark 可以使用 Hadoop YARN 和 Apache Mesos 作为它的资源管理和调度器，并且可以处理所有 Hadoop 支持的数据类型和适配多种数据来源，包括 HDFS、HBase 等。

3.2.2　Spark 框架

图 3.7 展示了 Spark 框架的软件库的架构，包括所有向用户提供的组件和功能模块。Spark 通过统一计算引擎和利用一套统一的 API，支持广泛的数据分析任务，从简单的数据加载，到 SQL 查询，再到机器学习和流式计算。本节将从 Spark 的核心概念 RDD 出发，介绍其基本概念与处理流

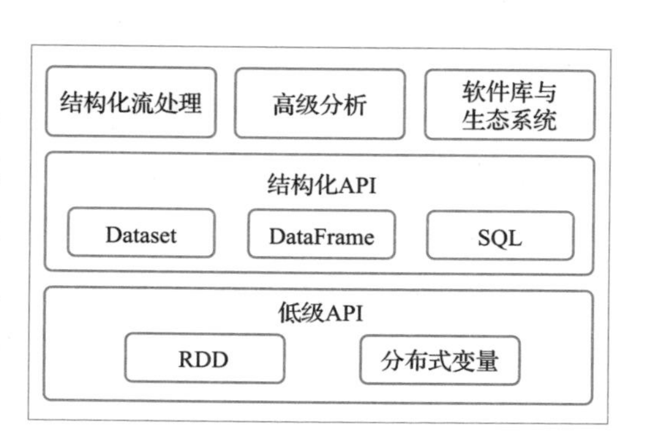

图 3.7　Spark 工具集

程，再介绍结构化 API，最后介绍 Spark 的任务管理和整体执行流程。

1. 弹性分布式数据集

弹性分布式数据集（resilient distributed datasets，RDD）是 Spark 最基本的数据抽象，Spark 中操作的主要数据都以 RDD 结构存在。在代码中，RDD 是一个抽象类，它代表一个可分区、不可变、里面元素可并行计算的集合。

（1）可分区

逻辑上可以将 RDD 理解成一个大的数组，数组中的每个元素代表一个逻辑分区（partition），每个分区可以在集群中的不同计算节点上进行计算。在物理存储中，每个分区指向一个存储在内存或者硬盘中的数据块（block）。RDD 分区与不同节点的关系如图 3.8 所示。

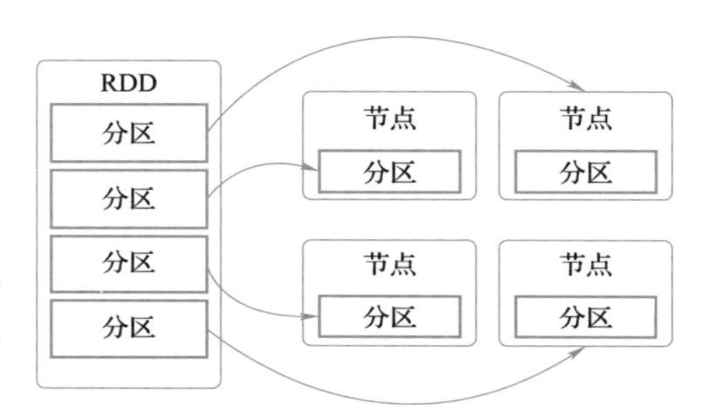

图 3.8　RDD 分区与不同节点之间的关系

因此，RDD 实际上只由虚拟数据结构组成，并不包含真实数据本体。每个节点只会存储它在该 RDD 中分区的 index，通过该 RDD 的 ID 和分区的 index 可以唯一确定对应数据块的编号，然后通过底层存储层的接口提取到数据进行处理。在集群中，各个节点上的数据块会尽可能存储在内存中，只有当内存没有空间时才会放入硬盘存储，这样可以最大化地减少硬盘 I/O 的开销。

（2）不可变

不可变性是指每个 RDD 都是只读的，它所包含的分区信息是不可变的。由于已有的 RDD 是不可变的，所以只有对现有的 RDD 进行转化（transformation）操作才能得到新的 RDD，一步一步计算出想要的结果。这样的好处是在 RDD 的计算过程中不需要立刻存储计算出的数据，只要记录每个 RDD 是经过哪些转化操作得来的，即依赖关系。这样一方面可以提高计算效率，一方面使故障恢复更加容易。如果在计算过程中，第 N 步输出 RDD 的节点发生故障，数据丢失，那么可以根据依赖关系从第 $N-1$ 步去重新计算出该 RDD。

（3）并行计算

因为 RDD 的分区特性，所以其天然支持并行处理。即不同节点上的数据可以分别被处理，然后生成一个新的 RDD。

每个 RDD 里都会包括分区信息、依赖关系等信息，RDD 的结构如图 3.9 所示，接下来介绍一些关键组件。

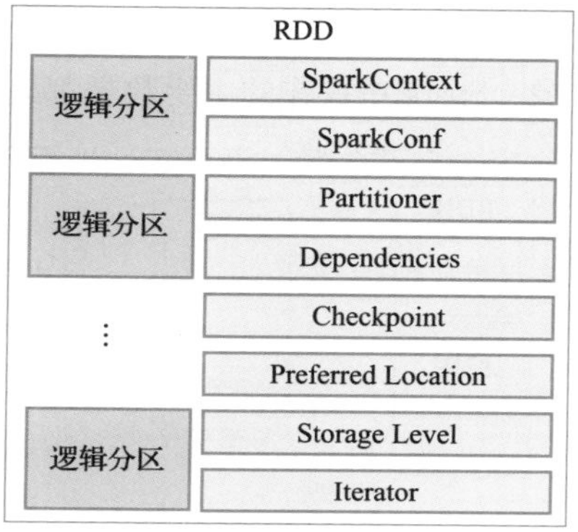

1）逻辑分区（partition），代表 RDD 中数据的逻辑结构，每个逻辑分区会映射到集群内某个节点内存或者硬盘的一个数据块。

2）SparkContext 是所有 Spark 功能的入口，代表了与 Spark 节点的连接，可以用来创建 RDD 对象以及在节点中的广播变量等。一个线程只有一个 SparkContext。

图 3.9 RDD 的结构

3）Partitioner 决定了 RDD 的分区方式，目前有两种主流的分区方式：Hash Partitioner 和 Range Partitioner。Hash 就是对数据的 Key 进行散列分布，Range 是按照 Key 的排序进行分区。也可以自定义 Partitioner。

4）Dependencies 指定依赖关系，记录了该 RDD 的计算过程，即当前 RDD 是通过哪个 RDD 经过怎样的转化操作得到的。根据每个 RDD 的分区计算后生成的新的 RDD 的分区的对应关系，可以分成窄依赖和宽依赖。窄依赖是指每个父 RDD 分区都只对应一个子 RDD 的分区，比如 map、filter、union 等算子，或者两个采用了协同划分的父 RDD 做 join 操作。宽依赖是指一个父 RDD 分区对应多个子 RDD 分区，比如 groupByKey、reduceByKey、sortByKey，以及普通的 join 操作等。图 3. 10 是宽窄依赖的示意图。

Spark 区分宽窄依赖的原因主要有两点：一是窄依赖支持在同一节点上进行链式操作，无须等待其他父 RDD 的分区操作，例如在执行了 map 后，紧接着执行 filter 操作。而宽依赖需要所有父分区都是可用的，需要同步。二是从失败恢复的角度考虑，窄依赖失败恢复更有效，因为只要重新计算丢失的父分区即可，而宽依赖涉及 RDD 的各级多个父分区。

5）Checkpoint 检查点机制。在计算过程中有一些比较耗时的 RDD，可以将它缓存到硬盘或者 HDFS 中，标记这个 RDD 有被检查点处理过，并且清空它的所有依赖关系。同时，给它新建一个依赖于 Checkpoint RDD 的依赖关系，Checkpoint RDD 可以用来从硬盘中读取 RDD 和生成新的分区信息。这么做之后，当某个 RDD 需要错误恢复时，回溯

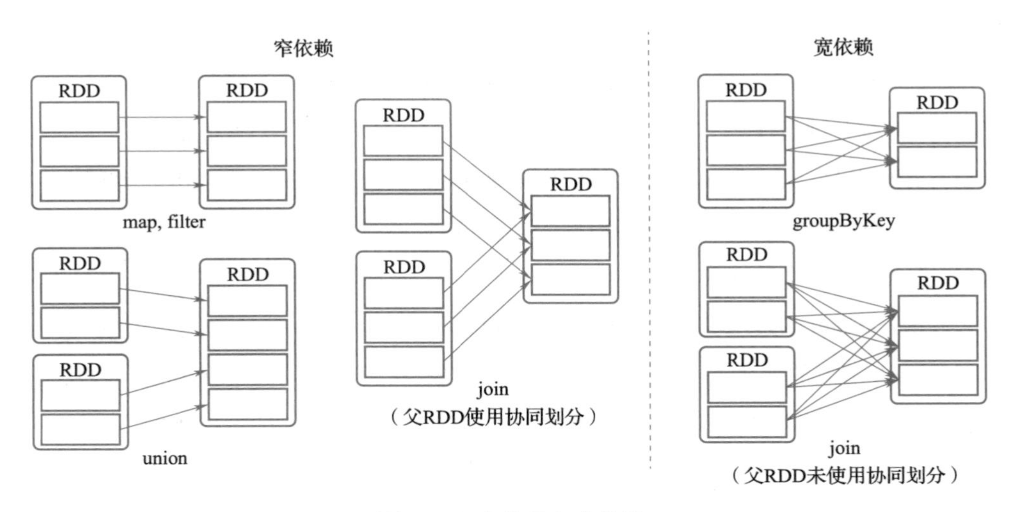

图 3.10　窄依赖和宽依赖

到该 RDD，发现它被检查点记录过，就可以直接去硬盘读取该 RDD，无须重新计算。

6）Preferred Location 是一个列表，用于存储每个 Partition 的优先位置，即在哪几台机器上要执行任务好一点（考虑数据本地性）。对于每个 HDFS 文件来说，这个列表保存的是每个 Partition 所在的块的位置，也就是对这个文件的“划分点”。

7）Iterator 迭代函数和计算函数，用来表示 RDD 怎样通过父 RDD 计算得到。迭代函数首先会判断缓存中是否有想要计算的 RDD，如果有就直接读取，如果没有就查找想要计算的 RDD 是否被检查点处理过。如果有，就直接读取，如果没有，就调用计算函数向上递归，查找父 RDD 进行计算。

综上所述，RDD 有两个核心属性：Dependencies（依赖）和 Compute（计算）。每个 RDD 都是基于一定的计算逻辑从某个父 RDD 转换而来，Dependencies 指定了父 RDD；Compute 描述了从父 RDD 经过怎样的计算逻辑得到当前的 RDD。所有 RDD 根据 Dependencies 中指定的依赖关系和 Compute 定义的计算逻辑构成了一条从起点到终点的数据转换路径（lineage，血统）。Spark Core 依赖血统进行依赖管理、阶段划分、任务分发、失败重试，而血统由不同 RDD 抽象的依次转换构成，因此，任意的分布式作业都可以由 RDD 抽象之间的转换来实现。

2. RDD 的操作

在 Spark 中，RDD 和 RDD 算子组成了计算的基本单位。RDD 被表示为对象，用来生成或处理 RDD 的方法叫作 RDD 算子。RDD 的算子包括两类，一类是 Transformation，用来将 RDD 进行转换；另一类是 Action，用来触发 RDD 的计算。Spark 是一个分布式编程模型，用户可以在其中指定 Transformation，多次 Transformation 后建立起指令的有向无环图（DAG）。DAG 的执行过程作为一个作业（Job）由 Action 触发，在执行过程中一个 Job 被分解为多个 Stage 和 Task 在集群上执行。下面通过介绍一个简单的 Spark 应用程序实例 WordCount 来解释 RDD 的产生、转换与执行过程。核心部分的 Scala 代码如下。

```
val conf = new SparkConf ().setAppName ("WordCount")
val sc = new SparkContext(conf)
val result = sc.textFile (args(0))
             .flatMap(line => line. split(" "))
             .map(word => (word, 1))
             .reduceByKey(_ + _)
result.saveAsTextFile (args(1))
```

代码的第一行创建了 SparkConf 对象，设置 Spark 应用的配置信息。第二行创建 SparkContext 对象。SparkContext 是 Spark 所有功能的入口，创建之后可以通过这个 SparkContext 来创建 RDD、累加器、广播变量，并且可以通过 SparkContext 访问 Spark 的服务，执行各种任务。代码随后实现 WordCount 程序的流程如图 3.11 所示。首先从 HDFS 中加载数据得到原始 RDD-0，其中每条记录为数据中的一行句子；经过一个 flatMap 操作，将一行句子切分为多个独立的词，得到 RDD-1；再通过 map 操作将每个词映射为 key-value 形式，得到 RDD-2；将 RDD-2 中的所有记录归并，统计每个词的计数，得到 RDD-3；最后将其保存到 HDFS。

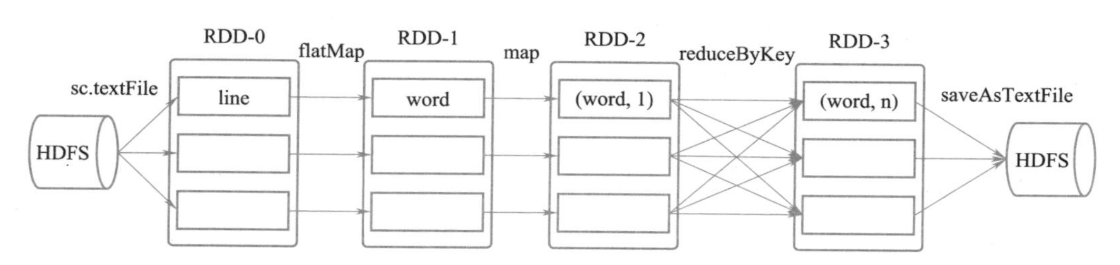

图 3.11　WordCount 程序中 RDD 的转换过程

3. 结构化 API

结构化 API 有三种类型：Spark SQL、DataFrame 和 Dataset，相较于 RDD，为处理各

种类型的数据提供了更系统与方便的接口，从非结构化日志文件到半结构化 CSV 文件和高度结构化 Parquet 文件，提高了 Spark 的易用性。使用 Spark SQL，可以通过编写 SQL 来读取数据并对其进行处理。使用 DataFrame 或 Dataset 将有助于对结构化数据执行转换。

（1） DataFrame

与 RDD 类似，DataFrame 也是一个分布式数据容器。然而 DataFrame 更像传统数据库的二维表格，除了数据以外，还记录数据的结构信息，即 Schema。图 3.12 展示了 RDD 与 DataFrame 结构上的对比。

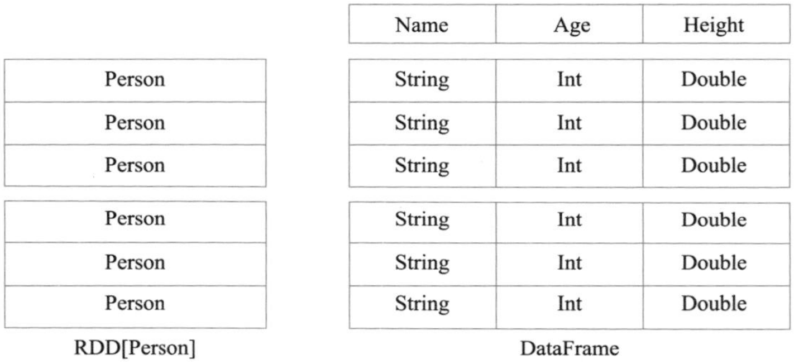

RDD[Person]
Person
Person
Person
Person
Person
Person

Name	Age	Height
String	Int	Double
String	Int	Double
String	Int	Double
String	Int	Double
String	Int	Double
String	Int	Double

RDD[Person]　　DataFrame

图 3.12　RDD 与 DataFrame 的结构对比

上图直观地体现了 DataFrame 和 RDD 的区别。左侧的 RDD[Person] 虽然以 Person 为类型参数，但 Spark 框架本身不了解 Person 类的内部结构。而右侧的 DataFrame 却提供了详细的结构信息，使得 Spark SQL 可以清楚地知道该数据集中包含哪些列，每列的名称和类型各是什么。RDD 是分布式的 Java 对象的集合，DataFrame 是分布式的 Row 对象的集合。DataFrame 除了提供了比 RDD 更丰富的算子以外，更重要的特点是提升执行效率、减少数据读取以及执行计划的优化。

（2） Dataset

Dataset 集成了 RDD 和 DataFrame 的优点，具备强类型的特点，但只能在 Scala 和 Java 语言中使用，是 DataFrame 的一个扩展，可以说 DataFrame = Dataset[Row]。Dataset 和 DataFrame 的区别在于，DataFrame 的 Scheme 结构完全由 Spark 来维护，Spark 只会在运行时检查这些类型和指定类型是否一致。而 Dataset 不仅知道字段，而且知道字段类型，所以有更严格的错误检查机制，字段名错误和类型错误在编译的时候就会被 IDE 所发现。

（3） Spark SQL

Spark SQL 是 Spark 中用于处理结构化数据的模块，可以通过 Spark SQL 来执行 SQL 查询对数据进行处理。Spark SQL 可以在 Spark Shell 中执行，也可以在 Java 或者 Scala 等编程语言中使用，在编程语言中执行一个 SQL 查询的返回值是一个 Dataset。

4. 结构化 API 执行流程

给定一个结构化 API 查询任务时，用户代码在集群上执行的步骤如下。

1） 编写 Dataset/DataFrame/SQL 代码。

2） 若代码能有效执行，Spark 将其转换为一个逻辑执行计划（logical plan）。

3） Spark 将此逻辑执行计划转化为一个物理执行计划（physical plan），并检查可行的优化策略，并在此过程中检查优化。

4） Spark 在集群上执行该物理执行计划（基于 RDD 操作）。

Spark 实际上具有自己的编程语言 Catalyst，其内部使用 Catalyst 引擎，在计划制定和执行作业过程中使用 Catalyst 维护自己的类型信息。用户编写的代码通过控制台提交给 Spark，或者以一个 Spark 作业的形式提交。然后代码将交由 Catalyst 优化器决定如何执行，并指定一个执行计划。最后代码将被运行，得到的结果将返回给用户。图 3. 13 展示了整个流程。

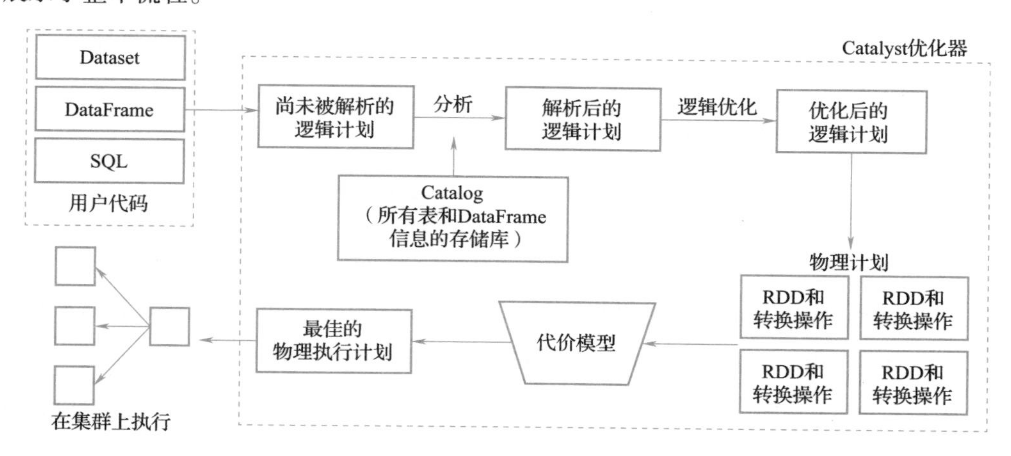

图 3. 13　结构化 API 执行流程

5. Spark 工作流程

Spark 工作流程由以下 4 个主体构成，如图 3.14 所示。

1）Application。指用户编写的 Spark 应用程序，其中包括一个 Driver 功能的代码和分布在集群中多个节点上运行的 Executor 代码。

2）Master。主节点，发布作业，元信息维护。

ⅰ）RDD Graph：即 DAG，构建整个流程运行的有向无环图。

ⅱ）Scheduler：进行任务调度，组织任务处理 RDD 中每个分区的数据，根据 RDD 的依赖关系构建 DAG，基于 DAG 划分 Stage，将每个 Stage 中的任务发到指定节点运行。

ⅲ）Block Tracker：记录计算数据在 Worker 节点上的块信息。

ⅳ）Shuffle Tracker：RDD 在计算过程中遇到 Shuffle 过程时会进行物化，Shuffle Tracker 用于记录这些物化的 RDD 的存放信息。

3）Cluster Manager：控制整个集群，监控 Worker。

4）Worker：从节点，负责控制计算，启动 Executor 或者 Driver。

ⅰ）Driver：运行 Application 的 main 函数。

ⅱ）Executor：执行器，为某个 Application 运行在 Worker Node 上的一个进程。

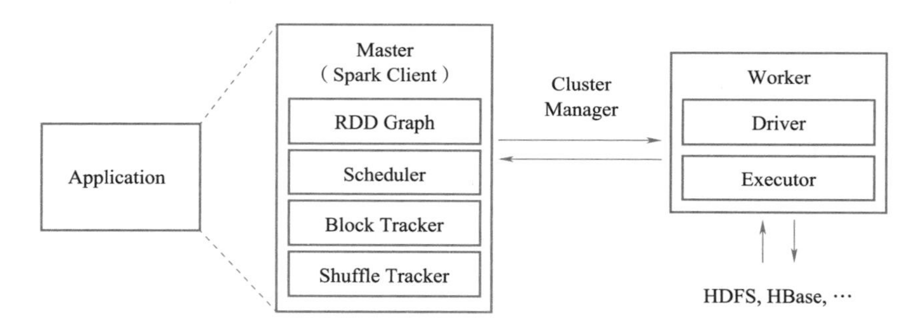

图 3.14　Spark 工作主体

Spark 具体的工作流程如图 3.15 所示，分以下 5 个步骤。

1）当一个 Spark Application 被提交时，首先需要为这个 Application 构建起基本的运行环境，即由 Driver 创建一个 SparkContext，由 SparkContext 负责与 Cluster Manager 的通信以及进行资源的申请、任务的分配和监控等。SparkContext 会向资源管理器注册并申请运行 Executor 的资源。

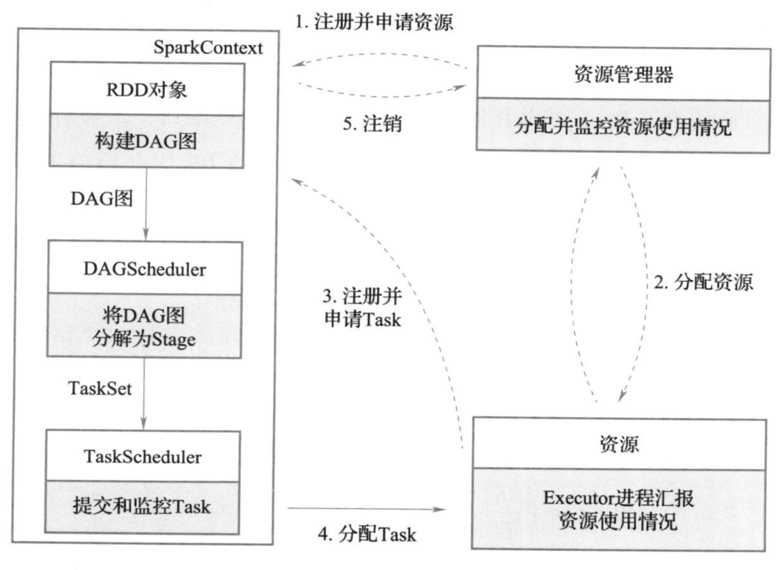

图 3.15　Spark 工作流程

2）Cluster Manager 为 Executor 分配资源，并启动 Executor 进程，Executor 运行情况发送到 Cluster Manager 上。

3）SparkContext 根据 RDD 的依赖关系构建 DAG 图，DAG 图提交给 DAGScheduler 进行解析，将 DAG 图分解成多个 Stage（遇到一个宽依赖则划分一个 Stage，每个 Stage 都是一个 TaskSet），计算出各个 Stage 之间的依赖关系，然后把每个 TaskSet 提交给底层的 TaskScheduler 进行处理；Executor 向 SparkContext 申请任务，TaskScheduler 将任务分发给 Executor 运行，同时，SparkContext 将应用程序代码发放给 Executor。

4）任务在 Executor 上运行，把执行结果反馈给 TaskScheduler，然后反馈给 DAG-Scheduler。

5）运行完毕后写入数据并释放所有资源。

3.2.3　Spark 编程实例

本节将通过一个用 Spark 实现网页排名（PageRank）的示例来演示如何使用 Spark。

一个有较多链入的页面（即有较多的页面链接到它）会有较高的等级和 PageRank 值。PageRank 把从 *A* 页面到 *B* 页面的链接解释为 *A* 页面给 *B* 页面投票，投票是带有权重的，A 页面到 B 页面的链接产生的“票数”不是 1，而是 A 页面当前的 PageRank 值除以 A 页面所有出链数量之和。换句话说，出链总数量平分一个页面的 PageRank 值。因此每一个页面的 PageRank 可由其他页面的 PageRank 计算得到。如果给每个页面一个随机 PageRank 值（非 0），通过迭代更新后，这些页面的 PR 值会趋向于稳定。例如，有三个页面（B、C、D）同时指向页面 A，则页面 A 的 PR 值计算公式为：

$$PR(A)=\frac{PR(B)}{L(B)}+\frac{PR(C)}{L(C)}+\frac{PR(D)}{L(D)}$$

其中，$L(X)$ 指页面 X 的出度。存在一些入度或出度为 0 的页面，根据上式进行迭代会导致其自身的 PR 值为 0 或导致其余网页的 PR 值为 0。为使 PageRank 随机浏览模型能顺利收敛，需要对公式添加一个阻尼系数 d 进行修正：

$$PR(A)=\left(\frac{PR(B)}{L(B)}+\frac{PR(C)}{L(C)}+\frac{PR(D)}{L(D)}\right)\times d+\frac{1-d}{N}$$

这里的 d 是一个手动选择的参数，本例中将 d 选择为了 0.85，即最小值设为 0.15。

基于 Spark 的 PageRank 算法实现包含以下三个步骤。

1）将每个页面的 PR 值初始化为 1.0。

2）在每次迭代中，对页面 p，向其引用的页面发送一个值为 rank(p)/numNeighbors(p) 的投票值。

3）将每个页面的排序值设为 0.15+0.85×contributionsReceived。

后两步会重复循环几次，在此过程中，算法会逐渐收敛至每个页面的实际 PageRank 值。在实际操作中，收敛通常需要大约 10 轮迭代。

假设 4 个页面 A、B、C、D 之间的相邻关系为：A 链接到 B、C；B 链接到 A、C；C 链接到 A、B、D；D 链接到 C。

Scala 实现 PageRank 逻辑的主体代码如下。

```
// 假设相邻页面列表以 Spark objectFile 的形式存储
// 将读取的 linksRDD 进行哈希分区，有利于后续的 join 等操作
// 最后 persist 进行持久化
val links = sc.objectFile[(String, Seq[String])]("links")
                .partitionBy(new HashPartitioner(100))
                .persist()
```

```
// 将每个页面的排序值初始化为 1.0
// 由于使用 mapVolues，生成的 RDD 的分区方式会和 links 的一样
var ranks = links.mapValues(v => 1.0)

// 运行 10 轮 PageRank 迭代
for(i <-0 until 10) {
    val contributions = links.join(ranks).flatMap {
        case (pageId, (links, rank)) =>
        links.map(dest => (dest, rank / links.size))
    }
    ranks = contributions.reduceByKey(x , y ) => x + y )
                    .mapValues(v => 0.15 +0.85 * v)
}

// 写出最终排名
ranks.saveAsTextFile("ranks")
```

首先，算法需要维护两个 RDD：一个由（pageID，linkList）的元素组成，包含每个页面所链接页面的列表；另一个由（pageID，rank）元素组成，包含每个页面的当前 PR 值。将 ranks RDD 的每个元素的值初始化为 1.0，然后在每次迭代中不断更新 ranks 变量。在编写代码时，首先对当前的 ranks RDD 和静态的 link RDD 进行一次 join 操作，来获取每个页面 ID 对应的相邻页面列表和当前的排序值，然后使用 flatMap 创建出 contributions 来记录每个页面对各个相邻页面的贡献。然后再把这些贡献值按照页面 ID（根据获得共享的页面）分别累加起来，把该页面的排序值设为 0.15+0.85×contributionsReceived。示例程序做了不少事情来确保 RDD 以比较高效的方式进行分区，以最小化通信开销。

1）links RDD 在每次迭代中都会和 ranks 发生连接操作。由于 links 是一个静态数据集，所以在程序一开始的时候就对它进行了分区操作，这样就不需要把它通过网络进行数据混洗了。实际上，links RDD 的字节数一般来说也会比 ranks 大很多，毕竟它包含每个页面的相邻页面列表（由页面 ID 组成），因此这一优化相比 PageRank 的原始实现（例如普通的 MapReduce）节约了相当可观的网络通信开销。

2）调用 links 的 persist 方法，将它保留在内存中以供每次迭代使用。

3）第一次创建 ranks 时，使用 mapValues 而不是 map 来保留父 RDD（links）的分

区方式，这样对它进行的第一次连接操作就会开销很小。

4）在循环体中，在 reduceByKey 后使用 mapValues。因为 reduceByKey 的结果已经是哈希分区的了，这样一来，下一次循环中将映射操作的结果再次与 links 进行连接操作时就会更加高效。

3.2.4 Spark 工具集

基于各种组件构成了的软件栈，Spark 提出并实现了大数据处理的一种理念——“一栈式解决方案（one stack to rule them all）”，即 Spark 可同时对大数据进行结构化 SQL 处理、批处理、流式处理和交互式查询等。下面简略介绍 Spark 生态的一些主要组件，包括用于结构化数据处理的 Spark SQL，流数据处理的 Spark Streaming，机器学习应用的 Spark Mlib 和大图数据处理的 GraphX。

1. Spark SQL

Spark SQL 是 Spark 用于处理结构化数据的模块，是 Spark 系统的核心组件，为来自不同数据源、不同格式的数据提供了结构化的视角，让用户可以使用 SQL 轻松地从数据中获取有价值的信息。在 Spark 中，Spark SQL 并不仅仅是狭隘的 SQL，而是作为 Spark 程序优化、执行的核心组件。

Spark SQL 的核心是一个叫作 Catalyst 的查询编译器，它将用户程序中的 SQL/Dataset/DataFrame 经过一系列操作，最终转化为 Spark 系统中执行的 RDD，如图 3.13 中 Catalyst 优化器的工作内容所示。

使用 Spark SQL，可以对存储到数据库中的视图或表进行 SQL 查询，还可以使用系统函数或用户定义函数来分析查询计划以优化其工作负载。SQL 可以直接集成到 DataFrame 和 Dataset API 中。可以用 SQL 和 DataFrame 表示数据操作，他们都会编译成相同的低级代码。

2. Spark Streaming

Spark Streaming 是 Spark 生态系统当中一个重要的框架，是 Spark Core 的扩展应用，它具有可扩展、高吞吐量、可容错性等特点。可以接收 Kafka、Flume、HDFS 等各种来源的实时输入数据，进行处理后，处理结构保存在 HDFS 或 DataBase。类比于 Spark Core 的核心是 RDD，对于 Spark Streaming 来说，它的核心是 DStream。DStream 类似于

RDD，它实质上是一系列 RDD 的集合。DStream 可以按照秒数将数据流进行批量的划分。首先从接收到流数据之后，将其划分为多个 batch，然后提交给 Spark 集群进行计算，最后将结果批量输出到 HDFS 或者数据库以及前端页面展示等。

同样地，类比于 Spark Core 在初始化时会生成一个 SparkContext 对象来对数据进行后续的处理，相对应的 Spark Streaming 会创建一个 StreamingContext，它的底层是 SparkContext，即它会将任务提交给 SparkContext 来执行，从而解释了 DStream 是一系列的 RDD。当启动 Spark Streaming 应用时，首先会在一个节点的 Executor 上启动一个 Receiver，当从数据源写入数据的时候会被 Receiver 接收，接收到数据之后 Receiver 会将数据切分成很多个块，然后备份到各个节点，然后 Receiver 向 StreamingContext 进行块报告，说明数据在哪几个节点的 Executor 上，接着在一定间隔时间内 StreamingContext 会将数据处理为 RDD 并且交给 SparkContext 划分到各个节点进行并行计算。

3. Spark MLlib

传统的机器学习算法由于技术和单机存储的限制只能在少量数据上使用，在大数据上进行机器学习，需要处理全量数据并进行大量的迭代计算，这要求机器学习平台具备强大的数据处理能力。随着 HDFS 等分布式文件系统的出现，存储海量数据、在全量数据上进行机器学习的门槛逐渐降低。Spark 的最大特点之一是内存计算，这大大促进了对于海量数据的迭代式计算。Spark 提供了一个基于海量数据的机器学习库，它提供了常用机器学习算法的分布式实现。同时，Spark-Shell 的即席查询功能也十分便利，算法工程师可以边写代码边运行，边看结果。Spark 提供的各种高效的工具使得机器学习过程更加直观便捷，例如通过 Sample 函数，可以非常方便地进行采样。

MLlib 是 Spark 的机器学习库，旨在简化机器学习的工程实践工作，并方便扩展到更大规模。MLlib 由一些通用的学习算法和工具组成，包括分类、回归、聚类、协同过滤、降维等，同时还包括底层的优化原语和高层的管道 API。Spark 在机器学习方面的发展非常快，目前已经支持了主流的统计和机器学习算法。MLlib 目前支持 4 种常见的机器学习问题：分类、回归、聚类和协同过滤。表 3.1 列出了目前 MLlib 支持的主要的机器学习算法。

表 3.1　MLlib 支持的机器学习算法

机器学习方法	离散数据	连续数据
监督学习	分类、逻辑回归、支持向量机、决策树、随机森林、梯度提升树、朴素贝叶斯、多层感知机	回归、线性回归、决策树、随机森林、梯度提升树、保序回归
无监督学习	聚类、KMeans、高斯混合模型、线性判别分析、幂迭代聚类、二分 Kmeans	降维、矩阵分解、主成分分析、奇异值分解、最小二乘法

4. GraphX

图是由顶点集合及顶点间的关系集合（边）组成的一种数据结构，通过对事物以及事物之间的关系建模，图可以用来表示自然发生的连接数据，如社交网络、Web 页面等。GraphX 是构建在 Spark 之上的图计算框架，它使用 RDD 来存储图数据，并提供了实用的图操作方法。GraphX 描述的是拥有顶点属性和边属性的有向图，提供了顶点（vertex）、边（edge）、边三元组（edgetriplet）三种视图，并基于这三种视图完成各种图操作。基于 RDD 的特点，GraphX 高效地实现了图的分布式存储和处理，可以应用于社交网络等大规模的图计算场景。同时，GraphX 在 Spark 之上提供了一栈式数据解决方案，可以方便且高效地完成图计算的一整套流水作业。

GraphX 有以下三个主要特性。

（1）基于内存实现了数据的复用与快速读取

图算法的一个重要特点是需要大量迭代计算。在海量数据背景下，保证图计算算法的执行效率是所有图计算模型面对的一个难题。基于 MapReduce 的图计算模型在迭代过程中对于中间数据的操作都是基于磁盘展开的，这使得数据的转换和复制开销非常大，其中包括序列化开销等。此外，许多与图结构信息相关的数据无法进行重用，这使得系统不得不反复读取一些相同的数据对图进行重构。相较于这样传统的图计算模型，GraphX 得益于 Spark 中的 RDD 和任务调度策略，能够对图数据进行高效缓存和 Pipeline 操作，实现了图的复用与快速运算。

（2）统一了图视图和表视图

传统的图计算模型需要将表视图和图视图分别进行实现，这意味着图计算模型要针对不同的视图分别进行维护，而且视图间的转换也比较烦琐。GraphX 通过弹性分布式属性图统一了表视图和图视图，即两种视图对应于同一物理存储但是各自具有独立的操作，这使得操作更具有灵活性和高效性。一方面，用户不必再对不同的组件进行学习、部署、维护和管理，降低运维成本；另一方面更有利于实现基于内存的Pipeline操作。

（3）能与Spark框架上的组件无缝集成

仅从图计算性能方面对比，目前性能最好的模型仍然是GraphLab。但是单一组件或单一性能无法决定整个系统的综合处理能力，尤其是在大数据背景下，任何数据处理业务都需要同一平台上的多个组件通过相互协作来完成，例如海量数据的获取、表示、分析、查询、可视化以及数据通信等各环节对应着一系列专用的组件。然而不同组件之间在集成性方面存在着很大差异。由于GraphX是Spark上的一个组件，能与Spark Streaming、Spark SQL和Spark MLlib等进行无缝衔接，例如可以利用Spark SQL进行ETL，然后将处理后的数据传给GraphX进行计算；或者GraphX与MLlib结合对图数据进行深度挖掘，这些都是Spark一栈式解决方案的具体应用，而GraphLab等单一图系统则不具备这一特点。因此，GraphX是在Spark平台上进行图计算的首选。

3.3 本讲小结与展望

本讲介绍了两个典型的大数据批处理系统Hadoop MapReduce和Apache Spark，主要介绍了它们的实现技术和使用方法，它们在大数据技术发展初期具有重要的地位，是最具代表性的关键系统构建技术。

HadoopMapReduce在提出后受到了学术界和工业界的广泛关注，它比较适合大数据的ETL（抽取-转换-加载）处理任务，它仍然有诸如缺少高级抽象语言的支持、缺少模式和索引支持、单一数据流、低效率等问题，限制了它在其他诸如复杂数据挖掘和机器学习领域的数据处理。学术界针对这些问题，涌现了一系列改进工作。针对缺少高级语言支持的问题，出现了Apache Pig、Hive、DryadLINQ[8] 等系统提供类SQL查询语言支持。针对缺少数据模式的问题，MapReduce后续也开始陆续支持如XML、JSON、Thrift等格式。针对数据流模式单一的问题，出现了如HaLoop[9]、Twister、iMapReduce、Pregel等系统支持迭代式和增量式的数据流模型，也出现了Dryad[10] 这种支持灵活数据流图的计算框架。针对低效率问题，诸多工作在不同角度提出优化策略，比如 MapReduce Online 支持 Map 任务和 Reduce 任务的流水线处理，Hadoop++和 HadoopDB 提供索引支持，基于列式存储的 RCFile 文件格式优化了结构化数据的存取效率，也有许多工作优化了 MapReduce 框架的任务调度引擎，提高并行任务的执行效率，优化特定领域应用（例如数据表连接、图计算、机器学习）的分布式计算效率等。

Spark 是基于内存的迭代计算框架，因其简单性、通用性、容错性和高性能而获得了工业界和学术界的极大兴趣和贡献，适用于需要多次操作特定数据集的应用场合。对于某些应用算法需要反复操作的次数越多，所需读取的数据量越大，使用 Spark 的受益越大，数据量小但是计算密集度较大的场合，使用 Spark 的受益就相对较小。由于 RDD 的特性，Spark 不适用异步细粒度更新状态的应用，例如 Web 服务的存储或者是增量的 Web 爬虫和索引。另外，作为内存中的数据处理框架，Spark 可以将 RDD 数据保存在内存中，以便在不同计算阶段共享数据。但这是以存储资源（尤其是内存资源）为代价的，当计算中有大量 RDD 数据需要缓存时，需要更多的内存资源。与相对较低成本的以磁盘空间成本运行 Hadoop MapReduce 相比，Spark 的成本更高。

以 Hadoop MapReduce 和 Spark 为代表的大数据批处理系统虽然在工业界仍然有很多应用，但是由于现实世界的大数据普遍具有动态更新、流式输入等特点，当前的趋势是企业更倾向于采用大数据流处理框架，同时也向上兼容批处理，或者直接设计成为批流融合的架构。本书将在下一讲介绍大数据流处理系统的关键技术。

参考文献

[1] DEAN J, GHEMAWAT S. MapReduce: simplified data processing on large clusters[J]. Communications of the ACM, 2008, 51(1): 107-113.

[2] Apache. Apache Hadoop[EB/OL]. [2023-3-21]. https://hadoop.apache.org/.

[3] CHANG F, DEAN J, GHEMAWAT S, et al. Bigtable: A distributed storage system for structured data[J]. ACM Transactions on Computer Systems, 2008, 26(2): 1-26.

[4] Apache. Apache ZooKeeper[EB/OL]. [2023-3-21]. https://zookeeper.apache.org/.

[5] Apache. Apache Hive[EB/OL]. [2023-3-21]. https://hive.apache.org/.

[6] ZAHARIA M, CHOWDHURY M, FRANKLIN M, et al. Spark: Cluster computing with working

sets[J]. HotCloud, 2010, 10(10-10): 95.

[7] ZAHARIA M, CHOWDHURY M, DAS T, et al. Resilient distributed datasets: A fault-tolerant abstraction for in-memory cluster computing[C]//Proceedings of the 9th USENIX Symposium on Networked Systems Design and Implementation. Berkeley: USENIX Association, 2012: 15-28.

[8] FETTERLY Y, BUDIU M, ERLINGSSON Ú, et al. DryadLINQ: A system for general-purpose distributed data-parallel computing using a high-level language[C]//Proceedings of the 9th USENIX Symposium on Networked Systems Design and Implementation. Berkeley: USENIX Association, 2009: 1-14.

[9] BU Y, HOWE B, BALAZINSKA M, et al. HaLoop: Efficient iterative data processing on large clusters[J]. Proceedings of the VLDB Endowment, 2010, 3(1-2): 285-296.

[10] ISARD M, BUDIU M, YU Y, et al. Dryad: distributed data-parallel programs from sequential building blocks[C]//Proceedings of the 2nd ACM SIGOPS/EuroSys European Conference on Computer Systems 2007. New York: ACM, 2007: 59-72.

第 4 讲
流计算系统

编者按

本讲由徐辰撰写。徐辰是华东师范大学教授，是分布式数据处理系统领域的知名专家，曾就职于Flink系统的发源地——柏林工业大学的数据库实验室。

4.1 流计算系统概述

4.1.1 流数据与流计算

流数据是指由多个数据源持续生成的数据，其单条数据的大小一般较小，但可能同时产生大量数据。典型的流数据包括传感器数据、日志文件、网购数据、行为记录数据等。由于流数据通常包含宝贵的知识，开发者通常希望编写程序以挖掘并处理流数据，从中获取需要的信息，针对流数据处理的这一过程通常称为流计算。然而，流数据包含的知识通常具有较强的时效性，如果不能对流数据进行处理并获取其中的知识，这些知识的价值可能会严重折损。例如，在金融交易中产生的流数据包含的最新成交价格，及时获取这些价格的波动有助于自动交易软件做出正确的决策。然而，如果信息系统不能及时处理流数据，那么其获取到的成交价格就会过时，从而导致这些知识无法帮助自动交易软件做出正确决策，也即知识的价值贬值。将流计算系统应用于对流数据的处理可以较低延迟处理源源不断产生的数据，并从中及时获取有价值的信息。

4.1.2 流计算系统的演进

流计算系统已经经历了漫长的发展，如图4.1所示，最早的流计算系统可以追溯到20世纪90年代。通过对数据库执行引擎和数据库查询语言的拓展，Tapestry成了第一个支持流数据处理的系统。此后，诸如GigaScope、Aurora、Borealis等系统都通过拓展数据库执行引擎或数据库查询语言的方式实现了对流计算的支持。上述系统可以看作第一代流计算系统，其主要贡献为实现了处理流数据所必需的功能，如窗口聚合、时间语义等。第二代流计算系统源于MapReduce提出后的大数据处理系统发展浪潮。这期间出现了诸如 Storm 和 Spark Streaming 等流计算系统，这些系统借鉴 MapReduce 中并行化处理思想，通过横向拓展向流计算系统中引入更多节点，提升流计算系统的处理能力来应对规模不断增长的流数据[1]。截至今天，新一代流计算系统的发展出现了两个不同的方向。第一类是以 Flink[3] 为代表的，采用了基于 JVM 的执行引擎，拥有良好可拓展性的流计算系统。这类系统在保持了可拓展性的基础上改进了编程模型以支持更加丰富的语义表达，使开发者可以灵活处理乱序数据等问题。同时，这类系统设计或优化了故障容错机制，从而提升了系统在分布式流计算场景中的容错性能。由于具有完善的功能支持和丰富的第三方库，这一类系统在如今的学术界和工业界得到了广泛的应用。另一类是以 StreamBox 为代表的高性能流计算系统。研究人员注意到 JVM 不能有效利用硬件资源，限制了可拓展流计算系统的性能，因而采用 C++等语言实现了一类高性能流计算系统。这类系统通过对硬件资源的充分利用，大幅提升流计算系统的处理能力，从而在单机情况下取得了远超 Flink、Storm 等系统的性能。

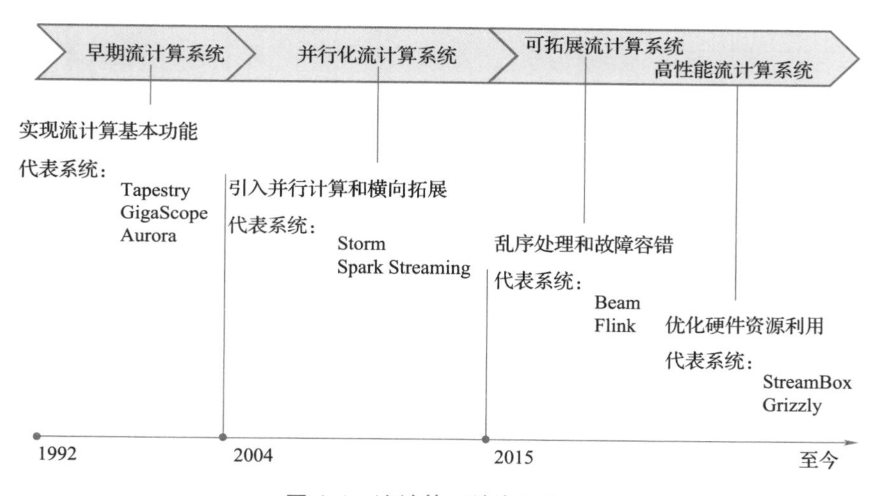

图 4.1　流计算系统发展历史

4.1.3　流计算系统的研究挑战

流计算系统面对的主要挑战体现在四个方面：编程接口、执行计划、资源调度和故障容错，本文将以流计算应用中常见的广告计费为例简要介绍这四类挑战的具体内容和产生原因。

1）在编程接口方面，如何利用编程接口降低管理流数据的复杂程度。如图 4.2 所示，开发者需要利用流计算系统提供的编程接口表达他们的应用逻辑，应用逻辑中必须包含对流数据的独特性质的处理方法。例如，广告投放应用需要能够生成并识别广告点击事件的发生时间，才能够对其进行正确处理；在对广告点击事件进行聚合的过程时，需要定义窗口才能对持续产生的数据流进行聚合；由多个终端产生的点击事件可能会以和产生时间不同的顺序进入系统，流计算应用需要识别这些乱序数据的处理进度来完成窗口聚合操作。虽然开发者可以在他们的应用逻辑中加入对以上功能的支持，但这会导致开发流计算应用的复杂程度增加。同时，这种方式增加了流数据的管理和应用逻辑代码之间的耦合，加大了故障或错误的可能性，损害了系统的稳健性。因此，流计算系统需要在编程接口中提供流数据的管理功能，避免开发者在应用逻辑中进行流数据管理，减少其带来的编程复杂度和可能的故障。

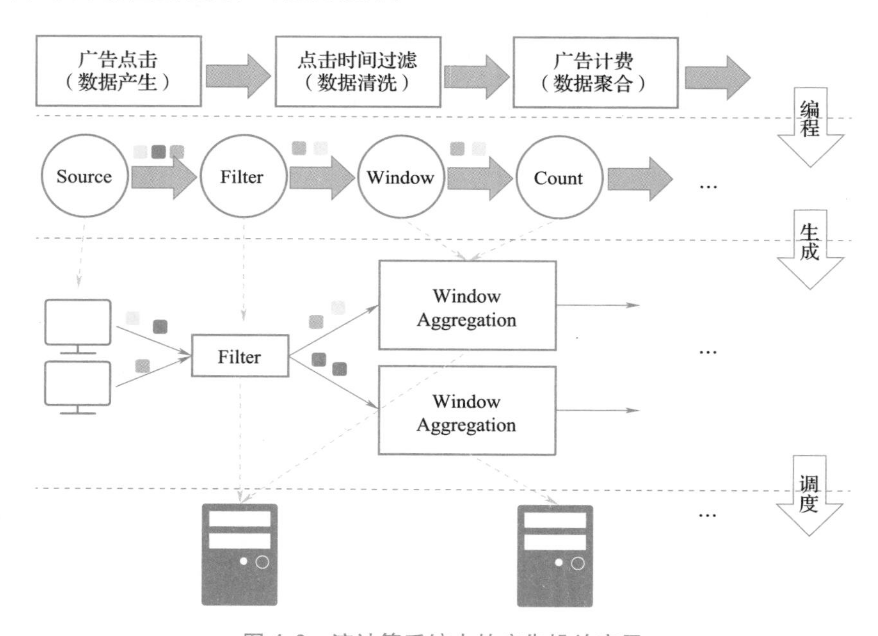

图 4.2　流计算系统中的广告投放应用

2）在执行计划方面，如何生成适用于流计算场景的高效执行计划。如图 4.2 所示，在开发者将他们编写的流计算程序提交之后，流计算系统负责根据只包含处理逻辑的程序生成执行计划，从而使得流计算应用可以运行在各种硬件环境中。在静态的计划生成过程中，流计算系统需要从候选执行计划中选择效率最优的执行计划，由于执行计划的可选空间巨大，这一过程通常十分困难。此外，当流计算应用的输入数据发生动态变化时，最优的执行计划也可能随之改变。此时流计算系统需要自适应调整执行计划，来保证在面对不同的输入数据时，流计算应用保持高效。

3）在资源调度方面，如何提供满足资源节省和延迟敏感的资源调度。在生成执行计划之后，流计算系统需要为执行计划中的任务分配资源，以保证流计算任务的正常运行。相比于传统资源调度框架，流计算应用的特性产生了新的资源调度需求。一方面，由于流计算应用中各个算子的计算负载各不相同，因此也产生了不同的资源需求。传统的以作业为单位的调度框架会产生大量的资源浪费，因此流计算系统的资源调度应更精确地分配资源，从而降低资源浪费。另一方面，流计算应用相较批处理应用而言通常对于延迟更为敏感，而传统的以提高吞吐量为目标的策略不仅无法通过资源调度降低延迟，还有可能在资源调度过程中增加延迟，导致违反流计算应用的延迟约束。因此流计算系统应当实现延迟敏感的资源调度，从而使资源调度能够降低流计算应用的延迟。

4）在故障容错方面，如何在保证正常运行性能的情况下加速故障恢复。由于软件崩溃或硬件故障等原因，流计算系统在运行过程中可能遭遇故障，这些故障在分布式或异构环境中往往更为频繁。流计算系统需要提供故障容错机制，保障在遭遇故障后恢复流计算应用的正常运行。然而，实现适用于流计算系统的故障容错机制需要面对两点挑战：①流计算系统对延迟更为敏感，因此需要快速地对遭遇故障的流计算任务进行恢复。②流计算系统存在有状态算子，因此需要正确恢复状态至故障发生前，否则可能会导致计算结果错误。为了加速流计算系统的故障恢复过程，通常需要在系统正常运行时进行备份或复制。但备份和复制在系统正常运行时产生了额外开销，降低了系统的正常运行性能。因此，流计算系统应当在减少对正常运行性能影响的前提下，加速故障恢复过程，并保证状态的一致性。

4.2 数据管理视角的流计算系统

本节从数据管理视角分类归纳了流计算系统中的相关技术如图 4.3 所示。

1. 编程接口

流计算系统在三个方面提供了适用于流数据处理的编程接口。首先，流计算系统在编程接口中提供了时间语义的支持。早期的时间语义接口通常将时间作为某条数据的一个属性，在数据产生或进入系统时进行标注。目前主流的时间语义接口则通过划分事件时间、摄入时间和处理时间，允许开发者在不同情境下多样化时间语义的使用。其次，流计算系统在编程接口中提供了窗口聚合的支持。早期的流计算系统用系统内置的窗口代替用户手动实现的窗口，减少了应用窗口操作的复杂度。目前的主流系统则丰富了支持的窗口种类，允许开发者利用编程接口表达丰富的窗口语义。最后，流计算系统在编程接口中提供了乱序处理的支持。早期部分系统采用缓冲区将乱序数据转化为有序数据，目前更多系统采用基于标点的乱序处理方法，增加了开发者处理乱序数据时的灵活性。

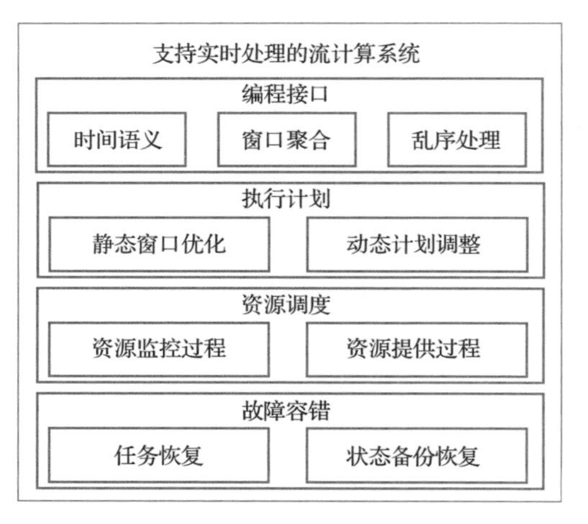

图 4.3　流计算系统相关技术分类

2. 执行计划

流计算系统在对生成和调整执行计划的优化过程中，主要采用了两方面的技术。一方面，在输入数据特征基本保持静态的情况下，流计算应用的执行计划也可以保持不变。此时流计算系统需要对执行计划中计算开销较大的窗口聚合操作进行优化。流计算系统应用预聚合、近似计算、溢写内存数据等技术，优化了窗口聚合操作的内存占用和触发延迟。另一方面，在输入数据特征动态改变的情况下，流计算系统需要自适应调整执行计划来保证执行效率。在这种情况下，流计算系统需要应用动态数据分区来应对输入数据键分布的变化，并通过动态计划更新来应对其他输入数据并统计特征的变化。

3. 资源调度

为了实现资源节省和延迟敏感的资源调度，流计算系统主要从两方面优化了资源调度过程。①流计算系统改进了资源监控过程。用细粒度的资源监控方式可以更精确地识别流计算系统中的资源不足或浪费，而延迟敏感的资源监控方式可以更及时地识别流计算系统中资源不足带来的延迟上升，因而改进资源提供过程可以更准确并及时地触发资源调度过程。②流计算系统改进了资源提供过程。对于增加节点的资源提供方法，系统通过为指定任务分配节点的方式减少资源浪费，并通过预先加入节点池的方式减少提供过程的延迟。为了更精确和更及时地提供资源，流计算系统还可以采用向节点内增加资源或调整线程优先级的方式进行资源提供。

4. 故障容错

故障容错技术主要包含任务恢复和状态备份恢复两部分。任务恢复主要考虑运行时容错和故障时恢复两个方面，可选的技术包括主动容错、被动容错和部分被动容错等，其中被动容错对正常运行的性能影响最小，主动容错则达到了最快的恢复时间，部分被动容错则中和了二者的优缺点。状态备份恢复则分为状态备份和状态还原两个部分，即检查点的备份粒度和检查点的备份位置。相比于局部独立的检查点，全局统一的检查点可以提升一致性保证，但牺牲了备份和恢复的速度。检查点可以选择集群外部或集群内部，前者有着更好的一致性保障，而后者因为避免了跨集群网络通信开销而实现了更优的性能。

4.2.1　编程接口

开发者通常通过流计算系统提供的编程语言和编程接口编写流计算应用程序。由于流数据独有的特征，流计算系统需要提供一些特殊的编程语义，以供开发者方便合理地对流数据进行处理。流数据为流计算系统在编程语义方面带来了以下三点挑战：①流数据的产生和处理时间和其含义密切相关。因此，流计算系统需要提供时间语义的支持，以供开发者对产生或处理时间不同的流数据进行多样化的操作。②流数据具有无界性，即流数据始终处于持续变更、连续追加的状态，因此其数据的范围没有边界，开发者因而无法直接对其应用静态数据的聚合操作。流计算系统需要提供窗口语义，使得开发者可以根据条件对部分流数据进行处理。③流数据在生产环境中通常是乱序的，即其产生的顺序和到达流计算系统的顺序并不完全相同。这使得流计算系统无法确认数据的完整性，为窗口聚合等操作带来了额外的困难。因此流计算系统应当提供完整性语义，方便开发者确认所需的数据是否已经完全到达，从而做出相应的响应。本节将从时间语义、窗口操作和乱序处理三个方面，介绍流计算系统如何提供编程语义，以供开发者开发针对流数据的高效应用。

1. 时间语义

由于流数据是在一段时间内连续产生的，其对应的时间往往具有重要意义，同时流计算系统也需要依据当前的系统时间来对流数据进行合适的处理。因此，支持时间语义是流计算系统的基本功能之一。

早期的流计算系统为了支持流数据的处理，通常会为流数据加入时间戳字段，并根据其时间戳的值进行相应的处理。例如，Tapestry 作为一个拓展关系型数据库来实现的早期流计算系统，通过为所有表加入一列时间戳属性来实现了对于时间语义的支持。Tapestry 在流数据进入系统时按照系统时间为其生成时间戳，因此这个时间戳反映的是系统获取到该条数据的时间，即摄入时间；同时，Tapestry 允许用户通过调用操作系统接口的方式获取当前的处理时间。Aurora 同样为每条流数据增加了一个时间戳字段，并在系统获取到数据时为其分配当前的时间戳；更进一步，Aurora 将流数据的时间戳向流计算系统下游传递，使得流计算系统所有算子都可以正确获取该条数据进入系统的时间。Gigascope 注意到了流计算任务中数据生成时间，即事件时间的重要性，因而在系统中提供了对于事件时间的支持。

现代的流计算系统基本沿袭了这些时间语义的支持。Google 提出的 Dataflow 流计算处理模型[2]，进一步规范了事件时间和处理时间的使用，其中事件时间被用于决定数据的处理方式，而处理时间则被用于决定计算的触发时机。当下得到广泛运用的流计算系统 Flink 则明确区分了三种时间语义，即事件时间、摄入时间和处理时间。除了事件时间在输入系统前就需要被定义外，Flink 系统会自动为每一条数据分配摄入时间和处理时间，因而用户可以灵活地运用这些时间语义以表达其需要的计算逻辑。

2. 窗口操作

由于流数据是持续生成，并持续进入流计算系统中，因而流数据具有一个重要的特性：无界性。也就是说，理论上流数据是没有边界的，会源源不断地进入流计算系统。此时，流计算系统无法对流数据直接应用静态数据的聚合操作，这是由于流计算系统无法等到所有数据都进入系统后再进行聚合。因此，流计算系统需要一种语义对满足某些条件的数据进行聚合操作，即窗口语义。流计算系统提供的窗口语义允许开发者将流数据按照其事件时间、处理时间等特征分配到不同的窗口中，并对同一个窗口内的流数据应用聚合操作；窗口语义是流计算系统表达处理无界数据方式的关键语义，也是流计算系统内最重要和最频繁的语义之一。

早期的基于关系型数据库实现的流计算系统，如 Tapestry，并未显式地提供窗口语义。相反，用户需要通过在 SQL 语句中加入关于时间的筛选条件来实现类似窗口的语义。一方面，这样的方式将实现窗口语义的工作交给了开发者，从而加大了开发者编写程序的复杂度，增加了潜在的错误和故障风险，降低了应用的稳健性；另一方面，流计算系统无法区分用户在 SQL 语句中加入的时间筛选条件，从而使系统丧失了为窗口操作进行特殊优化的可能性，降低了流计算应用的性能（例如，流计算系统在触发窗口计算时需要扫描整张表以筛选出时间符合条件的数据）。

注意到要为开发者提供窗口操作语义的必要性后，一些流计算系统开始提供由流计算系统实现的窗口操作接口。例如，Aurora 提供了窗口聚合的接口，开发者可以借助该接口，以指定窗口间隔和窗口长度，对流数据应用自定义聚合函数。斯坦福大学的 Arvind Arasu 等人在其实现的流计算系统 STREAM 及流计算语言 CQL 中进一步拓展了窗口聚合的语义。除去基于时间的窗口，CQL 还支持基于元组的窗口和基于值的窗口；CQL 允许用户可以通过拓展窗口定义来使用时间戳、元组序号或其他值来划分窗口，使用户可以表达其丰富的流计算语义。虽然上述工作通过提供内置的窗口操作简化了开发者实现窗口的过程，并有助于流计算系统对其的优化，但却牺牲了编程语义的丰富灵活度。一方面，上述工作对窗口类型的支持不足，尚未支持会话窗口语义；另一方面，上述工作对非对齐窗口的支持不足。由于一个窗口的长度和间隔是确定的，具有不同键的数据必须先被分配同一个窗口中，再按键进行处理。然而实际场景中，具有不同键的数据对窗口起始时间、长度和间隔等可能存在不同需求，上述的流计算系统内置的窗口操作并不能为这种场景提供支持。

目前流行的流计算系统针对上述窗口语义的问题，主要进行了两点改进。以现代流计算系统广为采用的 Dataflow 编程模型为例：首先，Dataflow 编程模型全面定义了流计算系统中可能用到的基础窗口。依据数据时间与窗口划分的关系，Dataflow 模型将流计算系统中的窗口操作分为了三种类型：与数据时间戳无关的窗口，即固定窗口；与本条数据时间戳相关的窗口，即滑动窗口；与本条以及前一条数据的时间戳有关的窗口，即会话窗口。会话窗口的引入进一步提升了流计算系统中窗口语义表达的丰富性。其次，通过分配-合并的方法，Dataflow 模型很好地支持了非对齐的窗口。图 4.4 是一个非对齐窗口中的典型例子，会话窗口过期时间为 2 个单位。该窗口中有两个键 a 和 b，需要分别进行聚合会话窗口。流计算系统首先将每条数据都分配到一个过期时间为两个单位的窗口中。之后，开发者指定一个合并逻辑对这些窗口进行合并，由于需要对两个键分别聚合，因此只对时间有重叠且键相同的窗口进行合并。最后的结果是 a1、a2 被合并到一个窗口中，而 b1 和 a3 则在单独的窗口中，实现了非对齐的会话窗口的处理。通过这种分配-合并的方法，Dataflow 模型允许开发者按照需求开发非对齐窗口，提高了窗口编程的灵活程度和表达范围。

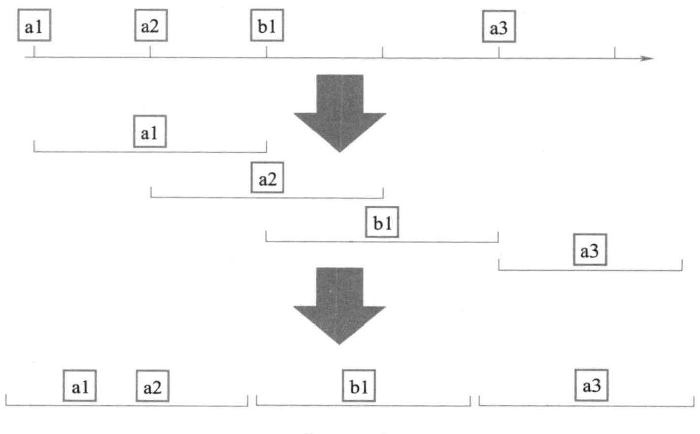

图 4.4　非对齐窗口的处理

3. 乱序处理

流数据在进入流计算系统前和进入流计算系统后往往需要进行网络传输，这为流数据带来了传输延迟和数据丢失的风险。因此，流计算系统通常需要处理数据乱序到达的情况。也就是说，流数据产生的顺序可能与其到达流计算系统时不同，其到达流计算系统的顺序也有可能与其被某个算子处理的顺序不同。乱序到达为流计算系统带来的主要挑战是为开发者编写应用程序带来额外的困难。具体来说，由于在输入数据乱序条件下无法预知应用运行时的情况，如流数据到达的顺序、窗口包含的数据是否全部到达等，开发者需要在编写流计算应用逻辑时手动处理乱序输入。这不仅加大了流计算应用的开发复杂度，也会使应用逻辑和乱序处理逻辑高度耦合，不利于乱序处理代码的复用。因此，流计算系统需要为开发者提供一套乱序处理的编程接口，使得开发者在不大量改动应用逻辑的前提下就可以对乱序的输入数据进行处理。

早期的流计算系统主要使用基于缓冲区的有序化技术来处理乱序数据，其中的代表就是 STREAM 系统。STREAM 的编程接口要求开发者指定一个用于数据有序化的缓冲区。在数据进入系统前，会先进入这个指定大小的缓冲区并进行排序，经过排序后的数据视为有序数据，由流计算系统处理。Aurora 也采用了相似的缓冲区技术，但开发者可以为不同的算子指定不同的缓冲区策略，例如是否使用缓冲区和缓冲区的大小等。在采用了缓冲区技术的流计算系统中，开发者只需要指定缓冲区的大小，这使得开发者不必调整应用的处理逻辑就可以对乱序数据进行处理，降低了开发支持乱序处理的流计算应用的复杂程度。但是，基于缓冲区的有序化技术存在两个不可避免的问题：①开发者难以准确设置缓冲区的大小。缓冲区过小会导致乱序数据得不到有效处理，而过大缓冲区会带来更大延迟，因而开发者需要反复调试以找到合适的缓冲区大小。考虑到流数据的性质不可预知且频繁变化，确定最优的缓冲区大小极为困难。②缓冲区无法在不影响下游算子的情况下进行乱序处理，使得开发者难以为不同算子配置不同的乱序处理方法。例如，一个流计算应用中的窗口操作算子需要保持输入数据有序性；但该窗口算子的下游可能存在一个日志记录的算子，该算子不要求输入数据的有序性，但需要实时输出日志记录。采用缓冲区方法的流计算系统在满足了窗口操作算子的数据有序性要求的同时，将会为日志记录算子带来不可避免的延迟，无法满足开发者对于兼顾二者特性的需求。

为了解决以上两点问题，流计算系统广泛采用了基于标点的乱序处理方式。基于标点的乱序处理方式通过系统生成的标点来指示流数据到达的进度。开发者可以在应用中识别这些标点，并根据其中的信息和应用需求做出相应的处理。其中应用的最为广泛的是由 Google 提出的 Dataflow 模型。Dataflow 模型通过水位线来标识数据的最晚到达期限，它标识着流计算系统认为事件时间在某个时刻以前的输入数据已经全部到达。用户因而可以利用水位线对流计算任务中的无序输入数据进行处理。例如，用户既可以在延迟需求较高的场景下选择提前触发窗口聚合计算，来降低流计算任务的延迟，也可以等到某个时刻的水位线抵达时再触发窗口聚合计算，以最大化结果的准确性；或是多次触发窗口计算，在实时输出的情况下，保证了最终结果的准确性。同时在一个算子触发计算以前，数据就可以向下游流动，避免了下游算子受上游算子乱序处理的影响产生以基础。

除此之外，由于 Dataflow 模型的水位线只是系统对输入数据抵达情况的推测，因此可能出现迟到数据违反水位线约束的情况出现。Dataflow 模型允许开发者单独配置对迟到数据的处理方式，通过撤回结果、修正结果或丢弃迟到数据的方式处理这种情况，使得开发者拥有了灵活处理乱序输入的能力。

4.2.2 执行计划

开发者提交到流计算系统中的应用程序通常只包括流计算的逻辑语义，并不包括具体的运行细节，但是流计算应用通常运行在各种复杂的底层硬件环境中，包括单台个人计算机、分布式集群、高性能计算设备或云环境等。因此，流计算系统需要根据开发者提交的程序，结合系统运行的具体硬件情况，确定适宜的算子间的拓扑结构、算子的并行度、算子的实现细节等信息，以生成具体的执行计划。一个应用程序往往对应很多不同的执行计划，而如果流计算系统采用了低效的执行计划，就会导致资源利用不足，流计算应用性能降低等情况。因此，流计算系统需要在众多的可能中生成一个效率较高的执行计划，从而提高流计算应用的性能。

用于批处理的大规模数据处理系统也需要为应用程序生成执行计划。例如，SparkSQL 可以根据用户提交的查询确定物理算子，从而生成一个适宜于分布式环境中运行的执行计划。但是由于流数据和流计算应用的特殊性，流计算系统在生成执行计划时通常还面临着以下问题：

1）窗口操作是流计算中最重要的语义之一。一方面，窗口操作在流计算应用中十分普遍，流计算应用中许多从时间中提取信息的语义都需要用到窗口操作；另一方面，窗口操作需要在触发时处理大量数据，带来了较大的计算负载和显著的延迟。这为流计算系统在如何提供窗口操作的具体实现上带来了挑战，因为简单的窗口实现可能会导致内存占用上升、服务延迟增加和计算冗余等问题。流计算系统需要针对不同的窗口语义和数据特征实现高效的窗口操作，从而提升流计算应用的整体性能。

2）流计算系统在生成执行计划时面临的另外一个挑战在于，由于流数据实时生成、实时到达和实时处理的特点，流计算系统无法预知整体或未来一段时间内输入数据的特征。而流计算系统通常面临高度变化的输入数据，为流计算系统的执行计划生成带来了挑战。这主要体现在两个方面：一方面，流计算系统面临的输入数据的分布是不断变化的，不论是键的分布还是时间戳的分布，都可能会导致流计算系统在分区时产生数据倾斜，从而造成同一个算子的多个并行实例之间的计算负载不均，导致流计算系统资源利用率降低和整体性能的下降；另一方面，流计算面临的输入数据特征也处于高度变化之中，导致流计算应用中某些算子的统计信息发生变化，例如输入数据值的分布改变，可能造成流计算应用中算子的选择率大大变化，为执行计划的代价估计造成了严重的困难。因此，流计算系统应当生成可以应对动态负载的执行计划，以在运行过程中根据负载和硬件相关情况对执行计划进行自适应调整。

1. 窗口聚合优化

窗口操作是流计算应用中较为常见的计算操作。朴素的窗口聚合实现通常会产生大量的内存开销和计算负载，这是因为窗口操作需要：①记录所有属于该窗口的到达数据，将它们保存在内存中。②按照编程语义在可以触发窗口计算之后访问这些数据进行聚合运算。

在第一步中流计算系统需要将分配到窗口的原始数据都保存在内存，这将带来额外的内存开销。这个额外的内存开销与流数据的输入速率成正比；此外，因为流计算系统需要等待更长的时间确认窗口可以触发计算，所以数据的无序到达也会加剧对内存的消耗。综上，当流计算系统面临高速输入的无序数据时，可能会面临内存不足的情况，从而造成窗口操作延迟或失效。流计算系统需要对窗口操作的数据保存方式进行优化，降低内存开销，以达到更高的吞吐量。

在第二步中，由于聚合运算在确认窗口可以触发计算（即可以输出）时才开始计算，所以不能有效利用等待窗口数据到达的时间进行运算，造成了计算负载在时间上的不均匀性。这样的结果就是在所有数据到达窗口后仍需要较长的计算时间，为流计算应用中的窗口操作带来了显著的延迟。因此，流计算系统需要针对窗口操作的计算时机进行优化，避免窗口触发后进行的密集计算导致流计算应用带来显著延迟。

2. 降低内存开销

流计算系统可以采取两种方式来降低窗口计算过程中的内存开销：一种是减少需要保存的元组数量；另一种是利用磁盘来缓解内存容量不足的压力。接下来本文将分别介绍这两类技术。

第一种技术预聚合是窗口实现中一种常见的优化技术[10]，该技术提前对属于该窗口的部分元组进行聚合，形成部分聚合结果；之后再在部分聚合结果的基础上计算最终聚合结果。图 4.5 是应用了预聚合技术的一个示例，该窗口接收输入的流数据并对他们进行求和操作。最下面一行的方块代表窗口处理的原始数据，方块内是该条数据的值。应用了预聚合技术之后，在接收到前三条数据时，流计算系统就可以进行预聚合计算，得出前三条数据的和为 12。由于计算最终聚合结果只需要将三次预聚合结果相加，因此在得到第一个预聚合结果后，该窗口就可以不再保留前三条数据，从而减少了需要保存的元组数量，有效降低了窗口聚合过程的内存开销。

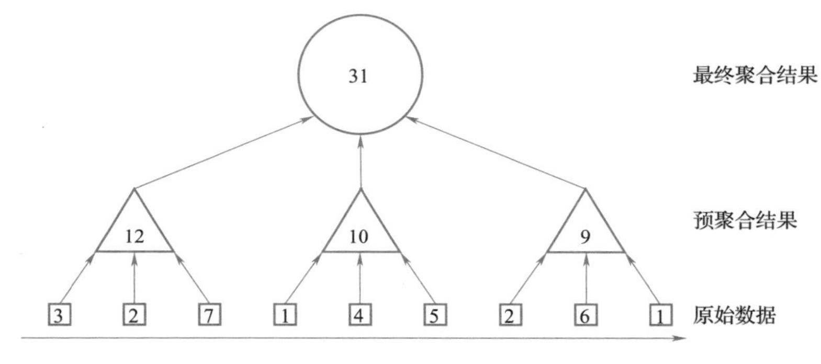

图 4.5　预聚合示意图

另一种可以用来优化流计算系统窗口操作的内存占用方式是将部分数据溢写到磁盘中。流计算系统通过将部分数据保存在磁盘上，从而减少了对内存的消耗。然而，向磁盘存取数据的过程通常显著慢于向内存存取数据的过程，这可能为流计算系统带来不可忽视的延迟。因此，流计算系统在应用溢写磁盘技术时，需要精心设计一套数据存取策略来规定向磁盘溢写数据的方式，从而最小化读写磁盘为流计算应用带来的性能恶化。Photon 是一个被设计用于大规模数据处理的流计算系统；Photon 为了支持长时间的窗口 join 操作，引入了磁盘来存储需要被暂时保存的元组。Photon 观察到了大部分数据都是在到达后短时间内被访问的现象，因而设计了一个层级的数据存储结构：到达的数据先被保存到内存中，其中大部分将会在短时间内被访问并丢弃；部分未被访问的数据会被溢写到磁盘上以降低内存开销，同时系统在内存中建立了一个索引以快速访问这部分数据。Railgun 为了实现大规模窗口低延迟的准确计算，设计了一个名为事件仓库的数据结构来保存窗口中的元组。Railgun 的事件仓库通过将窗口中的大多数元组溢写到磁盘上来减少对内存的占用，并应用了两个优化技术来提高系统访问磁盘上元组的效率。首先，Railgun 在向磁盘溢写数据前，会先将时间戳相近的多条元组合并为一个块，通过读写块代替读写单条数据，降低了磁盘访问 I/O 次数，减轻了磁盘访问代价对窗口性能带来的影响。其次，Railgun 基于窗口中的数据通常是按照时间戳顺序被消耗的观察，将多个块进行有序排列，并在读取时利用操作系统的缓存机制预先读取相邻的块。由于这些块在时间戳上相近，他们很可能在接下来被流计算系统从缓存中读取，从而大大减少了流计算系统等待磁盘 I/O 带来的性能恶化。

3. 降低触发延迟

在流计算系统中有两种优化技术可用于降低窗口的触发延迟。首先，预聚合技术可以在窗口数据未完全到达时，利用这部分不完全的数据计算部分聚合结果，再基于部分聚合结果计算最终聚合结果，即在窗口到期之前分摊一部分计算量以减少窗口到期后窗口计算带来的延迟。同样以图 4.5 中的窗口求和为例，如果不应用预聚合技术，该窗口需要等到最后一条数据到达后才开始计算，即在窗口触发后需要进行 8 次求和操作。但在应用了预聚合技术后，在窗口触发前，前 6 条数据已经通过预聚合计算得到了两个预聚合结果，因此窗口触发时只需要进行 5 次求和操作，有效降低了窗口的触发延迟。WID 是一个应用了预聚合技术的窗口实现的典型例子，WID 并不保存所有的原始数据，而是为每个窗口维护一个部分聚合结果。当数据到达时，WID 会根据聚合函数的语义逻辑更新其对应的一个或多个聚合结果；在窗口计算时，WID 会直接输出该聚合结果，而非利用所有原始数据开始从头计算。通过将聚合操作的计算从窗口结束后分摊到窗口中，WID 相比于保存所有原始数据再进行计算的方法在执行延迟上取得了较大的改善。

另一种用于降低流计算系统中窗口触发延迟的技术是近似计算。由于流计算应用通常对实时计算结果的精确度存在容忍空间，因此很多情况下窗口计算只需要处理部分数据就可以满足流计算应用的精度要求。因此，流计算系统可以在保证窗口计算结果的精度在应用可接受范围内的情况下，跳过处理某些暂时未到达的数据的过程，从而提前输出窗口聚合的结果，达到减少窗口触发延迟的目的。流计算系统很早就存在减载技术，即跳过处理一部分元组以提高流计算系统的性能。Nesime Tatbul 在 2003 的工作就是一个例子，他们详细研究了如何在合适的时机触发减载以保证系统的性能，以及如何最小化丢弃部分元组对结果带来的影响。虽然这些减载技术可以有效提高系统性能，但其对窗口聚合结果精度影响是未知的，因此流计算系统需要一类可以保证精度的近似计算方法。AQ-K-slack是一个基于缓冲区的近似计算解决方案，传统的缓冲区技术使用固定的缓冲区大小，用户需要配置合适的缓冲区大小才能实现计算精度和触发延迟的平衡，这为用户使用缓冲区技术提出了严峻的挑战。AQ-K-slack则将计算精度代替缓冲区大小提供给用户进行配置，并通过计算达到该精度所需要的窗口覆盖率，即处理的数据占窗口中所有数据的百分比。根据窗口覆盖率，AQ-K-slack确定一个合适的缓冲区大小，在保证足够多的数据得到处理后，丢弃那些多余的迟到数据，从而优化窗口触发延迟。SPEAr则提供了基于水位线的近似计算解决方案。SPEAr会在窗口结束之前计算一个采用部分元组计算得到的近似结果，并估计近似结果的准确率。在水位线到达时，SPEAr会验证窗口聚合结果的准确率是否满负责户需求。如果准确率符合用户的需求，则直接输出该近似结果，否则使用全部数据重新计算准确的结果。

4. 自适应执行计划

实时到达是流数据的一个重要特征，也是流计算系统在生成执行计划时面临的主要挑战之一。对于批处理系统而言，系统通常通过随机采样等方法确定输入数据的一些统计特征，如数据规模、稀疏度、键值分布等，并基于这些统计特征为某个作业选择一个最优的执行计划。但流数据的高度动态和实时到达的特征却使得在流计算系统中应用以上方法变得困难，这主要有两方面的原因。一方面，流计算系统无法获取在整个执行过程中输入数据的分布，因此流计算系统很难确定一个最优的分区方法；这会在执行过程中造成数据分区的不均衡，进而导致各个任务间处理负载的不均衡，造成系统资源浪费，损害系统的性能。另一方面，由于流数据的统计特征处于高度变化之中，各个时刻流数据的统计特征存在较大差异，而基于这些统计特征生成的最优执行计划也有所不同。因此，对于同一个流计算应用来说，最优的执行计划会不断变化，而静态的执行计划无法在整个执行流程中都保持高效。

5. 动态分区方式

流数据的实时性对流计算系统提出的第一个挑战在于，输入数据的键分布可能会产生大的变化。流计算系统通常会为编程逻辑中的一个算子生成多个并行实例，并按照输入数据的键将数据分区到其中一个并行实例进行处理。因此，如果数据分区不均匀，很容易造成各个实例的处理负载不均衡，形成单点瓶颈，进而降低应用的整体性能。批处理系统通常会在开始运行前对输入数据进行抽样分析，获取关于键分布的统计信息，运用这些统计信息对数据进行分区，来保证各个分区之间负载均衡。但流计算系统无法在开始运行前获取关于数据的信息，于是无法基于抽样统计来决定数据分区。进一步来说，由于流数据的分布通常会随时间不断变化，因而无法找到一个固定的分区方式能使得整个运行过程中数据分区都保持均衡。因此，流计算系统在生成执行计划时，需要采用动态的分区函数，根据流计算应用运行的情况不断调整分区方式，以保证在整个运行过程中流计算应用的分区方式的高效。

根据是否要依据数据的键对数据进行分区，流计算系统中应用的分区技术大体可以分为三类：①随机分区。即不考虑流数据的键，按照其到达顺序随机分配给一个计算实例进行处理。随机分区最大限度地保证了分区的均匀，但由于拥有同一个键的多条数据可能会被分配到不同的计算实例中，因此在各个计算实例处理完毕后，还需要一个额外的聚合过程汇总多个计算实例输出的结果。②按键分区。即根据流数据的键进行分区，通过哈希映射等方式将拥有同一个键的数据分到同一个分区中；由于按键分区保证了相同键的数据被同一个实例处理，因此无须额外的聚合过程。③部分按键分区。即结合以上两种方法：基于按键分区的方式以减少不必要的聚合过程，在负载不均衡的情况下将部分数据划分到其他分区来减少分区不均对性能的影响。在分区策略设置恰当地情况下，部分按键分区可以结合随机分区和按键分区的优点，最小化分区不均带来的性能影响和聚合过程的额外开销，进而提高分区的最终性能。

由于向各个计算实例发送的数据数量几乎相等，随机分区技术可以最大限度地保证分区的均匀性，且不受输入数据键分布变化的影响。但在实际应用场景中，流计算应用通常是有状态计算，即各个算子都维护一个和键相关的状态，随机分区技术不可避免需要大量额外的聚合过程以汇总各个实例的计算结果，对流计算系统的性能有负面影响。但对于无状态计算来说，采用随机分区技术可以避免聚合过程；同时保证分区的均匀性、降低分区过程的响应延迟，因此无状态算子通常可以采用随机分区。此外，虽然在理想状况下随机分区可以完全消除各个计算实例之间的负载不均衡，但这是建立在算子处理每一条数据的计算量相同的情况下。实际情况中，不同的数据可能需要大小不同的计算量。针对这个问题，Rivetti 等人提出了 OSG（Online Shuffle Grouping）技术，通过估计每条数据的处理时间，来实现基于处理代价的实时随机分区；在不同数据处理代价有所差异的情况下，这种基于处理代价的随机分区相较于基于数据数量的随机分区消除了各计算实例之间的负载不均衡，进而提高了流计算系统的整体性能。

为避免随机分区给有状态计算带来大量的聚合开销，流计算系统通常会采用按键分区的分区方式。但按键分区可能会造成流计算系统分区的倾斜，导致各个计算实例之间的负载不均衡，损害流计算系统的整体性能。因此按键分区技术需要优化分区方式，避免数据倾斜情况的出现。按键分区最简单的实现方法是使用一个固定的哈希函数，计算数据键的哈希值，并将数据映射到其中一个分区中。基于固定哈希函数的按键分区方式因为其实现简单、使用方便，被广泛应用在各类流计算系统中。但由于哈希函数对输入数据键分布的不了解，且无法在运行过程中进行动态调整，因此给予固定哈希函数的按键分区方式很容易造成数据倾斜。为解决区数据倾斜的问题，一些流计算系统采用了自适应重新平衡的技术改进按键分区。Mehul A. Shah 等人通过在流计算系统中引入一个名为 Flux 的算子来实现自适应重新平衡。Flux 算子跟踪统计当前数据分区的情况，并在分区严重失衡的情况下进行分区策略的调整。Balkesen 等人采用了类似的方法，在使用哈希函数的同时，跟踪统计输入数据键的频率，根据频率调整哈希函数以保证负载均衡。自适应重新平衡虽然可以解决按键分区的倾斜问题，但也带来了另一个重大开销：在有状态计算中，算子通常需要为每个键维护一个状态；如果在运行过程中要将某个键对应的数据从一个分区调整至另一个分区，就必须同时将与这个键相关联的状态也迁移到另一个分区对应的算子。这个过程中不仅造成了额外的网络通信开销，迁移完成前该算子还需要暂停处理，带来了流计算服务的暂时中断和延迟上升。要因为重新平衡带来的状态迁移开销，Gedik 等人的工作中引入了一致哈希技术来减少需要迁移的状态数量；为了避免一致哈希在分区数量不足时存在的负载倾斜问题，他们设计了一种混合哈希技术，使用一致哈希来处理数据量较大的键，而使用统一哈希函数来处理数据量较小的键。混合哈希技术结合了一致哈希和固定哈希的优点，降低了分区的负载不均和调整分区时的迁移代价，提高了分区过程的整体性能。

部分按键分区可以看作是按键分区的一个变种。相较于按键分区要求的属于同一个键的所有数据都被划分到一个分区之中，部分按键分区可以将部分键拆分到多个分区中，分别由不同的计算实例进行处理。Nasir 等人针对并行度为 2 的算子的数据分区问题提出了部分按键分区的技术。他们的方法针对数据量较多的热键进行了键拆分，即将这些键对应的数据拆分为两部分，并分别由两个算子处理，之后他们进一步将这项技术拓展到了算子并行度大于 2 的多个分区场景。Katsipoulakis 等人详细评估了部分按键分区的不均衡代价和聚合代价，并基于代价模型提出了一种新的分区算法，实现了更好的分区效果以及更小的延迟和内存开销。

6. 动态计划调整

不断变化的输入数据为流计算系统带来的另一个挑战在于，流计算系统很难在应用开始运行前就生成一份在整个应用生命周期中都保持高效的执行计划。为了应对输入数据特征变化对于执行计划性能的影响，流计算系统需要依据数据的实时变化动态调整执行计划，以改善流计算应用的性能。

然而，流计算系统采用的连续执行模式为计划执行的动态调整带来了困难。为了在连续执行的流计算应用中进行计划执行的优化，许多研究工作聚焦于如何在流计算应用运行过程中进行动态计划调整。依据在动态计划调整过程中，是否存在多个版本的执行计划同时运行，可以将动态计划调整的工作分为单版本计划调整和多版本计划调整。

单版本计划调整是指在流计算系统的执行计划动态调整期间，系统始终只维护并运行一个版本的执行计划。一个直观的单版本计划调整的实现方式是采用计划迁移技术：在中止流计算服务的情况下，利用计划迁移技术将旧版本的执行计划迁移为新版本执行计划。这种方式不仅实现简单，还可以保证流计算应用运行结果的一致性。然而，流计算系统的动态计划调整通常只涉及小部分算子，将整个计划进行迁移会造成资源的浪费和流计算服务的长时间中止，严重损害流计算应用的性能，也不利于流计算系统根据输入数据的实时变化频繁调整执行计划。为了降低计划调整对流计算应用性能的影响，后续的研究工作更多采用了算子级别的计划调整代替整体计划迁移。SPADE 使用了代码生成技术产生调整后的执行计划，同时，SPADE 将多个算子合并为一个处理单元，以处理单元为最小单位进行执行计划的调整。SPADE 利用以上两点改进加快了动态计划调整的过程，但关于 SPADE 的工作中并未讨论如何在计划调整过程中保证结果的一致性。Ding 等人在 SQO 中实现了一种名为多模态算子的机制，即为每个算子提供多种实现方式；系统可以在运行过程中，根据优化执行计划的需求，独立地调整每一个算子实例的实现方式，从而实现动态的计划调整。这种方式有效降低了动态计划调整对系统造成的性能影响，但独立调整单个实例的实现方式可能造成流计算应用结果的不一致。为了解决这个问题，SQO 要求每个实例和固定的数据分区一一对应，从而提供结果的一致性保障。Grizzly[7] 采用代码生成技术产生新的执行计划，并且使用线程来控制执行计划的切换。每个线程都可以独立调整执行计划，并使用线程间的通信机制来保证结果的一致性。得益于线程切换机制的高效性，Grizzly 的动态计划调整过程产生的开销微不足道，这允许 Grizzly 可以在运行过程中频繁调整执行计划。但采用线程控制计划切换的机制在可拓展性方面存在限制，难以应用在基于大规模分布式集群的流计算系统中。Chi[8] 将计划调整的信号嵌入流计算系统的数据流中。接收到信号的算子就可以进行计划的调整。当计划调整信号在系统中完整流动后，所有算子都完成了计划的调整。这种基于数据流动进行计划调整的方式在不造成服务中断的情况下，保证了处理结果的一致性，同时具有良好的可拓展性，可以被应用到大型分布式流计算系统中。

另外一些流计算系统采用了多版本计划调整来实现动态计划调整。这些系统会在流计算应用运行过程中同时维护并运行多个版本的执行计划。在执行计划动态调整的过程中，系统会先在执行计划的一个或多个副本中应用这些调整；当调整完成并经过性能分析证实有效性后，系统会用副本替换原始的执行计划，从而完成执行计划的动态调整。在采用多版本计划调整时，流计算系统需要额外的资源来运行执行计划的副本，从而带来一定的资源开销，但多版本计划调整也具有一定优点。首先，多版本计划可以有效降低计划调整过程带来的延迟，这是因为执行计划调整可以简单地通过重定向输入数据到新的计划来完成。其次，由于多个版本的执行计划都会产生输出结果，流计算系统可以通过合并这些结果来解决计划调整带来的一致性问题。最后，流计算系统可以在不影响原始计划正常运行的情况下，在副本计划上进行性能测试，避免不当的计划调整损害流计算应用性能。Heinz 等人在他们的系统中采用了多版本执行计划调整，以进行优化测试和性能分析。他们将流计算系统分为主系统和第二系统两部分，主系统负责执行流计算应用程序，第二系统维护一个逻辑和主系统一样的执行计划副本。第二系统监控主系统的运行情况，并在执行计划副本上应用调整、分析性能，并在合适的时机替换主系统的执行计划来完成计划调整。Turbine 提出了一个大规模分布式流计算系统中的执行计划更新机制。其采用多版本计划来进行调整：Turbine 在计划更新时首先将发生变化的算子提交到一个执行计划的副本中，再在合适的时机用副本中新的执行计划替换原始执行计划，并在此时进行状态同步和更新等操作。多版本计划调整为 Turbine 带来了两个好处：首先，Turbine 可以将多个算子的更新过程合并，降低调整过程带来的延迟；其次，Turbine 可以在替换原始执行计划过程中进行状态同步和更新，避免了计划更新带来的一致性问题。

4.2.3 资源调度

由于现代流计算系统常常运行在复杂的底层硬件架构（如异构硬件、分布式环境、云计算）中，低效的硬件资源调度可能会导致资源浪费、系统性能降低等问题，因此如何高效地调度资源就成了流计算系统的一个重要挑战。相较于数据库系统和批处理系统，流计算系统的资源调度有以下两点不同。

1）流计算系统广泛采用了连续处理模型。即执行计划中的每个算子会生成一个或多个并行任务，每个任务都长期运行，等待数据输入并执行特定的处理逻辑。该模型使得流计算作业中的任务因处理逻辑不同而具有不同的计算负载，每个任务都可能成为作业的性能瓶颈。在这种情况下，以作业为单位进行资源调度会造成资源的浪费。因此流计算系统需要设计调度策略来降低资源调度过程中的资源浪费，从而减少资源的使用量。

2）流计算系统对于延迟有着很高的要求。不当的资源调度策略很可能会恶化流计算系统的服务延迟，使之不能满足应用的需求。因此，流计算系统的资源调度需要将调度对延迟的影响纳入考虑，从而避免资源调度造成的延迟恶化，实现流计算系统的低延迟处理。

流计算系统的资源调度通常分为两个过程：首先，流计算系统通过监控某些指标判断系统的资源使用情况，如果系统处于资源过剩或不足的情况，则进行资源调度；其次，流计算系统根据特定的策略申请并分配资源。因而，为了在流计算系统中实现低资源占用和低延迟的资源调度机制，需要从两方面着手。第一，如何监控流计算系统中资源使用情况，以便在合适的时机触发资源调度。更加精确的资源监控实现方式可以提升流计算系统中资源调度的效果，减少资源浪费；但同时也可能因为过多的性能分析为流计算系统的正常运行带来性能损耗，造成延迟上升。第二，如何向流计算系统中的任务提供资源。流计算系统可以通过不同的方式向任务提供资源，如增加节点、分配内存池或调整进程优先级等，这些资源提供的实现方式会影响资源调度过程的延迟和效果。本节将从流计算系统实现资源监控和资源提供的过程出发，介绍资源调度的相关工作技术，以及它们如何帮助流计算系统在资源调度过程中减少资源浪费并降低服务延迟。

1. 资源监控

监测系统平均资源使用率的传统方法在批处理等系统中被广泛使用，然而该方法不利于在流计算系统中减少资源浪费。这是由于流计算系统的各个算子的资源使用情况存在较大的差异，利用系统平均资源使用率无法获悉各个任务的资源使用细节。因此，为了能使调度过程减少资源浪费，流计算系统需要在资源调度中使用更细粒度的资源监测方式，进而更全面且及时地发现系统资源伸缩需求。

一方面，在流计算系统中广泛采用的是基于节点的硬件资源使用率的资源监测方式。一个典型的例子是 StreamCloud，其利用这种资源监测方式实现了一个基于子查询的资源调度机制。具体来说，StreamCloud 将流计算应用拆分为多个子查询，每个子查询可能包含一个或多个算子。StreamCloud 将不同的子查询分别部署在不同的节点上，并通过各个节点的资源使用率来监测这些子查询的资源使用状况。这种方式利用了节点资源使用率来监测流计算系统算子的资源使用情况，最小化资源监测的复杂度和资源监测对流计算系统性能的影响，是一种简单直观但有效的资源监测方式。然而，这种方式也具备明显的缺点。由于流计算系统需要在应用开始执行前就确定子查询的划分，并且无法在执行过程中更改划分方式，因此子查询的划分方式将严重影响资源监测的效果。更多地，这种方式无法精确为每个算子分配资源。为了解决基于硬件资源利用率的资源监测方式在灵活性和精确性上的不足，一些工作提出了算子级别的监控方法。DS2 是一个采用算子级别资源监控进而实现精确实时的流计算资源伸缩的调度控制器，其有效解决了流计算系统中因资源分配不当所带来的背压、延迟上升和资源浪费等问题。DS2 基于算子运行时间通常与其计算负载正相关的现象，通过监测每一个算子近期的平均运行时间来估计其需要的计算资源。这种监测算子运行时间的资源监测方法能够精确及时地检测不同算子资源使用情况，有效改善了之前方法在灵活性和精确度上的不足；但是，频繁监测统计算子的执行时间为流计算系统带来了不可忽视的额外开销，并最终影响流计算系统的整体性能。Cameo 中实现的算子级别资源监控方式采用对算子的资源使用情况进行建模的方式缓解了这一影响：通过分析一段时间内的应用运行情况，确定算子的计算负载与输入数据特性，如输入速率、选择率等的关系，建立一个算子的资源使用模型。在应用的长时间运行过程中，只需要利用建立的模型就可以大致确定算子的资源消耗情况，无须频繁统计算子的运行情况。Cameo 实现的基于资源模型的资源监控方式在几乎不影响监控精确程度的情况下，大大减少了资源监控对于流计算系统性能的影响。

另一方面，为了利用资源调度过程来有效降低流计算系统较为关注的服务延迟，流计算系统在实现资源监控等过程中还考虑了延迟约束。传统资源调度框架的目标通常是提高系统吞吐量或提高资源利用率，其通常不会在监控中考虑延迟约束。这导致资源调度过程虽然提高了资源利用率和系统吞吐量，但并未改善延迟的恶化，甚至反而对延迟有负面影响。流计算系统的资源监控方式可以从两个方面改善传统监控方式对延迟考虑不足的情况。首先，针对传统资源监测方式对延迟恶化不敏感的现象，流计算系统的资源监控方式可以将端到端服务延迟纳入监控范围。基于这种做法，流计算系统可以将延迟恶化作为触发资源调度的条件，从而对资源不足所导致的应用延迟恶化做出及时响应。Lohrmann 等人设计一个考虑延迟约束的流计算资源调度框架。为了提供流计算延迟保证，该资源调度框架会在流计算应用运行过程中持续监测端到端延迟，并在延迟违反约束的情况下触发资源调度。Dhalion 作为一个模块化的流计算系统资源调度框架，其允许用户依照需求使用各种指标来监测流计算系统的运行状态。其中，Dhalion 可以被配置为根据应用的端到端延迟来触发资源调度，从而达到在流计算应用延迟恶化时及时进行资源调度的目的。其次，资源调度通常会导致流计算应用服务的暂时中止，导致流计算应用延迟上升。因此流计算系统可以在资源监控过程考虑资源调度带来的延迟恶化代价，即延迟惩罚，权衡比较资源调度带来的短期延时上升和维持现状导致的长期性能恶化对应用性能的影响程度，从而判断是否进行资源调度。Heinze 等人将流计算系统执行资源调度的延迟惩罚纳入考虑之中。他们的工作通过建立模型的方式估计流计算系统资源调度的延迟惩罚，并基于代价模型设计了一套调度策略。实验显示，该策略能够在提高资源利用率、保证系统吞吐量的同时，大幅降低流计算系统中因资源调度引起的延迟约束违反，从而降低流计算应用的整体延迟。

2. 资源提供

在实现资源提供机制的过程中，为了减少调度过程中的资源浪费，流计算系统需要实现细粒度的资源提供方式。传统的资源管理框架通常向流计算系统提供更多的节点

(虚拟机) 来完成资源伸缩。上文提到的 StreamCloud 就利用了这种机制来实现流计算系统的资源提供。StreamCloud 将流计算应用的算子划分为多组 (多个子查询), 并针对子查询改进了资源提供的方法, 虽然 StreamCloud 也是采用增减虚拟机的方式进行资源管理, 但相比于为系统内所有算子平均地增加资源, StreamCloud 会优先为资源需求较大的子查询调度资源。由于单个子查询包含的算子都运行在相同的节点上, 因此 StreamCloud 很容易使用增减节点的方式为子查询进行资源调度。

Elasticutor 是一个用于流计算系统资源调度的弹性伸缩框架。Elasticutor 通过为需要计算资源的算子分配更多的处理器核心来实现资源提供。相比于节点级别的资源提供方式, 分配处理器核心可以实现更细粒度的资源调度, 进而避免了过度提供资源带来的资源浪费。类似的, 一些工作通过调整不同算子的执行线程优先级来实现资源调度, 如 DS2 和 Cameo。相比于 Elasticutor 需要框架开发者和应用开发者配置处理器核心的调度策略, 通过调整线程优先级的方式进行资源调度可以有效利用操作系统的资源调度机制, 实现更为简单, 同时也提高了系统的稳健性。

另一方面, 为了满足应用的延迟需求, 流计算系统也广泛聚焦于降低资源提供过程带来的延迟。例如, StreamCloud 和 SEEP 都是通过向系统中添加节点的方式实现资源提供。为了加快资源提供的过程, 它们提前维护了一组资源池, 并在资源池中的空闲节点上提前部署了资源调度框架, 但并不执行任何任务。当这些空闲节点需要被加入流计算系统中时, 流计算系统可以直接在节点上部署计算任务, 从而避免了启动节点和流计算系统带来的延迟。Elasticutor 采用了为算子分配计算资源的资源提供方式。这种方式同样有利于加速资源提供过程, 因为其避免了申请和释放资源带来的延迟。通过这种资源提供方式, Elasticutor 实现了流计算系统中实时的低延迟资源调度。除了资源申请与释放的延迟, 流计算系统在资源调度过程中, 可能需要多次调整资源使得应用达到理想运行状态。反复多次的资源调整会导致资源提供过程带来额外延迟, 因此流计算系统可以减少需要的资源调整次数, 以降低资源调度带来的延迟。DS2 是一个致力于实现流计算系统中资源精确提供的资源调度框架。通过准确测定流计算应用中各个算子需要的资源数量, DS2 只需要一次资源提供过程就可以为流计算应用准确地调度资源。相对于传统资源调度方式所需要的反复调整过程, DS2 通过减少资源调整次数实现了降低资源提供过程延迟的目的。更多地, 由于流计算系统通常运行多个查询, 而每个算子对实时性的要求并不相同。在资源调度中优先满足那些即将输出的算子可以避免它们违反延迟约束，从而改进流计算系统的延迟。Cameo 的资源提供方式是通过为算子分配工作线程来实现的。由于这种基于线程的资源提供方式可以很容易在各算子之间转移资源，Cameo 实现了考虑实时性的优先级调度。Cameo 估算每个算子需要的处理时间和资源，并优先为那些可能违反延迟约束的算子调度资源，尽可能降低了系统违反延迟约束的次数。

4.2.4 故障容错

对于运行在复杂的分布式集群中的大规模数据处理系统来说，遭遇故障是十分常见的。这一点对于流计算系统来说也是一样。在流计算应用的长期运行中，流计算系统可能遭遇软件错误、节点故障、网络通信故障等问题，这些问题会造成流计算服务暂时或永久中断。因此，流计算系统需要设计有效的故障容错机制，以便在遭遇故障时快速地恢复正常运行，减少故障对于流计算服务的影响。故障容错机制主要分为两个部分：首先，流计算系统需要对受到故障影响的流计算任务进行恢复，流计算系统需要重启任务、重启节点或将任务迁移至其他节点，以保证流计算任务可以继续运行；其次，流计算系统需要对有状态算子的状态进行恢复。流计算系统需要利用检查点或日志等技术，将流计算任务的状态恢复到故障发生之前，从而保证流计算应用结果的正确性。

批处理系统已经形成了一套较为成熟的基于检查点的故障容错机制，在 MapReduce、Spark 等大规模处理系统中得到了广泛的应用。但是这种故障容错机制在流计算系统中遭遇了新的挑战。首先，相比批处理系统，流计算系统对于延迟有着更加严格的要求。批处理系统的恢复过程通常不会对总运行时间产生显著的影响，但对于流计算系统而言，任务恢复会造成流计算服务的暂时中止，产生不可忽视的延迟，使得流计算系统的延迟严重恶化。因此，流计算系统需要针对其对延迟的要求，降低任务恢复过程的延迟以满足流计算应用的需求。其次，批处理系统通常使用基于检查点的备份恢复机制来保证故障恢复之后的一致性。但由于流数据的无界性，在流计算系统中直接应用批处理系统中的检查点机制来备份和恢复状态必须在每次处理数据后都进行检查点备份，导致正常运行时的大量备份开销。因此，流计算系统需要针对流计算特征设计状态备份恢复机制，在不造成正常运行时过多额外开销的情况下，保证故障后状态能够正常恢复，使得流计算应用可以继续正常运行。

1. 任务恢复

流计算系统在故障容错过程中要面对的第一个挑战是如何设计任务恢复技术。任务恢复技术主要需要考虑两方面的问题。第一，在系统正常运行，即未发生故障期间，任务恢复技术应产生较少的资源开销，从而减少资源浪费，提高系统的资源利用率。第二，在系统发生故障时，流计算系统需要尽快完成任务恢复，降低流计算服务中止运行的时间。

大规模数据处理系统中应用于任务恢复的故障容错技术主要分为两种：被动容错和主动容错。被动容错是指在系统正常运行时不进行任何操作，在检测到系统遭遇故障后再进行处理的容错技术。典型的处理方式包括重启系统、重启节点和将任务迁移至新节点等。由于被动容错在系统正常运行时不会为系统引入额外的资源开销，因此广泛被各类批处理系统所采用。早期的流计算系统在进行被动容错时通常指定一个尚未启动的节点作为备用节点。流计算系统会定期将检查点备份至该分布式文件系统或该节点内。当流计算系统在主节点上遭遇故障时，系统会启动该备用节点，并利用先前备份的检查点恢复处理。SGuard 实现了这样一种被动容错的技术，通过定期将检查点备份至分布式文件系统中，SGuard 可以在正常运行过程中几乎不产生任何的额外的内存开销。然而在遭遇故障后，SGuard 需要启动一个新的节点并读取检查点以继续处理。这种重启故障节点或启动其他节点的被动容错技术在节点恢复过程中产生较大的延迟，不利于降低流计算服务的中止时长。为解决这一问题，一些流计算系统将受故障影响的任务迁移至其他节点，以避免等待节点启动而造成的延迟。例如，SEEP 将一个算子的多个并行实例互相作为故障容错的备份，在故障发生时，SEEP 不会立即中断流计算应用，等待节点和软件的故障恢复，而是通过调整上游分区，将发生故障的任务需要处理的数据，转移到其他并行实例中，从而降低了恢复延迟，避免了流计算服务的长时间中断。ChronoStream 也采用了和 SEEP 类似的容错技术，但 ChronoStream 设计了一种计算实例的放置机制。该机制将同一个算子的多个并行实例尽量分布在不同的节点上，以最大化系统遭遇节点故障后的可用程度。将任务迁移至其他节点可以有效降低节点恢复过程的延迟，但迁移的目标节点需要运行更多的流计算任务。这为目标节点带来了更大的计算和内存开销，可能造成流计算系统长期运行过程中的性能下降。

相比于被动容错技术在故障发生后才开始工作，主动容错技术则是在流计算系统正常运行时就为故障做准备。主动容错技术在系统正常运行时为每个任务启动一个副本任务，副本任务始终处于待机状态，准备随时接管主任务的工作。当主任务遭遇故障时，只需要令副本任务成为新的主任务即可完成任务恢复。由于主动容错技术在故障恢复阶段只需要让副本任务接替主任务进行处理，因此主动容错技术在恢复过程中具有低延迟的优点。但是，相比于被动容错技术，由于主动容错技术需要启动一个待机的副本任务，产生了一定的资源开销，因此可能会减少主任务可用的资源并降低系统的运行效率。Borealis 实现了一个基于副本的主动容错技术。在主任务所在节点遭遇故障后，Borealis 可以迅速将处理工作移交给副本任务，从而实现快速的任务恢复。然而，由于需要为所有任务启动一个副本任务，这些副本任务在系统正常运行时产生了显著的内存和计算资源开销，不利于系统性能的提升。为了减少主动容错技术为在系统正常运行时产生的额外资源开销，一些工作对流计算系统中的主动容错技术进行了优化。Shah 等人也采用了类似于 Borealis 主动容错技术，有所不同的是，Shah 等人对恢复过程进行了优化：他们允许流计算系统在任务恢复期间继续运行。即对于其他不受故障影响的任务来说，它们可以继续进行处理而不必等待流计算系统的故障完全恢复，这有助于进一步降低任务恢复为流计算应用带来的延迟。主动容错技术虽然可以实现在故障发生后进行快速的任务恢复，但其在正常运行期间需要额外的资源，这种额外资源开销为流计算系统造成的性能损害常常不可忽视。为了降低主动容错技术在正常运行期间的额外资源开销，一些工作提出了部分主动容错技术来减少需要进行故障容错的流计算任务数量。IBM 在他们的流计算系统 Stream 中实现了一种部分主动容错技术。IBM Stream 为开发者提供了一组用于主动容错的编程接口，使开发者可以在开发应用时指定需要进行主动容错的流计算任务。流计算系统可以根据开发者的指令对应用中的关键任务创建副本，从而保证这些任务在故障发生后能进行快速恢复，同时又避免了对系统中的所有任务都创建一个活跃的副本，造成正常运行期间过多的资源浪费。Su 等人在他们的工作中提出了一种容错机制，即通过定义算子保真度来衡量每个算子输出结果对其他算子的影响。算子保真度较高的算子在遭遇故障时会对流计算应用的整体运行造成较大影响。因此流计算系统为执行这些算子的任务建立副本，利用主动容错技术降低这些算子的故障时恢复时间，并对其他任务应用被动容错技术来减少正常运行时资源消耗。

2. 状态恢复

流计算系统在对无状态算子的故障容错过程中需要考虑如何降低恢复延迟。但对于流计算应用中广泛存在的有状态算子来说，故障容错中还存在另一个问题，即如何在系统正常运行时对状态进行备份，并在故障发生后正确恢复状态。在系统正常运行时，状态恢复的目标是减少状态备份过程对系统正常运行性能的影响。在系统发生故障后，状态恢复的目标包括两点：一方面是降低完成状态恢复所需的时间；另一方面是提供一致性保证，即保证系统内所有状态都恢复到故障前的一致状态。

在数据管理系统中，有两类基础的故障容错技术，分别是基于检查点和基于重放的故障容错技术。由于流计算任务连续处理的特性，任务内的状态处于持续变化之中，因而流计算系统很难单独使用其中一种技术。单独使用基于检查点的技术在正常运行时，要求流计算任务每一次状态改变都进行检查点的写入，其性能开销对于流计算系统而言过大。单独使用基于重放的技术则要求流计算任务在遭遇故障时重放所有输入数据，即重新处理所有流数据，带来不可接受的恢复延迟。因而，流计算系统通常将二者结合使用：在正常运行时，每隔一段时间为系统内的状态生成检查点；对于那些尚未被写入检查点的状态更改，则将原始数据暂时保存。遭遇故障后，流计算系统先读取最新的检查点，并重放并再次处理被保存的原始数据，以达到恢复状态的目的。保存用于重放的数据通常由数据源或流计算系统的输入算子负责，而流计算系统则负责定期生成检查点。在生成检查点时，流计算系统主要考虑两方面问题：第一，该以何种粒度生成流计算应用的检查点；第二，该在何种位置对流计算应用的检查点进行备份。

由于流计算应用中的状态是和特定的算子关联的，一个简单的检查点生成思路是在正常运行时为每个算子独立地生成含有状态的检查点。在恢复时先将每个算子的状态恢复至其最新的检查点，再通过让进度落后的算子追赶的方式来达到全局状态一致，这种局部的检查点生成方式在流计算系统中应用广泛。例如，MillWheel[4] 对每条状态记录单独备份。更具体地说，MillWheel 将状态保存为键值对的形式，并在每一次状态更新后都进行备份。StreamScope 以单个流计算任务为单位，将一个流计算任务内的所有有状态算子的状态组合并生成一个检查点。值得注意的是，MillWheel 和 StreamScope 在状态每次更新后都备份了检查点，这样做的好处是故障发生时各个任务可以直接读取最新的状态检查点进行恢复。但这种频繁的生成检查点的操作对流计算系统正常运行时性能产生了严重影响，不适用于输入数据规模较大、处理延迟要求较高的场景。利用了主动容错机制的系统常常通过让副本任务和主任务处理相同内容的方式，使得二者的状态保持一致，从而实现状态备份。副本任务进行状态备份对主任务的运行不会产生任何影响，并且可以始终保持副本任务中的状态与主任务保持一致，有利于在故障发生时迅速进行状态恢复。然而，由于副本任务必须和主任务进行相同的处理，这种状态备份机制产生了额外的计算开销，对系统总体的资源利用率造成了严重的影响。SEEP 中的一个任务每隔一段时间独立地生成状态检查点。在此基础上，SEEP 通过暂时保存该任务的输入数据来应对两次检查点间隔中发生故障的情况。在恢复过程中，每个任务独立地读取状态检查点并进行恢复，再读取并重新处理那些未被检查点记录的数据。通过这种方法，SEEP 可以将所有任务都恢复到故障发生前的状态。ChronoStream 采用了类似的，即让每个任务独立进行检查点备份和恢复的机制。与 SEEP 有所不同的是，ChronoStream 假定每个算子的输入输出顺序严格保持一致，在这样的基础上，ChronoStream 中的算子只需要用数据的编号记录处理进度，并从头重放这些数据。避免了像 SEEP 一样需要为每个算子保存一部分尚未被应用到检查点中的数据。然而，Li 等人指出，上述方法只有在算子满足确定性时才能保证状态恢复的一致性，如果算子处理逻辑中包含随机数或调用外部函数等情况，上述方法恢复的状态就无法保持全局一致，这会导致系统必须重新处理所有数据，或者忍受部分错误的结果。为解决这一问题，他们在 Clonos 中将不满足确定性的调用记录为日志，将存在不确定性的调用转为确定的日志，从而保证每次读取得到相同的结果，但这种方式带来了更大的备份和还原开销。

由于局部独立检查点可能带来的一致性问题，一些流计算系统考虑采用全局统一的方式生成检查点。顾名思义，流计算系统在生成检查点时要为系统中所有任务生成一份状态一致的检查点。最直观的全局统一检查点生成方法是暂时中止流数据进入系统，并等待流计算系统将系统内的剩余数据全部处理完毕。这时流计算系统内所有任务的状态均保持一致，可以生成全局检查点。但该方法会频繁终止流计算系统的正常运行，这是不可接受的。现今为流计算系统所采用的全局统一检查点生成方法通常基于 Chandy-Lamport 分布式快照算法。其中的代表就是 Flink 所采用的状态备份技术[5]。Flink 在数据源生成一些分隔符，将流计算系统内的数据分为不同的代（epoch），不同的代之间的数据不可以越过分隔符。每当流计算任务接收到一个分隔符时，代表这一代的所有数据都已经处理完毕，该任务即开始生成检查点。将所有任务生成的这一代数据的检查点汇总，就得到了一个全局统一的检查点。这种方法有效解决了难以生成全局一致的状态检查点的情况，为全局统一检查点在流计算系统中的应用提供了基础。由于在生成检查点的过程中，流计算系统保证了各算子的状态是一致的，因而在恢复过程中，所有任务都可以直接恢复到一致的状态，不需要再进行处理进度的同步。但是，相比于局部独立检查点，全局统一检查点存在两个劣势：首先，在状态备份过程中，由于每次备份都需要生成一个包含全局所有状态的检查点，因此读写开销相比局部检查点更大；其次，在状态恢复过程中，由于需要保证全局一致性，因此所有的算子，包括未受到故障影响的算子，都需要读取检查点并回滚状态，这加大了恢复过程中需要恢复的状态数量，并且使得未受到故障影响的算子进行不必要的重复处理。

流计算系统在生成检查点时需要考虑的第二个问题是应该在什么位置备份检查点。出于最大限度地保护检查点不受故障影响的想法，大多数流计算系统采用了将检查点保存在外部节点上。一些流计算系统采用了运行在外部节点上的数据库：MillWheel 将状态保存在了一个外部的键值数据库中，而 S-Store 则将状态保存至一个关系型数据库中。由于外部数据库自身具有容错机制，因此可以最大限度地保证状态不在故障中丢失。但受限于数据库的存储结构，流计算系统很难在其中保存体积较大的检查点。其次，外部数据库的读写速度瓶颈也会限制流计算系统正常运行和故障恢复时的性能。另一种选择则是将数据保存在分布式文件系统中。自从 Kwon 等人在 2008 年提出用分布式文件系统保存流计算状态的检查点以来，分布式文件系统成了许多流计算系统保存检查点的一个重要位置。诸如 Flink、Kafka Streaming[9] 等流计算系统都采用分布式文件系统来备份状态。分布式文件系统的一大优势在于其容量大，且大文件的读写性能较好，相较于数据库更适合用于保存流计算系统生成的状态。同时，分布式文件系统自身具有的容错机制也可以应对外部节点发生的一些故障。外部数据库和外部分布式文件系统都为流计算系统的状态检查点提供了很好的容错保障。但与此同时，流计算系统在正常运行时和故障恢复时都需要大量读写外部节点，带来了大量的跨节点、跨机架、跨集群的网络通信开销，严重限制了流计算系统运行和恢复时的性能。因此，一些流计算系统采用流计算运行的内部节点保存状态，从而加速写入和读取检查点的过程。利用内部节点保存检查点的第一种方式是将当前节点的状态检查点保存在其他节点上。例如，在 SEEP 中，每个任务负责保存下游任务生成的检查点及发往该任务的数据。在故障发生后，重启的新任务可以直接从上游读取状态和数据，实现快速的状态恢复。ChronoStream 则将状态保存在兄弟节点，即运行同一逻辑算子的并行子任务的节点中。在故障发生后，该逻辑算子的其他子任务可以通过修改路由表的方式接管故障任务的处理工作，并在他们的节点上快速读取并恢复状态。另一种集群内的检查点保存方式是将检查点保存在当前节点的文件系统中，这种方法起源于 Samza[6] 观察到流计算系统中发生的大部分故障是软件故障而非硬件故障，因此将检查点保存在独立于流计算系统的本机文件系统中在多数情况就可以应对故障。读写本地文件系统避免了前述工作中需要和其他节点或集群进行通信带来的大量网络开销。

4.3 本讲小结与展望

流计算系统经过长期的研究和发展，已经产生了丰富的技术和成熟的系统，并且在数据规模和实时性激增的当下和未来都有着广泛的应用场景。本节将结合前文的技术总结，简要讨论流计算系统未来可能的发展方向。

1）实现可拓展性和性能优化的统一。目前主要存在两类流计算系统，第一类以 Storm、Flink 为代表，运行在 JVM 中，因而具备很好的可拓展性。另一类以 StreamBox、Grizzly 为代表，专注于在单机上实现更高性能。前者虽然可以通过增加节点来提升处理能力，但未能充分利用硬件，致使系统性能远低于后者；而后者则面临难以横向拓展的问题。因此，未来的流计算系统可以结合二者的优势，在保证可拓展性的前提下充分利用硬件资源，实现可拓展性和性能优化的统一。

2）实现执行计划和计算资源的自动调整。目前流计算系统中存在众多计划调整和资源调度的技术，可以在一定程度上应对流数据的动态变化。然而，目前的自动调整技术仍然依赖于开发者的人工干预，不仅加大了开发和维护的难度，也限制了流计算系统应对大幅数据流变化的能力。因此，未来的流计算系统应能够在不增加用户配置复杂度的情况下，借鉴数据库参数自动调优技术，实现执行计划和计算资源的自动配置，以应对生产环境中流数据可能存在的大幅变化。

3）实现对异构硬件和新硬件的充分利用。目前大部分流计算系统主要利用 CPU 和内存进行计算和存储。然而，流数据规模的进一步加大可能对依赖于 CPU 和内存的计算存储能力提出挑战，而新硬件的出现也为进一步提升流计算系统性能提供了可能。目前存在一些利用 GPU 或高速缓存优化流计算系统性能的技术，但其适用场景都较为局限。未来的流计算系统应能综合利用各种计算通信和存储的新硬件，如 FPGA、RDMA、非易失性内存，全面优化流计算系统的计算性能、通信开销以及状态容错等。

本讲首先介绍了流数据的基本特征和流计算系统的发展历史，从而引出了目前流计算系统的设计和优化中的存在的挑战。之后，本讲根据流计算系统的结构将相关技术分为四类，分别介绍和分析了这些技术，以及它们是如何解决前述挑战。最后，本讲结合上述分析，展望了流计算系统未来的研究方向和发展趋势。

参考文献

[1] 孙大为，张广艳，郑纬民. 大数据流式计算：关键技术及系统实例[J]. 软件学报，2014，25(4)：839-862.

[2] AKIDAU T, BRADSHAW R, CHAMBERS C, et al. The dataflow model: a practical approach to balancing correctness, latency, and cost in massive-scale, unbounded, out-of-order data processing [J]. Proceedings of the VLDB Endowment, 2015, 8(12): 1792-1803.

[3] CARBONE P, KATSIFODIMOS A, EWEN S, et al. Apache flink™: stream and batch processing in a single engine[J]. IEEE Data Engineering Bulletin, 2015, 38(4): 28-38.

[4] AKIDAU T, BALIKOV A, BEKIROĞLU K, et al. MillWheel: fault-tolerant stream processing at internet scale[J]. Proceedings of the VLDB Endowment, 2013, 6(11): 1033-1044.

[5] CARBONE P, EWEN S, FÓRA G, et al. State management in apache flink®: consistent stateful distributed stream processing[J]. Proceedings of the VLDB Endowment, 2017, 10(12): 1718-1729.

[6] NOGHABI SA, PARAMASIVAM K, PAN Y, et al. Samza: stateful scalable stream processing at linkedin[J]. Proceedings of the VLDB Endowment, 2017, 10(12): 1634-1645.

[7] MAIER D, POTTINGER R, DOAN A, et al. Grizzly: efficient stream processing through adaptive query compilation[C]//Proceedings of the 2020 ACM SIGMOD International Conference on Manage-

ment of Data. New York: Association for Computing Machinery, 2020: 2487-2503.

[8] MAI L, ZENG K, POTHARAJU R, et al. Chi: a scalable and programmable control plane for distributed stream processing systems[J]. Proceedings of the VLDB Endowment, 2018, 11(10): 1303-1316.

[9] LI G, LI Z, IDREOS S, et al. Consistency and completeness: rethinking distributed stream processing in apache kafka[C]//Proceedings of the 2021 International Conference on Management of Data. New York: Association for Computing Machinery, 2021: 2602-2613.

[10] TRAUB J, GRULICH PM, CUÉLLAR AR, et al. Scotty: general and efficient open-source window aggregation for stream processing systems[J]. ACM Transactions on Database Systems, 2021, 46(1): 1-46.

第5讲
大图数据处理系统

编者按

本讲由袁野撰写。袁野是北京理工大学教授，是图数据处理系统领域的知名专家，研制的图处理系统获中国电子学会自然科学一等奖。

图，作为高连通对象的一种有效的表示形式，受到了越来越多的关注。由于图数据之间的关联性，传统的通用并行数据处理系统无法处理图数据。因此，一系列专用的图处理系统应运而生。随着数据量爆炸式增长，例如社交网络常涉及数十亿个顶点和数万亿条边，大规模图数据分析处理成为一个快速增长的研究领域。本讲旨在给出经典类型的大图数据处理系统的指导。首先，从图数据、图算法以及图计算实现的角度讨论了大图处理的关键特性和相应的挑战。然后，指定了在设计大图处理系统时应考虑的五种机制，简述了现有大图系统是如何通过对这些机制进行设计和优化，以提高大图数据处理系统的效率和泛用性。在最后部分，对未来大图数据处理系统的发展方向进行了展望。

5.1 大图数据处理系统概述

本节简述大图数据处理的基本知识，包括图数据特点及一些常见的图算法。对大图处理独有的特征进行了总结，并提出了大数据处理面临的挑战。此外，对现有的经典大图数据处理系统进行了概述。大图数据处理的特点及经典大图数据系统的出现推动了大图数据处理系统在不同机制下的工作。

5.1.1 大图数据特点及查询

1. 大图数据特点

图是计算机科学中最常用的抽象数据结构之一，是用来表示对象与对象之间关系的一种方法，一个图由若干顶点和连接它们的边组成。简单图形式化的定义如下：

定义 5.1 图（graph） 一个图 $G=(V,E)$，其中，V 表示一个顶点集合，E 表示一个边集合。对于一个有向图（directed graph），一条边可以表示为 $e=(v_i,v_j)$，其中 $e\in$

$E, v_i, v_j \in V$，代表存在一条从顶点 v_i 指向顶点 v_j 的边。

通常情况下，顶点和边可以对应一个或者多个属性标签，这种顶点或边带有属性标签的图常被称为属性图（property graph）。这些属性标签可以是权值、特征、属性等。属性图通常用来表示在不同数据结构和数据模式中分散的数据之间的关系。属性图可以展示在关系数据库或其他工具中不可见的数据依赖关系。

由于其特殊的数据结构，图数据具有以下特征。

1）稀疏性（sparsity）。图中顶点的平均度相对较小，图的稀疏性会导致数据访问的局部性变差。

2）幂律分布（power-law distribution）。少数节点与大量边关联，图的幂律分布会导致严重的工作负载不均衡。

3）小世界结构（small-world structure）。图中的任意两个顶点只能通过少量的边连接起来，小世界特性使图的有效分区变得困难。

这些图数据的特征为图数据处理带来了挑战。然而，简单的图模型只能满足一部分数据处理的需求。在现实世界中，图数据规模更大，数据结构更复杂，并且数据是动态变化的。例如社交网络中，美国 Facebook 网站日活跃用户数已达到 10.1 亿；Facebook 图数据的顶点平均具有 180 个邻居，而邻居的分布并不具有规律性，其整体的分布符合随机图模型，而局部具有社区网络特性；Facebook 每月新增用户达到 2 000 万，每 20 分钟新增 197 万好友关系，更复杂的还涉及对已存在的关系更新和删除而导致图结构的逐渐变化，例如社交网络上的好友关系会不断地增删，粉丝对名人的关注也会随着名人的流行度迁移而演化。因此，大规模图为图数据处理带来了巨大的挑战。如何高效准确的处理大规模图数据是大图数据处理系统面临的最关键的问题。

2. 大图数据查询

1）最短路径查询。最短路径问题的目标是在图中的任意两个顶点之间找到一条路径，使得边权重的总和最小。对于无权网络，广度优先搜索可以被直接用于计算最短路径。Dijkstria、Floyd、Bellman-Ford 等算法也均被广泛地应用于有权网络上的最短路径求解问题。但是，这些常见的算法均不能有效支持大图上的在线查询。对于该问题最为直接的思路是预处理图上的部分最短路径信息，即构建索引。但是，在大图上构建高效索引的存储代价是难以承受的。而且，由于图系统的存储和计算方式，基于枚举和索引的方法都很难直接应用于大图系统。

2）图模式匹配。图匹配的目标是根据给定的模式图，在数据图中找到与模式图具有相同或相似结构的子图。图匹配的许多前期研究基于严格的图结构相似性，即保证所匹配的顶点周围具有相同的连通结构，这种匹配问题称为结构匹配，主要应用于化学物质相似结构的检测。然而，由于查询模式结构中固有的对称性，会导致大量计算冗余，编译过程会产生太多开销，无法在线使用。

3）社区发现算法。社区发现算法的目标是根据提前设定好的节点之间关系的规则，找到图中满足该规则的节点集群，即社区。主要的社区发现算法分为两类：凝聚类和分裂类。凝聚类方法通常从只包含原始图的节点的网络开始，边被一个接一个地添加到图中；分裂类方法依赖于从原始图中迭代删除边的过程，更强的边缘在较弱的边缘之前被移除。社区中有两类重要的节点：在其社区中具有中心位置的顶点，即与其他顶点共享大量边，大概率在社区内具有重要的控制和稳定性功能；位于社区之间边界的顶点，起着重要的中介作用，并引导不同社区之间的关系和交流。由于这两类重要节点的存在，划分机制的选择会直接影响计算的负载均衡，影响社区构建的准确性和效率。

5.1.2 大图数据处理特征及挑战

由于大图数据具有规模宏大、结构复杂且动态变化的特点，并且不同的算法在计算和内存的访问需求有所不同。因此，图数据处理通常表现以下特征。首先是密集的数据访问。图数据处理大多涉及较高的数据访问计算比，换句话说，图数据处理中大多数操作都与数据访问有关。例如，利用贪心算法计算最短路径时，在最坏的情况下可能需要遍历图中所有节点。其次是不规则的计算。由于顶点的幂律分布，图数据整体呈现非结构化的特性。不同顶点的计算工作量可能会大幅度变化。导致严重的工作负载不平衡问题和通信开销。然后是较差的局部访问。图处理的数据访问通常是随机的，因为每个顶点可能连接到任何其他随机顶点，此特点通常会导致大量内存访问开销。最后是高数据依赖性。数据依赖性是由图中顶点相互关联引起，严重的依赖性使得图处理中并行性研究变得困难，导致频繁的数据冲突。

这些大图数据处理的特征导致了大图数据处理系统面临以下挑战。

挑战一：缺乏数据局部性。图数据的复杂结构使得计算所需的数据被发散到内存的不同位置，内存的随机访问意味着更多的内存请求和较低的缓存命中，极大地影响了图处理系统的性能。

挑战二：收敛速度慢。由于大图数据规模宏大，且结构复杂，使得在执行图算法时，迭代次数较多，收敛速度较慢。例如以顶点为中心的计算机制、同步调度的计算模式，限制了整个任务的收敛速度。

挑战三：通信密度高。在分布式系统中，通常需要先将大图按某种划分机制进行分割，并分配到对应的计算节点中进行处理。大图数据的划分是分布式图查询、分析操作的基础，直接决定各种图任务和应用的性能。但图划分问题同时也是 NP 困难问题，无论采用何种划分机制，各个分区中的部分顶点和边都会保持关联。特别是真实世界的大图往往呈现幂率分布的特点，在处理这类大图时会产生大量的通信消息，从而影响系统性能。

挑战四：负载不均。对于不合理的大图数据划分，会造成木桶效应，即存在部分计算节点任务收敛较快、其余计算节点收敛较慢的情况。此外，由于节点间的计算能力各异，也会造成节点间计算的负载不均。负载不均衡会损耗大量的计算资源，降低系统的有效性。

5.1.3　经典大图数据处理系统

1. 类 Hadoop 大图数据处理系统

早期的大图数据处理系统主要是以 MapReduce 为代表的基于外存的大图数据存储框架，最具代表的是类 Hadoop 的通用处理系统。Hadoop[1] 框架是由 Apache 创建的开源框架，具有代表性的类 Hadoop 系统包括 Surfer、Pegasus、GBASE 等。MapReduce 的成功是由于它的高可伸缩性、可靠性和对各种应用程序的容错性，以及它易于使用的编程模型，该模型允许开发人员在分布式共享的环境中开发并行的数据驱动算法。原则上，Hadoop 的通用分布式数据处理框架非常适合分析非结构化和表格数据。然而，这种框架对于直接实现迭代图算法并不有效，需要多轮 MapReduce 过程才能实现大图操作，无法高效地支持大图计算。同时，这类系统只适用于需要读取整个图才能完成的查询和分析操作，如子图匹配，而对于最短路径等问题则缺乏较好的支持。

2. 类 Pregel 大图数据处理系统

由于 MapReduce 系统不太适合图处理任务，出现了大量基于批量同步并行（Bulk

Synchronous Parallel，BSP）的类 Pregel 处理系统，这类系统在本地进行存储和计算，保持数据的局部性，避免通信开销。其中，BSP 是一种并行编程模型，它使用消息传递接口（Message Passing Interface，MPI）来解决跨多个节点并行作业的可伸缩性挑战。为了避免通信开销，Pregel[2] 首次引入了“像顶点一样思考”的范例。在这个范例中，用户在以顶点为中心的编程模型中实现图算法。图中的每个顶点只包含关于其自身及其向外边缘的信息，保证计算是在顶点级完成的。在 Pregel 的基础上，大量类 Pregel 系统包括 Giraph[3]、Giraph++[4]、GPS、Pregelix 等被相继提出。但是，在 Pregel 的 BSP 模型中，一个顶点只能通过它的邻接节点推送给它的消息来获取该邻接节点的值，即类 Pregel 系统只能实现同步调度。

3. 类 GraphLab 大图数据处理系统

与类 Pregel 系统的本地存储不同，类 GraphLab[5] 系统依赖共享内存和 GAS（Gather-Apply-Scatter）处理模型，这样进一步提高了大图数据处理效率。类 GraphLab 系统包括 GraphLab、GraphChi[6] 和 PowerGraph[7] 等。在 GAS 模型中，顶点在 Gather 阶段收集领域的信息，在 Apply 阶段执行计算，并在 Scatter 阶段更新其领域的顶点和边。因此，在 GraphLab 中，图顶点可以直接获取邻接节点的数据，而不需要显式地接收来它们的消息。因此，相比较只能提供同步调度的类 Pregel 系统，GraphLab 可以提供两种执行模式，即同步执行和异步执行。异步模式可以使用分布式锁定来避免冲突和确保可序列化的维护。GraphLab 通过使用一种细粒度的锁定协议来防止相邻顶点程序并发运行，从而自动实现了可串行性。

4. 其他大图数据处理系统

除了类 Hadoop、类 Pregel 以及类 GraphLab 系统，其他大图系统被相继提出，对大图系统不同机制进行了改进和优化。

GraphX[8] 是 Apache 开源项目 Spark 提供的图处理库，构建于 Spark 中的 RDD（Resilient Distributed Dataset）抽象模式之上。RDD 是通过 Spark 程序中 Map 函数或 Reduce 函数建立，并存储在内存或外存中的只读数据划分。GraphX 拥有 Hadoop MapReduce 的优点，同时又可以适用于数据处理与机器学习等需要的迭代计算。因此，GraphX 可以有效支持大规模图计算，专门用来处理和优化各类复杂的图计算任务。

Trinity[9] 是一个基于内存的分布式系统，它专注于优化内存和通信成本，旨在支持快速地图探索以及高效地并行图计算。Trinity 提供了一种称为 TSL（Trinity Specification Language）的语言，将图模型和数据存储连接起来。由于图数据和图应用程序的多样性，通常很难使用固定的图模式来支持高效的图计算。因此，Trinity 没有使用固定的图模式和计算模型，而是让用户通过 TSL 来定义图模式、通信协议和计算范式，来提高系统的泛用性。

TurboGraph[10] 是最具代表性的单机磁盘大图处理系统，通过在单个 PC 上使用现代硬件，可以非常有效地处理 10 亿规模的大图数据。此外，TurboGraph 是一种并行图引擎，除了 CPU 处理和 I/O 处理完全重叠之外，它还利用了多核完全并行和 Flash-SSD I/O 实现并行计算。系统采用了一种称为 Pin-and-Slide 的并行执行模型，通过利用存储引擎的缓冲区管理器，将部分之前被读取的页面存储于缓冲池中，并且保证这些锁定的页面在显式解除锁定之前一直驻留在内存中，以此显著提高磁盘的读写和计算的并行化，提升系统性能。

Grape[11] 是一个并行图查询引擎，从局部计算和增量计算两方面，提出了一种基于同步定点计算的并行计算模型，可以有效地处理顺序图算法，例如最短路径查询。在给定图查询时，Grape 能够将现有的顺序图算法作为一个整体并行化，而不需要将整个算法重构以满足系统的计算机制，例如要使用 Pregel，就必须“像一个顶点一样思考”，并将现有的算法重新构建为一个顶点中心模型。Grape 将现有的顺序图算法作为输入，将整个算法并行化，而不是并行化指令或操作。这使得现有图系统开发的算法都可以迁移到 Grape 上，而不会增加复杂度，甚至可以适应索引、压缩和动态分组等图级别的优化策略。

本讲后续将从现有的大图数据处理系统面临的挑战着手，从 5 个方面对现有的图处理系统所采用的技术进行归纳和总结。5.2 节阐述了大图处理系统的计算机制，5.3 节介绍了大图处理系统的通信机制，5.4 节总结了大图的划分机制，5.5 节阐述了大图系统的任务调度机制，5.6 节对当前大图处理系统采用的新硬件进行了总结。

5.2　计算机制

现有图处理系统在处理图数据时通常基于一系列迭代操作。根据迭代的基本单位，图处理系统的计算机制可分为三类：以顶点为中心的计算机制、以边为中心的计算机制和以子图为中心的计算机制。以顶点为中心的计算机制逻辑清晰易于实现，因此被大多数图处理系统使用。以边为中心的计算机制可以减少对边的随机访问，多被应用于基于磁盘的集中式系统中。以子图为中心的计算机制可以减少系统总体通信量和迭代次数，多被应用于分布式系统中。

5.2.1 以顶点为中心的计算机制

以顶点为中心的计算机制是指，图处理过程中的每次迭代都以顶点为单位进行信息交互和运算。在每次迭代中，用户自定义的程序会在指定的顶点上执行，迭代的中间结果会沿着边传递给邻接顶点供下次迭代使用。以顶点为中心的计算机制逻辑清晰、系统结构简单、易于编程且具有良好的算法表达能力，已被证明适用于许多图算法，因此在集中式和分布式中被广泛地应用。图 5.1 给出了在分布式中，采用以顶点为中心的计算机制在求解节点编号最大值时的迭代过程，即寻找最大节点。图 5.1（a）为由两个子图组成的强连通图，每个子图被分配到集群中不同的计算节点上，图中虚线表示子图内的边，实线表示子图间的边。图中每个顶点被初始化为一个整型的 value。如图 5.1（b）所示，在第一次迭代中，图中所有的顶点处于活跃状态，并向各自的邻居顶点广播自身的 value 值，虚线表示计算节顶点内的通信，实线表示计算节点间的通信。之后的迭代中，每个顶点会选取其收到最大值 $value_{max}$ 与本身的 value 值对比，若 $value_{max}$>value，则用 $value_{max}$ 更新原先的 value，并向其邻居顶点广播其更新后的值，否则将自己的状态设置为非活跃，即图 5.1（b）的暗色顶点。当所有顶点都为非活跃状态且没有新消息产生时迭代过程终止。本例中共进行了 5 次迭代且在最后一次迭代中所有顶点的 value 值都被更新为最大值 6。

Pregel 系统最具代表性的以顶点为中心计算的分布式大图数据处理系统，也是首次提出了以顶点为中心的计算机制。Pregel 以有向图作为输入，图中的每个顶点由全局标识符和用户定义的可更改的值两部分组成，可以被划分到集群中不同的计算节点上，顶点之间可以通过消息传递的方式进行通信。Pregel 将整个迭代过程划分为不同的超步，在每个超步中，顶点会执行用户自定义的顶点程序，该程序将上一超步中收到的消息作为输入执行计算，计算结果可用于更新当前顶点的值或沿出边发送给邻居顶点。Pregel

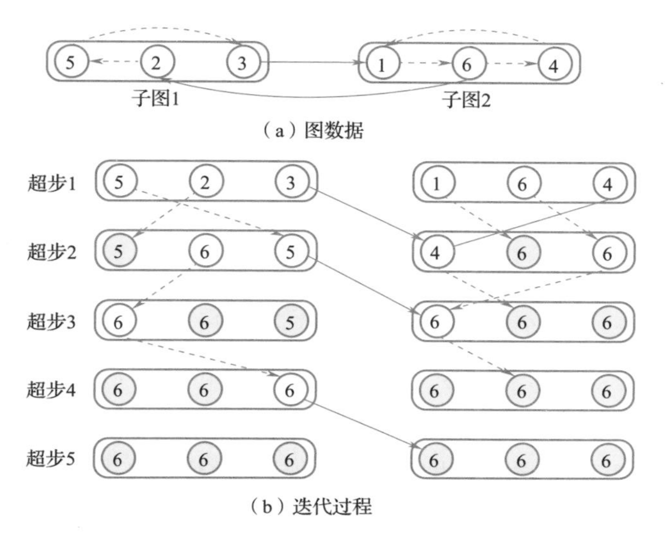

图 5.1　以顶点为中心计算机制求解最大节点

中所有的顶点有两种状态，即活跃或者非活跃。在每个超级步内，所有的活跃状态的顶点都会参与计算，活跃顶点在超级步中可通过 Vote-to-Halt 的方式将自身的状态切换到非活跃状态。在后续超步中除非收到新的消息，否则非活跃顶点在后续的超步中不会再有任何动作。当图中所有顶点都处于非活跃状态并且没有新的消息传送时程序终止。

以顶点为中心的计算机制逻辑清晰、系统结构简单、易于实现，使得图算法的设计更加自然容易，被应用于许多集中式和分布式图处理系统中，如 Pregel、GPS、Giraph、PowerGraph、GraphSteal 等。然而，以顶点为中心的计算机制同时面临着许多挑战。首先，以顶点为中心的计算机制忽略了有关图分区的重要信息。每个图的划分本质上代表原始输入图的一个子图，而不是不相关的顶点的集合。但是在以顶点为中心的计算机制中，一个顶点可以存储的信息是有限的，只存储了邻接节点的信息，这些信息在图中缓慢地传播，一次只能执行一跳。因此，将一条信息从源传播到目的地需要多次迭代，这在分布式系统中意味着繁重的通信任务。其次，以顶点为中心的计算机制在设计中忽略了现实世界图的特征，如幂律图。在幂律图中，顶点的度之间存在巨大差异造成了线程间或计算节点间的负载不均，降低了系统的整体性能，虽然现有的系统提出了更好的负载平衡技术，但它们并没有减少总体的工作负载。最后，以顶点为中心的计算机制会产生图数据的随机访问，降低缓存的命中率，阻碍了系统的有效性。

5.2.2 以边为中心的计算机制

为了避免以顶点为中心计算机制对存储介质的随机访问，以边为中心的计算机制将边作为了迭代计算的基本单位，该机制首先将边数据和顶点数据进行分区，然后以边为单位采用顺序访问的方式进行遍历计算。图 5.2 给出了以顶点为中心和以边为中心计算机制的区别。以顶点为中心的计算机制如图 5.2（a）所示，该计算模型下分为 Scatter 和 Gather 两个阶段，在每个阶段需要对所有的顶点进行迭代。以边为中心的计算机制如图 5.2（b）所示，与前者不同，边中心的 Scatter 和 Gather 阶段将对所有的边进行迭代，更新的对象为一组边的集合而不再是顶点集。具体步骤为，首先 Scatter 函数依次遍历所有的边，将边的源顶点的更新值沿其出边传递给目的顶点，接着 Gather 函数遍历所有的更新值，将更新值更新到目的顶点。

```
vertex_scatter(vertex v)
  send update over outgoing edges of v
update_gather(vertex v)
  apply updates from inbound edges of v

while not done
  for all vertices v that need to scatter updates
    vertex_scatter(v)
  for all vertices v that have updates
    update_gather(v)
```

（a）以顶点为中心的计算机制

```
edge_scatter(edge e)
  send update over e
update_gather(update u)
  apply update u to u.destination

while not done
  for all edges e
    edge_scatter(e)
  for all updates u
    update_gather(u)
```

（b）以边为中心的计算机制

图 5.2 Scatter-Gather 计算模型

X-Stream[12] 图处理系统是以边为中心的计算机制的典型代表。该系统将边数据和点数据进行分区，并对边采用顺序访问的方式进行遍历计算列表减少随机磁盘访问。X-Stream 的计算过程主要分为 3 个阶段：Scatter、Shuffle 和 Gather，如图 5.3 所示。在 Scatter 阶段，X-Stream 依次遍历图中的每一条边，判断每边的源顶点是否存在更新，如果存在，则将更新边发送给对应的目的顶点。在 Shuffle 阶段，所有更新都会按照其目标顶点执行顺序重新排列，主要是为了降低下次迭代中 Scatter 阶段的随机写入的开销。在 Gather 阶段，X-Stream 会依次遍历在 Scatter 阶段产生的所有更新，并更新对应顶点的状态值。X-Stream 以边为中心的计算机制保证了对边顺序访问，可以充分发挥磁盘第二级存储介质在顺序访问模型下高带宽的优势，从而提升图处理系统的性能。但在

X-Stream 中对顶点的访问依然是随机的，为此，X-Stream 采用了分片的方式，它将图中的顶点等分为较小的顶点集，每个顶点集的顶点又与它们的所有出边组合成一个分片。通过对分片的访问来降低对顶点随机访问的开销。

```
scatter phase:
  for each streaming_partition p
    read in vertex set of p
    for each edge e in edge list of p
      edge_scatter(e): append update to U_out

shuffle phase:
  for each update u in U_out
    let p = partition containing target of u
    append u to U_in(p)
  destroy U_out

gather phase:
  for each streaming_partition p
    read in vertex set of p
    for each update u in U_in(p)
      edge_gather(u)
    destroy U_in(p)
```

图 5.3　X-Stream 以边为中心的计算机制

以边为中心的计算机制的优势是对设备资源要求低，数据存储和读写访问更加简单，利于图数据的顺序访问，避免了以顶点为中心计算机制中对存储介质的随机访问，同时也易于维护数据一致性，因此被应用于基于磁盘的集中式系统中，如 X-Stream。但以边为中心的计算机制同时存在计算并行性受边列表分块限制、图算法迁移复杂的缺陷，这使得它在大数据环境下面临着重大挑战。

5.2.3　以子图为中心的计算机制

图作为一种复杂的结构，顶点和边按一定的规则进行关联，为了在分布式环境下维护图数据的拓扑结构，现有的研究提出了以子图为中心的计算机制。当以子图作为迭代计算的基本单位时，首先把大规模的原始图依据一定的准则划分为若干个子图，然后将划分好的子图分配到不同的计算节点上，各个子图依据关联进行通信。与以顶点和边为中心的计算机制不同，以子图为中心的计算机制可以通过减少子图之间的关联，从而达到减少通信次数、迭代轮数等目的，降低分布式图处理系统的通信成本和计算成本。图 5.4 以寻找最大节点作为例子，展示了以子图作为计算粒度的过程。图中包含两个计算节点，其中计算节点 1 包含两个子图，计算节点 2 包含 1 个子图。在第一次迭代中，首先选出各个子图中的最大节点，如图中箭头所示，并向邻居子图广播自己的最大节点。若子图接收到的最大节点大于自身的最大节点，则更新当前子图，并继续向邻居广播。否则，将该子图设置为非活跃的状态，如图中灰色方框所示，终止其他操作。持续迭代至所有子图变为非活跃状态为止，相较于以顶点为计算粒度而言，以子图为计算力度的迭代次数明显减少，通信次数也相应降低。

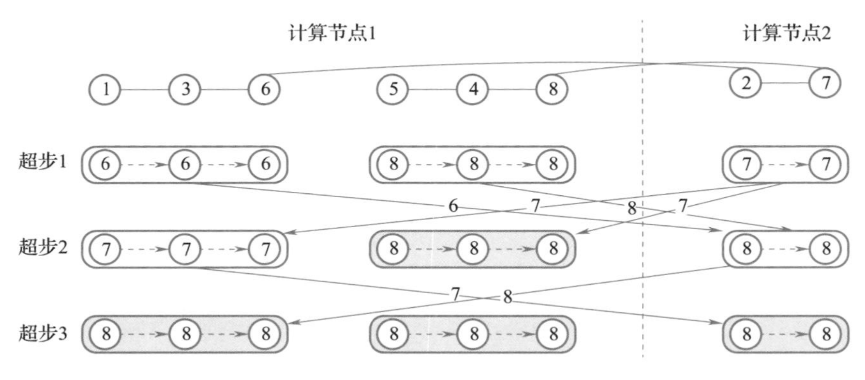

图 5.4 以子图为计算粒度示意图

以子图为中心的计算机制可以通过简单地迭代所有活动顶点，并执行面向顶点的计算，来模仿以顶点为中心的模型。换句话说，任何可以在以顶点为中心的模型中实现的算法，都可以在以子图为中心的模型中实现，来提高算法的性能。常见的以子图为中心的系统包括：Giraph++、GoFFish、GraphHP 和 Blogel。其中，GoFFish[13] 是最典型的采用子图为中心计算机制的图处理系统之一，编程过程抽象为以子图为中心来执行分布式图处理任务，提出抽象模型将子图作为本地连接的组件，用户可以直接在此基础上定义计算方法，且能自动在本地机器上并行地执行子图，同时允许将消息直接发送到子图。GoFFish 的分布式图存储是专为子图访问模型设计的，以提供数据加载效率，其中 GoFS 组件在分布式主机上存储划分的子图，同时在计算节点内合并连通子图，以优化以子图为中心的访问模式，这不仅能在连通子图上重用共享内存图算法，而且能利用同一个计算节点内子图之间的并发性。通过子图的存储和基于子图的检索来快速减少迭代次数，从而进一步提高计算与通信性能。

以子图为中心的计算机制可以通过简单地迭代所有活动顶点，并执行面向顶点的计算，来模仿以顶点为中心的模型。换句话说，任何可以在以顶点为中心的模型中实现的算法，都可以在以子图为中心的模型中实现，来提高算法的性能。相比以顶点和边为中心的计算机制，以子图为中心的计算机制的最大优势是，允许用户充分利用图的拓扑结构信息来减少计算节点间的频繁同步和通信，从而达到快速收敛效果。但是，以子图为中心的计算机制存在诸多挑战。相较于以顶点为中心的计算机制，子图为中心的机制存在表达能力较弱、算法不直观、解释性差，系统结构相对复杂且不易实现、并行度不高、性能不稳定等缺陷。在分布式环境下，还面临着子图间的负载不均、容错开销、调试与优化难等困境。这也是以子图为计算粒度的算法无法取代以顶点为计算粒度的原因。

5.3 通信机制

在大图数据处理系统中，计算节点之间的数据更新、消息传递是不可避免的。当图数据规模巨大或系统需要处理通信密集型的大图数据时，计算节点之间的通信量会显著上升。如果没有对系统的通信机制进行针对性的优化，节点间的通信很容易成为整个系统的瓶颈。本节从共享内存和消息传递两个方面来介绍当前大图数据处理系统中针对通信机制的一些优化方法。

5.3.1 共享内存

共享内存（share memory）是指多个进程可以访问同一块内存，通过对该内存的修改来完成进程间的通信。当系统在单机环境中运行时，共享内存通信表现为多个进程间通过访问内存的方式来进行通信。例如，如果两个进程的某一虚拟地址空间映射到同一物理地址空间，那么这两个进程就可以使用这段物理内存进行通信。如图5.5所示，进程1和进程2将自己的逻辑地址指向同一块物理内存，进程1对该物理内存的修改，进程2可以直接读取，两个进程以读、写该物理内存的方式完成通信。因通信速度快、成本低，基于共享内存的通信方式被广泛应用于图处理系统中。当系统在分布式环境中运行时，对于某些跨机器存储的顶点在本地通过共享内存的方式进行通信后，需要对存储该顶点的其他机器进行数据的同步，因此数据的一致性是分布式环境下共享内存面临的主要问题。

Ligra[14] 是基于共享内存的多核图计算框架。由于过去单机服务器容量受限，导致在单机环境下无法进行大图数据的处理，因此有很多分布式框架被提出用于大图处理任务。当前单元服务器已经能够适应内存中超过1 000亿条边的图数据并且具备多核架

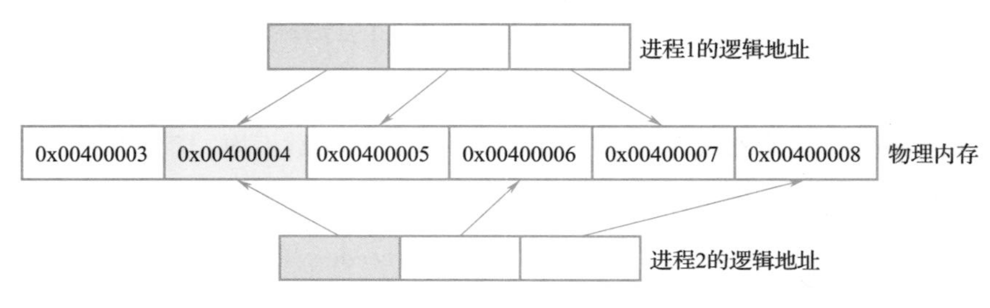

图 5.5 共享内存机制

构，能够适用大多数的图计算任务，可以大大降低通信成本，从而带来性能上的提升。单机环境下的共享内存机制，系统中经常发生资源争用问题，该问题是影响性能的主要因素。为了避免争用，Ligra 系统使用原子级别的比较和交换（compare-and-swap）指令，即 CAS（loc，oldV，newV）的三个参数分别代表内存位置、旧值和新值。如果 loc 中存储的值等于 oldV，它会将 newV 存储在 loc 中并返回 true，否则不修改 loc 并返回 false。Grace[15] 是基于多核缓存一致的共享内存系统。缓存一致的共享内存是指当一个核心修改缓存行中的数据后，其余核心缓存行中对应的数据副本失效。因为单个缓存行能够保存多条数据，如果能够批量更新缓存行中的数据，就可以减少缓存复制的次数。Grace 系统将分区内的边根据其目标分区进行分组，在目标分区组内，边根据其源顶点在内存中的顺序进行排序。当迭代计算需要更新顶点时，每个分区会先更新以自身为目标的边，然后循环地选择下一个分区。这种更新方式极大提高了系统处理稠密大图的性能。PowerGraph 是基于共享内存的分布式图处理系统。系统使用点切分（vertex-cut）的方式将大图切分为子图，分布在不同的计算节点上，跨边会导致顶点跨节点存储，因此在分布式环境中需要解决的主要问题是如何保证数据的一致性，而 PowerGraph 是通过 Chandy-Misra locking 机制来保证 Mirror 和 Master 之间的数据一致性。

基于共享内存的图处理系统还有 GraphSteal、HybridGraph、PowerSwitch[16]，它们的优势在于拥有更快的内存带宽和更低的延迟，相比于消息传递，它的通信成本更低，通信速度更快，提升了大图系统处理数据的效率。但是，多进程访问共享内存会导致数据争用，增大延迟。此外共享内存的可扩展性较弱，无法直接应用到分布式环境中，需要引入额外的机制来确保不同计算节点上数据的一致性，这要求大图数据处理系统的开发针对不同的需求选择不同的一致性策略。

5.3.2　消息传递

在基于消息传递的分布式图处理系统中，计算节点之间以消息为单位借助网络通信平台来实现中间迭代结果的更新。消息一般为顶点的 ID 和更新值共同构成的二元结构体，而常见的网络通信协议包括：RPC（Remote Procedure Call）和 MPI（Message Passing Interface）两种。如 Hama 采用了基于 RPC 的消息传递，而 PowerGraph 和 PowerLyra 采用了基于 MPI 的消息传递。

相比于共享内存通信机制，消息传递的优点是不需要额外的开销即可保证数据的一致性以及优良的可扩展性，因而被大多数图处理系统采用。鉴于在分布式图处理系统中，通信代价严重影响整个系统的性能，在现有的研究中对消息传递的优化主要包括以下两个方面。第一，通过 Combine、Receiver-side scatter 等技术减少需要传输的消息数量，从而降低网络开销。如 Pregel 的 Combine 机制会将准备发往同一目的计算节点的消息合并为一条后统一执行发送操作；Combine 机制有效降低了 Pregel 的网络，同时也减少了消息的存储开销；Receiver-side scatter 与 Combine 技术不同的是，当一条消息准备发往到多个计算节点时，该消息会首先发送到指定的一个远程计算节点上，然后再由该远程计算节点分发消息到相应的目的计算节点上。第二，开发适合于图计算语义的网络通信协议从而提升图处理系统的通信性能。RPC 和 MPI 虽然被当前的图处理广泛使用，但它们并不是针对图处理而设计的通信协议，两者的一些语义并不适用于图应用。如 MPI 拥有严格的消息排序要求，而 MPI 的这种排序要求并不能提升图计算系统的性能，反而会影响并行通信时的消息传输速率。随着新型硬件的发展，有的图处理系统，如 GRAM 开始采用基于 RDMA 来实现符合图计算语义的消息传递机制，详见 5.6.1 小节。

5.4　图划分机制

图划分是分布式图处理系统的基础，是指将一个大图均匀地分成一系列子图并分发到集群中的不同计算节点上来执行图计算，子图之间可采用通信的方式来交换必要的信息。一个高效的图划分机制直接影响着系统的有效性，高效的图划分机制通常需要遵循两大原则：①图数据应尽可能地划分为大小相似的子图，以保证计算节点间或计算节点内线程间工作的负载均衡；②图划分应降低划分后子图间的连通性，即最小化不同子图之间的顶点数或边数，以降低通信开销。在实际场景中，往往需要对二者进行权衡，根据切分对象，现有的图处理系统所采用的图划分机制通常分为以下三种：边切分、点切分和混合切分。

5.4.1 边切分

边切分也称一维切分，是指将图数据按照边进行切分，图数据被划分后，图中每一个顶点出现且仅会出现在一个子图中，而切边会随两端顶点重复出现在两个子图中。图 5.6（b）展示了将原图 5.6（a）按照边切的方式划分到 2 个不同计算上的划分结果。边｛AE、CE、BF｝被切分为两部分，分别存在于两个计算节点上，顶点｛E,F,G｝随之被划分到了计算节点 1 上，顶点｛A,B,C,D｝被划分到计算节点 2 上，原图中各个顶点均没有副本，只出现在一个子图上。图中虚顶点表示切边另一端顶点。在边切分机制下，由于每个顶点只会被存储一次，且保证了顶点及其邻居会被存储到同一计算节点上。因此，边切分不仅简单而且能够保护真实图数据的局部性，被当前的许多分布式图处理系统所使用。

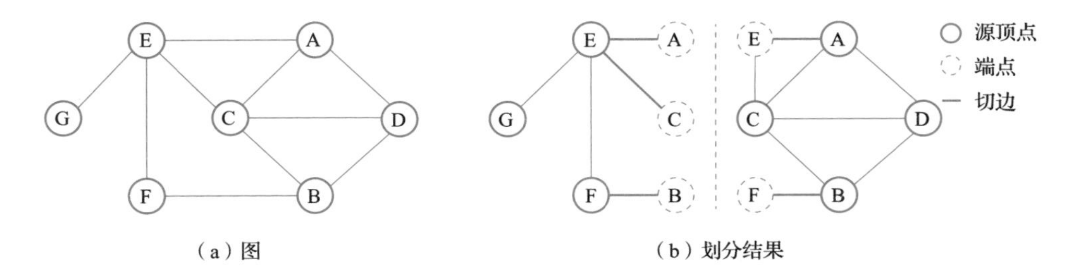

图 5.6　边切分例子

Pregel 是 Google 开发的一个基于边切的分布式图处理系统，它采用随机哈希方法将一个图划分为多个分区，每个分区由一组顶点集和这些顶点的所有出边组成。Pregel 的这种分割方式保证了每个顶点被安排到了唯一的计算节点上，同时也使得每个顶点可以快速地访问自身的邻居。Giraph 是基于 Pregel 思想的开源实现，采用了以顶点为中心的计算机制和 BSP 迭代模型。Giraph 通过采用边切分的方式，将顶点划分到不同的分区，默认采用哈希方法。不同于 Pregel 的是，在加载数据时，Giraph 将图数据划分为多个子图，子图的数目往往是计算节点数目的整数倍，每个计算节点加载多个子图并建立子图与对应计算节点之间的映射表。在每次迭代结束前，Worker 节点都会向 Master 汇报本次迭代过程中每一个子图的状态信息，包括运行时间、收发消息的数目以及活跃顶点数目等信息；在下次迭代开始前，Master 将根据收集到的信息制定相应的动态重划分调整策略，并以子图和计算节点映射表的形式告知 Worker，每个 Worker 根据调整策略发送或接收相应的子图。GPS 也是一种类 Pregel 的图处理系统。不同于 Pregel 初始时将顶点随机分配到不同子图，GPS 在计算开始之前执行一次分区，计算过程中执行多次动态重分区。GPS 提供了 METIS 分区策略。METIS 是一种层次化的分割算法，核心思想是对于给定原图结构持续的稀疏化融合结点和边来降低原图的大小，然后达到一定程度对于缩减后的图结构进行划分，最后将划分后的子图还原成原始的图结构保证每份子图的均衡性。默认情况下，METIS 可以平衡每个分区中的顶点数量。在多约束下，可以保证分区顶点、出边、入边数量的平衡生成分区。Mizan[18] 先使用哈希或 Metis 对图数据进行预分区，将强连接的子图分组到集群中，从而最小化集群之间的全局通信，在划分完静态图之后根据变化来动态重划分图，根据一定的策略来迁移顶点。Mizan 会计算每个结点的负载值，如果该值大于定义的值大小，则会被标记为不平衡顶点，然后转移不平衡顶点来达到各个顶点之间的负载均衡。MOCgraph[17] 是北京大学开发的基于消息流式处理的可扩展大图查询框架，在 BSP 环境中能够以数据流的方式处理大图计算中的消息数据，减少中间结果对框架内存的压力，同时利用流式计算减少针对外存的随机访问操作。MOCgraph 使用基于度数排序的边切分机制，具体过程是：将顶点作为一个大小为（$k \times p$）的流来处理，p 是划分的分区数，k 是控制分区的参数。从本地读取（$k \times p$）个顶点并按度数排序，拥有第 i 大度数的顶点分配至第 i 个计算节点上。假设最大度数值为 maxDegree，当前顶点的度数为 degree，则顶点的分区 res 计算为 res =（maxDegree − degree）· mod · maxDegree。

边切分虽然具有简单易于实现的优势，但在处理真实图数据时面临着许多挑战。首先，真实世界的图都遵循偏态幂律分布，幂律图中存在少数度数很高的顶点，对图划分提出了挑战。对于度数很高的顶点，采用边切分方式会导致严重的负载不均衡，影响执行效率，容易发生崩溃。虽然现有系统如 GPS 进一步引入了动态调整顶点划分的优化技术，但并不能从根本上解决负载不均衡问题。其次，多数图系统采用哈希方式实现边划分，好处是算法简单易于实现，同时很容易找到顶点与计算节点的映射关系，而不需要额外维护一个巨大的映射表。但是采用这种方式可能造成数据偏斜，使得某个计算节点数据过多，从而降低系统性能。

5.4.2 点切分

为了解决在划分幂律图时面临的负载不均困境，PowerGraph 提出了点切分的图划分机制。与边切分对应，点切分是对图的顶点进行切分。图数据被切分后，图中的顶点可能出现在不同的子图中，但每条边仅出现在一个子图中。被切分的顶点采用 Master-Mirror 抽象进行表示和同步。Master-Mirror 抽象规定了每个顶点由一个 Master 和若干个 Mirror 组成。图 5.7（b）展示了将原图 5.7（a）按照点切的方式划分到两个不同计算节点上的划分结果。其中边（A,E）、（C,E）、（B,F）、（E,F）和（E,G）被划分到了计算节点 1 上，而边（A,C）、（A,D）、（C,D）、（B,C）和（B,D）被划分到了计算节点 2 上，原图中各个边均没有副本，只出现且仅出现在一个子图上。图中虚线顶点表示是实线顶点的副本。

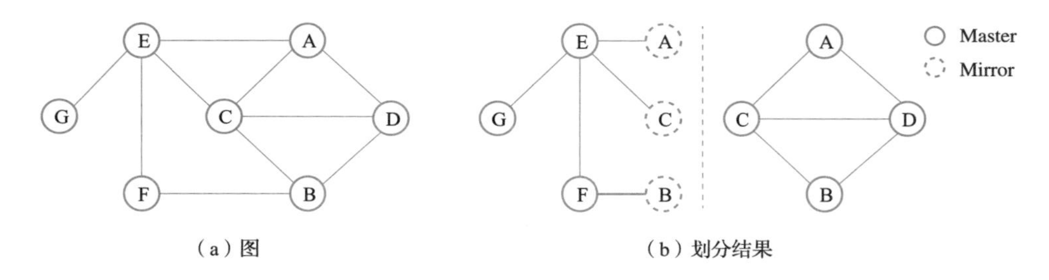

图 5.7　点切分例子

PowerGraph 是首次采用点切分方式的分布式图处理系统，它采用多种不用的划分策略来支持点切分，包括均衡 p-way 点切分和贪心点切分。均衡 p-way 点切分也可称为随机点切分，它随机对边进行分配，达到将边均匀地分配给计算节点的目的，从而最小化每个顶点跨越的计算节点数量，减少通信开销并确保平衡计算。在这种切分方式下，尽管各个子图基本均衡，但是内部连通性却很差。而贪心点切分则是通过对边的分配过程进行去随机化来改进随机构造的点切分方式。这种贪心点切分方式包含两种实现策略：协同点切分和随机点切分策略。协同点切分策略是要维护一张全局的顶点放置的历史分布表，在执行贪心切分之前都要去查询这张表，在执行的过程中需要更新这张表。随机点切分策略，不需要做全局的协同。在每台计算节点上独立采用贪心启发式方式，不需要维护全局的分布表，而是每台计算节点维护自己的分布表，不需要在计算节点之间进行通信。协同点切分的策略，它的特点是切分时间长但点切分的质量高，随机点切分策略切分时间短，但切分质量比较低。GraphX 借鉴 PowerGraph 的随机点切分策略，有四种不同的实现方式：①通过取源顶点和目标顶点的哈希值来将边分配到不同的计算节点上，两个顶点是相同方向的边会被分配到同一个分区；②仅仅根据源顶点来将边分配到不同的计算节点，即有相同哈希值的源顶点的边会被分配到同一分区；③根据源顶点和目标顶点中较小的顶点的哈希值来分配边，两个顶点之间所有的边都会分配到同一个计算节点，而忽略边的方向；④使用稀疏边连接矩阵的二维区来将边分配到不同的计算节点，从而保证顶点的副本数不大于 2×sqrt(numParts) 的限制，其中 numParts 表示计算节点数，并且针对能开方和不能开方的情况做出了相对应的处理。GraphA[20] 采用点切分方式将边均匀分布到计算节点上，其处理类似于 PowerGraph 和 GraphX。为了解决高度顶点带来的计算和通信不平衡的挑战，切分低度顶点带来的高通信成本问题，GraphA 提出了一种统一的自适应图分区算法，称为 SmartHash，该算法使用递增式的哈希函数对数据集进行分区。GraphBuilder[19] 提出了基于网格和环面约束的随机点切分和贪心点切分策略。基于网格的约束随机点切分策略使用简单的哈希函数将顶点映射到网格的分区中，其中网格中的每个分区表示一个计算节点。然后，每个分区可以通过所在的列和行来生成相对应的约束集。构造完成后，无论选择哪一列和哪一行，每个约束集都会确保至少有两个分区与任何其他约束集中的分区相交，最后随机选择一个分区进行边分配；而基于网格的约束贪心点切分最后使用贪心启发式方法进行分区选择。基于环面的约束随机点切分和贪心点切分策略为了进一步降低副本数量，使用了 2D 环面拓扑结构，每个分区的约束集由同一列中分区和同一行中的分区生成。基于环面的方法确保约束集中至少有一个分区与其他约束集相交。如果有多个相交分区，随机点切分将随机选择一个分区进行边分配。贪心点切分使用贪心启发式方法从相交分区中选择分区。

点切分解决了边切分在划分幂律图时负载不均的困境。然而，点切分过程中部分顶点被存储了多次，增加了系统的存储开销且需要一定的机制来保证被切分顶点数据的一致性，增加了系统设计的复杂性。

5.4.3 混合切分

边切分机制使得顶点可以在计算节点之间均匀分布，但是在顶点度数较高时存在计算和通信不均的问题。相反，采用点切分机制的系统，使得边可以在计算节点之间均匀分布，虽然缓解了高度顶点导致的负载不均的困境，但对于低度顶点，点切分会带来较高的通信成本和过多的内存消耗。混合切分机制通过同时采用点切分和边切分方法来对图进行划分，该机制兼顾了以上两种切分机制的优点，能够解决对自然图单独使用某种切分方式带来的负载不均衡或者高通信成本问题。图 5.8 展示为混合切分的例子。图 5.8（a）为原图，在该图中，对 E 和 C 两个顶点采取点切分方式，将其对应的边分给两个计算节点，然后对剩余部分进行边切，具体来说，对边（B,F）进行切割，从而得到图 5.8（b）的切分结果。

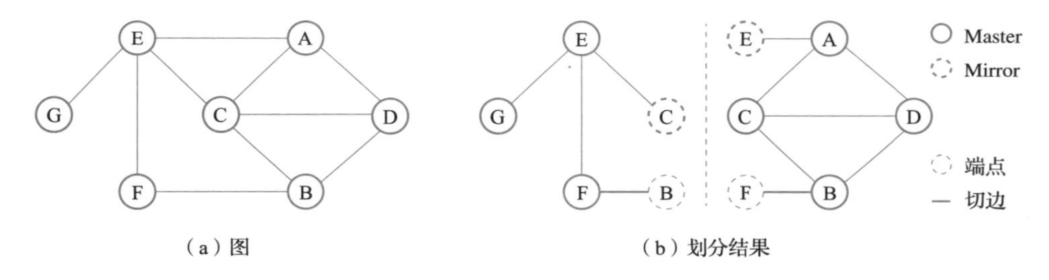

图 5.8　混合切分例子

PowerLyra[21] 是基于 PowerGraph 实现的图计算引擎，可以无缝地支持各种图算法。它提供了一种高效的混合图切分算法，该算法将边切分和点切分与启发式相结合，融合了点切分和边切分机制的优点。PowerLyra 对不同度数的顶点进行区分处理，对于入度比较高的顶点，根据点切分方法将对应的入边平均分配给所有计算节点，以分配计算量。对于入度比较低的顶点，根据边切分方法将其对应的所有入边分配给同一个计算节点，以减少复制因子，从而减少通信成本和内存消耗。针对混合切分方法，PowerLyra 提出了两种策略：基于随机哈希的混合策略和基于启发式的混合 Ginger 策略。两种分区策略的目标都是对高度数顶点进行点切分，对低度顶点进行边切分。第一种策略通过散列目标顶点来放置低度数目的顶点的边，通过散列源顶点来放置高度数的顶点的边。使用这种方法，将低度数顶点的复制因子最小化。第二种策略，首先像第一种策略那样划分图，然后在另一个阶段，将下一个低度顶点及其入边放置在最小化预期复制因子的计算节点上，通过这种启发式方法进一步减少低度顶点的复制因子，但是该策略并不是适应于度数较高的顶点。IOGP[22] 的分区算法与 Powerlyra 系统的分区算法类似，都需要对高低度数顶点进行不同的处理。IOGP 首先利用确定性哈希来快速放置新的顶点。该策略允许大多数图顶点的单跳访问。然后，利用连通信息进行顶点的重分配，将顶点移动到存储其大多数邻居的分区，同时保持所有分区的平衡，以避免散乱。在这一步之前，图仍然按照边切分进行分区。然而，一旦一个顶点有太多的边，IOGP 将应用点切分方法来增加平行度，将度较高的顶点对应的边划分给不同的计算节点，并进一步提高遍历性能。通过这种方式，IOGP 能够在为连续的联机事务处理操作提供服务的同时生成高质量的分区。文献［23］提出了应用程序驱动的分区策略，针对不同算法学习代价模型来订制图分区，来加速算法的并行执行。换句话说，该分区方法由给定算法的成本模型指导，来为算法生成性能最佳的定制分区。然后通过扩展现有的边切分和点切分算法，生成混合的分区结果，来降低算法的并行成本。

混合切分方法通过同时采用点切分和边切分的方式切分，解决了“一刀切”方法带来的负载不均衡和通信开销大的问题，并且在分区算法执行时间和通信成本性能上得到了很大的提高，但是差异化的切分方法显著增加了设计和实现的复杂性。比如混合切分需要计算每个顶点的度数或者计算每个顶点所带来的计算成本或者通信成本，以决定它是否是高度数顶点或者是否是候选迁移节点。对于大规模无序数据集，这大大增加了图加载的通信成本，因为必须遍历整个图来计算。此外，区分阈值很难确定，这可能会导致对相当数量的中间顶点的次优选择。

5.5 任务调度机制

在大图数据处理系统中，常常需要根据不同的适用场景选择合适的任务调度机制，如同步调度、异步调度和混合调度等。系统针对超步间是否有明确的界限或者是否允许不同超步间交错运行来选择合适的任务调度机制。合适的任务调度机制，可以加速算法收敛，节省计算时间，对大图系统的高效运行至关重要。

5.5.1 同步调度

同步调度模式中，算法的每次迭代必须严格地按照先后顺序执行，即当前迭代结束后才能执行下次迭代，且当前迭代执行图计算所能看到的数据均来自前一次迭代更新后的结果数据。

Pregel 提出了批量同步并行计算模型 BSP（Bulk Synchronous Parallel）由一系列超步组成，通过消息传递机制实现超步中各个计算任务间的信息传递。BSP 模型迭代执行每一个超步直到满足终止条件或者达到一定的超步数才强制终止。每个超步由三个阶段组成：本地计算、进程通信和屏障同步。超步间是串行的迭代关系，而在超步内计算则是并行执行。图 5.9 为 BSP 模型的执行框架。超步的本地计算阶段，每个 BSP 处理器（计算节点）使用存储的数据执行局部计算，且可以访问其他处理器在前一个超步中发送的消息，还可以在进程通信阶段向其他处理器发送消息，以便在下一个超步中读取；屏障同步阶段，执行全局检查以确保在下一个超步之前所有处理器都处理完成。如果是，则执行下一超步，否则继续等待。图 5.10 是 BSP 模型中计算节点的执行流程。图 5.10 中表示了在每个超步中处理器执行完任务的时间比较，可以看出 BSP 模型存在一个明显的缺点即为木桶效应，因为处理器处理能力的不同或图数据分布不均匀等因素，会导致迭代执行的时间取决于运算速度较慢的处理器，成为在同步调度中系统性能的瓶颈。例如在超步 1 当中，计算节点 2 处理器执行完任务所需的时间明显短于其他处理器，因此计算节点 2 处理器需要等待其他处理器执行完各自的任务，才能进入到超步 2。

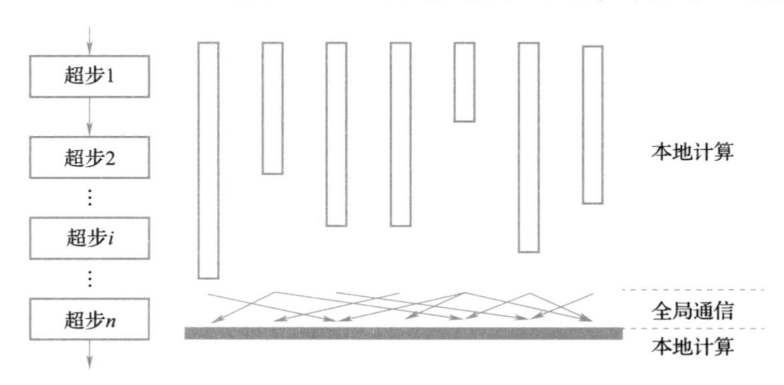

图 5.9 BSP 模型执行框架

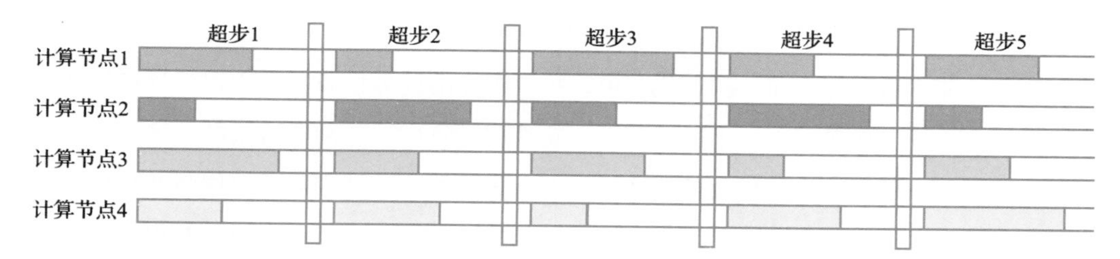

图 5.10　BSP 模型下各计算节点在每一轮超步中的执行情况

Pregel 是基于批量同步并行（BSP）模型设计的并行引擎，Pregel 的输入是一个有向图，它将顶点分配给不同的计算节点，每个顶点都由一个字符串顶点标识符唯一标识，且与其邻接列表相关联。Pregel 计算由一系列迭代组成，称为超步，在每个超步期间，顶点并行计算，每个顶点执行相同的用户定义函数，该函数可以读取前一个超步中其他顶点发送给顶点的消息，执行相应计算后，修改顶点及其出边的状态，然后沿着顶点的出边发送消息给其他顶点，一个消息可能经过多条边传递后被发送到任意已知 ID 的目标顶点上去。这些消息将会在下一个超步中被目标顶点接收，并开启下一轮迭代。通过设计，该模型非常适合分布式实现，因为它不公开任何用于检测超步内执行顺序的机制，并且所有通信都是从前一超步发往下一超步。该模型的同步性使其更容易推理关于实现算法时的程序语义，并确保 Pregel 程序本质上没有异步系统中常见的死锁和数据竞争。

采用同步调度机制的图处理系统还有 Giraph、GPS、Blogel、X-Stream、Hama 等，他们的优势在于在系统全局上有清晰的调度界限，编程逻辑清晰，易于实现，并且在超步内可以最大限度地提高并行性，同时也无须频繁的加锁或进行原子操作。缺点在于同步调度中，由于每个计算节点处理能力的不同或图数据分布不均匀等因素，会导致在迭代过程中每个计算节点处理分配的任务所需的执行时间不同，而同步调度模式中，算法的每次迭代必须严格地按照先后顺序执行，即下次迭代的开始是建立在当前迭代所有的计算节点都执行完任务的基础上，因此在一次迭代中先执行完任务的计算节点需要等待执行速度慢的计算节点完成任务，这也成为同步调度模式中影响系统性能的瓶颈。

5.5.2　异步调度

与同步调度中顶点只能在迭代结束后看到其邻接顶点的更新不同，异步调度指的是图中的顶点在任何时候都可以根据其邻居的最新状态执行更新，每个节点的更新都可以独立执行，并不需要等待前一次迭代结束，每个顶点的计算任务互不干扰，当这轮迭代计算完成之后顶点任务可以马上进入到下一轮迭代计算中。这种非协调的计算过程在一定条件下也可以通过逐次迭代收敛到稳定状态。异步算法已被证明可以增强并行环境中各种算法的可扩展性。特别是，许多非结构化图问题已被证明可以有效地利用异步来平衡串行操作的计数和通信成本。简而言之，异步调度较同步调度大大简化了迭代操作，同时加速了迭代收敛速度。

GraphChi 是一个基于磁盘的图处理系统，该系统主要采用滑动窗口执行异步更新，利用 PSW（parallel sliding windows）高效地从磁盘处理边缘值可变的图，只需要少量的非顺序磁盘访问，同时支持异步计算模型。该算法在时间间隔内进行更新计算，每次处理一个时间间隔内的顶点。PSW 方法处理图分三个阶段：①从磁盘加载一个子图。②更新顶点和边。③将更新后的值写入磁盘。具体操作为：首先以间隔 p 作为参数创建子图，例如图 $G=(V,E)$ 的顶点 V 被分成 p 个不相交的区间。对于每个区间，关联一个分片，该分片中按边的来源顺序存储。如图 5.11 所示，并为每个顶点并行执行用户定义的 update 函数。由于 update 函数可以修改边的值，为了防止相邻的顶点间隔数 p 的选择使得任何一个分片都可以完全加载，并发地访问边（竞争条件），对更新函数施加外部确定，保证了 PSW 的每次执行都产生完全相同的结果。在完成执行更新之后，PSW 将修改过的数据写回磁盘，替换旧的数据，这样便可以将修改过数据的滑动窗口重写到磁盘。当移动到下一个时间间隔时，它会从磁盘读取新的值，从而实现异步模型。PSW 只需要少量的顺序磁盘块传输，有效地解决以前只有大规模集群计算才能解决的问题。

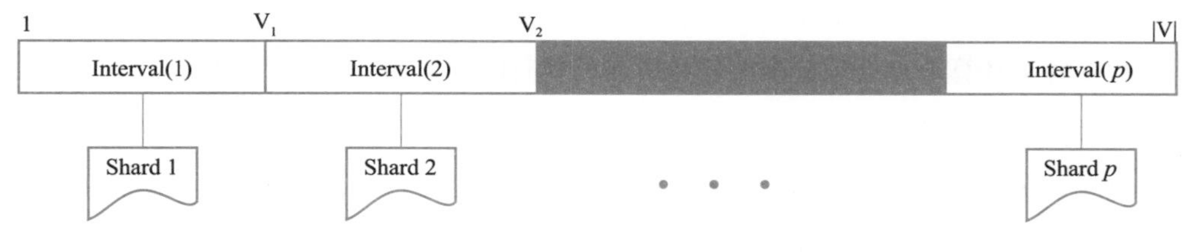

图 5.11　GraphChi 子图的创建过程

当图的顶点被划分为 p 个区间后，每个区间都与一个分片相关联，该分片中按边的来源顺序存储。如图 5.12 所示，滑动窗口间隔为 4 的一次迭代阶段可视化。在此示例中，顶点被分为四个区间，每个区间与一个分片相关联。通过构造一个顶点子图来进行，每个间隔大小为 4。顶点的入边从内存分片（深色）中读取，而出边从每个滑动分片（浅色）中读取，边是按其来源排序的，所以顶点的出边存储在其他分片中的连续块中，需要额外的 3 块读取。直观地说，当 PSW 从一个间隔移动到下一个间隔时，从磁盘读取新的值，从而实现异步模型。

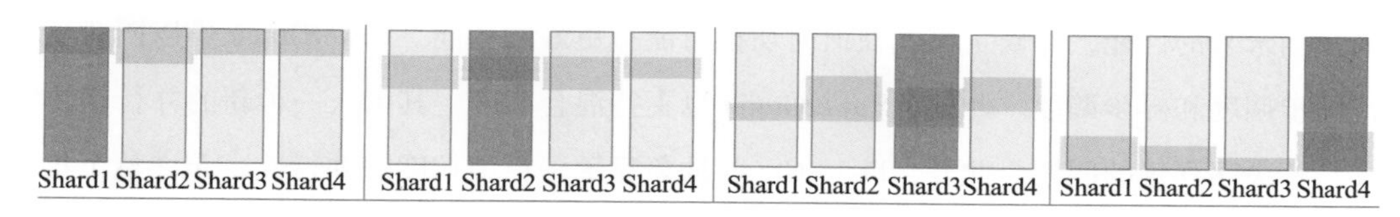

图 5.12　GraphChi 的滑动窗口

由于同步调度要求每次迭代中的所有更新操作必须在前一次迭代中的任何更新操作开始之前完成，因此在某些情况下会造成系统性能下降，而异步调度则可以尽可能避免同步调度带来的问题，从而加快迭代收敛速度。GraphSteal、HybridGraph、MOCGraph、Maiter 等图处理系统均采用了异步调度模式。然而，一方面异步调度可能需要更多的通信和执行冗余的计算来保证数据的一致性，产生大量的调度开销。另一方面，异步调度模式的图处理系统设计相较于同步系统来说更为复杂，不仅需要设计高效的调度器，还要根据任务需求设计合理的一致性策略。此外，相较于 Pregel 等同步系统来说，异步调度的编程难度有所增加，不仅需要遵循基本的运算逻辑，还要选择合适的调度规则。这些客观因素叠加，使得设计具有异步调度模式的图处理系统变得极具挑战。

5.5.3　混合调度

同步调度虽然调度所需开销小，但其收敛较慢；而异步调度收敛较快，但其调度所需开销相对较大。混合调度期望结合同步调度和异步调度的优点且克服二者的不足，以期达到最优性能。

GraphHP 利用混合模型将每个子图划分作为一个计算单元，分别处理局部和边界计算。它由一系列全局迭代组成，每个迭代包括一个全局阶段和一个局部阶段。全局阶段对应于边界计算，该阶段采用同步调度，而局部阶段对应局部计算，采用异步调度。GraphHP 通过将图划分区内的计算和分区之间的计算区分开来，将分区内的计算从分布式通信和同步中解耦出来并通过内存中的伪超步迭代在一个分区内实现计算，在不需要大量调度开销的情况下，可以显著降低迭代图处理中常见的同步和通信低效率，同时不需要用户提供特定的优化指令。PowerSwitch 使用 Hsync 混合同步执行模式，其可以在同步调度和异步调度之间自适应地切换以使得图并行计算程序以获得最佳性能。Hsync 建立了在线采样和离线分析方法，不断地动态收集执行统计数据，并利用一组启发式方法来预测未来的性能，并确定模式在何时切换可能有更好的性能。PowerGraph 可以同时支持同步调度和异步调度。此外，PowerGraph 也支持混合调度，其引入一种新的并行锁协议来解决序列锁的问题。此外，PowerGraph 抽象显示了更细粒度的并行性，允许整个集群支持单个顶点程序的执行。

混合调度兼容了同步调度和异步调度的优点。与同步调度相比，混合调度能够提高计算性能，提升收敛速度。与异步调度相比，能够减小调度开销，同时能够保持结果的收敛性。但从系统实现的角度看，混合调度相比同步调度和异步调度要更加复杂。

5.6 新硬件加速机制

大图数据规模宏大、结构复杂、动态变化的特点使得处理图数据的集群需要拥有高效的通信机制和丰富的并行计算资源才能获得更好性能收益。随着新型硬件的发展，基于 RDMA 的通信优化和基于 GPU 的计算优化分别为图处理系统的通信和计算带来了巨大收益，使得图处理系统的性能得到了巨大提升。

5.6.1 基于 RDMA 的通信优化

由于图数据的复杂结构，使得处理它的分布式系统面临着占用大量 CPU 资源、加重内存总线负担、造成网络延迟效应、产生随机网络 I/O 的巨大挑战，严重影响了图数据的处理效率。而 RDMA 的出现，使得当前图处理系统面临的挑战得到了解决。RDMA（Remote Direct Memory Access）是一种直接内存访问技术，其核心功能是允许当前计算节点直接访问远端计算节点的内存，而不需要远端 CPU 的参与，从而实现高性能通信。RDMA 支持两种单边内存操作语义，分别是：RDMA WRITE 和 RDMA READ。RDMA

WRITE 允许本地计算机在无须远端计算机参与的情况下，将消息直接写入到远端计算节点的内存中；而 RDMA READ 使得本计算机可以绕开远端计算的 CPU，直接从远端计算节点的内存中读取想要的数据。总体而言，相比传统 TCP/IP 分布式图处理系统，RDMA 具有高带宽、低延迟、零复制、内核旁路、无 CPU 干预的优势，能有效缓解集群间的交互压力。图 5.13 展示了 RDMA 的优势。传统的 TCP/IP 技术在数据包的处理过程中，要经过操作系统及其他软件层，需要占用大量的服务器资源和内存总线带宽，而且数据需要在系统内存、处理器缓存和网络控制器缓存之间进行多次复制，给服务器的 CPU 和内存造成了沉重的负担。而 RDMA 技术可以通过硬件构筑的专用通道实现两台计算节点内存的直接通信，且不需要 CPU 的参与，不仅减少了数据在传输过程中的复制次数，还降低了服务器资源的占用。

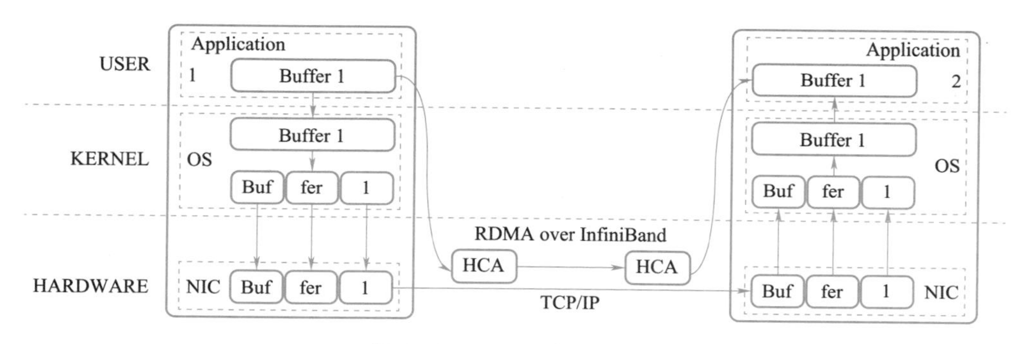

图 5.13　RDMA 和 TCP/IP

GRAM[24] 是基于 RDMA 的分布式图处理系统，采用 RDMA WRITE 来实现 RDMA 内存操作语义，为了在集群中的计算节点之间执行高效的消息传递，GRAM 参考 Farm[25] 实现了环状的消息存储结构，每一个接收端都会有一个这样的循环缓冲区。环状结构如图 5.14（a）所示，缓冲区中未使用的部分会被标记为 Free，其中的值保持为 0，以允许接收方检测新的消息。接收方定期在 head 指针处轮询，以检测新的消息，head 指针处的任何非 0 值 L 表示一个长度为 L 的消息，然后接收方轮询消息尾部，当它变为非 0 时，整条消息被接收，接收的图数据一旦被处理完成，这块缓冲区就会被置为 0，并向前推进 head 指针。发送端使用 RDMA 将图数据写入缓冲区尾部，并且在每次发送时向前推进 tail 指针。发送端维护一个接收端 head 指针的本地副本，并且从不写入超过该值的消息。接收端通过使用 RDMA 将 head 指针位置写入发送端的副本，从而使处理后的空间对发送端可用。为了减少开销，接收端只在处理了至少一半的缓冲区后更新发送方的副本。发送端的 head 指针副本总是延迟接收方的头指针，因此保证发送方永远不会覆盖未处理的消息。GRAM 还考虑到了 RDMA 对内存资源的大量消耗，为此，设计了一种循环缓存区多路复用的方法。如图 5.14（b）所示，先将每个服务器的工作线程分组，一组发送线程与一组接收线程通过一个通道连接起来。为了实现多路复用和减少争用，在发送端和接收端都引入了协调器。发送方的协调器保持接收方缓冲区的尾部。当线程希望发送消息时，它要求协调器为要发送的消息预留接收方缓冲区。协调器会相应地更新尾地址，以防止其他线程写入重叠的地址空间。接收方的协调器轮询接收方缓冲区，当有新消息时，它会查看消息头部，以找出该消息是针对的线程。然后，它通知相应的线程以及缓冲区中消息的偏移量和大小，以便相应的线程可以直接从接收缓冲区中读取消息。处理完消息后，线程通知协调器，这块区域就可以继续被其他线程使用了。对于图计算来说，RDMA 的主要优势在于可以将通信和计算重叠，从而隐藏通信延迟，因为 RDMA WRITE 不需要 CPU 的参与。因此，GRAM 的设计目标是允许所有核并行执行图计算任务，并安排通信与计算重叠。GRAM 的每个线程都以事件驱动的方式编程，以执行图计算工作项，并轮询基于 RDMA 的通信。

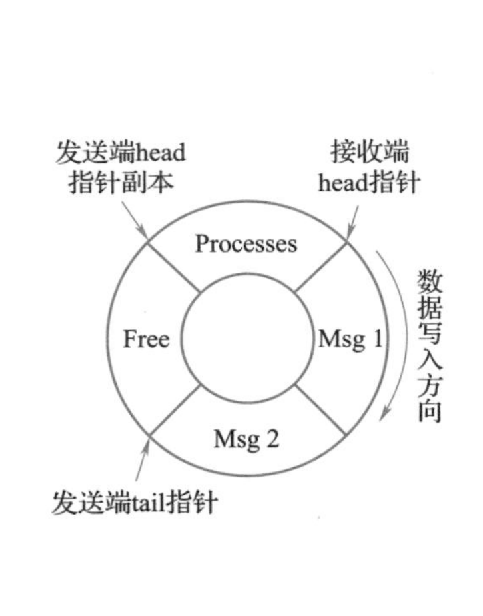

（a）环状结构　　　　（b）多路复用

图 5.14　GRAM 的 RDMA 结构

RDMA 虽然有低延迟高带宽等优势，但它也有其局限性。首先是注册内存的问题，在设计并行分布式图处理系统时，为了使每个线程在发送接收数据时相互独立，就需要计算节点为分布式系统中的其他顶点的每个线程都分配一块内存区域，当分布式系统中顶点数量越来越多，每个顶点需要注册的内存空间也越来越大，这就需要很大的内存开销，比如在 64 台 16 核服务器的集群中，为每台服务器的每个线程都设置一个 64MB 的接收缓冲区，每台服务器就需要 1TB 的内存开销。其次，RDMA 是通过硬件实现高带宽低时延，所以需要特定的交换机和网卡才能支持 RDMA 技术，而支持 RDMA 的网卡价格普遍高于普通网卡。

5.6.2　基于 GPU 的计算优化

随着图数据的不断增大，CPU 的并行计算资源成了图处理系统的计算瓶颈。GPU 凭借在并行性和内存带宽方面的优势被广泛地应用到了科学计算领域，现有的研究同时表明利用 GPU 加速大图数据处理很有研究价值。图 5.15 展示了 CPU 和 GPU 的硬件架构对比。以 NVIDIA Tesla T4 处理器为例，与 12 核的 CPU 处理器相比，T4 处理器具有 2 560 个计算核心数，数以千计的计算核心给 GPU 提供了强大的并行能力。与此同时，GPU 处理器还具有更高的内存读取速度，T4 处理器的读取速度达到了 320GB/s。相比于 68GB/s 的 CPU 缓存读取速度，GPU 的缓存读取速度有利于图算法对大图数据的高效存取。规模宏大的图数据往往空间局部性差，数据的读取频繁发生，高效的存取速度提升了利用 GPU 进行图加速的处理效果。

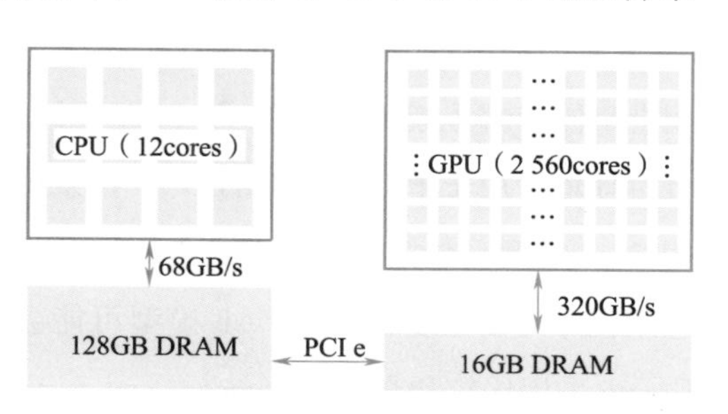

图 5.15　CPU 和 GPU 硬件架构对比

在 GPU 内部，GPU 的指令执行遵循 SIMT（Single Instruction Multiple Threads）指令架构，指令调度的最小单元是由 32 个线程组成的 Warp。在每个时钟周期内，一组 Warp 会执行相同的指令，即指令集并行。多组 Warp 合称为一个 Block，多组 block 合称为一个 Grid，执行同一个 GPU Kernel 函数。开发者可以调用 GPU 的多层结构，高效获取图算法的计算结果。

现如今越来越多的科研人员开始研究利用 GPU 对图处理进行加速，并研发了许多基于 GPU 的图处理系统。Cusha[26] 是单节点单 GPU 上的经典图处理系统。它针对图存储结构存在不规则的内存访问提出了 G-Shards，对顶点进行升序排序，并将它们划分为大小相等的窗口。每个窗口内会存储属于窗口顶点的所有边，并根据源顶点 ID 进行排序。同时针对 G-Shards 不能很好地处理稀疏图，Cusha 将窗口修改为连接窗口（Concatenated Window，CW），列出与窗口相关的边，以更好地利用图的局部性，并提高 GPU 线程并行访问的效率。另外，每个窗口互不相交，不同窗口之间可以异步执行，提高了 GPU 的执行效率，内存访问得到进一步合并。Gunrock[27] 是单节点多 GPU 的图处理系统，与其他以顶点为中心或以边为中心的编程方式不同，Gunrock 以数据为中心，将图中的边或顶点作为边界，替代以排序计算为中心抽象的 GPU 图编程模型。所有操作都是批量同步的，并将图原语表示为边界上的一系列并行图操作。所提供的抽象包括内核融合、push-pull 遍历、优先队列等。其中，Gunrock 提供了三种方式对图边界进行操作，分别是 Advance、Filter 和 Computation。Advance 通过访问当前边界的邻居来生成新的边界；Filter 通过基于开发者指定的标准选择当前边界的子集来生成新边界；Computation 对当前边界中的所有元素执行操作，并与 Advance 或 Filter 组合以提高效率。与使用批量同步编程模型编写的 Gunrock 不同，Groute[28] 提出了一种异步编程模型以及运行时环境，用于单个节点上的多 GPU 系统开发。Groute 基于底层网络概念设计，并采用 Push 模型和数据驱动的方式进行 GPU 上的图计算加速，减少多 GPU 和异构平台上应用程序的编程复杂性。Push 模型可能会导致来自多个源点的目标顶点上的写冲突，Groute 采用比较和交换（Compare and Swap，CAS）的方式来保证冲突发生时的原子性。数据驱动的方式使得 Groute 每次遍历时只会遍历活跃节点，并使用工作队列的方式存储遍历过程中的活跃节点。与前述的两种只能在单个节点上执行的基于 GPU 的图处理系统不同，Gluon[29] 构建了一种分布式的 GPU 共享内存系统，支持与现有以顶点编程为模型的共享内存图分析系统连接，并提供了自己的编程模型，分区策略以及异构调度策略。开发者可以使用 Gluon 提供的轻量级 API 和接口进行编程，并使用运行时选择的策略对输入图进行分区和通信策略的优化。Gluon-Async[30] 是基于 Gluon 所提出的异步执行系统，用于分布式异构图分析中的异步执行。Gluon-Async 是无锁、无阻塞的异步编程模型，称之为批量异步并行（Bulk Asynchronous Parallel，BASP）模型。该模型结合 BSP 模型中批量通信的优势和异步执行的优点，在超步中执行计算。单个节点不会等待其他主机完成本轮计算，而是主动发送消息并接收可用消息，然后移动到下一轮计算。BASP 的优点在于将 BSP 模型修改为异步模型，并保留了 BSP 模型中超步的概念。修改现有基于 BSP 模型的图分析系统会更加轻松。

对于图计算来说，GPU 提供了多核并行计算的处理架构，大量的处理核心可以支持数据的并行计算。众多领域的图算法都可以利用并行计算提高数据的处理速度，提高数据处理的并行规模，解决规模宏大且结构复杂的图数据计算问题。同时，GPU 内部拥有更高的访存速度和更快的响应时间，对于图处理等一系列计算密集型任务，可以极大地减少数据访问的时间开销。但利用 GPU 进行图处理加速仍存在着许多挑战，如不规则的内存访问、有限的 GPU 内存空间以及 GPU 上的工作负载平衡。不规则的内存访问因 GPU 对图数据并行访问会按照顶点粒度进行调度。由于图数据复杂的结构复杂，使用传统的图存储格式访问时会存在不规则的内存访问。当内存访问未对齐时，一次访问将开辟多个事务完成。每个事务的访问延迟是访问共享内存的数百倍，多个事务的冗余访问将极大拖慢 GPU 的内存读取效率。因此，如何设计良好的内存访问方式将是利用 GPU 进行图加速的一大挑战。而且，现实中的图数据往往规模宏大，具有数十亿条边的图数据将消耗数百 GB 的存储空间。CPU 通常拥有非常大的内存空间，且配备了多种容量可观的缓存空间用以提升内存的访问效率。但由于 GPU 板载空间的限制，全局内存空间较小，通常仅有几 GB，高速缓存往往仅有几十 KB，远远达不到处理大图数据所需要的内存空间。同时图数据结构复杂，具有多维性、稀疏性等特点，数据存储时有着显著的空间放大问题。因此，研究如何在有限的 GPU 内存空间中高效地利用 GPU 对图计算进行加速仍是一项亟待解决的问题。CPU 拥有良好的逻辑控制单元，可以灵活地改变调度策略。而 GPU 在 SIMT 架构中运行，处理条件分支的能力相对较弱。当 GPU 上同组 warp 内的线程部分执行条件分支的一条路径，其余线程就会被阻塞等待直到执行结束，从而极大地影响并行性能，这种现象称作条件分歧。由于真实数据中存在很多结构偏斜的幂律图，顶点度数分布差异较大，线程并行处理时工作负载的差异也会变得很大，这会极大影响利用 GPU 进行图计算加速的性能，成为利用 GPU 进行图计算加速的重大挑战。综上所述，需要开发者对 GPU 的计算架构合理调用，遵循 GPU 的处理逻辑，最大化 GPU 的并行计算力，以进一步提高利用 GPU 对图处理的加速效果。

5.7 本讲小结与展望

本章首先介绍大图数据的特点，分析大图数据处理的特征及其挑战，概述总结了一些经典的大图数据处理系统，然后从大图数据的计算机制、通信机制、图划分机制、任务调度机制以及新型硬件的加速机制等五个维度介绍当前具有代表性的大图数据处理系统，并针对各个维度简要分析了其各自的优缺点。表 5.1 展示了部分系统与其采用技术的对照关系。

表 5.1 图系统与其采用技术的对照关系

系统	计算机制	通信机制	图划分机制	任务调度机制	新型硬件的加速机制
Pregel	顶点为中心	消息传递	边切分	同步调度	—
PowerGraph	顶点为中心	共享内存	点切分	同步/异步	—
GPS	顶点为中心	消息传递	边切分	同步调度	—
X-stream	边为中心	共享内存	—	同步调度	—
GraphHP	子图为中心	消息传递	边切分	混合调度	—
PowerLyra	顶点为中心	共享内存	点切分	同步/异步	—
PowerSwitch	顶点为中心	共享内存	点切分	同步/异步	—
HybirdGraph	顶点为中心	共享内存	点/边切分	同步/异步	—
Cusha	顶点为中心	共享内存	—	同步调度	GPU
GRAM	顶点为中心	消息传递	边切分	同步调度	RDMA

虽然当前的大图数据处理系统，针对以上各个维度或不同大图计算任务的特点进行了优化，但依然存在各自的劣势和不足。由于整个大图数据处理系统的构建需要综合考虑多方因素，围绕针对性的目标，进行不断的妥协和优化，因此未来大图数据处理系统的开发，仍主要围绕以下几个目标展开。

1）加快算法收敛速度。大图计算通常需要大量的迭代，频繁更新顶点或边上的数据，如果能降低迭代次数，加快算法收敛，可以提高大图数据处理系统的整体执行效率。针对这一目标，当前已有一些优化策略如加大计算粒度（如以子图为中心的计算机制）、采用异步调度模式加快算法的收敛速度等。然而这些优化策略同样会带来其他问题，例如以子图为中心的计算机制并不适用于所有图算法，异步调度模式需要考虑数据一致性问题等，因此在系统内提高大图数据处理的收敛速度，仍然需要综合考虑多重因素，构建一个计算粒度或调度模式可选择且自适应的大图数据处理系统。

2）降低通信密度。在分布式图处理系统中，消息传递的频率和效率是制约整个系统的瓶颈，特别是图系统在执行如 PageRank 这类更新频繁、通信密集的算法时，较差的消息传递机制会拉低整个系统性能。此外，近年来发展的跨域分布式图处理系统，由于广域网络带宽的影响，减轻网络负载、降低通信密度更是首要优化目标。因此优化和发展当前已有的技术，降低整个系统内的通信密度，将会对系统性能的提升起到积极作用。

3）更理想的负载均衡。尽管当前所有的图处理系统，都会针对负载均衡进行优化，但由于大图数据本身的特点（如幂率分布、小世界等）以及系统运行环境的发展（如新型硬件、跨域部署等），使得系统内的负载均衡有了新的要求和目标。例如当符合幂率分布的真实世界中的大图数据，运行在网络带宽、成本代价高度异质的分布式环境中，选择合适的大图划分策略，自适应的动态调整负载来应对环境的变化仍是一个极具挑战的任务。

此外，随着新型硬件的发展、跨域分布式的部署、图联邦化的计算，在未来大图数据处理系统的开发上，也将面临以下一些新的挑战。

1）对新型硬件的支持。RDMA 和 GPU 等新硬件的出现，分别为图处理系统的通信和计算带来了巨大收益，使得图处理系统的性能得到了巨大提升，但图的规模宏大、结构复杂的特点同时使得新硬件在处理图数据时面临着诸多挑战待解决，如特定的数据存储结构、有限的内存空间、负载不均衡等。

2）跨域分布式的部署。随着互联网应用的发展，一些大型应用（如 Facebook）每日产生海量数据，为了提高用户体验，加快访问速度，保障数据安全，这些数据通常多地部署备份。因此，如何在广域网络带宽、成本代价、硬件环境异质的条件下，构建高效的图处理系统，将会是一个重要研究方向。

3）符合图联邦范式规则的系统。图联邦模型中的图数据通产分布存储在不同的数据中心或机构中，这些数据具有分布不均、形式异构的特点，即位于不同数据中心的图数据规模差异巨大，且相同的实体往往具有不同的语义，各个数据中心对数据的处理能力千差万别。此外，对着国内外对数据安全、隐私保护的愈发重视，数据在图联邦框架下的安全合规流动成了亟待解决的课题。

参考文献

[1] Apache. Apache Hadoop[EB/OL]. [2022-01-05]. https://hadoop.apache.org/.

[2] MALEWICZ G, AUSTERN M H, BIK A J C, et al. Pregel: a system for large-scale graph processing[C]//Proceedings of the 2010 ACM SIGMOD International Conference on Management of data. New York: ACM, 2010: 135-146.

[3] Apache. Apache Giraph[EB/OL]. [2022-01-08]. http://giraph.apache.org/.

[4] SALIHOGLU S, WIDOM J. Gps: A graph processing system[C]//Proceedings of the 25th international conference on scientific and statistical database management. New York: ACM, 2013: 1-12.

[5] LOW Y, BICKSON D, GONZALEZ J, et al. Distributed graphlab: a framework for machine learning and data mining in the cloud[C]//Proceedings of the VLDB Endowment. Trondheim: VLDB Endowment, 2012, 5(8): 716-727.

[6] KYROLA A, BLELLOCH G, GUESTRIN C. GraphChi: Large-Scale Graph Computation on Just a PC[C]//10th USENIX Symposium on Operating Systems Design and Implementation (OSDI 12). Berkeley: USENIX, 2012: 31-46.

[7] Gonzalez J E, Low Y, Gu H, et al. PowerGraph: Distributed {Graph-Parallel} Computation on Natural Graphs[C]//10th USENIX symposium on operating systems design and implementation (OSDI 12). 2012: 17-30.

[8] GONZALEZ J E, XIN R S, DAVE A, et al. GraphX: Graph Processing in a Distributed Dataflow Framework[C]//11th USENIX symposium on operating systems design and implementation (OSDI 14). Berkeley: USENIX, 2014: 599-613.

[9] GUO Y, BICZAK M, VARBANESCU A L, et al. How well do graph-processing platforms perform? an empirical performance evaluation and analysis[C]//2014 IEEE 28th International Parallel and Distributed Processing Symposium. Piscataway: IEEE, 2014: 395-404.

[10] HERODOTOU H, LIM H, LUO G, et al. Starfish: A Self-tuning System for Big Data Analytics [C]//Fifth Biennial Conference on Innovative Data Systems Research. Asilomar: CIDR, 2011, 11: 261-272.

[11] FAN W, XU J, WU Y, et al. GRAPE: Parallelizing sequential graph computations[J]. Proceedings of the VLDB Endowment, 2017, 10(12): 1889-1892.

[12] ROY A, MIHAILOVIC I, ZWAENEPOEL W. X-stream: Edge-centric graph processing using streaming partitions[C]//Proceedings of the Twenty-Fourth ACM Symposium on Operating Systems Principles. New York: ACM, 2013: 472-488.

[13] Chen Q, Bai S, Li Z, et al. GraphHP: A hybrid platform for iterative graph processing[J]. arXiv preprint arXiv: 1706. 07221, 2017.

[14] SHUN J, BLELLOCH G E. Ligra: a lightweight graph processing framework for shared memory [C]//Proceedings of the 18th ACM SIGPLAN symposium on Principles and practice of parallel programming. New York: ACM, 2013: 135-146.

[15] PRABHAKARAN V, WU M, WENG X, et al. Managing Large Graphs on Multi-Coreswith Graph Awareness[C]//2012 USENIX Annual Technical Conference. Berkeley: USENIX, 2012: 41-52.

[16] XIE C, CHEN R, GUAN H, et al. Sync or async: Time to fuse for distributed graph-parallel computation[J]. ACM SIGPLAN Notices, 2015, 50(8): 194-204.

[17] ZHOU C, GAO J, SUN B, et al. Mocgraph: Scalable distributed graph processing using message online computing[J]. Proceedings of the VLDB Endowment, 2014, 8(4): 377-388.

[18] KHAYYAT Z, AWARA K, ALONAZI A, et al. Mizan: a system for dynamic load balancing in large-scale graph processing[C]//Proceedings of the 8th ACM European conference on computer systems. New York: ACM, 2013: 169-182.

[19] JAIN N, LIAO G, WILLKE T L. Graphbuilder: scalable graph etl framework[C]//First international workshop on graph data management experiences and systems. New York: ACM, 2013: 1-6.

[20] LI D, ZHANG C, WANG J, et al. Grapha: Adaptive partitioning for natural graphs[C]//2017 IEEE 37th International Conference on Distributed Computing Systems (ICDCS). Piscataway: IEEE, 2017: 2358-2365.

[21] CHEN R, SHI J, CHEN Y, et al. Powerlyra: Differentiated graph computation and partitioning on skewed graphs[J]. ACM Transactions on Parallel Computing (TOPC), 2019, 5(3): 1-39.

[22] DAI D, ZHANG W, CHEN Y. IOGP: An incremental online graph partitioning algorithm for distributed graph databases[C]. Proceedings of the 26th International Symposium on High-Performance Parallel and Distributed Computing. New York: ACM, 2017: 219-230.

[23] FAN W, JIN R, LIU M, et al. Application driven graph partitioning[C]. Proceedings of the 2020 ACM SIGMOD International Conference on Management of Data. New York: ACM, 2020: 1765-1779.

[24] WU M, YANG F, XUE J, et al. Gram: Scaling graph computation to the trillions[C]//Proceedings of the Sixth ACM Symposium on Cloud Computing. New York: ACM, 2015: 408-421.

[25] DRAGOJEVIĆ A, NARAYANAN D, CASTRO M, et al. FaRM: Fast Remote Memory[C]//11th USENIX Symposium on Networked Systems Design and Implementation (NSDI 14). Berkeley: USENIX, 2014: 401-414.

[26] KHORASANI F, VORA K, GUPTA R, et al. CuSha: vertex-centric graph processing on GPUs [C]//Proceedings of the 23rd international symposium on High-performance parallel and distributed computing. New York: ACM, 2014: 239-252.

[27] WANG Y, DAVIDSON A, PAN Y, et al. Gunrock: A high-performance graph processing library on the GPU[C]//Proceedings of the 21st ACM SIGPLAN symposium on principles and practice of parallel programming. New York: ACM, 2016: 1-12.

[28] BEN-NUN T, SUTTON M, PAI S, et al. Groute: An asynchronous multi-GPU programming model for irregular computations[J]. ACM SIGPLAN Notices, 2017, 52(8): 235-248.

[29] DATHATHRI R, GILL G, HOANG L, et al. Gluon: A communication-optimizing substrate for distributed heterogeneous graph analytics[C]//Proceedings of the 39th ACM SIGPLAN conference on programming language design and implementation. New York: ACM, 2018: 752-768.

[30] DATHATHRI R, GILL G, HOANG L, et al. Gluon-async: A bulk-asynchronous system for distributed and heterogeneous graph analytics[C]//2019 28th International Conference on Parallel Architectures and Compilation Techniques (PACT). Piscataway: IEEE, 2019: 15-28.

第 6 讲 大数据分析——算法设计

编者按

本讲由王平辉撰写。王平辉是西安交通大学教授，专注于大数据分析算法的研究，是我国大数据领域年轻有为的学者。

6.1 大数据的统计特征估算算法

“大数据”分析，已经成为现代数据挖掘的一个显著特征，通常需要高效地处理极大规模的数据。以网络大数据为例，在高速网络环境下，上下行速率可达 100Gbps，对如此大规模的数据进行分析，给有限的计算资源带来巨大的挑战。在二进制条件下，存储一个数字 N，需要 $\log_2(N)$ 的空间，面对大规模的数据时，精确地对数据进行统计和分析是不现实的。以计算机网络为例，计算机网络是由计算机及计算机之间的网络通信关系组成的网络数据，我们可以用图 $G=(V,E)$ 这种数据结构来表示一个社交网络。其中，每台计算机代表图中的一个节点，所有计算机组成了图的节点集合 V；不同计算机之间的通信关系构成了图的边集合 E。在计算机网络这种图大数据中，三角形是一种很重要的统计特征。图中的一个三角形是三个两两之间有边连接关系的节点组成的拓扑结构，统计计算机网络中三角形的个数有助于检测网络中是否存在异常。

此外，在计算机网络中，不同计算机之间通过网络数据包进行通信交互，一台计算机会接收来自其他计算机的网络数据包，使用 $\Pi=e^1,e^2,\cdots,e^t$ 表示一台计算机接收的数据包序列。其中，e^t 表示 t 时刻被该计算机接收的数据包。这些数据包组成的数据集中存在统计特征。例如，统计多少计算机（IP 地址）向该主机发送了数据包，发送了多少数据包等，这些统计特征对网络运维有重要意义。

由于计算或者存储资源的限制，对大数据的统计特征进行准确计算难以实现，因此，设计近似计算方法势在必行，采样和 Sketch 是两种常用的估算方法。采样，亦称为“抽样”，是指从总体数据中以一定的方式抽取部分样本点，并对样本点进行统计和分析，进而估计总体数据的特征情况。Sketch 方法，亦称为“数据梗概”方法，是指采用特殊的数据结构以概率的形式存储总体数据的某类或多类统计特征，并在数据 Sketch 的基础上，对这些统计特征进行估计。后面两个小节对这两种常用的估算方法中的经典算法进行了介绍。

6.1.1　采样估算算法

以社交网络中三角形个数的估计为例，如前文所述，由于计算和存储资源的限制，在庞大的社交网络中准确地统计三角形的个数几乎是不可行的。为此，我们可以对社交网络中的用户及其之间的关系进行采样。通过采样，我们可以获得一个规模远小于原始网络的子图。通过在子图中对三角形进行计数，之后再反推回原始网络。我们将介绍两种基本的采样方法：均匀采样（uniform sampling）和水池采样（reservoir sampling）。

1. 均匀采样算法

均匀采样指均匀地从总体数据中抽取样本点。对于总体数据中的每一个数据，其被抽取的概率是相等的。均匀采样可以减少使用局部数据的特征对总体数据特征进行估计时的产生的偏差。假设某学校有 50 000 名在校学生，我们想大致地了解该校中在校学生的男女比例、平均身高、戴眼镜人数等信息。然而统计每名学生的信息是一项耗时耗力的事情，为了解决这个问题，可以选取一部分同学（1 000 名）作为样本。统计作为样本的同学的各种信息，进而就可以估计全部在校学生（总体）的各项信息。在这个问题中，如何选取作为样本的部分同学，决定了对总体信息估计的准确与否。如果抽取的样本全部来自男生比例较高的学院，那么对于全部在校生男女比例的估计将是有较大偏差的。

使用采样的方式来估计总体，可能会存在一定的估计误差。例如，在 1 000 名同学组成的样本中有 480 名同学是女生，那么从样本得到的对总体 50 000 名同学的女生数量是就是 24 000 名。然而在学校的信息系统中，我们获知在 50 000 名同学中实际的女生数量是 24 356 名。对于本次采样来说，采样存在的误差 e 就是 $e=24\,356-24\,000=356$。使用采样方法估计总体，既然误差不可避免，怎么控制采样中存在的误差，以满足我们的统计需求呢？以估计总体中男女比例为例，在一次采样中，我们抽取到女生的概率为 $P_{女}=\frac{24\,356}{50\,000}$，抽取到男生的概率为 $P_{男}=\frac{50\,000-24\,356}{50\,000}=\frac{25\,644}{50\,000}$。对于某次采样我们得到的女生比例是 $\hat{P}_{女}=\frac{\sum_{i=1}^{m}1(X_i=女)}{m}$，其中 X_i 代表一名样本同学的性别，$1(\cdot)$ 代表一个指示函数，如果其中事件为真则 $1(\cdot)=1$，如果事件为假则 $1(\cdot)=0$。很容易就可以得到 $\hat{P}_{女}$ 是对总体样本中女生比例 $P_{女}$ 的无偏估计量，即：

$$E(\hat{P}_{女})=P_{女}$$

而方差则是：

$$D(\hat{P}_{女})=E(\hat{P}_{女}^{2})-E((\hat{P}_{女}))^{2}=\frac{P_{女}(1-P_{女})}{m}$$

可以发现，对于一次均匀采样来说，其方差和采样的样本数量相关，因此可以根据误差需求选择一个合适的样本值。

常用的采样方法有两种，即有放回采样和无放回采样。下面来分析两种采样方法。假设总体是一个装满黑白球的袋子，袋子中的黑球代表男生，而袋子中的白球代表女生。有放回采样是指，每次抽取一个样本之后，将样本重新放回总体中，再进行下一次抽样。无放回采样是指，抽取一个样本之后，不将样本放回总体中，后续采样抽取除样本之外的部分。这两种采样方法都属于概率论中的古典概型。下面分析两种采样方法抽取一个样本而样本性别是女性的概率。对于采样有放回来说，每次抽样的实验总数是 50 000，试验结果是女生的个数是 24 356，因此一次采样抽到的样本性别是女性的概率为 $P_{女}=\frac{24\,356}{50\,000}$。对于采样无放回来说：

第一次采样抽到的样本的性别是女性的概率为 $P_{女}=\frac{24\,356}{50\,000}$。

第二次采样抽到的样本的性别是女性的概率则需要考虑第一次采样的结果，即分别考虑第一次采样抽到的样本性别为男性和女性两种情况，$P_{女}=P_{男}\times\left(\frac{24\,356}{50\,000-1}\right)+P_{女}\times\left(\frac{24\,355}{50\,000-1}\right)=\frac{24\,356}{50\,000}$。

依次类推，对于 m 次无放回采样，每次抽到的样本性别是女性的概率都是 $P_{女}=\frac{24\,356}{50\,000}$，因此对于前面提到的抽样问题，使用有放回和无放回的采样抽取 m 个样本，对于总体的估计是一致的。但是要注意的一点是，以有放回的方法进行采样，每次采样之间是相互独立的，而无放回的方法，每次采样之间是非独立的。

2. 水池采样算法[1]

均匀采样需要已知总体数据的规模，但现实中同样存在总体数据规模不可预知的情况。例如，在真实的网络环境中，人们想知道某个时间段内所有数据包的平均包长，想通过采样的方法抽取 1 000 个数据包作为样本，但是由于总体数据规模不可知，无法存储总体数据，也无法使用上述均匀采样算法抽取相应的样本。水池采样算法正是在未知长度的数据中（又称数据流）均匀采样得到 m 个数据的算法。水池采样算法描述如下。

首先构建一个长度为 m 的数组 R，用以存放抽取的数据样本，并称这个数组为“水池”。水池采样算依次处理数据流 S 中的每个数据 $S[i]$，当处理的数据数量小于要采样的样本数量 m 时，即 $i<m$，水池采样算法将接收到的每个数据依次放入“水池”中，使得 $R[i]=S[i]$。当数据流中数据数量 i 超过数组长度 m 时，即 $i \geqslant m$，则在 $[0,i]$ 范围内取以随机数 d，若 d 落在 $[0,m-1]$ 范围内，则用数据流中第 i 个数据 $S[i]$ 替换“水池”数组中的第 d 个数据 $R[d]$。水池采样算法可以保证当处理完数据流中的所有数据时，“水池” R 中的每个数据都是以 $\frac{m}{N}$ 的概率从数据流中采样得到的（N 为当前已处理的数据个数），下面推导验证该算法。

假设数据流中数据的起始索引为 1，第 i 个接收到的数据 $S[i]$ 最后能够留在“水池”中而不被替换的概率，等于第 i 个数据被采到“水池”的概率乘以经过处理数据流中全部数据之后第 i 个数据没有被替换的概率。以下我们先分情况分析第 i 个数据被采到“水池”中的概率。当 $i \leqslant m$ 时，第 i 个数据 $S[i]$ 被采到“水池”中的概率等于 1；当 $i>m$ 时，在 $[1,i]$ 内选取随机数 d，如果 $d \leqslant m$，则使用第 i 个数据替换数组中第 d 个数据，因此第 i 个数据进入过蓄水池的概率等于 $\frac{m}{i}$。

接下来讨论采到“水池”中的第 i 个数据不被数据流中后续数据替换的概率。当 $i \leqslant m$ 时，程序从接收到第 $m+1$ 个数据时开始执行替换操作，接收到数据流中第 $m+1$ 个数据时会替换池中数据的概率为 $\frac{m}{m+1}$，会替换第 i 个数据的概率为 $\frac{1}{m}$，则算法接收第 $m+1$ 个数据后替换第 i 个数据的概率为 $\frac{m}{m+1} \times \frac{1}{m} = \frac{1}{m+1}$。因此，该数据不被替换的概率为

$1-\frac{1}{m+1}=\frac{m}{m+1}$。依次类推，可以得到算法接收到第 $m+2$ 个数据时，不替换第 i 个数据概率为$\frac{m}{m+1}\times\left(\frac{2}{m+2}+\frac{m}{m+2}\times\frac{m-1}{m}\right)=\frac{m}{m+2}$。所以，当接收到第 N 个数据之后第 i 个数据不被替换的概率等于$\frac{m}{N}$。

当 $i>m$ 时，程序从接收到第 $i+1$ 个数据时开始有可能替换第 i 个数据。则根据上述 $i\leqslant m$ 时的分析，将 $m+1$ 替换为 $i+1$ 之后，可以得到第 i 个数据不被替换的概率等于$\frac{i}{N}$。

结上所述，当 $i\leqslant m$ 时，第 i 个接收到的数据最后留在“水池”中的概率为 $1\times\frac{m}{N}=\frac{m}{N}$。当 $i>m$ 时，第 i 个接收到的数据留在“水池”中的概率等于$\frac{m}{i}\times\frac{i}{N}=\frac{m}{N}$。因此对于水池采样来说，数据流中的每个数据 $S[i]$ 最后被抽取为样本的概率均为$\frac{m}{N}$。算法的伪代码如下。

算法 6.1　水池采样算法

```
输入：array S[N];            // 输入数据流，且长度 N 不可知
输出：array R[m];            // 水池采样得到的 k 个样本
1    int i←0, j←0;
2    while i<m do
3    R[i]=S[i];
4    i=i+1;
5    end while
6    while i>=m do
7    j←random(0,i);          // 生成[0,i]内的随机整数 d
8    if j<m then
9    R[j]=S[i];              // 替换“水池”中第 j 个元素
10   end if
```

```
11     i=i+1;
12     if S[i]=∅ then          // 输入数据流中的元素全部被处理完
13     break;
14     end if
15     end while
```

水池采样属于一种无放回均匀采样，因此其误差分析和前述均匀采样的结果一致，这里不做赘述。

6.1.2 Sketch 估算算法

在实际问题中，数据可能会出现长尾分布，即少量数据会大量出现（这部分数据又称头部数据），而大量的数据出现的次数很少（这部分数据又称尾部数据）。这种分布会使得采样不准，估值不准，因为尾部占了很大部分。长尾分布带来的问题主要体现在两方面：一方面，人们更关注数据中的头部数据，即 heavy hitters。例如，在网络流量中占据大量带宽的，往往来自为数不多的应用。大量的网络资源占用，反映了用户的需要，因而运营商需要对这少部分的应用提供高质量的网络服务，而采样的方法难以准确高效地找到数据中的 heavy hitters。另一方面，因为数据呈现长尾分布，导致数据的基数（cardinality）也难以准确且高效的获得。例如，想要统计某大型网站的独立访问用户数量，以便运营商能够通过独立访问用户数量估计新增的用户数，但是网页可能会被用户重复访问因而简单统计网页点击率无法获得独立访问用户数量。再例如，想要知道特定客户数据集中有多少不同的姓氏？这两个问题同样无法通过采样来解决。下面将分别针对 heavy hitters 查找和数据 cardinality 估计两个场景，介绍两种常用的 Sketch 方法。

1. heavy hitters 查找的问题定义

在寻找 heavy hitters 的过程中，目标是寻找一个实时的数据流中数据集中高频出现的元素，并记录出现次数。正式地，定义所研究的问题为：令 $S=q_1,q_2,\cdots,q_n$ 为数据流，其中每个 $q_i\in\{o_1,o_2,\cdots,o_m\}$。对象 o_i 在 S 中出现的次数记为 n_i，设数据流中全部

的元素数量为 N，则对象 o_i 的出现频率为 $f_i=\frac{n_i}{N}$。对于频繁对象（heavy hitter）查找问题，即查找出现频率超过某个阈值 ϕ 的对象，ϕ 是一个预先设定的参数。一个直观的解决方法是建立一个 HashMap 来统计各个元素的出现频率，但由于不同的元素的个数可能非常大，从而导致 HashMap 所占用极大内存。与此同时，非常大的元素数量会导致 HashMap 的冲突概率增加，当 HashMap 的冲突概率很高时，最坏的情况下在 HashMap 中查找一个元素的时间复杂度会很高，以至于查询的响应时间过长，实时性较差。

Count-Min Sketch（CMS）[2] 就是一个用来解决此类问题的经典算法。CMS 算法不存储元素本身，只巧妙地存储各个元素的计数，其基本的思路如图 6.1 所示，描述如下。

1）创建一个长度为 w 的数组，用来存储各个元素的计数值，并初始化每个元素的计数值为 0：

$$\text{CMS}=[c_1,c_2,\cdots,c_w]\leftarrow[0,0,\cdots,0]$$

2）对于一个新来的元素 o_i，使用哈希函数 h，将其下标哈希到 1 到 w 之间的一个数，比如哈希值为 $j=h(i)$，$1\leqslant j\leqslant w$，作为数组的位置索引。

3）数组对应的位置索引 j 的计数值加 1：

$$c_j=c_j+1,\quad 1\leqslant j\leqslant w$$

4）这时要查询某个元素出现的频率，只要简单的返回这个元素哈希后对应的数组的位置索引的计数值，即 $f_i\approx\hat{f}_i=c_{h(i)}$。

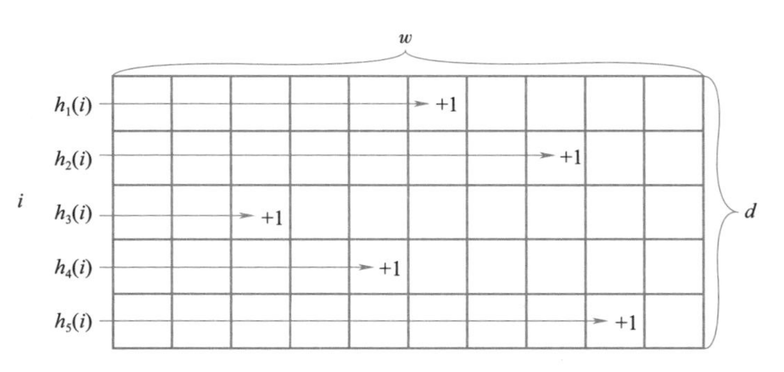

图 6.1　Count-Min Sketch 计数流程

因为建立的数组长度为 w，并且采用哈希函数将 m 个（$m\gg w$）元素哈希到 1 到 w 之间的一个位置，这样一定会出现冲突的情况。这里以两个对象冲突的情况为例，即有

着不同下标 i' 和 i'' 的两个元素 $o_{i'}$ 和 $o_{i''}$，会被哈希到数组中的同一个索引位置 j，即 $j=h(i')=h(i'')$。这会导致对象 $o_{i'}$ 和 $o_{i''}$ 的计数统计值都会偏大。在什么情况下，能够减少计数统计值的偏差呢？考虑之前的假设，即数据的频数 f_i 的分布呈现长尾分布，即少部分对象的具有很高的频数，大部分对象的频数很低。而我们需要查找的 heavy hitters 恰恰是这部分，当 $f_{i'} \gg f_{i''}$ 时，那么对于对象 $o_{i'}$ 的计数统计值的偏差是很小的。也就是说，如果被哈希到数组中的同一个索引位置 j 的两个元素中有一个元素具有很低的频数，那么就可以保证，对于 heavy hitters 来说 Count-Min Sketch 的估计值的偏差很小。那么怎么使得这种情况能够出现呢？不难发现，增加数组的长度 w 和创建使用不同哈希函数的多个数组，可以有效增加在某个数组中出现上述情况的概率。进而可以构建一个准确的 Count-Min Sketch，即：

$$\text{CMS}^k=[c_1^k,c_2^k,\cdots,c_w^k],\quad 1\leqslant k\leqslant d$$

其中，对于不同的数组 CMS^k 使用不同的哈希函数 h^k 将对象 o_i 的索引哈希到 1 到 w 之间。当要查询某个元素的频率时，返回这个对象在不同数组中的计数值中的最小值即可。即 $f_i \approx \hat{f}_i=\min[h_1(i),h_2(i),\cdots,h_d(i)]$。

根据上述分析，很容易发现 Count-Min Sketch 对某个元素频数的估计值有可能是偏大的。因为哈希冲突的存在，Count-Min Sketch 返回的某个元素的频数值，可能是几个元素的频数的和。那么如何选择的参数 d(hash 函数数量）和 w(表格列的数量）来设计一个符合满足我们允许的频数估计误差的 Count-Min Sketch 模型呢？假设数据流的大小为 N，元素 o_i 的真实频数为 n_i，通过 Count-Min Sketch 得到元素 o_i 的估计频数为 $\hat{n}_i$。由于哈希冲突，易知真实频数和估计频数满足 $n_i \leqslant \hat{n}_i$。现在假设存在参数 ε 使得 $\hat{n}_i \leqslant n_i+\varepsilon N$，这个不等式约束了估计频数的误差范围，我们希望 Count-Min Sketch 的误差以一定的概率 δ 落在这个范围中，即 $P(\hat{n}_i \leqslant n_i+\varepsilon N)\geqslant\delta$，$\delta$ 表示误差不超过这个范围里的概率。那么，d 和 w 的取值可以通过以下两个公式获得：

$$w=\left\lceil\frac{\mathrm{e}}{\varepsilon}\right\rceil,\quad d=\left\lceil\ln\left(\frac{1}{1-\delta}\right)\right\rceil$$

详细的推导过程可以参见论文“An Improved Data Stream Summary：The Count-Min Sketch and its Applications”。其中 e 为是常数自然对数的底，根据公式易知，想要越小的错误范围 εN，就需要设置更大的 w，也就是数组的长度；同理，想要误差以更高的

概率 δ 落在该误差区间，就需要设置更大的 d，也就是更多的哈希函数。最后，我们分析一下 Count-Min Sketch 所使用的内存大小，假设我们使用一个 b-bite 的寄存器来存储每个 CMS^k 数组中的每个元素，那么整个 Count-Min Sketch 所占用的内存大小为 bwd 比特，相比于对这 N 个元素构建一个 HashMap 来精确的统计每个元素的频数，Count-Min Sketch 在保证一定精度的情况下，有效地降低了内存的开销。

2. cardinality estimation 的问题定义

基数（cardinality），是指一个数据集中不同元素的个数。例如数据集：{1,2,3,4,5,3,3,9,7,8,1,3,5,3} 这个集合包含了 14 个元素，但是 1 和 5 这个元素出现了两次，3 这个元素出现了五次，因此不重复的元素为 1,2,3,4,5,8,9,7，所以这个数据集的基数是 8。实际中可以考虑这样一个场景，假设某淘宝店铺上架了 10 个宝贝。店主希望可以在一天中随时查看这 10 个宝贝链接分别被多少个独立访客（Unique Visitor，UV）点击过，之所以对独立访客的数量感兴趣而不是对点击量感兴趣，是因为独立访客的数量直接反映了商品的曝光量。独立访客数区别于点击量，即使某个访客今天重复点击了某商品五次，那么该访客对该商品的 UV 贡献也是 1，而不是 5。因此需要对每一个要统计的商品维护一个数据结构存储已访问的独立访客，并且在一个新的访客点击某个商品时，能判断此访客在今天是否已经点过此商品，如果没有则此商品的 UV 增加 1。一个直接的解决思路是为每一个页面设置一个独立的集合来存储所有当天访问过此页面的访客 ID。但这样的做会占用巨大的存储空间，如果店铺访问量很大，那么需要用来存储的集合就会非常大，如果商品数量也很多，为了判断某次访问是否是重复访问也将耗费的大量的计算资源。

FM（Flajolet-Martin）Sketch[3] 是最早通过 bitmap 这种数据结构来解决这个问题的方法，FM 方法首先构造了一个哈希函数 h，能够将所有元素 o_i 均匀地映射为一个定长为 L 的二进制比特串在 $\{0,1\}^L=j=h(i)$，并且记录所有元素二进制比特串中末尾连续 0 的个数，即出现第一个 1 的位置。通过获得最大位置 k_{max} 来估计数据集的基数，基数 $N\approx 2^{k_{max}}$，其中 k_{max} 是所有 $k(j)$ 的最大值，$k(j)$ 为 j 的比特串中第一个"1"出现的位置，即：

$$k_{max}=\max\{k(h(i))\},\quad 1\leqslant i\leqslant N$$

那么为什么可以通过记录二进制哈希值 j 中第一个 1 出现的位置就可以得到数据集

的基数估计呢？下面介绍 HyperLogLog 中利用的概率模型——伯努利过程。以抛硬币为例，一次伯努利实验，就是抛一次硬币；该实验满足伯努利分布，即抛一次硬币，获得硬币正面的概率为 $p=\frac{1}{2}$，获得背面的概率为 $1-p=\frac{1}{2}$；伯努利过程是一系列独立同分布的伯努利试验，即 N 重伯努利实验，该实验服从二项分布；一次伯努利过程即是 N 次伯努利实验，还是以抛硬币为例，抛一次若出现正面记为“1”，出现反面记为“0”，这样抛 N 次，并记录结果，得到的一串 1，0 的排列串，这与集合中的一个元素经过哈希函数作用后得到的定长二进制哈希值 j 在排列上具有相同的特征，都是“01”字符排列。那么可以认为集合中有 N 个元素，通过哈希函数得到 N 个哈希值 j，相当于进行了 N 次伯努利实验过程。接下来，继续以抛硬币为例，借助伯努利实验过程分析 FM Sketch 算法的基数估计 $\hat{N}\approx 2^{k_{\max}}$。

1）实验分布：一次抛硬币出现正反面的概率都是$\frac{1}{2}$。

2）实验过程：一直抛硬币直到出现正面，记录下投掷次数 k，将这种抛硬币多次直到出现正面的过程记为一次伯努利过程。

假设集合中有 N 个元素，相当于进行了 N 次伯努利实验过程，对于 N 次伯努利过程，我们会得到 N 个出现正面的投掷次数值 $k_1,k_2,\cdots,k_N$，其中最大值记为 $k_{\max}$，那么可以得到下面结论：

1）N 次伯努利过程的投掷次数都不大于 $k_{\max}$；

2）N 次伯努利过程，至少有一次投掷次数等于 $k_{\max}$。

对于第一个结论，N 次伯努利过程的抛掷次数都不大于 $k_{\max}$ 的概率用数学公式表示为：$P_1=\left(1-\left(\frac{1}{2}\right)^{k_{\max}}\right)^N$。

第二个结论至少有一次等于 $k_{\max}$ 的概率用数学公式表示为：$P_2=1-\left(1-\left(\frac{1}{2}\right)^{k_{\max}-1}\right)^N$。

当 $N\ll 2^{k_{\max}}$ 时，$P_1\approx 0$，即当 N 远小于 $2^{k_{\max}}$ 时，上述第二条结论不成立；

当 $N\gg 2^{k_{\max}}$ 时，$P_2\approx 0$，即当 N 远大于 $2^{k_{\max}}$ 时，上述第一条结论不成立；由于第一、二条结论是一定成立的，所以上述两种极端假设条件是不成立的，从而可以得出结论：$N\approx 2^{k_{\max}}$。

根据上述分析，可以利用集合中数字的比特串第一个1出现位置的最大值 k_{max} 来预估整体基数，在确保通过哈希函数得到的哈希值是均匀分布的情况下，我们有以下结论：$E(k_{max}) \approx \log_2 \varphi N$，其中 $\varphi \approx 0.77351$ 是计算后得出的修正因子，$D(k_{max}) \approx 1.12$。这里不做具体推导，详细推导可见论文“Probabilistic counting algorithms for data base applications”。

显而易见，在FM Sketch中，只需 $\log_2 N$ 个比特就可以存储一个bitmap，但是使用这种基数估计方法存在着较大的误差，原因主要包括以下两点：第一，如果只进行一次 N 次伯努利过程，那么 k_{max} 的取值具有一定的随机性；第二，对基数的估计值是2的整数次幂除以修正系数，显然具有较高的误差。

后续工作诸如LogLog counting，使用了“基于离散平均值的概率性计数”的思路来解决这样一个问题，即将FM Sketch算法中的一个bitmap增加为 m 个。一个简单的思路是使用多个哈希函数，每个哈希函数对应一个bitmap，但是这样做会造成计算开销过高的问题。为了避免计算开销过高的问题，LogLog counting使用了分桶平均的方法，即每次哈希时，对于每一个元素，其哈希值 j 的前 k 比特作为桶编号，其中 $2^k=m$，即将原始哈希空间平均分为 m 份。而后 $L-k$ 个比特作为真正用于基数估计的比特串。桶编号相同的元素被分配到同一个桶，这样每个组都会有 $\frac{n}{m}$ 个元素，在进行基数估计时，首先计算每个桶内元素最大的第一个“1”的位置，设为 k_{m_i}，这样我们一共可以得到 m 个 k_{m_i}，然后对这 m 个值取平均后再进行估计。

图6.2展示了一个LogLog counting生成LogLog Sketch的例子，在本例中元素通过哈希函数作用后得到16位二进制定长哈希值，并使用高5位作为分桶索引，5-bit可以表示桶的数量为32个，使用低11位的哈希值子串来判定首次出现1的位置。例如“$h_1(i)$”得到的二进制哈希值 j 为“0000 1000 1000 1000”，低11位“000 1000 1000”中首次出现“1”从右看是第4位，即 $k_i=4$，高5位“0000 1”表明在桶1，因此这时将桶1的数值记为4。集合中的所有元素通过这些步骤后得到各个元素二进制哈希值首次出现1的位置 k_i 将被分到哪个桶中，大于当前指定桶中值则替换，反之不替换。直到处理完所有元素后，即可得到一个有32个元素的数组，其中数组值记录分到各桶中所有元素哈希值的首次出现1的最大值，进而可以进行基数估计，LogLog counting的基数估计量

可以表示为：

$$\hat{N}=\alpha_m m 2^{\frac{1}{m}\sum_i k_{m_i}}$$

其中，α_m 是修正参数。与 FM Sketch 不同，LogLog Sketch 算法只存储 k_{m_i}，所以存储其所需的内存空间可以降低为 $\log_2(\log_2 N)$ 个比特，再乘上分桶数 m，LogLog Sketch 一共需要 $m\log_2(\log_2 N)$ 个比特的内存空间。在 LogLog counting 算法中，使用的是 k_{m_i} 的算术平均数来估计数据集的基数，并且仍然采用 2 的整数次幂除以修正系数。所以本质上是各个桶中估计的数据集基数的几何平均数，但是几何平均数受离群值（即偏离均值很大的值）的影响非常大，尤其在出现较多空桶（没有元素分到这个桶中）的时候，LogLog counting 的估计值存在较大的偏差。因此，我们不过多对 LogLog counting 的细节做出介绍。

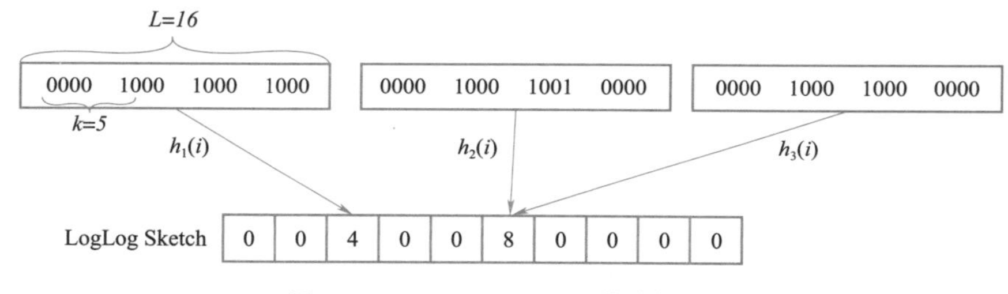

图 6.2　LogLog counting 的分桶流程

HyperLogLog 改进了 LogLog counting 并成为当前主流的基数估计算法，HyperLogLog Sketch 的生成流程与 LogLog Sketch 的生成流程基本无异，而 HyperLogLog 使用这 m 个值的调和平均数而不是几何平均数对数据集基数进行估计。由于几何平均数对于奇异点（离群值）特别敏感，因此当存在奇异点时，基数估计值的偏差就会很大。这是因为 N 较小时，可能存在较多空桶，而这些特殊的奇异点干扰了几何平均数的稳定性，而调和平均数正好能够弥补这种奇异点的情况，能够很好地过滤点这些异常数值。HyperLogLog 的基数估计量为：

$$\hat{N}=\frac{\beta_m m^2}{\sum_i 2^{-k_{m_i}}}$$

其中，β_m 是修正参数 $\beta_m=\left(m\int_0^{\infty}\log_2\left(\frac{2+u}{1+u}\right)^m \mathrm{d}u\right)^{-1}$。HyperLogLog 的内存使用与 m 的大

小及哈希值的长度有关。假设哈希值的长度为32bit，由于$k_{max} \leqslant 32$，因此每个桶需要5bit的空间存储这个桶的k_{max}，m个桶就是$\frac{5m}{8}$字节。例如集合基数上限为一亿（约2^{32}），当分桶数m为1 024时，每个桶的能够分得的基数上限约为$\frac{2^{32}}{2^{10}}=2^{22}$，而$\log_2(\log_2(2^{22}))\approx 4.459\,4$，因此每个桶需要5bit，需要字节数就是$\frac{5\times 1\,024}{8}=640$，即可得到HyperLogLog空间复杂度$m\log_2(\log_2(N))$。

6.1.3 相关应用

本小节介绍大数据采样算法的一些相关应用。

（1）网络测量

网络流量测量在网络管理和运行中具有重要意义。通过对流量大小分布、活动流量计数等流级别的统计信息进行测量，可以规划网络带宽使用、计费、异常检测等提供信息。在基于流的流量测量中，流量测量是对网络设备（包括路由器、交换机和专用网络探针）收集的流量进行的。一段网络流量是指在特定的时间间隔内通过网络中某个观测点的一组具有一些共同属性（如源地址、目的地址或由｛源地址、目的地址、源端口、目的端口、协议｝组成的5元组）的报文集合。以5元组属性为例，所有具有相同5元组值的报文都被认为属于同一个流。通常，在将流量数据包聚合为流之前，会对流量数据包进行采样，以减少必须存储在流表中的流的数量。然而，一些研究表明对流量数据包进行采样，无法支持某些细粒度网络测量。如果对每一种包都分配一个计数器来储存，虽然测量准确，但是存储各个计数器的空间开销非常大。因此，基于Sketch数据流算法被用于许多高速网络测量应用，包括heavy hitters检测，流量变化检测，流量大小分布以及超级传播者检测。基于Sketch的算法使用紧凑的数据结构（例如Count-Min Sketch）表示网络流量，并直接通过计算网络流量的Sketch得到流量测量结果。Sketch数据结构使用一个哈希表数组，其中每个桶存储一个计数器或一个位数组（bitmap）。Sketch通常有一个小而固定的内存大小，一般不超过几千字节，这使得它适合在缓存或低延迟内存（SRAM）中实现。基于Sketch的网络测量算法中主要包含两个操作：更新和查询。第一个操作使用网络流量数据中每个项的键和值更新Sketch；查询操作用于从更新之后的 Sketch 中获得网络流量的统计信息。在网络测量应用中，基于 Sketch 的算法具有内存空间效率高的优点。只使用少量的内存空间，Sketch 能够通过为每个传入数据包更新其计数器而不进行数据包采样来汇总网络流量。更新操作是基于 Sketch 算法应用于网络流量测量的瓶颈，通常在网络设备线卡的 SRAM 中实现 Sketch 数据结构，保证线速率的更新过程。在更新过程之后，可以通过使用复杂的算法或统计方法（即查询操作）处理 Sketch 来执行特定的流量测量任务。基于 Sketch 的数据流算法在网络流量测量中具有良好的效率和可证明的存储精度权衡。网络测量是 SDN 发展的重要基础。网络状态监测、网络故障分析、网络安全防御，乃至于网络智能化，都依赖于网络测量。基于 Sketch 的高速流量网络测量方法，是当前网络领域的研究热点，包括 SIGCOMM'17 的 SketchVisor 和 SIGCOMM'18 的 SketchLearn、ElasticSketch、SIGCOMM'19 的 NitroSketch 等。

（2）基数估计

基于 Sketch 的基数估计的方法，一个重要应用就是跟踪在线广告的收视率。在许多网站和不同的广告中，每天都可能发生数以万亿计的观看事件。广告商对“Unique”的用户数量感兴趣：有多少不同的人（或者更确切地说，是浏览设备）接触到了这些内容。收集和分析这些数据并非不可行，而是相当笨拙，尤其是如果需要进行更高级的查询（例如，统计有多少 UV 同时看到了两个特定的广告）。HyperLogLog Sketch 的使用允许通过简单地组合两个 Sketch 而不是重新遍历全部数据来直接回答此类查询。在大规模网络系统中，基数估计算法也在幕后被广泛使用。2016 年，Facebook 开始在其社交网络中测试“六度分离”的说法。因为 Facebook 用户链接图十分巨大（超过 10 亿个节点和数千亿条边），因此无法为每个用户建立详细的连接分布信息。因此，使用基于 Sketch 的基数估计方法可以在不重复计数的情况下准确估计用户间的可达性的数据，并计算准确的距离分布。

在网络安全监控中，基于 Sketch 的基数估计可用于检测和跟踪安全漏洞。通过跟踪向服务器发出请求的不同 IP 地址的数量，就有可能检测到分布式拒绝服务（DDoS）攻击：如果地址数量在短时间内异常增加，它表明可能正在发生 DDoS 攻击。基数估计可用于收集计算机蠕虫的数据：通过计算不同的 IP 地址的数量发送数据包含有蠕虫签名可以跟踪电脑蠕虫病毒传播的速度。基于 Sketch 的基数估计算法还以用于优化数据库系统。像连接这样的复杂操作可以使用许多不同的策略来执行。提前估计要连接的表中不同行的数量，可以选择适当的策略。在传感器网络中，基数估计算法被用于计算聚合函数，如传感器读数的总和或平均值。在传感器网络中计算聚合函数需要节点之间相互发送消息，为了提供对消息丢失的鲁棒性，节点之间需要故意添加冗余。使用基数估计算法，使这些冗余消息在聚合时不会被多次计数。

（3）神经网络压缩

近些年来，随着神经网络模型的普及，人们对越来越多的设备提出了智能化的需求。再到更贴近人们生活的移动端，如何让神经网络模型在移动设备上运行，是当前神经网络模型压缩加速的一大重要目标。神经网络模型内部存储大量冗余信息，并不是所有的参数和结构都对产生神经网络高判别性起作用；因此，通过压缩和加速神经网络模型，使之直接应用于移动嵌入式设备端，将成为一种有效的解决方案。一个典型的例子是具有 50 个卷积层的 ResNet-50 需要超过 95MB 的存储器以及 38 亿次浮点运算。在丢弃了一些冗余的权重后，网络仍照常工作，但节省了超过 75% 的参数和 50% 的计算时间。

正如前面所介绍的 Sketch 方法可以用来准确追踪和计数一个集合中最频繁出现的元素的频率，对于一个向量 $\boldsymbol{x}$ 来说，我们同样可以使用 Sketch 来对其进行压缩，Sketch 能够准确地存储其中权重绝对值较大的元素，并支持高效地查询。例如，对于一个向量 $\boldsymbol{x}$ 可以转化为一个集合，向量中元素的索引可以表示为集合的对象，向量中的权重则可以转化为其索引对应的集合对象出现的次数，因而集合 heavy hitter 的频数估计的 Sketch 相关算法，也可以用来压缩向量的占用内存并能够准确估计向量中绝对值较大权重。以一个使用随机梯度下降优化的神经网络模型为例：

$$\boldsymbol{\beta}_{t+1} \leftarrow \boldsymbol{\beta}_t - \eta \boldsymbol{g}(\boldsymbol{\beta}_t, \boldsymbol{\theta}_t)$$

其中，$\boldsymbol{\beta}_{t+1}$ 和 $\boldsymbol{\beta}_t$ 为第 $t+1$ 和 t 轮训练时的神经网络模型权重向量，$\boldsymbol{g}(\boldsymbol{\beta}_t, \boldsymbol{\theta}_t)$ 为 t 轮更新时的梯度向量。近来，研究人员提出使用 Sketch 技术（主要是 Count Sketch 和 Count-Min Sketch）来对神经网络模型中的权重和梯度向量进行压缩，用极小的内存高效地保留了神经网络模型中权重绝对值较大的参数，进而有效地保留了神经网络模型表现范围。

6.2 大数据的成员查找算法

6.2.1 概率型成员查找算法

成员查询（membership query）是数据挖掘领域内的一个重要的研究问题，即给定一个集合以及待查找的元素，判断元素是否属于该集合。当集合内的元素数量较少时，直接存储集合内的元素并在查询时将带查找元素与之一一比对是一种可行的解决方法。这种方法的空间开销会随着集合内部元素数量的增多而线性上升，且查询时的所消耗的时间也与集合内的元素数量呈正相关，在当下动辄存储数以亿计的应用中，这种简单的存储以及查询方法显然不能满足各类场景的需求。因此，需要对这种朴素的方法进行改进。

定义 6.1　成员查询　给定一个集合 $S=\{x_1,x_2,\cdots,x_n\}$ 及一个待查找的元素 x，判断是否 $x\in S$。

散列表（hash table）是根据键值对来进行插入以及查询元素的数据结构。散列表的基本存储单元称为桶（bucket），一个散列表由若干个桶组成。初始时散列表中的所有桶均为空，当有元素插入时，首先通过一个 Hash 函数计算得到其存放的桶的编号，再将该元素放入到对应的桶中。查询元素时，通过同样的 Hash 函数计算得到该元素应存储的位置，再将待查询的元素与对应位置桶中的元素进行比对得到查询结果。

在插入元素的过程中，随着插入元素数量的增多，总会不可避免地出现两个或多个不相同的元素经过 Hash 函数得到相同结果的情况，即它们的存储位置为同一个 bucket，这种情况称为散列冲突（hash collision）。用于解决散列冲突的策略称为散列法（hashing）。而传统的概率型成员查询结构可以大致分为两类，其中一类为基于散列表的成员查询结构，另一类为基于位数组（bit array）的成员查询结构。在下文中均会有详细的介绍。

Bloom Filter[4] 是一种经典的基于位数组的概率成员查找结构（approximate membership query data structure），于 1970 年由 Burton H. Bloom 提出并因此而得名。Bloom Filter

在集合元素查询时容忍一定的错误，并将产生误报的概率纳入了对存储结构的评价指标，这种在当时十分新颖的方式促生了概率型成员查找结构，Bloom Filter 也被认为是最为经典的概率型成员查找结构。

Bloom Filter 由一个长度为 m 的位数组和若干个 Hash 函数 $\{h_i\}_{i=1}^{k}$ 组成，如图 6.3 所示。在实际应用中，数组大小 m 通常与期望存储的元素数量 n 成比例关系，且 Hash 函数的数量 k 小于 m。对于 k 个 Hash 函数，其应该相互独立且输出是均匀分布的，以保证在插入以及查询元素时能够得到最好的表现。

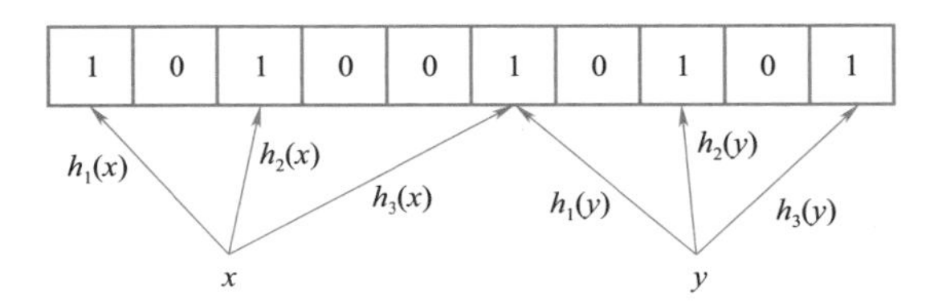

图 6.3 一个 Bloom Filter 的例子（其中 $m=10$，$k=3$）

Bloom Filter 只支持向其中插入元素以及查询元素的操作，不能够删除已经在集合中的元素。初始状态时集合内元素数量为 0，此时 Bloom Filter 的位数组中所有位都为 0。当需要插入元素 x 时，依次计算 Hash 函数 $\{h_i(x)\}_{i=1}^{k}$ 的值记为 index，并将位数组中对应的 index 位置 1。当需要查询元素 x 是否在集合中时，仍然依次计算 Hash 函数 $\{h_i(x)\}_{i=1}^{k}$ 的值记为 index′，若位数组中对应的 index′位置都为 1，则 Bloom Filter 认为该元素可能在集合中；若位数组中对应的 index′位置不全为 1，则 Bloom Filter 认为该元素一定不在集合中。

因此 Bloom Filter 在进行成员查询时，存在误报（false negative），而不存在漏报（false positive）的现象，这也是 Bloom Filter 等概率型成员查找结构的一个典型的性质。

针对 Bloom Filter 不支持删除元素的缺点，L. Fan 等研究者们提出了 Counting Bloom Filter。Bloom Filter 之所以不支持元素删除，是因为它通过若干的 Hash 函数将元素信息与若干个 bit 相关联，而一个 bit 只存在两种状态，无法真实地反应有多少元素信息与之相关联。Counting Bloom Filter 在 Bloom Filter 的基础上，在位数组的每一位中添加了一个计数器，共有 m 个计数器，记为 $\{C_j\}_{j=1}^{m}$。一个简单的 Counting Bloom Filter 结构如图 6.4 所示。

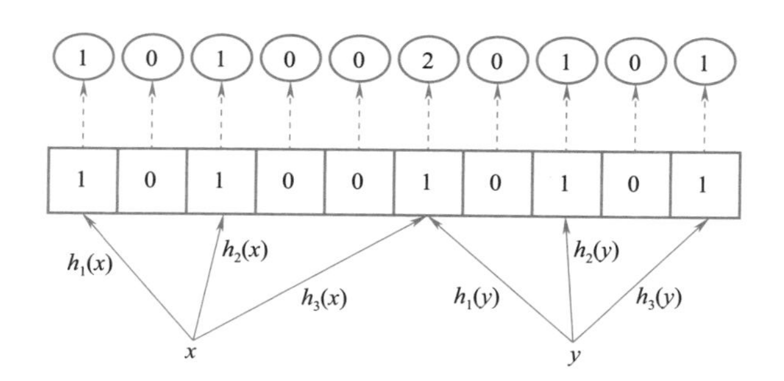

图 6.4　Counting Bloom Filter 结构

Counting Bloom Filter 的插入以及查询操作与 Bloom Filter 类似，唯一的不同是在插入元素时，除了需要把对应位置的位数组的 bit 置 1，还要把对应位置的计数器加 1。进行元素删除时，首先要判断该元素 x 是否在集合中，若位数组中对应的 $\{h_i(x)\}_{i=1}^{k}$ 位都为 1，即元素 x 在集合中，则可以进行删除元素，否则无法进行删除操作。当满足删除条件时，首先查看所有对应位置上的计数器的值是否大于 1，若是则把每个计数器的值都减 1；若对应位置上的计数器的值为 1，则将计数器以及对应的位数组同时置 0，表示元素已经从集合中移除。

除了以上介绍的 Bloom Filter 以及解决其无法进行删除操作的改进 Counting Bloom Filter 外，研究者们基于 Bloom Filter 还提出了许多变种。其改进目标主要基于三个方面，即存取速度、计算开销以及空间效率。Blocked Bloom Filter 将标准的 Bloom Filter 划分成若干个与 cache line 大小相匹配的较小的 Bloom Filter，极大地提高了插入以及查询元素在集合中时的性能；Less Hash Bloom Filter 使用两个 Hash 函数来生成额外的 Hash 函数，降低了 Bloom Filter 中计算 Hash 值的次数，因此降低了计算开销；Compressed Bloom Filter 和 Compacted Bloom Filter 相较于 Bloom Filter 都提高了空间效率，前者改变了位数组中每一位被置 1 的概率，后者则是将位数组分块，用一位来代表多位的信息。

前文介绍的 Bloom Filter 和 Counting Bloom Filter 都是基于位数组来存储集合的。集合中的元素经由若干个 Hash 函数映射到一个位数组中。但近年来提出的概率型成员查询结构大多是基于 Hash 表来存储集合的。这种方法的大体思路是，对于一个集合，使用 Hash 函数将集合中的每一个元素都映射成一个长度相同的串，称为 Fingerprint，然后使用不同的 Hash 策略将所有的 Fingerprint 存放到一个散列表中。其中有两点值得注意，其一为相较于基于位数组的方法使用若干个不相关的 bit 来代表一个元素，基于散列表的方法只使用一个 Hash 函数得到一个 Fingerprint，用该 Fingerprint 来代表一个元素。其二，对于基于散列表的存储结构，不同的方法的主要区别在于其用于处理位置冲突的 Hash 策略的不同（如 Cuckoo Hashing，Robin Hood Hashing 等）以及对于 Fingerprint 存储方式的不同。在下文中将介绍几种基于散列表的方法。

Quotient Filter 是一种基于散列表的概率型成员查询结构。其使用 Robin Hood Hashing 来处理元素插入时的位置冲突问题（Robin Hood Hashing 的核心思想是使发生冲突元素的备选位置尽可能地接近原位置），同时对于 Fingerprint 的策略是存储 Fingerprint 的一部分。假设某一元素的 p 位 Fingerprint 为 f，Quotient Filter 所采取的策略是将 p 位的 f 分为两部分——q 位的 f_q 和 r 位的 f_r，计算方式如下：

$$\begin{cases} f_r = f \bmod 2^r \\ f_q = \left\lfloor \dfrac{f}{2^r} \right\rfloor \end{cases}$$

其中，f_r 为存放在散列表中的数据，而其存放的位置由 f_q 决定。当插入一个元素时，首先计算得到 f_r 以及 f_q，由 f_q 确定该元素本应被插入的位置。若已经有元素在其中了，则比较二者 f_r 的大小，如果新元素小于已存在的元素，则已存在的元素后移，将新插入的元素插入到该位置中；反之，则比较新元素与该位置后的元素的大小，直到找到一个合适的位置，将其插入。

Quotient Filter 中的基本存储单元为桶，而一个 Quotient Filter 中共有 $m=2^q$ 个桶。桶的结构如图 6.5 所示。

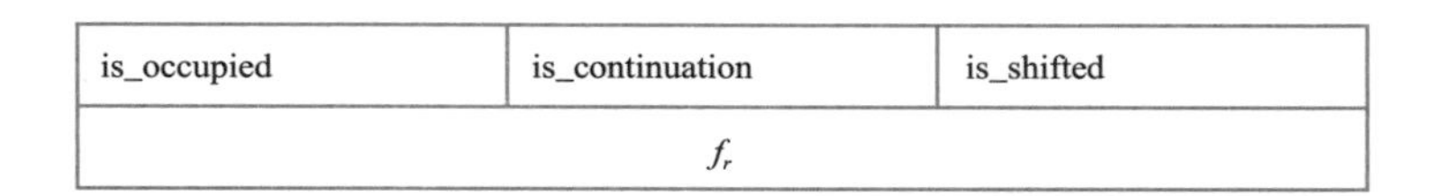

图 6.5 Quotient Filter 中桶的结构

每一个桶中的数据包含两部分，一部分为数据部分，存储的是由元素的 Fingerprint 计算得到的 f_r 的值；而另一部分是用于标明桶内存放数据状态的元数据（metadata），在图 6.5 中表示为"is_occupied"，"is_continuation"，"is_shifted"，每个状态占据一个 bit，因此每个桶中都含有三个 bit 的元数据。这三个 bit 所表示的信息如下。

1）“is_occupied”表示是否已经有商号与该桶的编号对应的元素被加入到了 Filter 中（即是否有 $f_q=j$，j 为桶的编号）。若是，则置为 1；若不是，则置为 0。

2）“is_continuation”表示该桶中是否有元素放入，且该元素不是其商号下的第一个元素。若是，即已经有相同商号的元素插入了，则置为 1；若不是，则置为 0。

3）“is_shifted”表示该桶中的元素是否不在其对应商号的桶中。若是，即该桶中的元素是被迫后移而来的，则置为 1；反之若不是，则置为 0。

以上的介绍或许比较难以理解，下面以一个具体的例子来帮助理解 Quotient Filter 的建立过程。假设一个 Filter 中共有 $m=2^3=8$ 个桶，集合中共有 6 个元素为 $\{x_1,x_2,x_3,\cdots,x_6\}$，通过 Hash 函数求得每个元素的 Fingerprint f，然后计算得到的每个元素对应的 f_q 和 f_r 的值如表 6.1 所示。

表 6.1 集合元素对应信息

Element	f	f_q	f_r
x_1	A	1	a
x_2	B	4	b
x_3	C	7	c
x_4	D	1	d
x_5	E	2	e
x_6	F	1	f

没有元素插入时，Filter 中所有桶中的元数据位都置为 0，存放数据部分都为空，如图 6.6 所示。

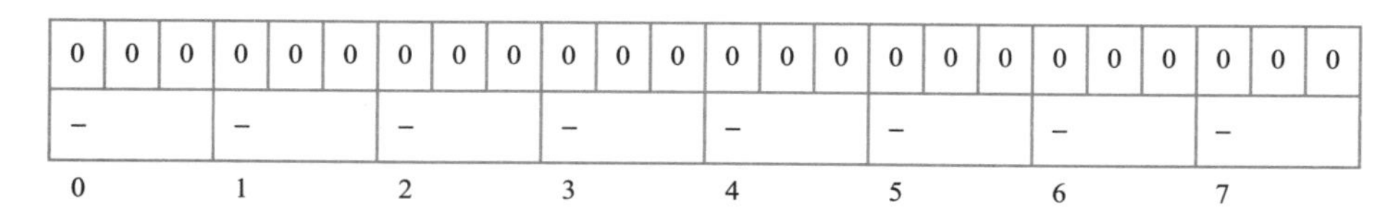

图 6.6 初始时的 Quotient Filter

依次将 x_1，x_2，x_3 插入到对应的 bucket 的中，由于未发生冲突，因此只需将对应的编号为 1，4，7 的 bucket 中的“is_occupied”位置 1，并将对应的 f_r 插入即可。结果如图 6.7 所示。

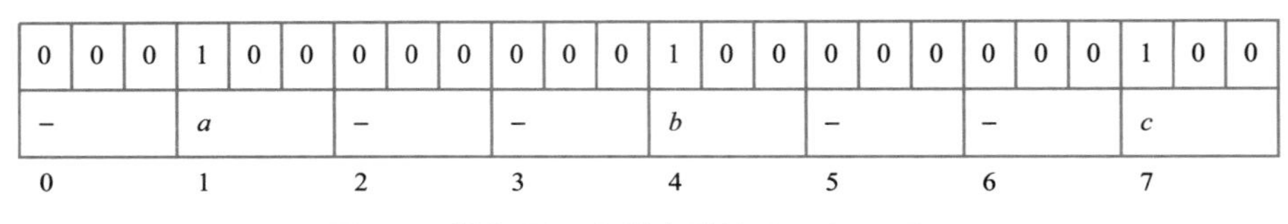

图 6.7 插入了三个元素后的 Quotient Filter

插入 x_4 时，由于其对应的商号 $f_q=1$，而编号为 1 的 bucket 中已经存在了元素 x_1，因此需要比较 d 和 a 的大小。这里我们假设 $d>a$，因此将 d 后移，插入到编号为 2 的 bucket 中。由于 2 中的元素为被迫后移的，且 2 中的元素 d 对应的商号 1 中已经有了对应的元素，因此将 bucket 2 的“is_continuation”以及“is_shifted”都置为 1，“is_occupied”仍为 0。如图 6.8 所示。

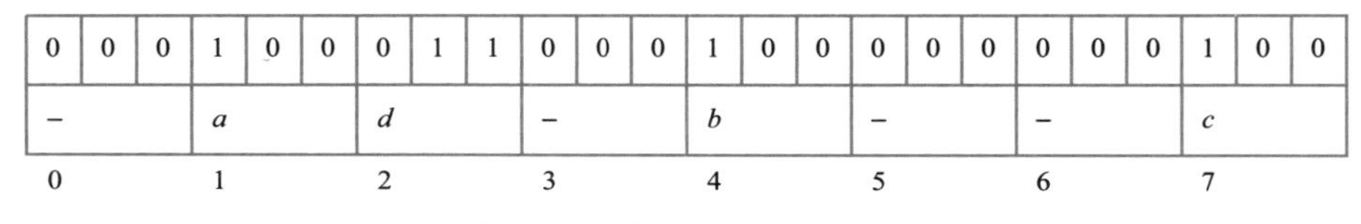

图 6.8 插入了四个元素后的 Quotient Filter

插入 x_5 时，由于其商号 2 对应的 bucket 中已经存在了元素，且“is_occupied”为 0 表示还未有商号为 2 的元素插入到 Filter 中，因此将编号为 2 的 bucket 的“is_occupied”置为 1，并把 e 插入到 3 中，如图 6.9 所示。

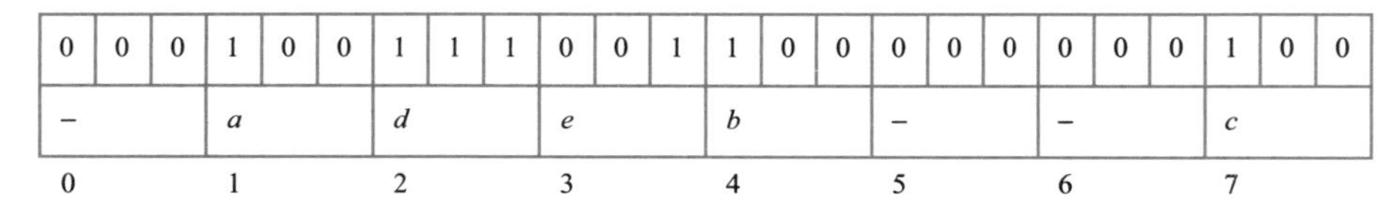

图 6.9 插入了五个元素后的 Quotient Filter

最后当插入 x_6 时，发现其商号 1 对应的 bucket 的“is_occupied”为 1，且“is_continuation”为 0，因此判定从编号为 1 的 bucket 开始到下一个“is_continuation”为 0 的 bucket 前全为商号为 1 的元素。假设 $f<a<d$，因此将 f 插入到编号为 1 对应的 bucket 中，其后的元素依次后移，完成后结果如图 6.10 所示。

Filter 中从一个“is_continuation”为 0，且不为空的 bucket 开始，至下一个“is_continuation”为 0 的 bucket 止，称为一个 run；从一个“is_shifted”为 0，且不为空的 bucket 开始，至下一个“is_shifted”为 0 的 bucket 止，称为一个 cluster。由于 Robin

0	0	0	1	0	0	1	1	1	0	1	1	1	0	1	0	0	1	0	0	0	1	0	0
–			*f*			*a*			*d*			*e*			*b*			–			*c*		
0			1			2			3			4			5			6			7		

图 6.10　插入了六个元素后的 Quotient Filter

Hood Hashing 处理冲突时的就近特性，在进行元素查询时，首先计算出待查询元素的 Fingerprint 并获得其 f_q 以及 f_r，首先判断 f_q 对应的 bucket 的“is_occupied”位是否为 1，若不是则可以直接判断该元素一定不在集合中；若是则接着根据 f_q 对应的位置向后搜索至当前 cluster 结束，若搜索不成功则判断该元素一定不在集合中，若发现当前 cluster 中有 bucket 中的 f_r 与待查找元素的 f_r 相同，则认为该元素可能在集合中。存在一定的误报的原因是 Fingerprint 的冲突，即两不同的元素具有相同的 Fingerprint 或 f_r。

针对 Bloom Filter 无法进行元素删除的问题，有不少工作提出了改进方法。比较典型的有上文提到的 Counting Bloom Filter 和 Quotient Filter，还有 F. Bonomi 等研究者于 2006 年提出的 d-left counting Bloom Filter 等。无论是哪一种针对 Bloom Filter 的改进，支持删除操作的代价总会伴随着其他性能指标的下降。如 Counting Bloom Filter 以及 d-left Counting Bloom Filter 所消耗的存储空间要高于 Bloom Filter，而 Quotient Filter 在元素查询中的表现不好。Cuckoo Filter[5] 是 Fan B. 等人在 2014 年提出的一种能够支持插入、查询、删除元素的概率型成员查询结构。

在介绍 Cuckoo Filter 之前，首先介绍 Cuckoo 散列法（Cuckoo hashing）。假设有一个大小为 8 的散列表，其中存放了 a，b，c 三个元素，位置如图 6.11 所示。

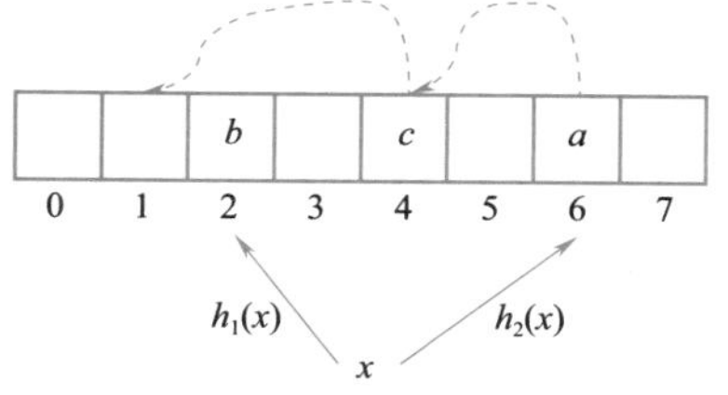

图 6.11　Cuckoo Filter

Cuckoo 散列法为对于每个插入的元素，有两个用于存放的位置，在图 6.11 中，元素 x 的两个位置分别为编号 2 和 6 对应的存储单元。若元素 x 在集合中，则其只能在编号 2 和 6 对应的存储单元中被找到，即至多需要两次访问内存即可返回元素是否在集合中的真实情况。在图 6.11 中，集合 x 的两个位置都已经有其他元素在其中了，Cuckoo 散列法的做法是随机挑选其中一个位置（例如编号 6），将其中存储的元素 a 踢出，并将 x 插入；被踢出的元素 a 会寻找它的备选位置（编号 4），将其中存储的元素 c 踢出，并将 a 插入……重复这个过程，直至没有元素被踢出或是形成了一个循环（即最后一个元素的备选位置与第一个插入的元素选择的位置相同）。图 6.12 所示的是向散列表中插入元素 x 后的结果。

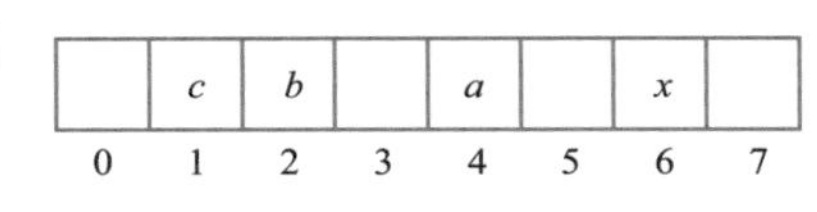

图 6.12　插入元素 x 后的结果

Cuckoo Filter 使用 Cuckoo 散列法插入元素的 Fingerprint 并进行存储。Fingerprint 是通过一个 Hash 函数将需要插入的元素（可能是一条访问记录，一个 URL，一个数）映射成固定长度的比特串。采用 Fingerprint 存储可以降低存储空间，且产生误报的概率与 Fingerprint 的长度相关。Cuckoo Filter 的存储单元称为桶，每一个桶就对应着如图 6.13 所示的每一个编号对应的行。与普通的散列表不一样的是，Cuckoo Filter 中的每一个桶中有多个槽（slot，通常 slot=4），每一个槽都可以用来存放 Fingerprint。

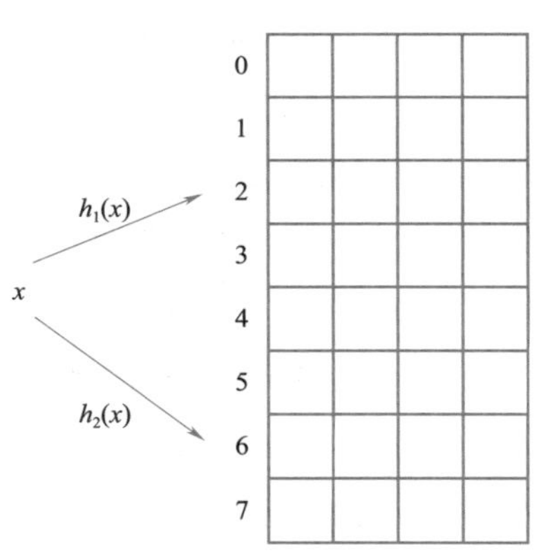

图 6.13　一个长度为 8，槽数为 4 的 Cuckoo Filter

当槽数为 1 时，Cuckoo Filter 的装填因子（load factor，即 Filter 中存储元素的 slot 占整个 Filter 中 slot 数量的比例）为 50%；当槽数为 4 时，装填因子可以上升到 95%。在实际使用中，Cuckoo Filter 的槽的数量一般取为 4。

近年来也有许多新的基于 Hash 表的成员查询结构的工作被提出，如 Morton Filter，Vector Quotient Filter，Xor Filter 等，它们都在某一或某几个性能指标方面取得了一定的进步，在此就不一一赘述了。

6.2.2　人工智能赋能的成员查找算法

Bloom Filter 对每个元素平均需要占用约 $1.44\log_2 f$ 个 bit 来进行存储（其中 f 为误报率），相较于领域内较为著名的 Mitzenmacher M. 提出的概率型成员查询结构的理论下限 $\log_2 f$ 多占用了 44%的存储空间。假设有某一集合中有 10 亿条记录待存储，若要维持 0.01%的误报率，那么通过计算可得总共需要约为 2.23GB 的存储空间，这显然不符合当下应用的要求，因此有必要进一步的减小存储成员的开销。

我们考虑对于一个集合的成员查询问题，即给定输入和输出为该元素在或不在该集合中。这个问题与机器学习中的分类问题很像——给定输入，通过学习好的模型判断其属于哪一个类别（在集合中/不在集合中）。因此我们可以将成员查找问题视为一个机器学习领域内的二分类问题。

KraskaT. 于2018年在SIGMOD上发表了一篇名为“The case for learned index structures”的论文[6]，文中提到可以使用机器学习模型的泛化能力来辅助传统的数据结构，以提高传统结构的性能。Learned Bloom Filter是这篇工作所提出的使用机器学习模型改进传统数据结构的情景之一。其由一个训练好的模型（通常为分类器）以及一个Bloom Filter组成，如图6.14所示。

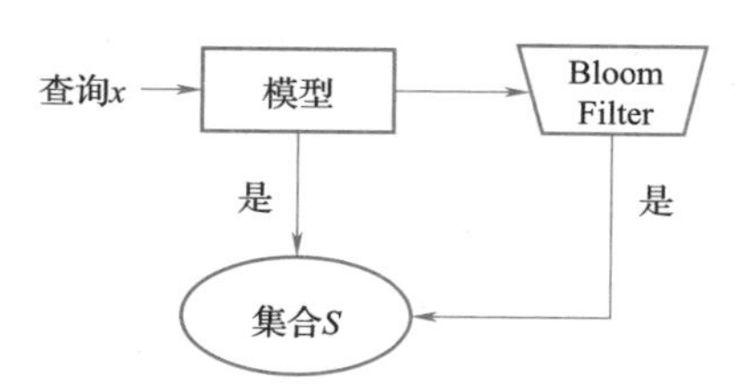

图6.14 Learned Bloom Filter

虽然着眼于提升一个分类器在进行分类任务中的准确性，但随着输入元素数量的增多，分类器总会不可避免地出现错误，即出现漏报和误报。为了保持Bloom Filter不存在漏报的良好特性，在Model后添加了一个备份的Bloom Filter（Backup Bloom Filter）用于存储被Model漏判的集合中的元素，以保证Learned Bloom Filter仍具有无漏报特点。具体构建过程在下文中会有详细的介绍。

Learned Bloom Filter在集合元素发生变动时的成员查询表现不好，会产生较多的误报。在存储静态集合，即一经构建内部元素就不发生变化的集合时，Learned Bloom Filter具有良好的表现。Learned Bloom Filter的构建首先需要训练好一个分类模型以及确定一个阈值τ，对于在集合中的元素而言，其对应的分类器的输出$s(x)$应大于等于τ；相反地对于不在集合中的元素而言，其对应的分类器的输出$s(x)$应小于τ。考虑到分类器存在一定的错误率，因此Learned Bloom Filter使用一个Bloom Filter来存储实际上在集合中但分类器的输出$s(x)$却小于τ的元素。当需要对使用Learned Bloom Filter存储的集合进行成员查询时，首先将待查找的元素输入分类器中进行判断，若分类器的输出$s(x) \geqslant \tau$时，则认为该元素在集合中；若分类器的输出$s(x) < \tau$时，则在Backup Bloom Filter中查找该元素x，若x在其中，则认为该元素在集合中；若x不在其中，则可以认为该元素不在集合中。

在存储同一个集合的前提下，相较于原始的Bloom Filter，Learned Bloom Filter使用一个分类器模型来辅助判断成员查询问题，使得在维持相同误报率的条件下，Learned Bloom Filter的空间开销要远小于Bloom Filter。实验证明相同条件下，Learned Bloom Filter 相较于 Bloom Filter 节省了约 15%～35%的存储空间。

Learned Bloom Filter 将机器学习模型和传统的概率型成员查询结构结合起来的思路引起了研究者的广泛关注。Dai Z 以及 Shrivastava A. 等注意到，Learned Bloom Filter 中，机器学习模型的输出值并没有被充分利用。例如，假设阈值 $\tau=0.5$，存在两条记录，第一条记录对应的模型的输出值 $s(x_1)=0.51$，第二条记录对应的模型的输出值 $s(x_2)=0.99$。根据 Learned Bloom Filter 的策略，这两条记录都会直接被认为在集合中，但很显然，这两条记录在集合中的概率是不一样的。因此 Dai Z 和 Shrivastava A. 提出了 Adaptive Learned Bloom Filter，其结构与 Learned Bloom Filter 一致，包含一个机器学习模型以及一个 Backup Bloom Filter，不同的是其把机器学习模型的输出值划分成了多个连续的区间，在构建 Filter 时对于不同区间内的元素使用不同数量的 Hash 函数把元素插入到 Backup Bloom Filter 中，以达到在占用的空间相同的条件下，减小总体误报率的目的。如图 6.15 所示。

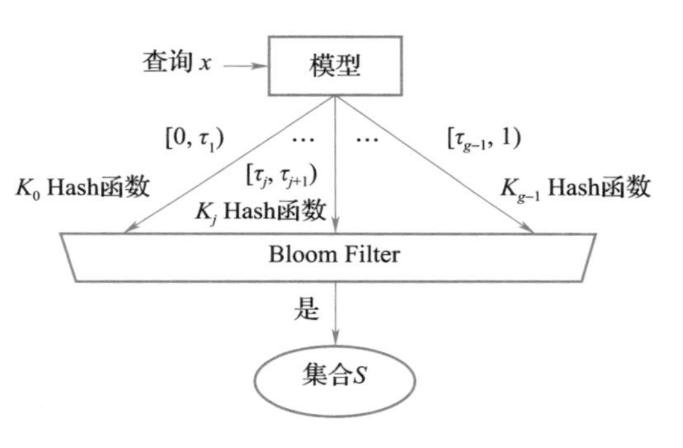

图 6.15 Adaptive Learned Bloom Filter

对于 Adaptive Learned Bloom Filter 的划分策略，更加规范化地表示如下：将机器学习模型的输出区间［0,1］划分为 g 个连续的区间 $[0,\tau_1),\cdots[\tau_j,\tau_{j+1}),\cdots,[\tau_{g-1},1]$，分别使用 $K_g,\cdots,K_{g-j},\cdots,K_1$ 个 Hash 函数进行元素的插入与查找，通常 $K_i-K_{i-1}=1$，$i=2,3,4,\cdots,g$。

在 Adaptive Learned Bloom Filter 中，用来划分模型输出的阈值的选取方式是启发式的，尽管其提供了一种新颖的思路，但启发式的参数选择无法达成某一指标的最优化。因此 Vaidya K. 提出了 Partitioned Learned Bloom Filter，其主要贡献即为改进了 Adaptive Learned Bloom Filter 中启发式的超参数选取思路，将其视为一个优化问题进行求解，优化的目标为给定误报率，使整个结构占用最小的空间。

6.2.3 相关应用

由于对使用 Bloom Filter 存储的集合进行查询的时间为 $O(K)$ 是一个常数，其中 K 为在构建 Bloom Filter 时使用的 Hash 函数的个数。因此 Bloom Filter 同时具有较高的空间利用率以及优秀的查询表现，这使得其得到了广泛的应用。下面列举其中部分重要的应用场景。

1. 互联网缓存协议（Internet Cache Protocol）

互联网系统通常使用代理（proxy）来进行网络请求的发送和接收。一个代理服务器会在自己的缓存（cache）中存放大量URL的信息，在网络中存在着大量的代理服务器，他们彼此间需要进行传输交换彼此存储的URL信息，以便于用户访问。

例如，如图6.16所示，一名用户User A请求访问网站“www.baidu.com”，该请求从客户端A发出，发送到距离其最近的代理服务器P_1中。P_1接着检查本代理服务器中的缓存，发现缓存中没有该URL的具体信息且发现该URL由代理服务器P_3保存。因此P_1向P_3发送请求，并将该URL的具体信息传送给客户端A，这就完成了一次访问网站的操作。通过以上看出，代理服务器的缓存必须具有以下的特点：①空间利用率高（在存储空间有限的情况下，必须存放大量的URL）；②能够进行快速查询。而Bloom Filter恰好能够满足以上的两点要求，因此通常使用Bloom Filter作为代理服务器的缓存。

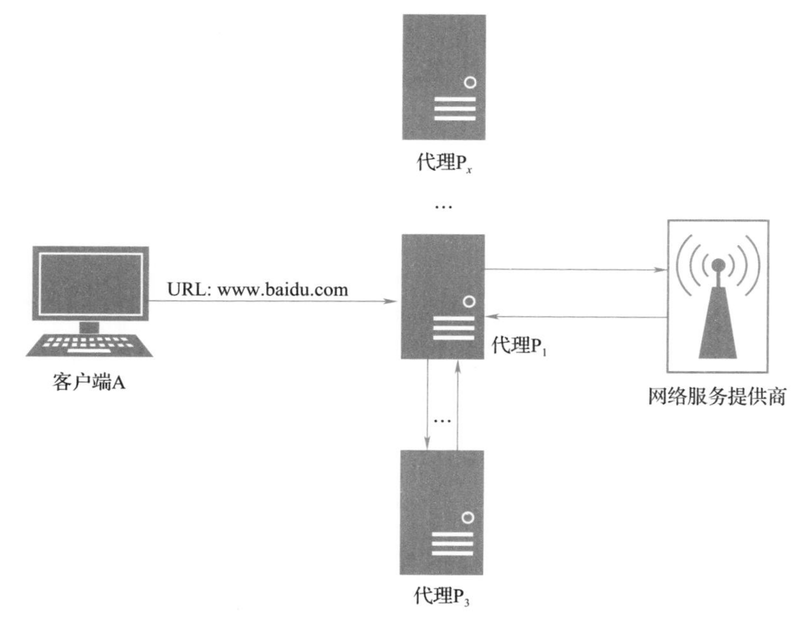

图6.16 互联网缓存协议

由于 Bloom Filter 存在一定的误报率，当客户端 A 向 P_1 发送请求后，P_1 也可能会做出错误的判断，如：P_1 认为 P_3 中存在相应的 URL 信息，但实际上 P_3 的缓存中没有相应信息。在这种情况下，当 P_1 向 P_3 发送了相应的请求后，P_3 无法返回对应的 URL 信息，于是 P_1 会向网络服务提供商（Internet Server Provider，ISP）请求相关的 URL 信息。因此，若缓存 URL 的 Bloom Filter 发生了误报，则会产生一次额外的通信，使客户端访问对应网站的速度降低。

2. 安全访问（safe browsing）

Google 公司提供了安全访问的服务，其目的是保护用户的入网安全。例如，当用户访问一个新的网站时，Google 浏览器首先会检查该 URL 是否在本地维护的黑名单中。由于恶意网站的数量众多，且对于每次向黑名单中查询时所消耗的时间要求较高，因此 Google 公司使用 Bloom Filter 来存储 URL 黑名单。如图 6. 17 所示，当用户访问使用浏览器访问网站时，浏览器首先将该网站的 URL 与 Google 公司提供的存储在本地的 URL 黑名单进行比对，由于 Bloom Filter 不存在漏报的现象，因此若比对得到的结果是“不在黑名单中”，则能够确保访问的网站不是恶意网站，浏览器允许访问；若比对的结果为“在黑名单中”，考虑到 Bloom Filter 存在一定的误报率，因此本地客户端将该 URL 发往谷歌公司的服务器进行验证，若服务器判断该 URL 为恶意的，则浏览器拒绝访问，反之则允许访问。

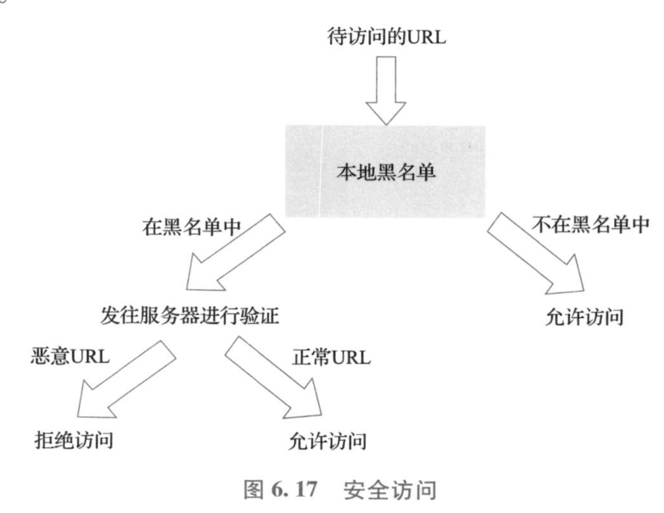

图 6. 17　安全访问

此外，Learned Bloom Filter 也可以被用来存储 URL 黑名单。相较于 Bloom Filter，Learned Bloom Filter 具有查询速度快，占用空间小以及具有一定的泛化（即能够识别 URL）能力的优点。

6.3 大数据的近邻查找算法

在大数据的查找问题中，近邻查找是很重要的一类问题。近邻查找在数据库、机器学习、计算机视觉、自然语言处理等众多领域中有着广泛而深刻的应用。简单来说，在给定一个待查询数据集合 S（比如图片库或文本库）以及查询 q（比如一张图片或一段文字），近邻查找的目的是在集合 S 中查找与查询 q 距离较近的数据点。在数学上，近邻查找问题可通过如下两种方式进行定义。

定义 6.2 R-范围近邻查找 给定待查询数据集 S，查询 q，距离度量 dis(·) 和距离阈值 R，R-范围近邻查找要求返回在数据集 S 中所有与查询 q 的距离小于 R 的数据点，即 $\{s \mid \text{dis}(s,q) \leqslant R, s \in S\}$。

定义 6.3 k-近邻查找 给定待查询数据集 S，查询 q，距离度量 dis(·) 和近邻数量 k，k-最近邻查询要求返回数据集 S 中与查询 q 距离最近的 k 个数据点。$k=1$ 的近邻查找又称为最近邻查找。

近邻查找的两种定义方式是可以相互转化的。即我们既可以通过改变 R 的取值来获得查询 q 的 k-近邻，也可以通过改变 k 的取值来获得查询 q 的 R-范围近邻。无论采用何种近邻定义方式，近邻查找首先需要回答的问题都是：在何种距离下查找近邻？即距离度量 dis(·) 的定义。具体地距离的数学定义如下：

定义 6.4 距离 定义在集合 X 上的函数 dis(·)：$X \times X \to \mathbf{R}$ 被称为是距离，若对于 $\forall x,y,z \in X$，满足如下性质。

1）同一性：$\text{dis}(x,y)=0 \Leftrightarrow x=y$。

2）对称性：$\text{dis}(x,y)=\text{dis}(y,x)$。

3）三角不等式：$\text{dis}(x,z) \leqslant \text{dis}(x,y)+\text{dis}(y,z)$。

常用的一些距离度量如表 6.2 所示。

表 6.2 常用的距离度量

距离名称	距离定义	备注
L_p 距离	$\mathrm{dis}(\boldsymbol{x},\boldsymbol{y})=\left(\sum_{i=1}^{d}\lvert x_i-y_i\rvert^p\right)^{1/p}$	$\boldsymbol{x},\boldsymbol{y}\in\mathbf{R}^d$
余弦相似度	$\mathrm{sim}(\boldsymbol{x},\boldsymbol{y})=\dfrac{\boldsymbol{x}\cdot\boldsymbol{y}}{\lVert\boldsymbol{x}\rVert\lVert\boldsymbol{y}\rVert}$	$\boldsymbol{x},\boldsymbol{y}\in\mathbf{R}^d$
Jaccard 相似度	$J(A,B)=\dfrac{\lvert A\cap B\rvert}{\lvert A\cup B\rvert}$	A,B 为两个集合
汉明距离	两个（相同长度）字符串对应位置的不同字符的个数	
编辑距离	两个字符串之间，由一个转成另一个所需的最少编辑操作次数	编辑操作包括替换、插入和删除
Wasserstein 距离	$W(P_1,P_2)=\inf\limits_{\gamma\sim\Pi(P_1,P_2)}E_{(x,y)\sim\gamma}[\lVert x-y\rVert]$	P_1,P_2 为两个概率分布，γ 为 P_1,P_2 的联合分布，$\lVert x-y\rVert$为两个服从分布 γ 的样本的距离

不同的应用中使用的距离度量不同。例如，待查询数据集 S 和给定查询 q 均为欧氏空间中的向量时，欧氏距离（又称 L_2 距离）是常用的距离度量；待查询数据集 S 和给定查询 q 为字符串时，编辑距离是更为合适的距离度量。在实际应用中，要解决近邻查找问题，设计适用的近邻查找算法，首先需要明确使用何种距离度量较为恰当。特别地，需要指出，在机器学习和深度学习中经常使用的内积和 KL 散度等度量并不满足距离的某些性质，因此它们不能被称为距离。

在包含 n 个数据点的待查询集合 S 中查找数据点 q 的近邻，最简单直接的方法是一一计算查询 q 与 S 中每个数据点的距离，并通过排序从中筛选出 q 的 R-范围近邻或 k-近邻。记一次距离计算所需的时间复杂度为 $O(t)$，则上述方法所需的时间复杂度为 $O(n\cdot t)$，空间复杂度为 $O(n)$。

当数据规模较小，或者进行一次距离计算耗费时间较短时，上述方法无疑是简单有效的。但是大数据的应用背景为近邻查找问题带来的新的难题与挑战。一方面，数据的规模在不断增长。每天都会有海量的数据（TB 级）在社交网络、移动互联网等媒介中产生。另一方面，数据的维度也在持续增高。例如，文档、基因乃至视频等数据往往包含上百甚至上千维特征。维度的增加使得距离计算的时间开销也在变大。此外，像编辑距离，图编辑距离等距离度量的计算复杂度本来就高（图编辑距离的计算是 NP 困难问题)。因此，通过遍历待查询数据集获取近邻的方式效率极低，难以应用到大数据场景中。

为降低时间复杂度 $O(n \cdot t)$，从而实现高效的近邻查找，有两种方案可供选择。其一是降低距离计算的开销 $O(t)$，即寻找更快的距离计算方法，或实现效率更高的近似距离计算。其二是降低需要精确计算距离的集合的规模，即减小 n。这种方法又被称为过滤并验证（filter and verify）。过滤再验证以较小的时间开销过滤掉较多的不符合近邻要求的数据点，仅留下少部分数据点作为近邻的候选集合。之后再遍历近邻候选集合，从中筛选出符合要求的近邻集合。两种加速方法可以同时使用。例如，基于向量量化的近似近邻查找首先通过过滤再验证的方法生成近邻候选集合，之后通过快速的近似距离计算进一步缩小近邻候选集的规模，最后再通过精确距离计算得到最后的近邻集合。

6.3.1　精确近邻查找算法

给定查询 q，精确的近邻查找算法要求准确的返回所有符合近邻。即对于 R-范围近邻查找，需准确返回待查询数据集中所有与 q 之间的距离小于 R 的数据点；对于 k-最近邻查找，则准确返回待查询数据集中与 q 距离最小的 k 个数据点。在精确近邻查找中，R-范围近邻查找更常见一些。相关算法更多聚焦在汉明距离、编辑距离、Jaccard 相似度等定义在非欧氏空间中的距离度量。这些算法采用过滤并验证的思路，并通过基于分割特征空间的方式解决问题。具体地，把数据集中的点 $s \in S$ 按照预先定义的规则将其特征空间划分为几个互不相交的部分 $s=[b_1^s, b_2^s, \cdots, b_m^s]$。对查询 q，按照同样的规则将其划分为 $q=[b_1^q, b_2^q, \cdots, b_m^q]$。这样 $\mathrm{dis}(s,q) \leqslant R$ 便转化为 $\sum_{i=1}^{m} \mathrm{dis}(b_i^s, b_i^q) \leqslant R$。将距离阈值 R 进一步分解为 $R=r_1+r_2+\cdots+r_m$。之后，原问题 $\left\{s \,\middle|\, \sum_{i=1}^{m} \mathrm{dis}(b_i^s, b_i^q) \leqslant \sum_{i=1}^{m} r_i, s \in S\right\}$ 便转换为 m 个子查找问题，即 $\{s \mid \mathrm{dis}(b_1^s, b_1^q) \leqslant r_1, s \in S\}, \cdots, \{s \mid \mathrm{dis}(b_m^s, b_m^q) \leqslant r_m, s \in S\}$。快速解决这 m 个子查找问题，并将其查找结果取并集，我们可以得到近邻候选集。这其中大部分不符合的查找条件的数据点将被过滤掉。最后通过遍历的方式验证候选集的数据点，并筛选出所有其中与查询的距离小于阈值 R 的数据点。由于可以通过构建索引等方式解决每个子问题，因此过滤的效率较高。总体的查询时间也远小于遍历全部数据

集，例 6.1 给出了一个例子。

例 6.1　考虑二进制串在汉明距离下的近邻查找。假设二进制串的长度为 $d=8$，查找阈值 $R=4$。表 6.3 中给出了 4 个待查询二进制串和 1 个查询串。将二进制串均匀地划分为 4 段，并将阈值也均匀的划分为 $r_i=1(i=1,2,3,4)$。可以通过构建哈希表等方式快速筛选出满足查找条件 $\{s \mid \mathrm{dis}(b_i^s,b_i^q)\leqslant 1,s\in S\},i=1,2,3,4$ 的点并取并集，即 $\{s_1,s_3\}\cup\{s_1\}\cup\{s_1,s_3\}\cup\{s_3\}=\{s_1,s_3\}$。最后精确计算查询 q 与 s_1,s_3 的汉明距离，并筛选出满足条件的数据点，即 s_3。

表 6.3　待查询二进制串与给定查询串及对应划分

二进制串	b_1	b_2	b_3	b_4
s_1	11	10	11	11
s_2	00	10	11	11
s_3	01	00	01	10
s_4	00	10	11	11
q	11	01	00	00

基于分割特征空间的方式解决精确近邻查找的直觉是：如果两个数据点相似，那么它们必有一部分相似或相同的特征。其数学核心是鸽笼原理（pigeonhole principle）。鸽笼原理又称抽屉原理，其一般表述为：把不多于 n 只鸽子放入 m 个鸽笼中，则至少有一个鸽笼中有不多于 n/m 只鸽子（$m,n\in N_+$且 $n\neq 0$）。现有方法大多基于该原理对数据集进行过滤。根据如何应用鸽笼原理以及如何划分特征空间和阈值，可以区分不同的方法。

1）多索引哈希（multi-index hashing，MIH）[7]。MIH 是在汉明空间中对二进制串近邻查找的一种方法。对一个 l 位长的二进制串 s，将其分为 m 段，每段长为 l/m（假设 l 能被 m 整除）。根据鸽笼原理，当查询二进制串 q 与 s 的汉明距离为 R 时，则 m 段中必有至少一段，其汉明距离最多为 $\lfloor R/m\rfloor$。基于上述思想，MIH 在每一段中查找与查询 q 对应段的汉明距离小于 $\lfloor R/m\rfloor$ 的二进制串，并将 m 段的查找结果合并起来作为近邻候选集。之后通过遍历在近邻候选集中筛选出符合查找条件的近邻。

2）汉明距离上的一般鸽笼原理（general pigeonhole principle for hamming distance，GPH）。MIH 中存在如下问题：①简单地对查找阈值均等划分为 $\lfloor R/m\rfloor$，在阈值 R 不能

被 m 整除时，划分后的阈值 $\lfloor R/m \rfloor$ 会不够紧凑，一部分阈值信息没有被利用上，导致查找效率不能进一步提高。②易受偏态分布的影响。现实数据很多会有偏态分布，即某些部分会非常相似，而其他部分差别很大。因此在划分后，某些段内数据点之间的距离会很小，这样容易在查找后导致数据集的大部分数据点都会成为近邻候选集，增加了查找时间。为了解决上述问题，GPH 通过设计多个损失函数的方式将数据集中的数据点划分为不同的段，并为每个段赋予不同的查找阈值。

3）增强的鸽笼原理（pigeonring）。原始的鸽笼原理只考虑在单个鸽笼中是否满足查找条件，这样的过滤能力不够强。因此，Qin 等人提出了增强的鸽笼原理：将不多于 n 只鸽子放入 m 个鸽笼中，将这 m 个鸽笼视为一个环。则至少存在一个鸽笼，对任意的 $l \in \{1,\cdots,m\}$，从该鸽笼开始的 l 个连续的鸽笼中包含的鸽子总数不多于 $l \cdot n/m$。由于增强的鸽笼原理考虑了在多个鸽笼中是否满足相应的查找条件，其利用了更多的信息，因此过滤能力更强。此外，Pigeonring 还应用了 GPH 中的阈值划分方法，可以进一步有效地减小近邻候选集的规模。

6.3.2　近似近邻查找算法

在高维空间中，受“维度灾难”（curse of dimensionality）的影响，很难以次线性（Sub-Linear）的时间开销实现精确的近邻查找。简单来说，在高维空间中，数据分布相对稀疏，不同数据点之间的距离也会比较近，数据的近邻与远邻也就变得更难以区分，这就是“维度灾难”。因此，近似近邻查找成为研究者关注的焦点与精确近邻查找返回准确的近邻数据点不同，近似近邻查找只需要返回距离足够近的结果即可。具体地，近似近邻查找的两种定义方式如下：

定义 6.5　(R,c)-近邻查找　给定待查询数据集 S，查询 q 和距离度量 $\mathrm{dis}(\cdot)$ 和距离阈值 R，查找要求返回数据集中的某个数据点 $s \in S$，使得 $\mathrm{dis}(s,q) \leqslant c \cdot R$。

定义 6.6　$(1+\epsilon)$-近邻查找　给定待查询数据集 S，查询 q 和距离度量 $\mathrm{dis}(\cdot)$，查找要求返回数据集中的某个数据点 $s \in S$，使得 $\mathrm{dis}(s,q) \leqslant (1+\epsilon) \cdot \mathrm{dis}(s^*,q)$，其中 s^* 是查询 q 在数据集中的真实近邻。

近似近邻查找的一般流程如图 6.18 所示。首先，通过预处理为待查询数据集 S 建立查询索引（index）。对于查询 q，通过建立好的查询索引，可以快速获得 q 的近邻候选集合。之后，精确计算查询 q 与近邻候选集合中每个数据点的距离并筛选出符合查找条件的数据点组成近邻集合。在整个流程中，近邻候选集合的规模要远小于待查询集合的规模。

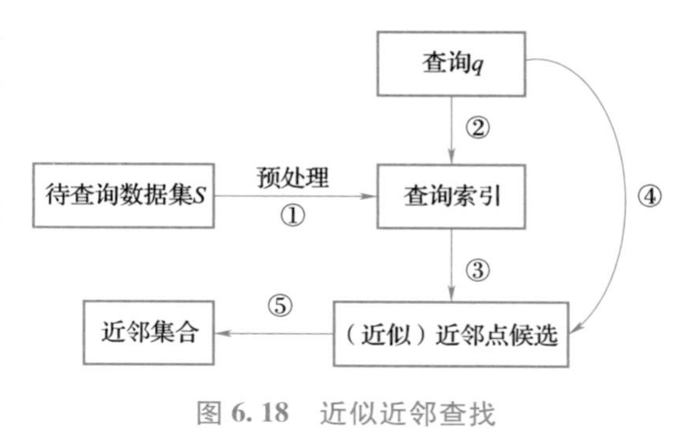

图 6.18　近似近邻查找

由定义 6.4 和定义 6.5 可知，近似近邻查找返回的近邻集合不一定包含所有满足查找条件的近邻数据点（部分满足近邻条件的数据点可能未被查找到）。因此，需要定义召回率（recall）来衡量近似近邻查找方法的精度。具体地，召回率被定义为通过查找返回的近邻集合包含的近邻数据点数量与待查询数据集中所有符合条件的近邻数据点数量之比。

除查找精度外，近似近邻查找算法的时间复杂度和空间复杂度也是衡量算法优劣的重要指标。其中，空间复杂度主要取决于所构建查询索引的空间复杂度，时间复杂度则由以下部分组成：

1）构建查询索引的预处理的时间 T_1。

2）查询 q 通过查询索引查找获取近邻候选集的时间 T_2。

3）查询 q 遍历近邻候选集并获得近邻集合的时间 T_3。

在现实应用中，构建查询索引可以离线进行，而查询近邻则是在线进行。通常来说，离线构建查询索引的时间 T_1 越长，在线查询的精度越高，所需要的查询时间（T_2+T_3）也越短，但同时查询索引所占用的空间也越大。因此，在选择查询索引并设计查找算法时，需要综合考虑上述因素。

根据构建索引方法的不同，我们将分为树（tree）、局部敏感哈希（locality-sensitive hashing）、向量量化（vector quantization）、图（graph）等进行介绍。为方便介绍，在下文中，若无特别指明，均假设待查询数据集中的数据点与查询 q 均来自 d 维欧氏空间，并使用欧氏距离为 dis(·)。即 $S\subset\mathbf{R}^d$，$q\in\mathbf{R}^d$。此外，下文使用 n 代表数据集中数据点的个数。

首先我们介绍基于树的查询索引（tree-based index）。该类索引的基本思想是对欧氏空间进行层次划分，并以树的形式将不同的空间划分组织到一起。不同的树结构之间的主要区别是对空间的划分方式不同以及不同的空间划分之间有无重叠。

K-D 树(*K*-dimensional tree)。*K*-D 树可视为每个节点都是存储一个 *K* 维数据点的二叉树。其中，每个非叶子节点上还包含一个垂直于某个维度方向的超平面，该超平面将空间划分为左右两个子空间。非叶子节点上存储的 *K* 维数据点位于该超平面上。

K-D 树采用递归的方式进行构建，记 r 为当前划分的维度（$r \in \{1, \cdots K\}$），并初始化 $r=1$。划分的具体流程如下。

1）对当前划分维度 r，计算所有数据点在维度 r 上的中值，并在据点中选择对应维度 i 的值最接近中值的数据点。以该数据点在维度 i 上的值作为超平面，对空间进行划分；在维度 r 的值小于该值的数据点归为左子空间（左子树），大于该值的数据点归为右子空间（右子树）。

2）在左（右）子树中，更新当前划分维度 $r \leftarrow (r+1) \bmod K$，按照 1）中的方式在维度 r 进行递归划分，直至每个子空间只剩 1 个数据点时，停止划分。

在划分过程中，划分维度的选择既可以采用轮流选择的方式（如上述划分），在沿着最后一个维度完成划分后又回到第一个维度，也可以其他方式选择。例如，可以每次计算数据点在剩余的维度上的方差，并选择最大方差所在的维度对空间进行划分，这样就可以进一步保证生成 *K*-D 树的平衡性。一个由 6 个数据点组成的二维 *K*-D 树的实例如图 6. 19 所示。

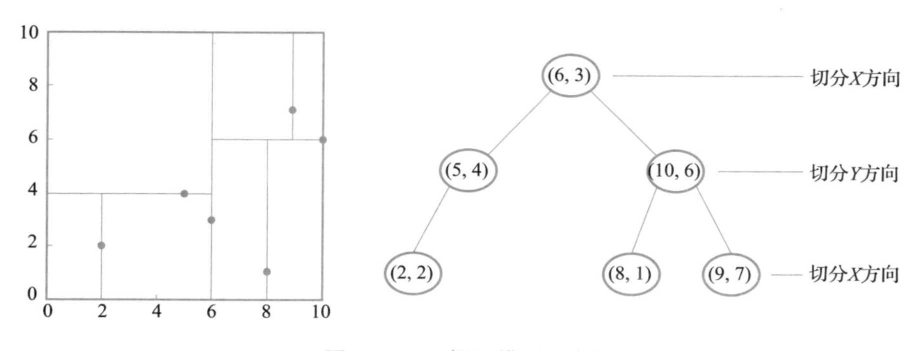

图 6. 19 一棵二维 *K*-D 树

给定查询 q，在构建好的 *K*-D 树进 k-近邻查找时分为自顶向下的遍历和自底向上的回溯两个阶段。在查找开始前，初始化近邻列表 $L \leftarrow \varnothing$。

在自顶向下的遍历阶段。

1）判断查询 q 与根节点中超平面的位置关系，若在该超平面的左边，则继续遍历左子树；反之，则遍历右子树。

2）在左（右）子树中根据 1）中描述的规则进行遍历，直至遍历至叶子节点。

3）当遍历到达叶子节点 s_{leaf} 时，将当前 s_{leaf} 标记为已访问，计算查询 q 与叶子节点的距离 $dis(q,s_{leaf})$。若近邻列表 L 不足 k 个点，则更新 $L \leftarrow L \cup \{s_{leaf}\}$；若 L 已满，记 $dis_L = \max_{s \in L} dis(q,s)$。若 $dis(q,s_{leaf}) < dis_L$，则用 s_{leaf} 替换掉 dis_L 对应的数据点，并更新 dis_L。

在前一阶段完成后，为避免遗漏近邻数据点，*K*-D 树还需要进行自底向上的回溯。

1）回溯至当前的父节点 s_{father}。若 s_{father} 已被访问，则继续向上回溯；反之，则将 s_{father} 标记为已访问，并执行 2）。

2）若近邻列表 L 不足 k 个点，则更新 $L \leftarrow L \cup \{s_{father}\}$；若 L 已满，且 $dis(q,s_{leaf}) < dis_L$，则用 s_{father} 替换掉 dis_L 对应的数据点，并更新 dis_L。然后执行 3）。

3）计算查询 q 到超平面的距离，如果该距离大于 dis_L，则继续回溯；否则，若该距离小于 dis_L 或近邻列表 L 不足 k 个点，则根据自顶向下的规则遍历该节点下另一棵未被访问的子树。

4）当回溯到根节点时，回溯结束，返回近邻列表 L。

K-D 树适用于基于欧氏距离的近邻查找，在低维度场景中（一般维度小于 20）查询效率高，但是在高维度场景下，受维度灾难的影响，除非数据点的个数 $n \gg 2^K$，否则 *K*-D 树查找效率会很低，甚至与遍历待查询数据集无异。

Ball-Tree：*K*-D 树基于坐标维度的划分难以适用于高维数据。Ball-Tree 则解决了 *K*-D 树的这一难题。与 *K*-D 树使用垂直于维度方向的超平面划分空间不同，Ball-Tree 使用超球面将空间递归地划分为由质心 C 和半径 r 组成的超球体。尽管 Ball-Tree 在高维数据上查找表现更佳，但是其构建复杂度很高。

除上面介绍的方法之外，还有其他对空间分割的方法，例如使用随机生成超平面对空间进行分割的 RP-Tree 等。

接下来介绍局部敏感哈希（locality-sensitive hashing，LSH）[8]。局部敏感哈希由 Indyk 和 Motwani 于 1998 年为解决高维数据的维度灾难问题提出。与传统的哈希函数（如全域哈希）尽可能避免哈希碰撞的目的不同，局部敏感哈希的基本思想是相似的或者近邻的数据点发生哈希碰撞的概率更高。具体地，局部敏感哈希的定义如下。

定义 6.7　局部敏感哈希　给定两个数据点 x 和 y，如果哈希函数族 H 对这两个数据点的哈希结果满足如下性质，则该哈希函数族被称为是 (R, cR, p_1, p_2)-敏感的。

1）如果 $\mathrm{dis}(x,y)\leqslant R$，那么 $P_{h\in H}(h(x)=h(y))\geqslant p_1$。

2）如果 $\mathrm{dis}(x,y)\geqslant cR$，那么 $P_{h\in H}(h(x)=h(y))\leqslant p_2$。

其中，$c>1$ 且 $p_1>p_2$。特别的，额外定义 $\rho=\dfrac{\log p_2}{\log p_1}$ 来从理论上衡量一个局部敏感哈希函数族的表现。ρ 越小，哈希函数族的表现越好。值得注意的是，对于不同的距离度量，局部敏感哈希函数有不同的形式。下面以欧氏距离（L_2 距离）、余弦相似度和 Jaccard 相似度为例介绍其对应的局部敏感哈希函数族。

1）用于欧氏距离的 LSH 函数。该函数基于随机投影（random projection）。给定向量 $\boldsymbol{x}\in\mathbf{R}^d$，哈希函数定义如下：

$$h_{\vec{a},b}(\boldsymbol{x})=\left\lfloor\frac{\boldsymbol{a}\cdot\boldsymbol{x}+b}{w}\right\rfloor$$

其中，$\boldsymbol{a}\in\mathbf{R}^d$ 且每一维均是服从标准高斯分布 $N(0,1)$ 的随机数；w 是预先设置的参数，b 则是服从均匀分布 $U(0,w)$ 的随机数。对于两个距离为 $\tau=\|\boldsymbol{x}-\boldsymbol{y}\|$ 的向量 $\boldsymbol{x}$，$\boldsymbol{y}\in\mathbf{R}^d$，其在哈希函数 $h_{\boldsymbol{a},b}(\cdot)$ 下的碰撞概率为：

$$P(h_{\boldsymbol{a},b}(\boldsymbol{x})=h_{\boldsymbol{a},b}(\boldsymbol{y}))=1-2\phi(-w/\tau)-\frac{2}{\sqrt{2\pi}(w/\tau)}(1-\mathrm{e}^{-(w/\tau)^2/2})$$

其中，$\phi(u)=\int_{-\infty}^{u}\dfrac{1}{\sqrt{2\pi}}\mathrm{e}^{-u^2/2}\mathrm{d}u$。

2）用于余弦相似度的 LSH 函数。称为随机符号投影（sign random projection），也称 SimHash。给定向量 $\boldsymbol{x}\in\mathbf{R}^d$，哈希函数定义如下：

$$h_{\boldsymbol{a}}(\boldsymbol{x})=\mathrm{sgn}(\boldsymbol{a}\cdot\boldsymbol{x})$$

其中，$\boldsymbol{a}\in\mathbf{R}^d$ 且每一维均是服从标准高斯分布 $N(0,1)$ 的随机数；$\mathrm{sgn}(\cdot)$ 为符号函数。对于两个相似度为 $\tau=1-\dfrac{\theta(x,y)}{\pi}$ 的向量 $\boldsymbol{x}$，$\boldsymbol{y}\in\mathbf{R}^d$，其在哈希函数 $h_{\boldsymbol{a},b}(\cdot)$ 下的碰撞概率为：

$$P(h_{\boldsymbol{a},b}(\boldsymbol{x})=h_{\boldsymbol{a},b}(\boldsymbol{y}))=\tau$$

3）用于 Jaccard 相似度的 LSH 函数。又称为 Minwise Hashing，简称 MinHash。对全集 U，定义 Π 为 U 的一个随机排列。给定一个集合 $A\subset U$，MinHash 函数被定义为集合 A 在随机排列 Π 下位置最小的元素所在的位置，即：

$$h(A)=\min_{\Pi}\Pi(A)$$

两个相似度为 $J(A,B)=\dfrac{|A\cap B|}{|A\cup B|}$ 的集合 A,B 在 MinHash 函数下的碰撞概率为：

$$P(h(A)=h(B))=J(A,B)$$

其他有对应 LSH 函数族的距离还包括汉明距离等。此外，当前并不是所有的距离度量都有相应的 LSH 函数族。例如，对于衡量不同字符串之间距离的编辑距离（edit distance），现有研究并没有发现相应的 LSH 函数族。因此不能直接将 LSH 应用于基于编辑距离的近似近邻查找。不过，我们可以通过 GCK 嵌入等方式将编辑距离转化为汉明距离（距离之间的转化带有失真），并使用基于汉明距离的 LSH 进行映射。

通过 LSH 函数，我们可以为待查询数据集构建基于哈希表的查询索引。简单来说，可以把 LSH 函数的哈希结果作为哈希表的索引。如图 6.20 所示，对查询 $\boldsymbol{q}$，将其定位到 $h(\boldsymbol{q})$ 所在的哈希桶中，并将同一桶中的向量作为近邻候选集，之后通过遍历的方式筛选出近邻集合。

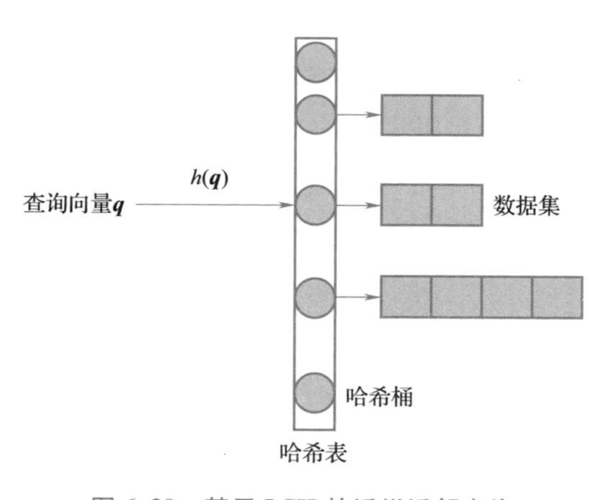

图 6.20　基于 LSH 的近似近邻查找

LSH 希望距离较近的数据点能够尽可能地被映射到同一个哈希桶中，同时距离较远的点尽可能地分散到不同的哈希桶中。仅使用一个 LSH 函数构建一个哈希表是不够的。为此，E2LSH 使用多个哈希函数，并构建多个哈希表。具体来说，E2LSH 首先将 K 个独立的 LSH 函数串接起来，记作哈希函数 G，即 $G=[h_1,\cdots,h_K]$。哈希函数 G 将数据点从 d 维空间映射到 K 维空间中。之后，E2LSH 使用 L 个独立的哈希函数 $G_1,\cdots,G_L$ 来构建 L 个独立的哈希表。E2LSH 这种构建索引的方式又可称为（K,L）-分桶。在查询时，遍历 q 在 L 个哈希表中的对应哈希桶，取出其中的数据点作为近邻候选集。最后遍历近邻候选集从而得到近邻集合，具体过程如图6.21所示。

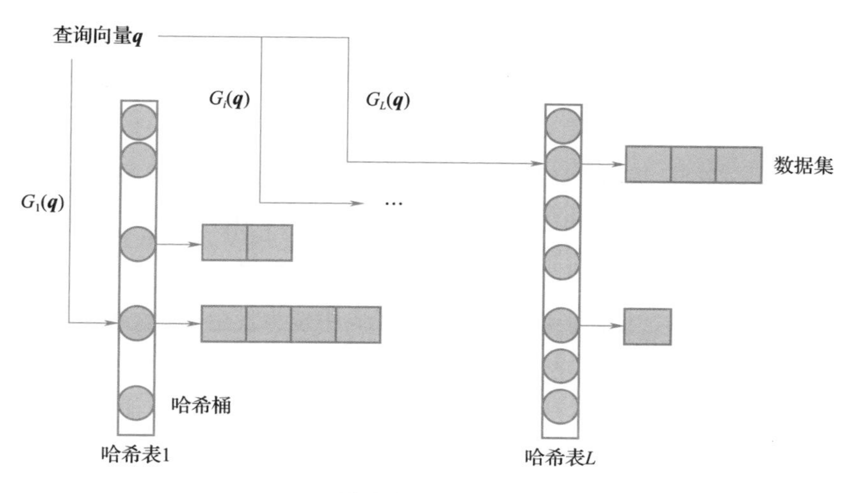

图 6.21 E2LSH

直观来说，在E2LSH中，通过串接哈希函数 G，不相近的数据点被映射到同一个桶中的概率大大降低。但同时相近的数据点被哈希到同一个桶中的概率也降低了。为了使相近的数据点尽可能出现在同一个桶中，E2LSH又同时使用了 L 个哈希表。然而，多个哈希表的使用也同样使得不相近的数据点被映射到同一个桶中的概率增大，同时也会增加空间复杂度。通过设置参数 $K=\log_{1/p_2}n$，$L=n^\rho$，E2LSH可以在次线性时间复杂度 $O(n^\rho \cdot d \cdot \log n)$ 内解决 (R,c)-近邻查找问题（成功概率至少为 $1/2-1/e$）。通过设置一系列 $R=1,c,c^2,\cdots$，E2LSH可以解决 $(1+\epsilon)$-近邻查找问题。

后续工作也在对LSH方法进行持续改良。

1）Multi-Probe LSH。在E2LSH中，为保证较高的召回率，往往会使用大量的哈希表，导致很高的空间复杂度。由于在查找时，每次只访问每张哈希表中的一个哈希桶，空间利用率较低。因此，为了降低空间复杂度，同时提高每张哈希表的利用率，Multi-Probe LSH提出在查询时访问每张哈希表的多个桶而非仅 $H(\boldsymbol{q})$。其基本思想是，查询 $\boldsymbol{q}$ 的近邻数据点即便没有与 $\boldsymbol{q}$ 在同一个桶中，也一定在与 $H(\boldsymbol{q})$ “距离相近”的桶中。因此，问题就变成了如何去定位这些与 $H(\boldsymbol{q})$“距离相近”的哈希桶。

Multi-Probe LSH首先定义微扰向量 $\boldsymbol{\Delta}=(\delta_1,\cdots,\delta_K)$。在查找哈希桶 $H(\boldsymbol{q})$ 之后，

Multi-Probe LSH 继续查找哈希桶 $H(\boldsymbol{q})+\boldsymbol{\Delta}$。对于前文所述的基于欧氏距离的 LSH 函数，当参数 w 足够大时，则距离较小的数据点哈希结果相同或相近的概率极大，因此，微扰向量中每个值的取值范围为 $\delta\in\{-1,0,1\}$。通过定义多个不同的微扰向量（$\boldsymbol{\Delta}_1$，$\boldsymbol{\Delta}_2,\cdots$），Multi-Probe 能够实现在一张哈希表中查找多个哈希桶，从而减少了哈希表的个数，降低了空间复杂度。

2）C2LSH。C2LSH 提出了碰撞计数（collision counting）的查找策略。与 E2LSH 的 (K,L)-分桶不同，C2LSH 只使用 K 个独立的哈希函数将数据点映射到 K 维空间中，因此需要建立 K 个哈希表存储数据点。在查询时，与查询数据点 q 同时出现在至少 t 个哈希表中的点构成近邻候选集合（即与 q 在 K 次哈希中至少发生了 t 次哈希碰撞，$t<K$ 是预先设定好的阈值）。之后遍历近邻候选集合获得最终的近邻集合。相比 E2LSH，C2LSH 的空间利用率有所提升。但同时，碰撞计数的策略不能保证次线性的查询复杂度。

3）QALSH。与 C2LSH 相比，QALSH 最主要的改进是两点：①将 LSH 函数直接更换为随机投影；②使用多个 B+树代替哈希表，从而可以将索引构建在硬盘上。QALSH 仍然使用动态碰撞计数的策略进行查找。

4）SRS。SRS 使用同样使用 K 个独立的哈希函数将数据点映射到 K 维空间中。与 E2LSH 和 C2LSH 不同，SRS 选择在投影后的 K 维空间中在欧氏距离的度量下使用 R-Tree 数据结构做精确的近邻查找。与 C2LSH 类似，SRS 的查询复杂度仍然是线性的。

通过上述介绍，我们可以看出，基于 LSH 的近邻查找首先将高维数据点投影到低维空间中。之后，如何围绕低维空间中的投影向量构建数据结构及设计相应的查找方法是不同 LSH 方法的关键。E2LSH 选择（K,L）-分桶策略构建哈希表，从而实现次线性的查询复杂度，但是在精度和空间上有所牺牲。C2LSH 使用碰撞计数策略构建哈希表，能够提高空间利用率与查找精度，但是在查询复杂度上有所牺牲。SRS 亦然。因此，构建更合适的结构，并对应设计相应的查找方法从而在保证查找精度和空间利用率的同时实现次线性的查询复杂度，将会是未来 LSH 发展的一个重要方向之一。

接下来介绍基于向量量化（vector quantization，VQ）的近邻查找。向量量化算法最早是用来对向量进行压缩存储。近年来逐渐有研究者将其用于近邻查找。向量量化属于原型聚类，它尝试将数据所在的空间划分为若干个类簇，并由一个原型向量代表一个类簇。这些原型向量又被称为码字（codeword），它们的集合又被称为码本（codebook）。可以通过对码字进行编号以便进一步压缩存储空间。对任意数据点，将它归为到它距离最近的类簇。最简单，也最常用的向量量化算法便是 K-Means。VQ 可以使用倒排索引（inverted index）作为查询索引，它将所有映射到同一码字的向量存储到一起。

乘积量化[9]。历史上较早将向量量化用于近邻查找的工作是 Jegou 等人提出的乘积量化（product quantization，PQ）。对于空间 $\mathbf{R}^d$，我们将其切分成 M 组子向量，每组子向量为 $\frac{d}{M}$ 维。之后，在每一组内，PQ 使用 K-Means 算法将子向量聚为 K 类，并生成对应的码字和码本。对 M 组子向量，一共有 M 个码本。这 M 个码本能表示的样本数量级为 K^M。对查询向量 $\boldsymbol{q}$，可以通过对称距离计算（symmetric distance computation，SDC）或非对称距离计算（asymmetric distance computation，ADC）两种方式将其与数据集中的向量进行近似距离计算。SDC 使用量化后的查询 $\boldsymbol{q}$ 与量化后的数据集向量之间的距离作为近似距离。ADC 使用查询 $\boldsymbol{q}$ 的原本向量与量化后的数据集向量之间的距离作为近似距离。由于 ADC 的距离计算误差仅与量化的精度有关而与输入无关，因此 ADC 误差更小。在应用中，由于数据集中的向量已经提前被量化为码字，因此查询 $\boldsymbol{q}$ 到码字之间的距离能够预先计算好，在进行 ADC 或 SDC 时可以通过查表的方式快速计算距离。

尽管 ADC 或 SDC 能够极大的加速距离的计算，但是当向量数目在千万级甚至亿级时，这样的计算量仍然很大。因此需要倒排索引的帮助来加速查询。这就是著名的 IVFADC 算法，即一种基于倒排索引（Inverted File System，IVF）的 ADC 算法。算法示意图如图 6.22 所示。

IVFADC 算法使用了两层量化，第一层为粗粒度的量化（coarse quantizer），首先在原始的向量空间中通过 K-Means 算法将数据集聚为 K' 个类簇（推荐 $K'=\sqrt{n}$）。第二层量化为前文所述的乘积量化。与原始的乘积量化不同，本层首先计算每个数据点与其在前一层量化中的簇中心的残差，之后再对残差向量进行乘积量化。在查询给定向量 $\boldsymbol{x}$ 时，首先通过粗粒度量化器找出 $\boldsymbol{x}$ 及其近邻数据点所位于的簇，由于它们可能在不同的簇中，因此需要取出多个簇。对这些簇中的点，计算得到其残差向量后通过 ADC 算法快速找出向量 $\boldsymbol{x}$ 的近邻数据点。

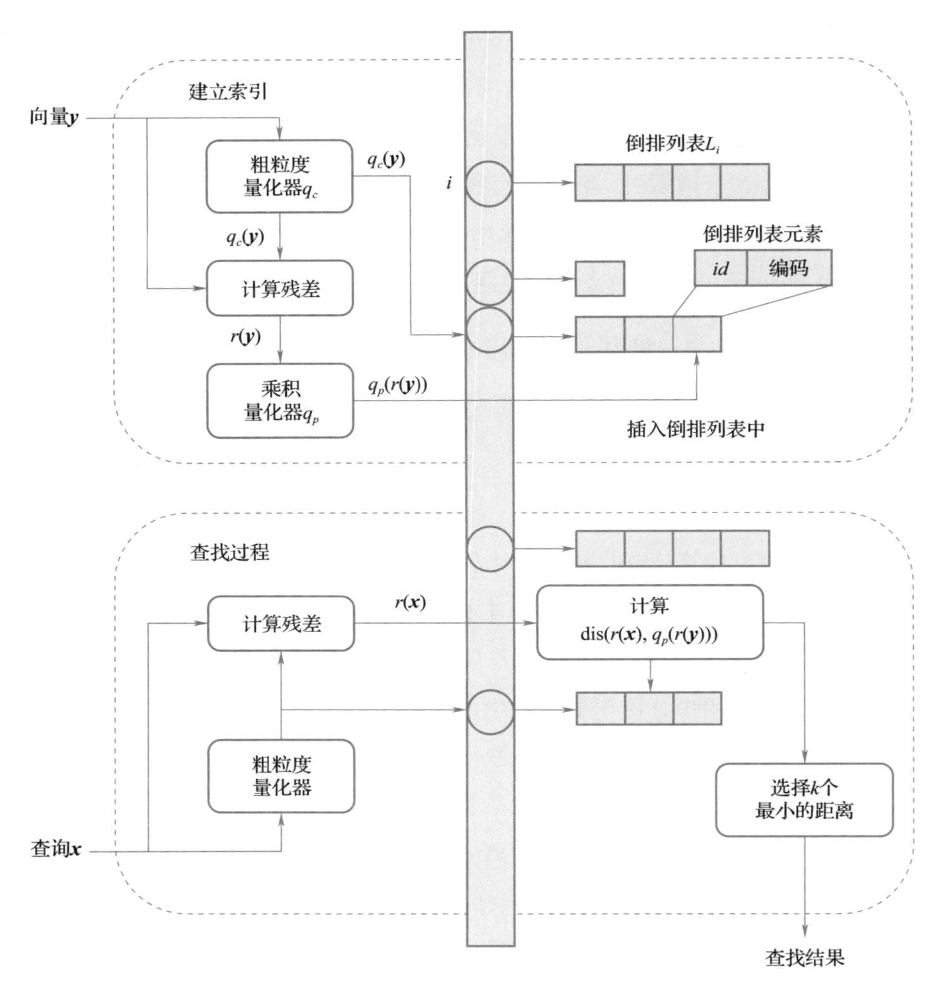

图 6.22 IVFADC 算法构建索引与查找流程

最后介绍基于近邻图的近似近邻查找（graph-based ANNS）[10]。如图 6.23 所示，该类方法首先要为待查询数据集 S 建立近邻图（proximity graph）作为查询索引。给定查询点 q，以近邻图中的某个节点为种子节点出发，在图上进行遍历，直到查找到该查询点的近邻数据点为止。在这一过程中，有如下关键问题需要回答。

（ⅰ）构建一张具有什么性质的近邻图以及如何构建近邻图？

（ⅱ）在查找时如何选择查找的起始种子节点？

（ⅲ）采用何种方法在图上进行遍历？

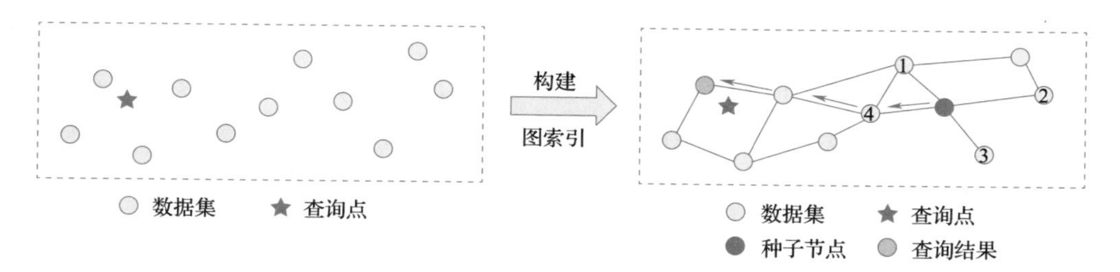

图 6.23　基于近邻图的近似近邻查找

下面以上述三个问题为脉络介绍基于图的近似近邻查找。

图数据结构包含一个点集合和对应的边集合，表示为 $G=(V,E)$，V 是图中节点的集合，E 是边（节点对）的集合。根据边是否有向，图可区分为有向图和无向图。有关图的更多介绍可参见本书第 8 讲。所构建近邻图的特点是距离接近的数据点之间连接边的概率更大。

首先回答第一个问题，即构建一张具有什么性质的图以及如何构建图。在这其中，有以下几类比较常用的基础图结构。

1）Delaunay Graph（DG）。在空间 $\mathbf{R}^d$ 中，在数据集 S 上建立的 DG 须满足如下条件：对于图上的任意一条边 $e=(x,y)\in E$，存在一个超球体，使得仅节点 x，y 在该超球体上，且超球体内部不能包含数据集中的其他节点。同时最多有三个数据点在超球体上。DG 是无向图，且能保证近似近邻查找返回精确的查找结果。然而，DG 的构建复杂度随着维度的增加呈现指数增长。且高维度空间的 DG 几乎是全连接的，降低了查找效率。

2）Relative Neighborhood Graph（RNG）。在空间 $\mathbf{R}^d$ 中，在数据集 S 上建立的 RNG 须满足如下条件：对节点 $x,y\in V$，若 x,y 之间存在边 $e\in E$，那么对 $\forall z\in V$，有 $\mathrm{dis}(x,y)<\mathrm{dis}(x,z)$，或 $\mathrm{dis}(x,y)<\mathrm{dis}(z,y)$。RNG 同样也是无向图。相比于 DG，RNG 能够移除部分冗余边，从而提高查找效率。然而，RNG 的构建复杂度仍有 $O(n^3)$。

3）K-Nearest Neighbor Graph（KNNG）。KNNG 的构建方法很简单，把数据集 S 中的每个数据点与其最近的 K 个数据点相连即可。由于近邻关系并非相互的，因此 KNNG 为有向图。KNNG 通过限制每个节点上边的个数，很好地控制了图的规模。然而，KNNG 并不能保证图的全局连通性，这对在图上遍历是不利的。由于构建 KNNG 需要计算每一对数据点之间的距离，因此构建复杂度为 $O(n^2)$。

可以看出，尽管上述的图索引能够保证查找效率，但是其过高的构建复杂度限制了其应用，因此后续方法均采用近似的方法加快构图的速度，并从多个方面对图进行了改进。

4）KGraph。KGraph 基于 KNNG 这种基础图，提出 NN-Descent 的构图方式。其基本思想是“邻居的邻居大概率也是邻居”。NN-Descent 首先随机初始化一张 KNNG，其中的每个数据点的 K-近邻都是随机生成的。之后通过迭代的方式对随机生成的 KNNG 进行优化。在每轮迭代中，计算节点与其邻居的距离以及节点与“邻居的邻居”的距离并根据结果更新每个节点的 K-近邻信息。

5）Navigable Small World（NSW）。NSW 是对 DG 的近似，并采取递进构图的方式。构图过程即是查找过程。对每个要插入的点，NSW 在已构建的图中查找与它距离最近的 M 个节点并建立连接关系（即边）。在 NSW 构图的早期，由于近邻点的候选较少，因此两个在数据集中较远的点有可能存在连接关系，这样的边也被称为“高速公路”。在近邻查找时能够通过“高速公路”快速地游走到查询点近邻的附近。NSW 的示意图如图 6.24 所示，其中红线即为“高速公路”。

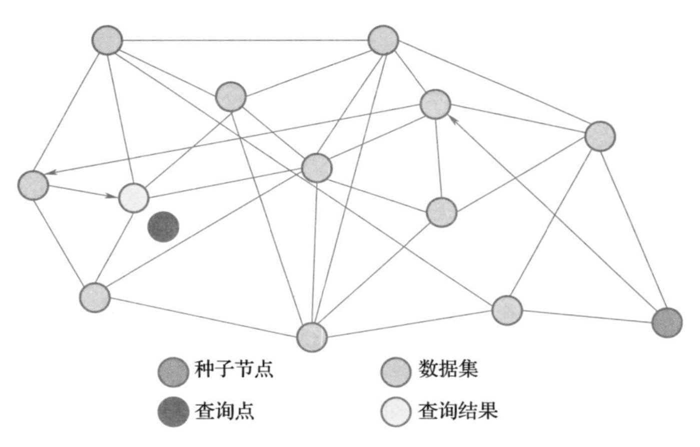

图 6.24　Navigable Small World

6）Hierarchical Navigable Small World（HNSW）。HNSW 在 NSW 的基础上，借鉴了跳表（skip list）这一数据结构的思想。其核心思想是通过跳表的多层结构，可以快速定位到查询的近邻数据点附近，之后再进行较为准确的遍历，从而大大减短了查询时间。HNSW 算法的示意图如图 6.25 所示。在 HNSW 中，层数越高，包含的数据点的个数越少，且每层数据点的数目遵循指数衰减定律。第 0 层（Layer 0）包含全部的数据点。此外，数据点存在于其所在的最高层往下的每一层中。与 NSW 相同，HNSW 也采用递增构图方式。对于一个要插入 HNSW 中的新数据点，首先通过公式 $l=\lfloor -\ln(\text{unif}(0,1))\cdot mL\rfloor$ 计算其所在的最高层，其中 unif(0,1) 是服从 (0,1) 均匀分布的随机数，mL 是设定的参数。每一层内的构图方式与 NSW 相同。此外，在每一层的 NSW 中，还要控制每个节点连接邻居的个数最多为 N_{max}。若新插入节点的邻居节点中存在连接数大于 N_{max} 时，则需要对该邻居节点重新进行近邻查找以限制边的连接数。

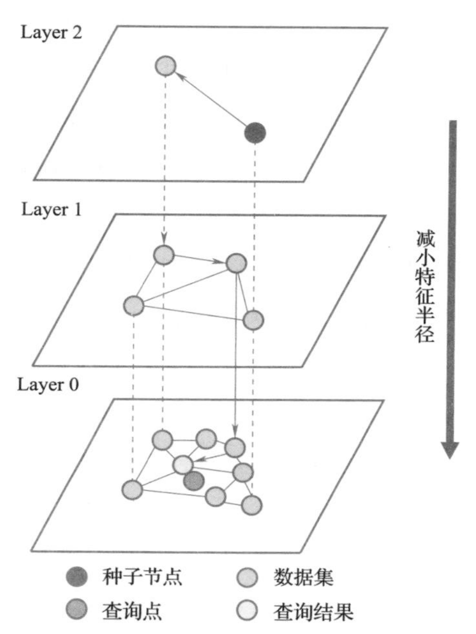

图 6.25 Hierarchical Navigable Small World

HNSW 的查找过程是自顶向下的。从最高层任意的一个节点出发，通过游走找到最高层中距离查询点最近的近邻节点。之后在下一层中以该近邻节点为种子节点出发游走。重复上述过程，直至在 Layer 0 中查找到查询点的近邻数据点。

7）Navigating Spreading-out Graph（NSG）。NSG 在 KNNG 的基础上融合了 RNG 的一些性质，通过确保图的连通性，降低每个节点的出度，缩短查找路径以及缩减图的规模四个方向对 KNNG 进行改进。NSG 需要预先通过 NN-Descent 的方式建立一张 KNNG 作为基准图，之后从上述方向出发对建好的 KNNG 进行改良。基于建好的 KNNG，NSG 的构建过程如下。

①确定导航点。NSG 计算数据集的中心位置，并以该位置作为查询点，在预先建立好的 KNNG 上查找其最近邻点，查到的最近邻点又称为导航点（navigation point）。后续所有查询均从该导航点出发。

②为数据集中的点选择边。把数据集中的每个数据点 $s\in S$ 作为查询点，在 KNNG 上查找其近邻，并记录查找过程中的所有节点。在这些节点中选择最多 m 个点作为数

据点 s 的近邻。NSG 的作者定义了 MRNG（Monotonic relative neighborhood graph）作为选择点的依据。

③构建 DFS 树。完成边的选择后，NSG 以导航点为根，通过深度优先搜索（Depth First Search，DFS）的方式形成 DFS 树。如果有数据集中的点没有在形成的 DFS 树中，则将它们与其在图上的近邻点相连。

接着回答第二个问题：如何选择起始的种子节点？现有的方法主要分为三类：①随机初始化一个或多个种子节点，如 KGraph 和 NSW。②通过预处理生成种子节点，如 HNSW。HNSW 从高层向底层的游走，可以看作通过预处理生成距离查询点更近的种子节点。③固定的种子节点，如 NSG，所有的查找过程均从同一节点开始。

最后回答第三个问题：如何在图上遍历？目前绝大多数算法，如 NSW，HNSW，NSG 等使用的遍历方法是贪婪搜索（greedy search）或者束搜索（beam search）。即从种子节点出发，依次计算种子节点的邻居与查询点的距离，并游走到其中与查询点最近的一个（贪婪搜索）或几个（束搜索）节点。当查询与某个节点的距离小于与该节点所有邻居节点的距离时，可以认为游走收敛并终止查询。之后从遍历过的节点中选择符合查询条件的数据点作为近邻集合。贪婪搜索易于实现，但很容易陷入局部最优，而且查询效率有待进一步提升。束搜索由于扩大了搜索空间，相比贪婪搜索不易陷入局部最优。

最后，总结不同方法图结构的构建复杂度和查询复杂度如表 6.4 所示。

表 6.4　不同方法图结构的构建复杂度和查询复杂度

方法	构建复杂度	查询复杂度
KGraph	$O(n^{1.14})$	$O(n^{0.54})$
NSW	$O(n \cdot \log^2 n)$	$O(\log^2 n)$
HNSW	$O(n \cdot \log n)$	$O(\log n)$
NSG	$O(n^{1+\frac{1}{c}} \cdot \log n + n^{1.14})$（$c$ 为常数）	$O(\log n)$

6.3.3　相关应用与潜在研究方向

本小节首先介绍近邻查找算法的一些重要应用。

1）图像检索。图像检索是近邻查找算法的重要应用之一。当前许多的图像检索算法通过深度学习的方法首先提取图像的特征向量。之后使用近邻查找的方法为给定查询图像快速查找其相似图像。现有的各大搜索引擎如谷歌、Bing、百度等均为用户提供快速图像检索功能。例如，微软的 Bing 搜索引擎使用其开发的大规模向量搜索库 SPTAG（space partition tree and graph）为用户提供方便快捷的检索功能。

2）推荐系统。推荐系统的任务是为用户推荐其潜在感兴趣的物品。简单来说，可以通过机器学习，深度学习等算法将用户以及物品分别表示成向量，并通过合适的距离度量衡量用户向量与物品向量之间的距离。距离越小意味着用户越可能对物品感兴趣。在这一过程中，我们可以使用近邻查找算法为物品向量建立查询索引，从而能够快速准确地为用户推荐其可能感兴趣的物品。例如，前文提到的基于图的近邻查找算法 NSG 已应用在淘宝 App 的搜索引擎中，能支持上亿级别的数据规模，并为数亿计的用户提供快速准确的查找搜索功能。

3）生物信息学。DNA 检索是生物信息学中一个重要的研究问题。对一段感兴趣的 DNA 序列完成测序后，需要在已有的 DNA 库中对其进行检索，确定哪些生物或物种包含相似的 DNA 片段，这有助于了解并进一步分析该 DNA 的相关属性。由于已有的 DNA 库中包含数量众多的 DNA，使用近邻查找算法进行搜索能极大地提高效率。在检索过程中，编辑距离是衡量 DNA 片段之间相似度的常见度量。

在这些重要应用之外，近邻查找在当下仍有一些难题亟待解决，或将成为未来研究的重点。

未来方向 1：不同硬件场景下的近邻查找。

1）基于外存的近邻查找。前文所述的近邻查找算法，待查询数据集 S 与构建的查询索引均存储在内存（DRAM）。然而，内存的存储空间有限的。当数据的规模达到十亿级别时，很难将这些数据连带对应的查询索引存储到内存中，而直接对内存进行扩容的方案代价十分昂贵。因此需要设计混合近邻查找索引，以利用代价较为低廉的存储设备（如 SSD）实现高效的近邻查找。

2）利用 GPU 快速构建查询索引。当前查询索引的构建都是基于 CPU 运算的。随着硬件的发展特别是 GPU 的出现，如何利用 GPU 高密度运算与高效的并行性构建查询索引逐渐吸引研究人员的关注。特别是在基于图的近邻查找中，图索引的构建是计算瓶颈之一。利用 GPU 可以极大地加速图的构建能。近两年已有一些工作在着眼于此。

未来方向 2：新型应用场景下的近邻查找。前文所述近邻查找算法均未对具体的应用场景做任何假设。然而在实际应用中，查询过程往往会有约束限制。例如，在现实应用服务中，用户将查询 q 发送到云端数据库中，然后云端数据库将 q 的近邻信息再返还给用户。这一流程并未考虑隐私保护问题，用户查询的隐私信息以及云端数据库的隐私信息均有可能遭到不同程度的泄露。既有云端窃取用户隐私信息的可能，也有恶意用户利用查找结果窃取云端数据库相关隐私数据的可能。这在包含了大量敏感信息的应用场景，例如医疗，生物，金融等领域，是不可接受的。因此，如何开发安全的近邻查找算法，在保护相关隐私信息的同时实现高效的近邻查找十分关键。

未来方向 3：与机器学习、深度学习结合的近邻查找。近些年来，随着深度神经网络的流行，如何将机器学习、深度学习算法与近邻查找算法相结合也是相关领域的研究热点之一。学习算法可以应用到近邻查找流程的各个方面中。例如，可以将学习算法应用到查询索引的构建过程中，这样构建的查询索引可以更好地契合待查询数据集的数据点分布，从而提高近邻查找的效率。再有，可以通过深度学习算法为一些定义在非欧氏空间的距离度量（如编辑距离）转为欧氏空间中常用的距离度量，进一步应用近似近邻查找的算法实现高效查找。此外，还有一些工作将近邻查找算法应用到神经网络中，从而加快神经网络的训练和推理速度。

未来方向 4：非典型距离度量下的近邻查找。如前文所述，应用近邻查找方法的前提是有一个合适的距离度量。对于某些不符合距离定义的重要度量，例如内积，如何设计合适的查找算法十分关键。这也衍生出最大内积搜索这一重要的问题。此外，对于一些人为设计的距离度量，常规的近邻查找算法难以奏效。如何基于这样的距离度量设计高效的近邻查找算法是一个挑战。

6.4 本讲小结与展望

随着大数据的概念深入人心，如何设计高效的算法对大数据进行分析是学术界和工业界的重要研究内容之一。大数据的算法分析结果可应用于网络异常检测、电商推荐、金融风险评估等多个领域。大数据的分析算法多种多样，本讲主要就大数据的统计特征估算、成员查找、近邻查找三个角度介绍相关大数据分析算法。未来的研究可能进一步扩展以下这些内容。

1）大数据的统计特征估算。现有对大数据的统计特征估算算法大多假设数据是不变或者仅有新数据的加入。在实际应用场景中，旧数据的剔除也较常见。由于存储空间的限制，一些过期数据需要被删除。在这种完全动态变化的数据中对大数据进行统计特征估算，是一个值得研究的问题。

2）大数据的成员查找算法。现有的成员查找算法大多通过构建概率数据结构的方式，以较小的存储空间实现较高的查找精度。因此，现有工作的研究重心大多聚焦在如何使用更小的存储空间来实现更高的查找精度。然而，在实际应用中，数据结构的构建速度，面对新成员的更新速度以及数据结构的可扩展性等因素也需要考虑在内。因此，如何针对特定的应用场景设计合理的成员查找结构是一个值得研究的问题。此外，大数据中的成员往往包含一些属性信息。例如，电商中的商品由品牌、价格、尺寸等属性信息组成。如何快速查找满足某些属性条件的成员也是一个值得研究的问题。

3）大数据近邻查找算法。现有近邻查找算法通过为数据建立索引结构的方式实现快速准确的查找。除去设计更出色的索引结构外，6.3.3 节中还指出在与硬件场景结合的近邻查找、新型应用场景下的近邻查找、AI 赋能的近邻查找和其他度量下的近邻查找等多个潜在的研究方向。此外，如何在以 DNA 分子为代表的字符串数据、以化学分子为代表的图数据等特定的数据类型下进行近邻查找也是未来值得研究的问题。

参考文献

[1] JEFFREY S V. Random sampling with a reservoir[J]. ACM Transactions on Mathematical Software, 1985, 11(1): 37-57.

[2] CORMODE G, MUTHUKRISHNAN S. An improved data stream summary: the count-min sketch and its applications[J]. Journal of Algorithms, 2005, 55(1): 58-75.

[3] FLAJOLET P, MARTIN G N. Probabilistic counting algorithms for data base applications[J]. Journal of Computer and System Aciences, 1985, 31(2): 182-209.

[4] BLOOM B H. Space/time trade-offs in hash coding with allowable errors[J]. ACM Communications, 1970, 13(7): 422-426.

[5] FAN B, ANDERSEN D G, KAMINSKY M, et al. Cuckoo filter: Practically better than bloom[C]//ARUNA S, CHRISTOPHE D, JIM K, et al. CoNEXT'14: Proceedings of the 10th ACM International on Conference on emerging Networking Experiments and Technologies. New York: ACM, 2014: 75-88.

[6] KRASKA T, BEUTEL A, CHI E H, et al. The case for learned index structures[C]//GAUTAM D, CHRISTOPHER J, PHILIP B. SIGMOD'18: Proceedings of the 2018 International Conference on Management of Data. New York: ACM, 2018: 489-504.

[7] NOROUZI M, PUNJANI A, FLEET D J. Fast exact search in hamming space with multi-index hashing[J]. IEEE Transactions on Pattern Analysis and Machine Intelligence, 2013, 36(6): 1107-1119.

[8] INDYK P, MOTWANI R. Approximate nearest neighbors: towards removing the curse of dimensionality[C]//JEFFREY S V. STOC'98: Proceedings of the thirtieth annual ACM symposium on Theory of computing. New York: ACM, 1998: 604-613.

[9] JEGOU H, DOUZE M, SCHMID C. Product quantization for nearest neighbor search[J]. IEEE Transactions on Pattern Analysis and Machine Intelligence, 2010, 33(1): 117-128.

[10] WANG M, XU X, YUE Q, et al. A comprehensive survey and experimental comparison of graph-based approximate nearest neighbor search[J]. Proceedings of the VLDB Endowment, 2021, 14(11): 1964-1978.

第7讲

大数据分析——机器学习

编者按

本讲由戴金权和黄晟盛撰写。他们都是英特尔的高级技术专家。戴金权是大数据和人工智能开源项目 BigDL 和 Analytics Zoo 的创建者，是英特尔中国第一位 Intel Fellow。

7.1 概述

这一讲主要介绍大数据上的机器学习。7.1 节首先介绍一些背景，包括机器学习、深度学习和 AI 以及大数据与它们之间的关系，同时还介绍了在大数据上做机器学习的现状。接着 7.2 节介绍了开源分布式大数据 AI 平台 BigDL 如何解决大数据上机器学习的问题。最后 7.3 节介绍了两个分布式大数据 AI 平台在生产实践中的真实案例。

7.1.1 机器学习、深度学习和人工智能

机器学习是一种从数据中学习和建模的方法。机器学习利用从大量数据中学习到的规律，提高机器执行某些特定任务的效果（例如物品分类、销量预测等），从而在生产实践中减轻人工处理这些任务的难度和工作量。

深度学习是机器学习的一个分支，经常使用的模型是多层的（包含复杂连接的）神经网络结构。深度学习尤其擅长处理计算机视觉、自然语言、语音识别等领域的问题，也在推荐系统、时序等领域有非常不错的应用效果。

深度学习和一般机器学习都可以用于构建生产实践中的人工智能（AI）应用。虽然我们常说的这些人工智能应用并不是真正意义上的通用人工智能（因为它们只能在特定的条件下完成某些特定任务），但它们已经能在生产实践中发挥很大的作用，如人脸识别、机器翻译、视频推荐应用等。

7.1.2 大数据和机器学习的关系

数据对于机器学习，尤其是深度学习是非常关键的。随着深度学习领域在 NLP 领

域的发展，我们观察到 AI 模型有逐渐增大的趋势。例如，2018 年发布的 BERT 的模型参数量约有 3.4 亿，而 2020 年发布的 GPT-3 的参数量则达到了 1 750 亿。更大的模型通常意味着需要更多的训练数据。此外，作为最近的研究热点之一的自监督学习，其常见逻辑也是在大规模无标签的数据集上进行预训练，然后再通过迁移学习之类的方法将预训练模型用于下游任务。

从用户角度来说，由于 5G 移动网络的发展和各类产业的信息化进程加速，越来越多的数据得到收集、存储和挖掘。实际上，在这一波深度学习和机器学习的浪潮之前，大量企业已经在使用大数据技术和架构，通过私有云或者公有云提供对内或对外的数据服务（统计分析、数据可视化等）。随着机器学习的进一步普及，越来越多的企业意识到数据中的价值，并希望利用收集到的数据来训练模型和构建 AI 应用，进一步提高产品质量，改善用户体验，从而增加总体收益。

这些从不同方向而来的需求，共同推动了大数据和机器学习技术的结合。我们看到，大量的机器学习模型被用于处理存储在大数据平台上的数据，成为大数据处理流程的一部分；而大量的机器学习也在使用分布式训练和分布式推理，利用大数据平台的能力来解决单机平台基本无法解决的更大规模的问题。

7.1.3 大数据上机器学习存在的问题和挑战

我们知道，一个 AI 项目在起步阶段，通常是从一个运行在笔记本电脑或工作站上的 Python notebook 程序开始的。这是因为大部分数据科学家更习惯在单机上开发和调试 AI 模型原型。然而到了生产部署阶段，很多 AI 项目需要被集成到一个更大的数据流水线中，这个过程就需要将单机上的 AI 模型进行改写并集成到原有的端到端的流水线中。这个过程通常可能包括以下工作：从（大）数据仓库中抽取数据，做数据格式转换，改变文件存储读取位置，将模型改写成分布式，调试改写后的模型，验证模型改写后的准确性等。

一种常见的将单机 AI 模型跟大数据流水线集成的方法是直接搭建和维护两个集群——一个传统的大数据集群（通常是基于 CPU 架构的）用于可扩展的大数据处理流水线，另一个 AI 集群（通常基于 GPU 架构或者混合架构）用于 AI 模型的训练和推理（参见 7.3.1 中的实际案例）。在实际使用中，AI 和大数据处理的流程各自独立地进行调试和运行，当 AI 和原数据流水线需要数据交换的时候就将数据在两个集群中迁移（例如，在 Apache Spark 集群上处理数据，然后将处理后的数据输出到单独的 TensorFlow 集群进行训练和推理）。

如果仅仅以 AI 论文中常见的基于基准数据集（如 ImageNet 或 SQuAD）的、简单清晰的模型训练和推理流程来想象真实世界的 AI 应用，也许不会觉得上述双集群的模式有太大的问题。但是，真实生产中的数据和基准数据集是大不相同的。现实世界的大数据是比基准数据集要杂乱得多，并且经常可能有变动，因此现实世界的数据通常需要更多、更复杂且可能经常改动的数据清理和预处理的过程。此外，现实世界的数据分析流水线的 ETL（提取、转换和加载）和数据处理通常不是只运行一次，而是一个迭代和反复的过程（例如，来回开发和调试，用新的生产数据增量更新模型等）。在这种情况下，双集群的方案在真实生产中不仅在数据传输方面会有额外开销，而且在开发、调试、部署和操作效率方面，都是非常低效的。更好的方案是直接在数据存储的集群上（通常是大数据集群）运行深度学习应用程序，并作为端到端数据分析流水线的一部分。

实际上，为了使 AI 模型能被集成到大数据流水线并跟大数据处理流程运行在同一个大数据集群上，社区中已经出现了一些解决方案。其中一类方法可以叫作“连接器”方法（例如 TFX、CaffeOnSpark、TensorFlowOnSpark、SageMaker 等）。这些“连接器”提供了一些接口，将数据处理和深度学习过程连接起来放到同一个工作流中（可能在共享集群上运行）。然而，这种连接方法需要在不同框架之间的适配，在实际应用中会带来额外的开销（例如，进程间通信、数据序列化和持久化等）。此外，不同框架的执行模式不匹配也会导致问题。比如有的连接器（如 TensorFlowOnSpark）首先使用大数据（如 Spark）任务来分配资源（如 Spark 工作节点），然后在分配的资源上运行深度学习（如 TensorFlow）任务。但大数据和深度学习系统有非常不同的分布式执行模式，大数据的任务之间相互独立并且可以大规模性并行，而深度学习的任务之间存在依赖关系。当一个 Spark 工作者失败时，Spark 系统只是重新启动该工作者（这反过来又重新运行 TensorFlow 任务）；然而，这与 TensorFlow 执行模型不兼容，并可能导致整个工作流无限期阻塞。

后来，大数据社区对“连接器方法”也进行了改进。例如，Hydrogen 项目引入的屏障执行模式在 Spark 中提供了 gang scheduling 的支持，克服了 Spark 和现有深度学习框架之间不同执行模式造成的问题。但这些改进并没有从根本上消除两种执行模式的差异，这些差异仍然会导致低效（例如，如何将 delay scheduling 应用于 Spark 中的 gang scheduling 仍然是不明确的，这会导致数据局部性变差的问题），同时它也没有解决其他不同框架不适配的问题，例如数据处理和模型计算之间行为差异。

另一方面，为了充分利用大数据集群（包括单机上）的硬件资源和能力，开发者通常需要应用和配置各种不同的底层技术或者加速库（例如硬件指令、多进程、量化、内存分配优化、数据分区、分布式计算等），甚至要对代码进行侵入性的修改，来改进流 AI 大数据流水线的整体性能，这些工作对于数据科学家而言通常是烦琐且容易出错的。

7.2 BigDL：分布式大数据 AI 平台

如上文所述，将 AI 无缝和大数据结合并分布式地跑在大数据集群上，目前还存在不少问题挑战。BigDL[1] 正是为了解决这些痛点而诞生的一个开源项目。使用 BigDL，用户可以将在笔记本电脑上构建的单机 Python 深度学习项目进行透明地加速（在实际实验中得到了高达 9.6 倍的速度提升），并将单机项目无缝地扩展到大型集群中对大数据进行分布式数据处理、训练和推理。目前，BigDL 已经已被许多客户（如万事达卡、汉堡王、浪潮等）在真实的生产实践中使用。

接下来详细介绍 BigDL。

7.2.1 设计目标和架构

为了使得数据科学家能够轻松建立大规模的分布式人工智能应用，BigDL 在设计的时候采用了以下原则。

1）标准 API。用户应该可以简单地在笔记本电脑上使用标准 API（如 TensorFlow 或 PyTorch）构建传统的模型和 Python notebook；所有的调优、加速和扩展都由底层工具自动处理。

2）端到端的流水线。工具应该对整个 AI 流水线进行整体优化（从数据预处理、特征转换、超参数调优、模型训练和推理、模型优化和部署等）。

3）透明的加速。工具应该通过自动整合加速库，最优配置方案，软件优化，帮助用户透明地加速他们的 AI 流水线的训练或推理。

4）无缝扩展。工具应该为数据科学家提供简单且容易熟悉的 API 对 AI 流水线进行无缝地端到端的扩展（包括分布式数据并行处理、模型训练、调优和推理）。

图 7.1 展示了 BigDL 的实际架构。BigDL 包含了一组不同功能的库，可以单独使用或者结合使用，可以解决大数据分析 AI 结合过程中不同方面的问题。本小节重点介绍 Nano 和 Orca 这两个库，因为对端到端的 AI 流水线提供透明地加速和无缝扩展的目标主要就是通过这两个库实现的。

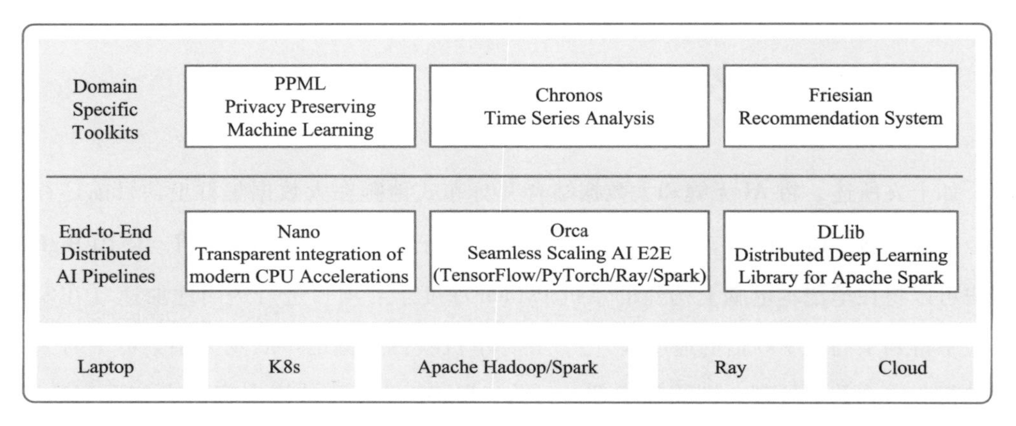

图 7.1　BigDL 的实际架构

1）BigDL-Nano。BigDL-Nano 是一个用来对单机运行的 AI 流水线进行透明加速的库。实验结果显示，如果在开发 AI 流水线时如果利用一系列优化技术（例如 SIMD 指令、并行和分布式处理、模型量化、内存分配优化、模型图优化），可以将速度提升 10 倍，大大缩短解决问题的时间。但应用这些技术需要用到各种各样的工具，做大量的配置工作，甚至侵入性的代码修改，这个过程是复杂且容易出错的，对数据科学家来说更是难维护。为了解决这个问题，BigDL-Nano 将一系列优化技术和库整合到内部并进行自适应地配置，这样用户只需要极少量地修改原来的代码就可以利用这些内置优化进行透明加速。此外，BigDL-Nano 还提供了内置的 AutoML 功能方便用户进行自动超参调优。

2）BigDL-Orca。BigDL-Orca 是一个用来将单机运行的 AI 无缝扩展到分布式集群上的库。在前文我们看到，在将人工智能应用从本地笔记本电脑扩展到分布式集群的实践中，一个关键挑战是如何将分布式数据处理和人工智能程序无缝集成到一个统一的流水线中。为了解决这个问题，BigDL-Orca 自动为分布式执行提供了大数据和人工智能底层系统（如 Apache Spark 和 Ray）。然后在底层系统之上，BigDL-Orca 有效地实现了分布式内存数据流水线（用于 Spark DataFrames、Ray Datasets、TensorFlow Dataset、PyTorch DataLoader，以及任意 Python 库），并透明地对深度学习模型（如 TensorFlow 和 PyTorch）在分布式数据集上的训练和推理进行分布式扩展（通过 scikit-learn 风格的 API）。

7.2.2　BigDL-Nano：对用户透明的性能加速

图 7.2 说明了 BigDL-Nano 的架构。它在后端利用了十几种加速技术和工具（如 SIMD 指令、并行和分布式、优化内存分配、计算图优化和量化[2] 等），为用户的模型训练和推理流水线进行透明地处理。对于每一种加速技术和库，BigDL-Nano 都会根据用户的执行环境、数据集和模型，自适应地应用恰当的配置。BigDL-Nano 以透明的方式将所有这些加速技术带给用户，从而使数据科学家无须手动调整各种配置，应用不同的工具，甚至进行侵入性的代码修改。

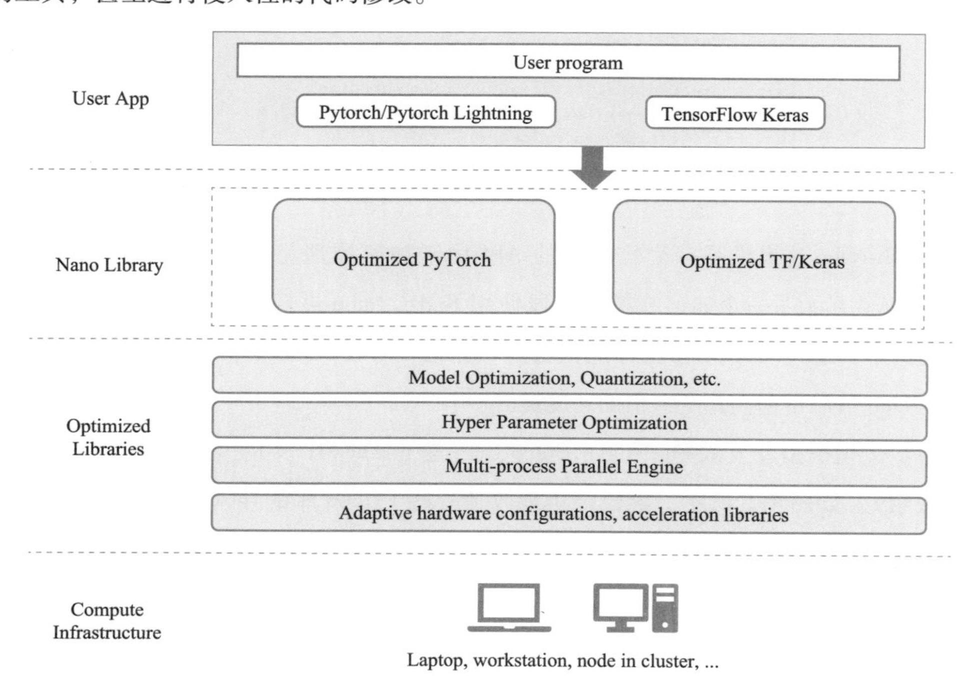

图 7.2　BigDL-Nano 的架构

BigDL-Nano 为加速端到端的训练流水线提供了一套简单透明的 API，这样用户原有的 TensorFlow 或 PyTorch 程序只需要进行最小量的改动就可以得到加速。例如，对于 PyTorch Lightning 的用户，通常他们只需要改变 Python 库的导入就可以使用 BigDL-Nano，如图 7.3 所示。在后台，针对训练的一系列优化（例如 ISA 矢量化、优化内存分配、并行和分布式处理，IPEX 等）被自动启用，带来了高达 5.8 倍的速度提升。

```
from bigdl.nano.pytorch .vision.datasets import
↪ ImageFolder
from bigdl.nano.pytorch .vision import transforms
from bigdl.nano.pytorch import Trainer
from torch.utils.data import DataLoader

data_transform = transforms.Compose([
   transforms.Resize(256),
   transforms.ColorJitter(),
   transforms.RandomCrop(224),
   transforms.RandomHorizontalFlip(),
   transforms.Resize(128),
   transforms.ToTensor()
])
dataset = ImageFolder(args.data_path,
↪ transform=data_transform)
train_loader = DataLoader(dataset,
↪ batch_size=batch_size, shuffle=True)
net = create_model(args.model, args.quantize)
trainer = Trainer(max_epochs=1)
trainer.fit(net, train_loader)
```

图 7.3 用 Nano 的 API 对训练过程进行加速

BigDL-Nano 还提供了一套轻量级的 API 用于加速推理流水线（如模型优化和量化）。图 7.4 显示了一个如何在推理阶段使用 BigDL-Nano 进行量化和 ONNX Runtime[3] 加速的例子。通过自动整合各种优化工具，包括 ONNX Runtime、INC、OpenVINO 等，BigDL-Nano 可以带来高达 9.6 倍的速度提升。

为了优化模型开发效率，BigDL-Nano 还内置了 AutoML 支持（目前主要是自动超参数搜索）。如图 7.5 所示，通过简单地改变一些 Python 库的导入，用户就可以方便地在原有的流水线中添加搜索空间，达到搜索模型结构参数以及学习率等训练控制参数的目的。BigDL-Nano 会收集流水线中的参数搜索空间，将其传递给底层的 HPO 引擎，并将相应对象的实例化推迟到在各个搜索实验中训练过程实际被配置和执行地阶段进行。

```
#... define the model Net
model = Net().to(device)
model.train()
#... omit the train loop here
# instantiate a trainer
trainer = bigdl.nano.pytorch.Trainer()
# use trainer to quantize the model and enable onnx
model_onnx_int8 = trainer.quantize (model,
    precision="int8",accelerator="onnxruntime", ...)
output = model_onnx_int8(data)
```

图 7.4 用 Nano API 进行推理加速

```
from bigdl.nano.tf.keras import Sequential
from bigdl.nano.tf.keras.layers import Dense,
↪ Flatten, Conv2D
import bigdl.nano.automl.hpo.space as space

model = Sequential()
model.add(Conv2D(
    filters= space.Categorical(32, 64) ,
    kernel_size= space.Categorical(3, 5) ,
    strides=2,
    activation="relu",
    input_shape=input_shape))
model.add(Flatten())
model.add(Dense(CLASSES, activation="softmax"))
...
model.compile(...)
model.search(...)
model.fit(...)
```

图 7.5 Nano 内置的 AutoML API

7.2.3 BigDL-Orca：从笔记本电脑到分布式大数据集群的无缝扩展

图 7.6 显示了 BigDL-Orca 的整体架构。为了将端到端的人工智能流水线从笔记本电脑无缝扩展到分布式集群，BigDL-Orca 自动提供了 Apache Spark 和/或 Ray 作为分布式数据处理和模型训练/推理的基础执行引擎。在这些分布式引擎之上，用户可以简单地以数据并行的方式建立自己的数据流水线（使用 TensorFlow Dataset、PyTorch DataLoader、Spark DataFrames、Ray Datasets 或者任意的 Python 库，如 pandas、SciPy[4]

等）。在同一程序中，用户可以使用 BigDL-Orca 中 sklearn 式的 Estimator APIs，直接将人工智能模型（如 TensorFlow、PyTorch、MXNet 等）应用于处理后的数据进行分布式训练和推理。

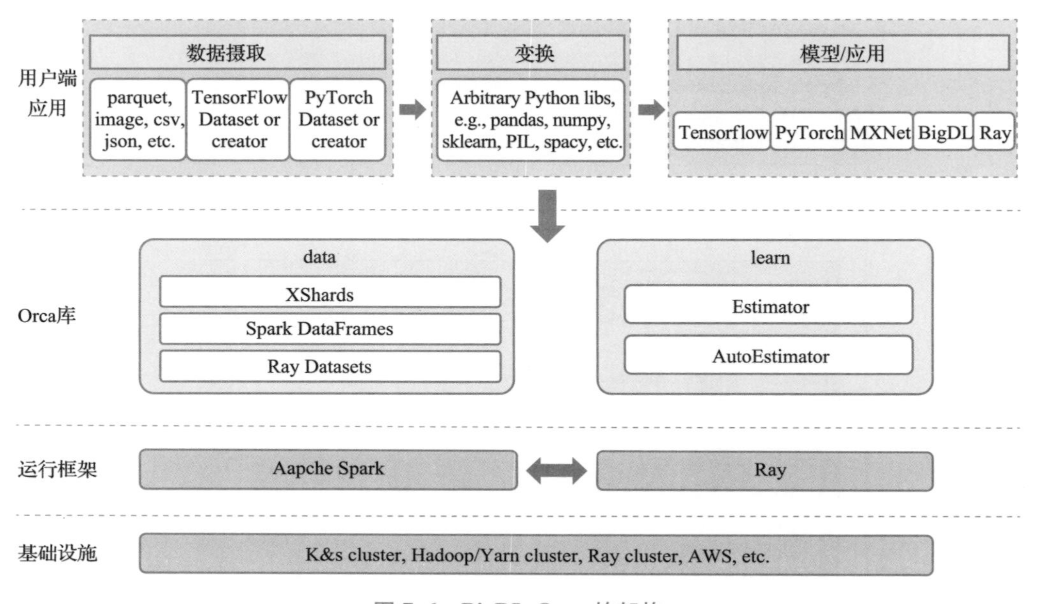

图 7.6　BigDL-Orca 的架构

1. BigDL-Orca：分布式数据流水线

BigDL-Orca 支持四种类型的分布式数据处理，即 TensorFlow Dataset 或 PyTorch DataLoader、Spark DataFrame、Ray Dataset 和 XShards[5]（用于任意的 Python 库）。

1）TensorFlow Dataset 或 PyTorch DataLoader。用户可以直接使用标准的 TensorFlow Dataset 或 PyTorch DataLoader 来构建他们的数据处理流水线（就像他们在单节点 TensorFlow 或 PyTorch 程序中一样），然后可以直接用于分布式深度学习训练或推理，如图 7.7 所示。在后台，BigDL-Orca 自动在集群中的每个节点上复制 TensorFlow 数据集或 PyTorch DataLoader 流水线，将输入数据分片，并使用 Apache Spark 和/或 Ray 以数据并行的方式执行数据流水线。

2）Spark DataFrame、Ray Dataset。Spark DataFrame 是一种常见的分布式数据结构，可以允许用户在大规模分布式数据上做各种变换。Ray Dataset 是 Ray 提供的一种分布式数据结构，是 Ray 库和 Ray 应用中加载和交换数据的标准方式。在使用 BigDL-Orca 时，Spark DataFrame 和 Ray Dataset 都可以直接用于 TensorFlow/PyTorch 的训练或推理，无须进行数据转换，如图 7.8 所示。

```
import torch
from torchvision import datasets, transforms
from bigdl.orca.learn.pytorch import Estimator

train_loader = torch.utils.data.DataLoader(
        datasets.MNIST(...),
        batch_size=batch_size,
        shuffle=True)

est = Estimator.from_torch(model=torch_model,
↪   optimizer=torch_optim, loss=torch_criterion)
est.fit(data=train_loader)
```

图 7.7 BigDL-Orca 分布式训练：使用 PyTorch DataLoader 作为输入

```
df = spark.read.parquet("data.parquet") # df is a Spark
↪   DataFrame
est = Estimator.from_keras(keras_model=model)
est.fit(data=df,
        feature_cols=['user', 'item'], # specifies
        ↪   which column(s) to be used as inputs
        label_cols=['label']) # specifies which
        ↪   column(s) to be used as labels
```

图 7.8 BigDL-Orca 分布式训练：使用 DataFrame 作为输入

3）XShards（用于支持任意 Python 库）。BigDL-Orca 的 XShards API 允许用户使用现有的 Python 代码以分布式和数据并行的方式处理大规模数据集。当把本地人工智能流水线扩展到分布式集群时，用户面临的一个主要挑战是需要重写他们的数据提取或处理代码，以便支持分布式数据存储或结构（例如使用新的分布式数据处理库）。这样的代码修改需要用户学习新的 API，并且在用户代码和新 API 之间不一致时容易出错。而使用 XShards，用户可以通过重组（而不是重写）原始 Python 代码来实现分布式数据加载和变换，如图 7.9 所示。一个 XShards 实际上包含了一个自动分片（或分区）的 Python 对象（例如 Pandas DataFrame、Numpy NDArray、Python Dictionary 或 List 等）。XShards 中的每个分区都存储了 Python 对象的一个子集并分布在集群的不同节点上，用户可以使用 XShards. transform_shard 以数据并行的方式在每个分区上运行任意的 Python 代码。

```
def negative(df, column_name):
    df[column_name] = df[column_name] * (-1) # pandas
    ↪  code
    return df

train_shards = shards.transform_shard(negative,
↪  'value')
```

图 7.9　XShards 例子

2. BigDL-Orca Learn:分布式训练和推理

BigDL-Orca 提供了一套 Sklearn 风格的 API（即 Estimator）用于透明的分布式模型训练和推理。用户可以从任何已经实现的标准（单节点）TensorFlow、Keras 或 PyTorch 模型出发来创建 Estimator，然后调用 Estimator. fit 或 Estimator. fit 或 Estimator. predict 方法（使用数据并行的处理流水线作为输入）做训练和推理，如图 7. 10 所示。

```
#PySpark DataFrame
train_df = sqlcontext.read.parquet(...).withColumn(...)
test_df = ...
#TensorFlow Model
from tensorflow import keras
...
model = keras.Model(inputs=[user, item],
↪  outputs=outputs)
model.compile(optimizer= "adam",
              loss= "sparse_categorical_crossentropy",
              metrics=['accuracy'])

#Distributed training and inference using BigDL-Orca
est = Estimator.from_keras(keras_model=model)
est.fit(train_df, feature_cols=['user', 'item'],
↪  label_cols=['label'])
est.predict(test_df, feature_cols=['user', 'item'])
```

图 7.10　用 Estimator API 进行 TensorFlow 训练和推理

在后台，BigDL-Orca Estimator 在集群中的每个节点上复制模型，并把每个节点上的数据块（由数据并行处理流水线生成）输入给本地模型副本，并使用各种后端技术进行模型参数同步（如 Torch. distributed，tf. distribution. MirroredStrategy，Horovod 或 BigDL[6] 中的参数同步层）。

此外，BigDL-Orca 还提供了一个 AutoEstimator API，它可以利用内置的分布式自动超参数调优引擎帮助用户高效地训练模型。AutoEstimator 具有与 Estimator 相似的接口，并具有额外的调参相关配置（如搜索空间和搜索算法等）。

7.3 大数据 AI 在生产实践中的真实案例

这一节介绍一些分布式数据大数据 AI 在生产实践中的真实案例。

7.3.1 案例 1：基于时序预测的通信网络质量 KPI 监测

本小节以 SK 电讯的实际应用[7-9] 举例，分析电信运营商是如何利用大数据 AI 进行通信网络质量检测的。

通信网络质量监控对于电信运营商而言是一个非常重要的任务。通过对从各类设备中定期收集的多种性能指标（KPI）进行监控，电信运营商能及时了解网络运行的状态，在出现问题的时候及时发现并解决问题，从而保证用户体验。随着因为千兆/万兆网络的普及，5G 技术的快速发展，通信设备数量大量增加，数据产生的速度和规模也在急剧增加，基于简单规则的监控方式几乎已经行不通了。而利用人工智能方法，以更智能和自动化的方式管理通信网络，对运营商来说变得越发重要。

在 SK 电讯的网络质量监控应用中，通信网络的 KPI 数据每 5 分钟从 40 多万基站中收集一次，并存储到 FlashBase 中（FlashBase 是一个用于 Spark 的内存数据存储，支持极端巨量的数据分区和高效的聚合推送）。通信网络监控应用需要定期从 FlashBase 中读取 KPI 数据（时序类型的数据），预测未来的 KPI 变化，并根据预测实时判断是否存在网络质量的退化和异常变化。图 7.11 展示了该网络质量预测应用的整个流水线的架构图。

事实上，图 7.11 中的架构图中同时展示了 SK 电讯的旧方案（上半部分 CPU+GPU 的 Legacy 方案）和基于分布式大数据 AI 的新方案（下半部分纯 CPU 的 New 方案）。两个方案的前半部分的数据流水线是相同的——即数据从基站产生到被收集到 FlashBase 中的过程（见图 7.11 的左半部分），主要的区别在于后半部分数据抽取，预处理，模型训练和预测的流程（见图 7.11 的右半部分）。

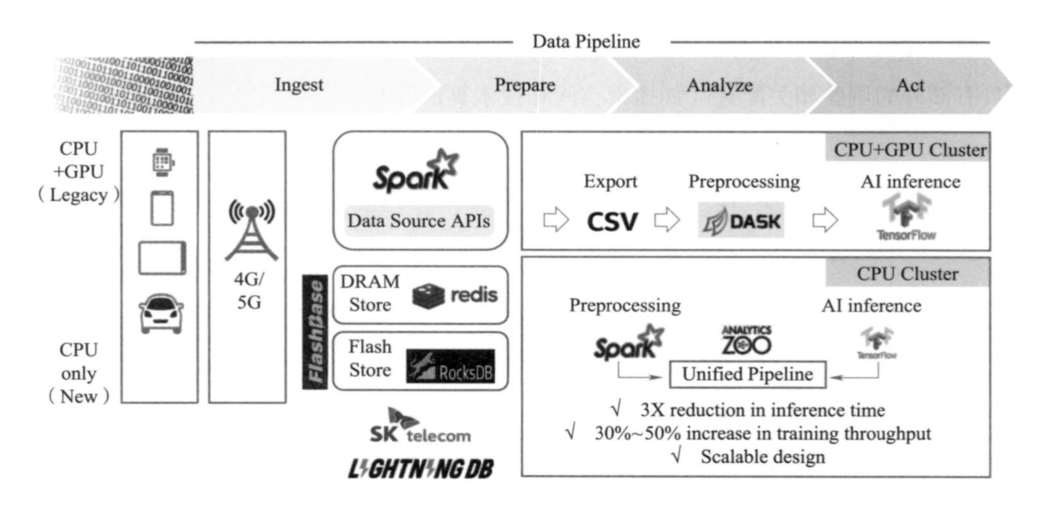

图 7.11　端到端流水线的架构图

如图 7.12 所示，在旧的方案中，主要的流程是先用 Spark 从 Data Store 抽取并存成 csv 格式的文件，然后利用 DASK 或者 pandas 进行数据预处理，最后再使用 TensorFlow 进行训练/预测。这个过程需要建立和维护两个独立的集群，一个用于 Spark 的数据处理，另一个用于使用 GPU 的深度学习训练/推理。实际上，衔接这两个独立集群的工作流带来了巨大的开销，包括从 Spark 集群导出数据文件，在不同的集群之间复制文件，并从磁盘加载文件——所有这些都会造成延迟，并增加维护负担。

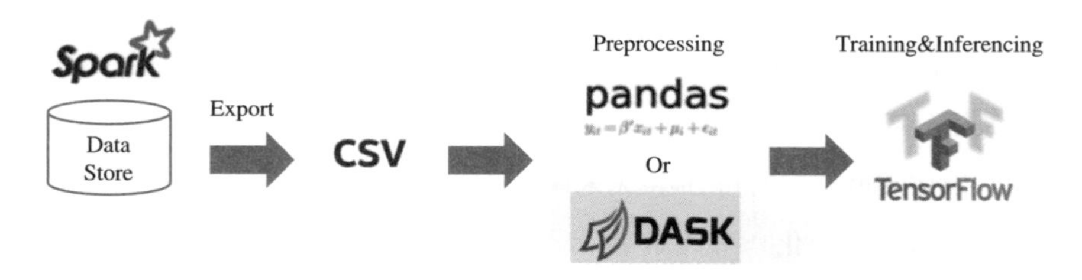

图 7.12　原有方案

后来，SK 电讯改用了基于 Analytics Zoo（BigDL 的前身）的新方案（如图 7.11 右下部分所示）。新方案直接将数据从 FlashBase 中抽取成 Spark DataFrames 并用 Spark 进行预处理，然后利用 Analytics Zoo 以分布式方式将 TensorFlow 模型对 Spark DataFrames 格式的输入数据进行模型训练或推理。这样，数据存储（使用 FlashBase）、数据预处理（使用 Spark DataFrames）、模型训练和推理（使用 TensorFlow）等步骤都被整合到了一个统一的、端到端的、内存数据分析流水线中。整个流水线都跑在了同一个 Spark 集群上，不需要另外维护一个 GPU 集群，也极大减少了不同步骤之间衔接的开销。另外，Analytics Zoo 还整合了先进的硬件加速技术和加速库（例如英特尔高级矢量扩展 512（Intel AVX-512），英特尔深度学习加速技术等），对运行在 Xeon 平台的流水线进行了进一步的加速。

根据韩国电信的实验数据显示，新方案比旧方案有着明显的端到端的性能优势。

图 7.13 展示了在英特尔至强 Gold 6240 CPU 服务器集群上运行的基于 Analytics Zoo 的方案与基于 NVIDIA GPU 的旧方案的训练吞吐量（记录/秒）的对比。可以看到，即使运行在单节点英特尔 Xeon Gold 6240 服务器上，Analytics Zoo 解决方案与单个 GPU 方案相比性能也是不相上下的。而 Analytics Zoo 方案可以进一步无缝和高效地扩展到大型 Spark 集群从而进一步提升性能——在 3 个节点的英特尔至强可扩展的集群上比单个 GPU 有高达 4 倍的速度提升。

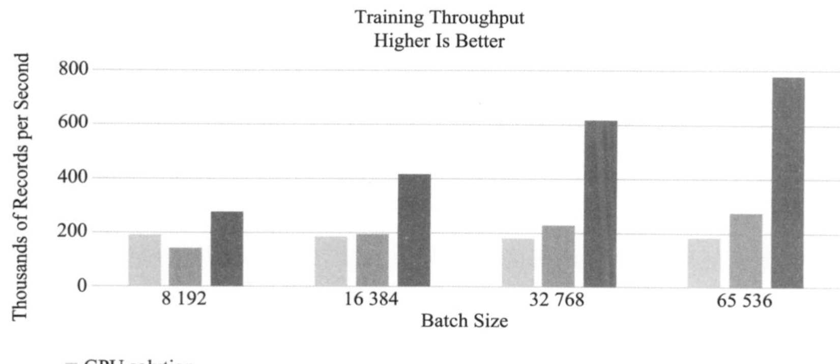

图 7.13 训练性能：基于 **Analytics Zoo** 的新方案和基于 **GPU** 的旧方案的对比

图 7.14 展示了新旧方案的包括数据加载、数据预处理和模型推理的端到端推理流水线的耗时对比（注意，这里不包括向 GPU 架构复制数据的开销）。可以看到，在基于英特尔至强可拓展 Gold 6240 处理器的服务器上运行的 Analytics Zoo 在单节点服务器上的表现比基于 GPU 的传统解决方案好 3 倍，而在三节点集群上运行的预处理和推理阶段则比原方案好 6 倍。

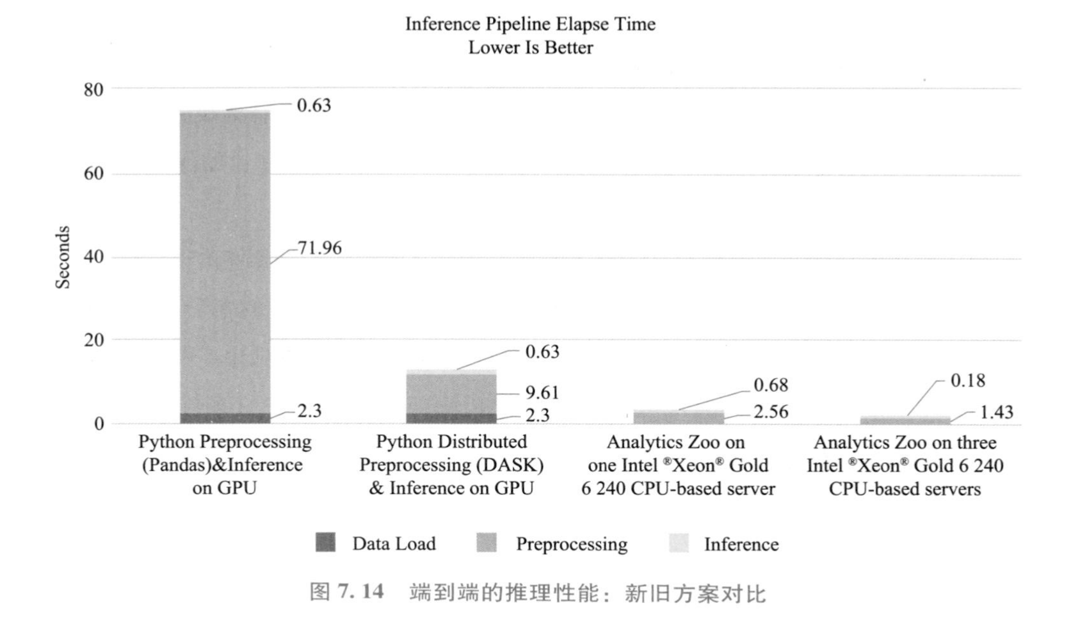

图 7.14　端到端的推理性能：新旧方案对比

7.3.2　案例 2：基于 Transformer 架构的分布式 AI 推荐系统

本节将介绍汉堡王是如何将分布式 AI 推荐系统用于快餐场景中进行菜品推荐的。

得来速（drive-thru）是连锁快餐店的一种常见的外卖服务。这种服务允许顾客不离开他们的汽车就能购买食物。在这种情况下，顾客在车内浏览户外菜单屏幕上的选项，并与餐厅内的收银员交谈，下订单，然后在车内等待食物准备完成并取走。如果在 drive-thru 菜单屏幕上显示推荐菜品，就能够帮助顾客快速找到他们想要的食物，提高完成点单的速度。

当汉堡王开始准备做推荐的时候，一个直接的想法是从电商领域中的成熟的推荐方法和模型中借鉴。不过后来他们发现，drive-thru 场景下做推荐系统与常见的电子商务场景有所不同。在电商场景中流行的推荐模型经常依赖于用户属性（如用户档案或购买历史）来生成推荐——比如，对用户 id 和物品 id 分别生成 embedding 向量，然后送入多层神经网络来预测推荐的分值。但是，对于 drive-through 场景而言，获得用户的唯一 id 可能是困难的，所以通过对用户 id 生成 embedding 的方案可能并不奏效。另一方面，对于快餐推荐而言，捕捉实时的用户行为信号（如点单序列）以及实时的环境上下文特征（如季节，时令，地点等）来说是非常重要的。例如，当用户在购物车中已经添加了软饮料时，他们购买另一种软饮料的可能性会降低。再例如，人们几乎从不在午夜购买儿童餐，在寒冷的雨天也很少购买冷冻饮料。因此，汉堡王新构建了一种基于 Transformer 的新推荐模型架构 TxT，专门用于 drive-through 场景中的快餐推荐[10]。

在模型经过了初步实验之后，就要开始考虑整个数据处理流水线的系统架构了。汉堡王已经搭建了大数据平台来存储和处理用户的点单历史数据。这些数据量很大，训练模型的任务不可能在单个节点上完成。所以就需要构建一个分布式大数据 AI 的流水线，在集群上用大量数据训练 TxT 模型。

传统来说，构建这种流水线通常会建立两个独立的集群，一个专门用于大数据处理，另一个专门用于深度学习训练（如 GPU 集群）。不过，这不仅为数据传输引入了大量的开销，而且还需要额外的努力来管理生产中的独立工作流程和系统。此外，虽然流行的深度学习框架和 Horovod 提供了对数据并行分布式训练的支持（使用参数服务器架构或基于 MPI 的 AllReduce），但要在生产中正确设置它们可能非常复杂。例如，这些方法通常需要在每个节点上预装所有相关的 Python 包，而且主节点对所有其他节点有 SSH 权限，这对生产环境来说可能不可行，对集群管理来说也不方便。

因此，最后汉堡王采取的方案是实现一个统一的系统，在同一个集群上运行端到端的数据处理，大数据分析和深度学习任务。这样就只需要维护一个单一的大数据集群，也不用单独管理生产中的独立工作流程，更高效、易于扩展和维护，也更节省成本。具体来说，这个端到端的推荐流水线，包含分布式数据预处理过程、特征提取过程（使用 Apache Spark 来实现），以及分布式训练 TxT 模型的过程。通过 BigDL 中的 RayOnSpark 功能，利用到 Ray、Apache Spark 和 Apache MXNet 实现分布式训练和处理的整合。最终整个推荐流水线都在存储和处理大数据的同一个 Xeon 集群中运行。

RayOnSpark 的整体架构如图 7. 15 所示。在 Spark 程序中，一个 SparkContext 对象在驱动节点上被创建，它负责启动多个 Spark 执行器来运行 Spark 任务。RayOnSpark 还在 Spark 驱动上创建了一个 RayContext 对象，它将自动在每个 Spark 执行器旁边启动 Ray 进程，并在每个 Spark 执行器内创建一个 RayManager 来管理 Ray 进程（例如，在程序退出时自动关闭进程）。

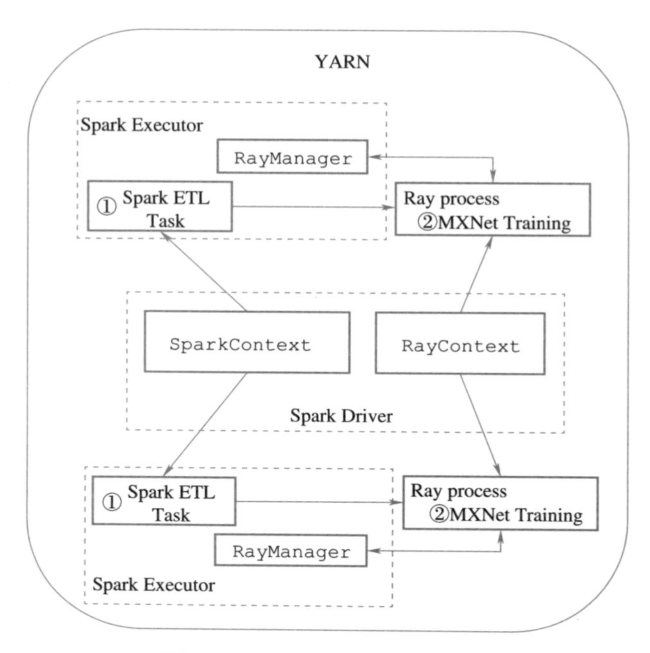

图 7.15　RayOnSpark 整体架构

另外在 API 设计方面，在 RaySGD 设计的启发下，英特尔的工程师还实现了一个 MXNet Estimator。MXNet Estimator 提供了一个轻量级的 shim layer 来自动在 Ray 上部署分布式 MXNet 训练。MXNet Worker 和 Parameter Server 都作为 Ray 的角色运行，通过 MXNet 提供的分布式键值存储相互通信；每个 MXNet Work 在 Plasma 中采取其本地数据分区来训练模型。因此，用户可以通过 Ray 将 MXNet 训练代码从单个节点无缝扩展到生产集群，只需要使用一个简单的 scikit-learn 风格的 API（如图 7.16 所示）就可以达成。目前，RayOnSpark 和新的 MXNetEstimatorAPI 都已经集成到 BigDL 开源项目中，供更多的人自由使用。

```
1  from zoo.orca.learn.mxnet import Estimator
2
3  mxnet_estimator = Estimator(train_config, model, loss,
4                              metrics, num_workers, num_servers)
5  mxnet_estimator.fit(train_data, epochs, validation_data = val_data)
```

txt4.py hosted with ❤ by GitHub　　view raw

图 7.16　MXNetEstimator API

最后，汉堡王利用 TxT 模型以及 BigDL 搭建的分布式大数据推荐系统在实际生产中发挥了极好的效果（与现有供应商的推荐方案相比，推荐转化率提高了 79%）。而且，大数据和 AI 流水线的统一的方案，也提高了现有集群的利用率，并显著提高了整个系统的端到端性能（在以前使用单独的 GPU 集群进行模型训练的方案中，有将近 20%的时间花在数据传输到 GPU 集群上）。

7.4 本讲小结与展望

本讲讨论了大数据与机器学习、人工智能在生产实践中的结合。可以看到，随着深度学习的发展，模型变得越来越复杂，需要的数据量也越来越大，服务的用户也越来越多，因此分布式训练和推理变得越来越重要。大数据平台的分布式存储和分布式计算能力可以支持模型的并行训练和推理，而将人工智能接入现有的大数据平台，并在其中处理数据，也是很多企业的实际需求。本章 7.2 节介绍了分布式大数据平台 BigDL，它可以将人工智能模型无缝地与大数据平台整合，降低了嫁接不同计算、存储平台之间的开销，并节省了维护多个平台的成本。7.3 节介绍了两个生产实际应用中人工智能与大数据平台结合的案例。

人工智能在不断发展，也在不断影响我们的工作和生活。在不远的未来，人工智能的部署和应用将更加普遍，深入到各个行业和领域——从传统工业到媒体和创意，再到新兴的 Web3 和元宇宙，都会有人工智能在参与产出有形的产品或者无形的内容。因此，如何在生产实践中将人工智能无缝融合到现有的工作流和数据流水线中，并且更高效地利用人工智能，将会是一个被持续关注和研究的话题。

参考文献

[1] DAI J, DING D, SHI D, et al. BigDL 2.0: Seamless Scaling of AI Pipelines from Laptops to Distributed Cluster[C]//Proceedings of the IEEE/CVF Conference on Computer Vision and Pattern Recognition. Piscataway: IEEE, 2022.

[2] Intel. Intel Extension for PyTorch[EB/OL]. [2022-01-13]. https://github.com/intel/intel-extension-for-pytorch.

[3] Intel. Intel Distribution of Open VINO Toolkit[EB/OL]. https://www.intel.com/content/www/us/en/developer/tools/openvino-toolkit/overview.html.

[4] Intel. Intel Neural Compressor[EB/OL]. https://github.com/intel/neural-compressor.

[5] Intel. The BigDL project[EB/OL]. https://github.com/intel-analytics/BigDL.

[6] DAI J, WANG Y, QIU X, et al. BigDL: A distributed deep learning framework for big data[C]// Proceedings of the ACM Symposium on Cloud Computing. New York: ACM, 2019: 50-60.

[7] Intel. Reference Architecture for Confidential Computing on SKT 5G MEC[EB/OL]. https://networkbuilders.intel.com/solutionslibrary/reference-architecture-for-confidential-computing-on-skt-5g-mec.

[8] Apache Spark. Spark+AI Summit 2019 Talk Apache Spark AI Use Case in Telco: Network Quality Analysis and Prediction with Geospatial Visualization[EB/OL]. https://databricks.com/session_eu19/apache-spark-ai-use-case-in-telco-network-quality-analysis-and-prediction-with-geospatial-visualization.

[9] Apache Spark. Spark+AI Summit 2020 Vectorized Deep Learning Acceleration from Preprocessing to Inference and Training on Apache Spark in SK Telecom[EB/OL]. https://databricks.com/session_na20/vectorized-deep-learning-acceleration-from-preprocessing-to-inference-and-training-on-apache-spark-in-sk-telecom.

[10] WANG L, HUANG K, WANG J, et al. Context-Aware Drive-thru Recommendation Service at Fast Food Restaurants[J/OL]. https://arxiv.org/abs/2010.06197v1.

第 8 讲
图数据挖掘

编者按

本讲由魏哲巍撰写。魏哲巍是中国人民大学的教授，专注于数据处理和数据分析算法的研究，是我国大数据领域年轻有为的学者。

图（graph）是一类重要的数据结构，其因为具有强大的关系表达能力，而被广泛应用于复杂网络结构的抽象建模和信息挖掘中。本讲将对图数据挖掘研究领域的核心问题作以概述。具体而言，8.1 节中简要介绍了图结构的基本定义及性质。8.2 节聚焦于传统图挖掘领域的核心研究问题：图节点邻近度的定义及度量，并介绍了两种代表性的图节点邻近度计算方法。进一步地，关注到近年来图表示学习技术与相关应用的兴起，本章选取了两类代表性图学习技术——图嵌入和图神经网络，分别在 8.3 节和 8.4 节对图学习研究的核心思路和代表性方法予以介绍。最后，本讲在 8.5 节中展望了图数据挖掘研究的未来。

8.1 图的基本定义及性质㊀

在当今研究体系下，“图”所涉及的研究范围覆盖多学科领域，包含离散数学、拓扑、统计、计算机科学等，“图”一词最早或可追溯到 1878 年，英国数学家 J. J. Sylvester 首次使用单词“graph”来描述数学和化学间的学科关系。关于更多更详细的图学科发展历史，本讲不作过多涉及。取而代之地，本讲计划从一个有趣的实际问题出发，引出图数据挖掘的概念和意义。

8.1.1 柯尼斯堡七桥问题

柯尼斯堡七桥问题（Seven Brideges of Königsberg）产生于 1735 年前的柯尼斯堡市，当时的柯尼斯堡（Königsberg）是东普鲁士的首都㊁，是一座繁华的商业城市。

㊀ 本节部分内容参考了 Albert-Lászlό Barabási 所著图书 *Network Science*[1] 和维基百科。

㊁ 柯尼斯堡在第二次世界大战中被苏联红军占领，后根据《波茨坦协定》变更为苏联领土，并于 1946 年更名为加里宁格勒。

由于柯尼斯堡市内及周边的水系交通发达，其商业货物运输主要依靠船运。为了方便货物运输和市民出行，柯尼斯堡政府决定在市内的几条主干河流上修建七座桥梁，五座位于市区河道的交汇区域，另外两座分布于河流支线上。图 8.1 即为当时的柯尼斯堡市区地图[⊖]，蓝色标记对应柯尼斯堡市内的几条主干河流，绿色标记对应桥梁。

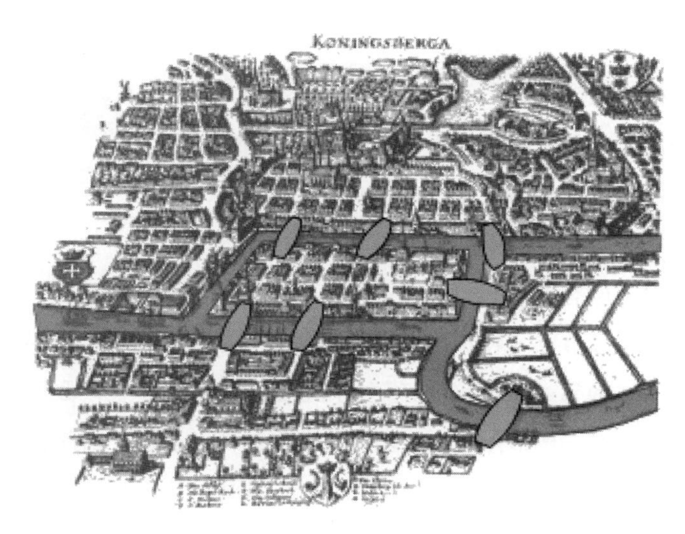

图 8.1 18 世纪柯尼斯堡市区地图

这七座桥梁的修建进一步促进了柯尼斯堡的商业繁荣，亦便利了市民出行。各座桥梁和河岸上行人如织、商贾穿行、热闹非凡。随着时间的流逝，一个有趣的问题被提出：是否可以不重复地、不走回头路地且一次性走过这七座桥呢？

上述问题被称为“柯尼斯堡七桥问题”，自从该问题被提出后，柯尼斯堡的市民纷纷前往这七座桥所在区域，反复尝试可能的行走路线，希望可以找到一条满足要求的完美路线。然而，令人沮丧的是，每次尝试均以失败而告终。尽管该问题被提出多日，仍无人找到一条满足上述要求的路径。

柯尼斯堡七桥问题的求解困境在 1735 年迎来了转机，柯尼斯堡邻市但泽市（Danzig）的市长埃勒在写给数学家欧拉的一封信中描述了柯尼斯堡七桥问题，并向欧拉寻求帮

⊖ 图片源自 Bogdan Giuşcă。

助。欧拉在发表于 1741 年的文章中，给出了柯尼斯堡七桥问题的严格分析过程。

具体而言，欧拉首先对柯尼斯堡河岸和七座桥的位置关系作了抽象与简化，他引入了图论（graph theory）中节点、边和图结构的概念，用字母所指示的图节点（如 A、B、C 等）表示被河流所分隔的几块陆地，用连线做指示的边表示桥梁，进而得到了桥梁与河岸的位置关系示意图，如图 8.2 所示。

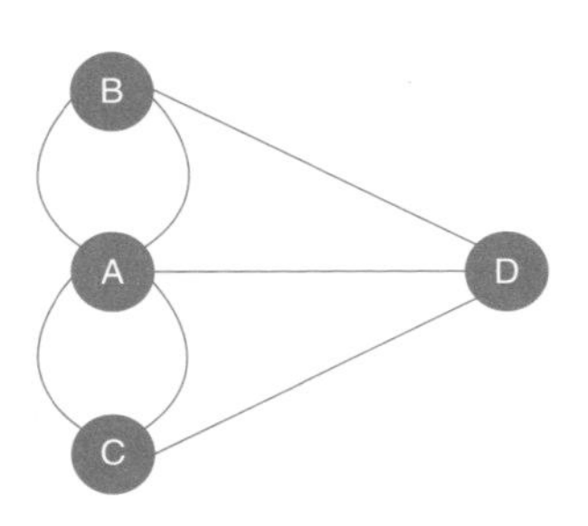

图 8.2　柯尼斯堡市内桥梁与河岸的位置关系示意图

基于该图结构，欧拉得到了一个发现：如果存在一条行走路线可以依次经过各座桥且无重复路径，则该路线上拥有奇数连边数的节点要么是该路线的起点，要么是该路线的终点。

这是因为，对于所有中间节点（即不是行走路线的起点或终点），一条无重复路径的行走路线会先走到该节点（使用该节点的一条边），再走出该节点（在无重复路径的要求下将使用该节点的另一条边），而不会停留在该节点。即一条无重复路径的行走路线每次走进、再走出某一图节点时，会使用该节点的两条连边。因此，在一条无重复路径的行走路线上，中间节点的连边数必为偶数，而连边数为奇数的节点只能为该路线的起点或终点，故连边数为奇数的节点数不超过两个。

然而，在图 8.2 中，节点 A、B、C、D 均含有奇数条连边，从而不可能同时存在于一条不重复的行走路线。综上所述，欧拉证明，柯尼斯堡七桥问题无解。而柯尼斯堡市的居民们，终于在 1875 年，在河岸 B、C 之间新建了一座桥梁（含有奇数条连边的节点数从 4 变为 2），结束了他们漫长却徒劳无功的尝试。

有别于传统数学研究中的定量计算，欧拉在柯尼斯堡七桥问题的分析中引入了实体间的结构关系，而相关证明也被认为是首个借助图结构求解具体问题的例子。《网络科学》一书在总结柯尼斯堡七桥问题的意义时写道：“一方面，柯尼斯堡七桥问题展示了图结构的建立对于问题分析的帮助；另一方面，人们意识到，类似问题的解决并非依靠人们的聪明才智，而取决于所得图结构的自身性质。”这正是图数据研究的价值所在，而柯尼斯堡七桥问题，仅展示了图分析与挖掘研究强大威力的一隅。

8.1.2 图的基本定义[㊀]

在柯尼斯堡七桥问题中，欧拉首先将柯尼斯堡市区的水系网络抽象为一个图结构，进而针对所得图结构开展理论分析。事实上，使用图结构对真实网络进行抽象建模，是图数据挖掘研究的第一步。

1. 节点集和边集

由真实网络转化得到的图结构形式各异，但均包含两个集合即节点集（Vertex Set）和边集（Edge Set），其中，节点集中所存储的图节点对应真实网络结构中的实体，边集中所存储的边对应网络实体间的关系。回顾前文，欧拉在使用图结构对柯尼斯堡市的水系网络进行建模时，将被河流分隔开的陆地块表示为图节点，将连接不同陆地块的桥梁表示为边。事实上，不止水系网络，现实生活中绝大多数的网络结构均可使用图结构进行抽象建模。以社交网络为例，当使用图结构对社交网络进行抽象建模时，社交网络中的注册用户被抽象为图节点，用户之间的关系（如好友关系、点赞关系等）被抽象为对应图节点间的连边。为了表述的方便，本讲统一使用 $G=(V,E)$ 表示图结构，其中 V 对应节点集，E 对应边集。此外，本讲使用 n 表示图节点数，用 m 表示边数。值得注意的是，在真实网络结构中，用户实体还可能拥有年龄、性别、喜好等属性信息，用户间的关系可能具有不同的强度（如联系频率、关系紧密程度等），上述信息可被进一步抽象为图结构上的节点特征 F（作为对用户属性信息的抽象）、边权重 W（作为对实体间关系强度的抽象）等。出于易读性的考量，除非特别说明，本文默认考虑最基本的图结构（即只包含节点集和边集）。

2. 邻居节点、邻居集合与度数

图结构上的连边关系赋予了节点间“远近”关系的一种度量方式，具体而言，对任意图节点 $u \in V$，与其有直接连边关系的节点被称为节点 u 的邻居节点，即 $\forall v \in N(u)$，其中 $N(u)$ 表示节点 u 所有的邻居节点所组成的集合（简称为“邻居集合”），而节点 u 邻居集合的大小被称为节点 u 的度数 $d(u)$，即 $d(u)=N(u)$。值得注意的是，实际网络结构中实体间的关系可能不是双向的，例如，微博用户所构成的网络结构中，

㊀ 本节所述内容均为图结构的基本定义，在众多算法、图论教材中均有涉及。

用户间的关注关系即为一种单向关系。为了体现出边的方向，图结构可被进一步分为无向图和有向图，有向图即指边上带有方向的图。为与无向图相区分，本讲分别使用 $d_{\text{out}}(u)$ 和 $d_{\text{in}}(u)$ 表示节点 u 的出度和入度，用 $N_{\text{out}}(u)$ 和 $N_{\text{in}}(u)$ 表示节点 u 的出邻居和入邻居集合。

3. 路径与 k 阶邻居

回顾柯尼斯堡七桥问题中，柯尼斯堡市的居民希望能找到一条串联七座桥但无重复路径的行走路线，而在由柯尼斯堡水系网络转化后的图结构中，上述行走路线对应图结构上的一条路径。为了表述的方便，本文先以有向边为例介绍路径的含义。具体而言，任意有向边（u,v）$\in E$ 均可被看作一条长度为 1 的有向路径（可理解为一条从节点 u 沿边（u,v）一步走到节点 v 的路径）。其中，节点 u 被称作边（u,v）（或边（u,v）所指示的长度为 1 的路径）的起点（source），节点 v 被称作终点（destination）。进一步地，由两条有向边首尾相连得到的序列即为一条长度为 2 的路径，例如 $\{(u,v)(v,w)\}$。其中，该路径中前一条边（u,v）的终点 v 即为下一条边（v,w）的起点，此为形成一条有效路径的核心要求。类似地，由 k 条有向边首尾相连得到的有向边序列，即为图结构上的一条长度为 k 的有向路径，该路径中前一条边的终点亦需与下一条边的起点相同。在柯尼斯堡七桥问题中，市民们执着于寻找的其实是一种特殊的路径，其后来被定义为欧拉路径或欧拉回路。

1）欧拉路径（Euler path）。经过图上各边且仅经过各边一次的路径称为欧拉路径，欧拉路径的起始节点和终止节点不同。

2）欧拉回路（Euler tour，or Eulerian cycle）。经过图上各边，且仅经过各边一次，最终回到起点（即路径终点与起点相同）的路径称为欧拉回路。

基于上述 k 长路径的定义，图上节点间的邻居关系可被进一步拓展。具体地，若给定图结构上存在从节点 u 到节点 v 的长度为 k 的有向路径，则称节点 v 为节点 u 一个 k 阶邻居。其中，1 阶邻居常被简称为邻居。值得注意的是，上述定义均适用于无向图，这是因为，任意无向边（u,v）均可被转化为两条方向相反的有向边，即边（u,v）和（v,u）。

4. 邻接表与邻接矩阵

图结构在计算机中的存储方式被分为两类：邻接表（Adjacency List）和邻接矩阵

(Adjacency Matrix)，其核心区别在于邻居节点的存储方式。具体而言，邻接表使用链表存储图上各节点的邻居，即对于任意图节点 $u \in V$，邻接表将节点 u 的邻居节点串成一个链表，链表长度为节点 u 的度数。与之不同的，邻接矩阵则使用一个长为 n 的数组存储图上各节点的邻居节点，即整个图结构被记录为一个 $n \times n$ 的矩阵 $\boldsymbol{A}$，其第 u 行第 v 列处（即 A_{uv}）所记录的值若为 1，则表示图上节点 u 和 v 之间有连边；否则 $A_{uv}=0$。对比上述两种图存储方式，基于链表存储的邻接表可以按照图节点的实际度数调整链表长度，故可支持较大规模图数据的存储，但是不利于邻居节点的即时查找。与之对应地，邻接矩阵使用定长数组存储各节点的邻居，故可较好地支持图连边关系的随机查找，但是 $n \times n$ 的矩阵大小难以支持大图。

8.1.3　图的基本性质

度数是图节点的重要性质，回顾上节定义，对任意图节点 $u \in V$，其度数 $d(u)$ 为节点 u 所拥有邻居节点的个数，亦等于与节点 u 直接相连的边数。因此，图上各节点的度数分布在一定程度上反映了图的形状结构。本小节将聚焦于图节点的度数，介绍度数的基本性质和真实图网络中的典型度分布。

引理 8.1[2]：给定无向图 $G=(V,E)$，图上各节点的度数之和满足：

$$\sum_{u \in V} d(u)=2m \tag{8-1}$$

上述公式被称为度数和公式（degree sum formula），其最初由欧拉提出用于分析柯尼斯堡七桥问题。本文首先给出引理 8.1 的证明，再介绍其与柯尼斯堡七桥问题的关系。

证明（引理 8.1）：给定无向图 $G=(V,E)$，对于图上任一条边 $(u,v) \in E$，其既是节点 u 的邻边，亦是节点 v 的邻边，即边 (u,v) 即被考虑进节点 u 的度数统计中，亦被考虑为 v 的度数中。因此，在度数和计算中，图上各边 $\forall(u,v) \in V$ 均被计算了两次，故 $\sum_{u \in V} d(u)=2m$，其中 m 为图边数。

类似地，有向图上节点的出、入度之和与图边数的关系如引理 8.2 所示。

引理 8.2：给定有向图 $G=(V,E)$，图上各节点的出度之和满足：

$$\sum_{u \in V} d_{\text{out}}(u)=m, \quad \sum_{u \in V} d_{\text{in}}(u)=m \tag{8-2}$$

其中，$d_{out}(u)$ 和 $d_{in}(u)$ 分别表示节点 u 的出度和入度。

引理 8.2 可以看作是引理 8.1 的扩展，对于有向图 $G=(V,E)$ 上的一条有向边 $(u,v)\in E$，其仅在节点 u 的出度计算和节点 v 的入度计算中被计数一次。因此，如果只考虑图上各节点的出度（入度）和，图上所有边均只被考虑了一次，故等式（8-2）成立。

在柯尼斯堡问题的分析中，欧拉基于上述度数和公式（即引理 8.1），得到了如下所示的握手引理（handshaking lemma）。

引理 8.3（握手引理）[3]：任意无向图上奇数节点的个数必为偶数。其中，度数为奇数的节点被称为奇数节点（odd node）。

上述引理之所以被称为握手引理，是因为其可被形象化地描述为一个握手的过程：一个派对上的人们相互握手，握手次数为奇数的人数必为偶数。可以注意到，派对上的人可被看作图节点，一次握手的动作对应一条无向边的建立（因为握手是双向的），随着派对的进行，无论人们握手的次数和频率如何变化，握手引理始终存在。

证明（引理 8.3）：根据度数和公式（引理 8.1），图上各节点的度数和满足 $\sum_{u\in V}d(u)=2m$。可以注意到，该等式的右侧 $2m$ 是一个偶数，故左侧 $\sum_{u\in V}d(u)$ 为偶数。因此，只有当图上度数为奇数的节点数为偶数时，才能保证 $\sum_{u\in V}d(u)$ 为偶数，而图上度数为偶数的节点不影响 $\sum_{u\in V}d(u)$ 的奇偶性。该引理得证。

基于上述握手定理，欧拉证明，对于给定图结构，若奇数节点的个数为 0，则图上存在欧拉回路；若奇数节点的个数为 2，则图上存在欧拉路径；若奇数节点的个数大于等于 4，则图上不存在欧拉路径或欧拉回路。这是由于，对于一条有效路径，奇数节点只能存在于该路径的起点或终点，故有效路径上奇数节点的个数不能超过 2 个。欧拉路径（回路）的定义已在 8.1.2 小节中给出。

至此，本小节介绍了图节点度数的部分基本性质，下面将重点关注图结构的度数分布（degree distribution）。

具体而言，度数分布概率值 p_k 被定义为从给定图结构上任选一个图节点，该图节点的度数为 k 的概率，其中 $k\in(1,n)$，$\sum_{k=0}^{n}p_k=1$。等价地，定义 n_k 为给定图结构上度

数为 k 的图节点数，则 $p_k=\frac{n_k}{n}$。此外，图平均度 $\overline{d}$ 的定义亦可基于度数分布 p_k 给出：$\overline{d}=\sum_{k=0}^{n} k \cdot p_k$。

无尺度网络[㊀]。无尺度网络（scale-free network）[4] 是一种特殊的网络结构，其度数服从幂律分布（power method），即无尺度网络的 p_k 满足：

$$p_k \sim k^{-\gamma} \tag{8-3}$$

其中，γ 被称为度指数（degree exponent）。可以注意到，当对式（8-3）两侧同时取对数时，$\log p_k=-\gamma \cdot \log k$，这表明在双对数坐标图（log-log plot）上，$\log k$ 与 $\log p_k$ 呈线性关系，图线斜率即为度指数 γ。

枢纽节点。无尺度网络和普通随机网络（例如，度数服从泊松分布的网络）的核心区别在于枢纽节点（hubs）的普遍性。枢纽节点最初由匈牙利裔美籍科学家 Albert-László Barabási 定义，其具体指代一类图节点，该类图节点的度数显著多于图结构上的大多数节点。同时，Barabási 指出，枢纽节点在无尺度网络上出现的概率远高于随机网络。对比服从幂律分布的无尺度网络和服从泊松分布的随机网络的度数分布，在无尺度网络上，小度数节点和超大度数节点（枢纽节点）的数量都显著多于随机网络（超大度数节点的数量对比在双对数坐标图上展示更清晰），而随机网络上节点的度数普遍集中于平均度 $\overline{d}$ 附近。因此，无尺度网络上出现枢纽节点的概率远高于随机网络。这一结论可通过具体计算得出，对于服从平均度 $\overline{d}=11$ 的泊松分布随机网络，出现度数超过 100 的节点概率为

$$\int_{k\geqslant 100}^{\infty} p_k=\int_{k\geqslant 100}^{\infty} \frac{11^k}{k!} \cdot \mathrm{e}^{-11} \approx \frac{(11\mathrm{e})^{100} \cdot \mathrm{e}^{-11}}{100^{100}} \approx 10^{-58} \tag{8-4}$$

因此，在含有十亿节点（即 $n=10^9$）的大图上，度数超过 100 的节点数的期望为 10^{-49}。作为对比，在度指数 $\gamma=2.1$ 的无尺度网络 $p_k=C \cdot k^{-\gamma}$ 上，度数超过 100 的期望节点数为 6×10^6。这是因为：

$$\int_{k\geqslant 100}^{\infty} p_k \mathrm{d}k=\int_{k\geqslant 100}^{\infty} C \cdot k^{-2.1} \mathrm{d}k=\frac{C \cdot k^{-1.1}}{-2.1+1}\Bigg|_{100}^{\infty}=\frac{C \cdot 100^{-1.1}}{1.1} \approx 0.0063 \tag{8-5}$$

㊀ 本部分内容参考了《网络科学》一书。

在上式的最后一步推导中，本文代入了 $C=(\gamma-1)d_{\min}$ 的性质和图上最小度数 $d_{\min}=1$ 的假设，这是由于 $\int_{d_{\min}}^{\infty} p_k \mathrm{d}k=\int_{d_{\min}}^{\infty} C \cdot k^{-\gamma} \mathrm{d}k=1$。因此，在含有十亿节点（即 $n=10^9$）的大图上，度数超过 100 的节点数的期望为 6×10^6，远高于随机网络上的期望数 10^{-49}，这也说明了无尺度网络上枢纽节点存在的普遍性。

“无尺度”的含义。“无尺度”一词最初来源于自然科学中对物质状态改变过程（phase transition）的描述。例如，在固态水融化为液态水的过程中，水分子的尺度（scale）发生了显著变化，其由紧密排列的固态结构转化为流动的液态结构，且在状态转化点附近（critical point），物质的众多特性服从幂律分布。基于上述两点，在 1999 年，Barabási 首次将“无尺度”一词引入网络科学中，以表示度数服从幂律分布的图结构。Barabási 发现，此类图结构上图节点的最大度数缺少可预期的范围。具体而言，考虑无尺度网络（$p_k=C \cdot k^{-\gamma}$）上各节点度数的 χ 阶矩（moment），其满足：

$$\mathrm{E}[k^{\chi}]=\int_{d_{\min}}^{d_{\max}} k^{\chi} \cdot p_k \mathrm{d}k=\int_{d_{\min}}^{d_{\max}} C \cdot k^{\chi-\gamma} \mathrm{d}k=C \cdot \frac{d_{\max}^{\chi-\gamma+1}-d_{\min}^{\chi-\gamma+1}}{\chi-\gamma+1} \tag{8-6}$$

其中，$d_{\min}$ 和 $d_{\max}$ 分别表示图节点的最小、最大度数。值得注意的是，在无尺度网络上，图节点最大度数 $d_{\max}$ 与图节点数 n 呈（近）线性相关关系。这是因为，$d_{\max}$ 满足：$\int_{d_{\max}}^{\infty} p_k \mathrm{d}k=\frac{1}{n}$，代入 $p_k=C \cdot k^{-\gamma}$ 和 $C=(\gamma-1)d_{\min}$（上一段推导所得）的性质，有：

$$d_{\max}=d_{\min} \cdot n^{\frac{1}{\gamma-1}} \tag{8-7}$$

结合式（8-6）和（8-7），Barabási 得到，当 $\chi-\gamma+1>0$ 时，$\mathrm{E}[k^{\chi}]$ 随图节点数 n 的增长而增长。特别地，当 $\gamma\in(2,3)$ 时，图节点度数的期望（一阶矩）有界，而方差（与二阶矩相关）无界。即在此类图结构上，图节点度数的范围缺乏所谓置信区间的范围约束，可能趋于无穷。然而，大量真实网络的度数分布可较好地被度指数 $\gamma\in(2,3)$ 的幂律分布曲线拟合，从而具有典型的无尺度性。

真实网络的度数分布。早在 1965 年，英国物理学家 Derek de Solla Price 就在论文引用网络中发现了无尺度现象。而直至 1998 年，Barabási 才首次定义了无尺度网络、枢纽节点等概念，并指出由万维网（World Wide Web，WWW）转化所得的图结构（图节点对应 Web 网页，边对应网页间的链接关系）的度数分布近似服从幂律分布，具备无尺度性。在此之后，越来越多的真实网络的度分布被发现其度分布服从于幂律分布，例如，通话网络（Phone Calls）、蛋白质网络、邮件网络、社交网络、航空网络等，一系列因服从幂律分布而造成的社会现象也逐渐被提出和归纳，例如，二八定律（80-20 Rule）（20%的人口控制着世界上80%的收入，对应无尺度网络的枢纽节点性质）、小世界现象（Ultra-Small World）（枢纽节点的存在缩短了图节点间的最短路径长度）、富者更富现象（Preferential Attachment）等。当然，现实世界中也同时存在大量度数分布不服从幂律分布的网络结构，如铁路运输网络、材料网络（material network）（如C60的分子结构等）等。Barabási 指出，在网络结构的形成过程中，若存在关于图节点度数限制，则会阻碍枢纽节点的出现，进而影响无尺度网络的形成。

8.2 图节点邻近度

在上节的最后提到，无尺度网络中枢纽节点的存在有效减少了图节点间的距离，进而建构出一个“超小世界（ultra-small world）”。更为定量化地，在度指数 $\gamma \in (2,3)$ 的无尺度网络上，由于枢纽节点的存在，图节点间的平均距离与图节点数 n 的依赖关系为 $\ln \ln n$，即在含有十亿节点（即 $n=10^9$）的大图上，图节点间的平均距离关于节点数 n 的依赖项仅为3.03。基于此，网络构建者会根据实际应用需求，通过强化枢纽节点以缩短图节点间的平均距离。以航空网络为例，一线城市航班的进出港数量普遍远多于二、三线城市，即航空线路普遍汇聚于一线城市。如果将各城市的航站楼看作图节点，将各城市间的直达飞行线路看作对应节点间的连边，则一线城市航站楼对应的节点即为航空网络上的枢纽节点，而枢纽节点的设立与加强，即可有效减少甚至避免不同城市间的空运转机次数。

值得注意的是，本文在此处使用了“转机次数”而非“飞行距离”以对应图节点的距离。类似地，在图节点间可达路径的定义中，路径长度由边数而非路径起点和终点间的物理距离决定。这是由于，在图结构上，节点间的物理距离无法提供图节点间关系强度的有效度量。这一现象在实际场景中颇为普遍，一栋大楼里的两个人可能互不认识，万维网上有直接链接关系的网页可能由不同地区的服务器所维护。更具体地，在

图 8.3 中，节点 1 和 4 之间的物理距离并不影响图结构的表达。取而代之地，节点间的连边关系、是否直接相连、节点度数和可达路径数等，才是图研究语境下节点间关系的考量因素之一。

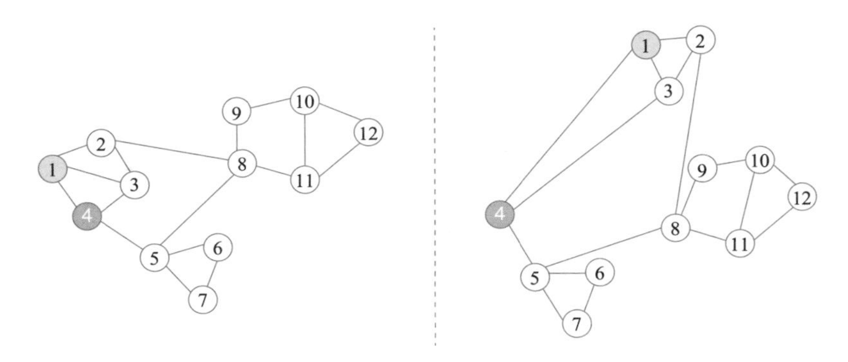

图 8.3　图结构上物理距离失效示例图

8.2.1　图节点邻近度的度量

多种度量指标被陆续提出以衡量图节点间的相互关系，除了前文提到的路径距离，图节点邻近度是另一类代表性的节点相对重要性衡量指标。具体而言，给定图结构 $G=(V,E)$ 和源节点 s，图上任意节点 u 关于源节点 s 的邻近度旨在衡量节点 u 与源节点 s 的邻近关系，亦被称为节点 u 关于源节点 s 的相对重要性。为了表述的方便，本小节用 $\boldsymbol{\pi}_s$ 表示关于源节点 s 的图节点邻近度向量，其第 u 维 $\boldsymbol{\pi}_s(u)$ 表示节点 u 关于源节点 s 的邻近度。

值得注意的是，图节点邻近度考虑的是一种相对重要性，$\boldsymbol{\pi}_s(u)$ 表示在源节点 s 的视角下，节点 u 相对源节点 s 的重要性。因此，图节点邻近度不具备对称性，即 $\boldsymbol{\pi}_s(u)\neq\boldsymbol{\pi}_u(s)$。这一性质在实际应用中非常普遍，以社交网络为例，图节点表示社交网络上的用户，图节点间的连边表示社交用户间的关注关系，若某用户 s 只关注了比尔·盖茨这一个用户，则对该用户而言，比尔·盖茨对其非常重要。但比尔·盖茨的被关注用户成千上万，对比尔·盖茨而言，用户 s 的重要性可能微不足道，这体现出了图节点邻近度的非对称性。与之相对应，图节点相似度 $\text{sim}(s,u)$ 衡量的是图结构上的两个节点 s 和 u 之间的相似程度，由于节点 s 和 u 之间的相似度与节点 u 和 s 之间的相似度是相等的，故图节点相似度指标具有对称性，即 $\mathrm{sim}(s,u)=\mathrm{sim}(u,s)$。

在实际使用中，根据实际应用需求的不同，现有工作提出了多种图节点邻近度指标，各指标定义思路各有侧重，具体包括：L 阶转移概率（L-hop transition probability）、PageRank、Personalized PageRank（PPR）、Single-Target PPR、Heat Kernel PageRank（HKPR）、Katz 等，各指标所对应的计算式如表 8.1 所示。其中，$\boldsymbol{e}_s$ 是一个与节点 s 对应的独热向量（one-hot vector），该向量第 s 维的值为 1，其他维度的值均为 0；$\boldsymbol{D}$ 是图结构的度数矩阵，其是一个对角矩阵，对角线上第 u 个值对应图上节点 u 的度数 $d_{\mathrm{out}}(u)$，非对角线上的值为 0；$\boldsymbol{A}$ 为图邻接矩阵。可以注意到，在凯茨指标的计算式中，$\boldsymbol{A}^i\cdot\boldsymbol{e}_s$ 的第 u 项即表示源节点 s 和节点 u 之间长度为 i 的可达路径数，β 是一个权重系数，用于保证加和的收敛性，故 β 需满足 $\beta<\frac{1}{\lambda_{\max}}$，其中 $\lambda_{\max}$ 为邻接矩阵 $\boldsymbol{A}$ 的最大特征值。因此，凯茨指标即使用源节点 s 到图上各节点 $\forall u\in V$ 可达路径数的加权和度量节点 u 相对节点 s 的邻近度。除了使用可达路径数作为图节点邻近度的度量方式，现有邻近度指标普遍使用随机游走概率，衡量图节点间的相对重要性。本小节亦将从随机游走的角度出发，具体解释各邻近度指标的概率含义。

表 8.1　图节点邻近度指标列表

节点邻近度指标	计算式
L 阶转移概率	$\boldsymbol{\pi}=(\boldsymbol{AD}^{-1})^L\cdot\boldsymbol{e}_s$
PageRank[5]	$\boldsymbol{\pi}=\sum_{i=0}^{\infty}\alpha(1-\alpha)^i\cdot(\boldsymbol{AD}^{-1})^i\cdot\frac{\boldsymbol{1}}{n}$
Personalized PageRank（PPR）	$\boldsymbol{\pi}=\sum_{i=0}^{\infty}\alpha(1-\alpha)^i\cdot(\boldsymbol{AD}^{-1})^i\cdot\boldsymbol{e}_s$
Single-Target PPR	$\boldsymbol{\pi}=\sum_{i=0}^{\infty}\alpha(1-\alpha)^i\cdot(\boldsymbol{D}^{-1}\boldsymbol{A})^i\cdot\boldsymbol{e}_v$
Heat Kernel PageRank（HKPR）	$\boldsymbol{\pi}=\sum_{i=0}^{\infty}\mathrm{e}^{-t}\cdot\frac{t^i}{i!}\cdot(\boldsymbol{AD}^{-1})^i\cdot\boldsymbol{e}_s$
凯茨指标（Katz Index）	$\boldsymbol{\pi}=\sum_{i=0}^{\infty}\beta^i\cdot\boldsymbol{A}^i\cdot\boldsymbol{e}_s$

随机游走。随机游走对应一个马尔可夫过程（Markov Process），该游走在第 i 步行

走到的节点被看作该游走在时刻 i 的状态，且该游走在时刻 $i+1$ 的状态仅与时刻 i 的状态有关，即该游走在第 $i+1$ 步走到任意图节点 v 的概率，仅与其在第 i 步所走到的节点相关。具体而言，对于一条在第 i 步行走到节点 u 的随机游走，其在第 $i+1$ 步行走到节点 u 任一出邻居节点 v 的概率为$\frac{1}{d_{\text{out}}(u)}$，即从上一步所处节点（例如节点 u）的所有出邻居中均匀随机选取一个节点（例如节点 $v \in N_{\text{out}}(u)$），作为下一步的游走目标。而概率$\frac{1}{d_{\text{out}}(u)}$也被称为节点 u 的一阶转移概率，存储于概率转移矩阵 $\boldsymbol{P}$ 的第 u 列第 v 行，即基于上述定义，现有大多数的图节点邻近度指标均可对应为特定形式的随机游走概率。

1）L 阶转移概率。给定随机游走长度 L 和源节点 s，任意图节点 u 关于源节点 s 的 L 阶随机游走概率（L-hop transition probability）等于从节点 s 出发的随机游走，在第 L 步走到节点 u 的概率。因此，L 阶随机游走概率的计算式即为 $\boldsymbol{\pi}=\boldsymbol{P}^L \cdot \boldsymbol{e}_s=(\boldsymbol{AD}^{-1})^L \cdot \boldsymbol{e}_s$，其中，一次乘积 $\boldsymbol{P} \cdot \boldsymbol{e}_s$ 对应随机游走的一次状态转移（即一步随机游走）。

2）PageRank。PageRank 最初由 Google 公司提出，用于衡量万维网上的网页排名（网页被看作图节点，网页之间的链接关系被看作图上的边）。启发于 Web 网页排名的实际应用需求和思路，PageRank 指标的核心定义思想可被概括为两点：其一，被更多网页所引用的网页重要性更高；其二，被更重要的网页所引用的网页重要性更高。基于上述思想，PageRank 的定义式被总结为：

$$\boldsymbol{\pi}=(1-\alpha)\boldsymbol{P}\boldsymbol{\pi}+\alpha \cdot (\boldsymbol{1}/n) \tag{8-8}$$

该定义式可被理解为一个 π 向量的迭代过程，即$\boldsymbol{\pi}^{(0)}=\boldsymbol{1}/n$，而

$$\boldsymbol{\pi}^{(i+1)}=(1-\alpha)\boldsymbol{P}\boldsymbol{\pi}^{(i)}+\alpha \cdot (\boldsymbol{1}/n) \tag{8-9}$$

其中，$\boldsymbol{\pi}^{(i)}$ 表示 $\boldsymbol{\pi}$ 向量经历 i 轮迭代后的结果，而 $\boldsymbol{P}\boldsymbol{\pi}^{(i)}$ 因子的存在即反映出上述 PageRank 的定义思想。这是由于，概率转移矩阵 $\boldsymbol{P}$ 第 u 列第 v 行存储的值为$\frac{1}{d_{\text{out}}(u)}$（若 $v \in N_{\text{out}}(u)$，否则 $\boldsymbol{P}_{vu}=0$），因此，$\boldsymbol{\pi}^{(i+1)}(v)=(1-\alpha)\sum_{u \in N_{\text{in}}(u)} \frac{\boldsymbol{\pi}^{(i)}(u)}{d_{\text{out}}(u)}+\frac{\alpha}{n}$，故 $\boldsymbol{\pi}^{(i)}(u)$ 越大，$\boldsymbol{\pi}^{(i+1)}(v)$ 越大；节点 v 的入邻居数越多，则 $\boldsymbol{\pi}^{(i+1)}(v)$ 越大。值得注意的是，PageRank 定义式（即，式（8-8））中同时包含一个衰减因子（decay factor，也被称为 teleport probability） $\alpha \in (0,1)$。在随机游走的语境下，其对应随机游走在各步停止的概率。具体而言，式（8-8）可被展开为[6]：

$$\boldsymbol{\pi}=\sum_{i=0}^{\infty}\alpha(1-\alpha)^{i}\cdot(\boldsymbol{A}\boldsymbol{D}^{-1})^{i}\cdot(\mathbf{1}/n) \tag{8-10}$$

该展开式与α-随机游走概率相对应。此处，α-随机游走表示在各步游走中，均有α的概率停止在当前游走到的节点（例节点 u），以（$1-\alpha$）的概率继续向前游走（即以$\frac{1-\alpha}{d_{\text{out}}(u)}$的概率在下一步游走到节点 u 的任一出邻居节点 $v\in N_{\text{out}}(u)$）。因此，给定衰减因子α，任意图节点 u 的 PageRank 即等于α-随机游走停止在节点 u 的概率。值得注意的是，若α-随机游走的起点是从图上所有节点中均匀选取的（即，以$\frac{\mathbf{1}}{n}$的概率选取图节点 s，作为α-随机游走的起点），则所得概率对应 PageRank 指标；若给定源节点 s 作为α-随机游走的起点，则所得概率对应 Personalized PageRank（PPR）指标。更为复杂地，给定宿节点 t，Single-Target PPR 指标（也被称为 PageRank contribution）对应从图上某一节点（例，节点 u）出发的α-随机游走停止在宿节点 v 的概率，所得概率即为节点 u 关于宿节点 v 的 single-target PPR 邻近度。

3）Heat Kernel PageRank。可以注意到，对于上文所述 PageRank（及其变体）邻近度指标，其对应的α-随机游走在游走各步均以α的概率停止，故游走长度服从参数为α的二项分布，期望值为$\frac{1}{\alpha}$。与之对应的，Heat Kernel PageRank（HKPR）所对应的随机游走长度服从泊松分布，即 $L\sim e^{-t}\cdot\frac{t^{i}}{i!}$，其中 t 为泊松分布的参数。可以理解为，给定源节点 s 和泊松分布参数 t，在随机游走过程中，HKPR 指标首先依据参数为 t 的泊松分布生成随机数 L 以作为随机游走的长度，再从源节点 s 处产生长度为 L 的随机游走（每步均依据 $\boldsymbol{P}=\boldsymbol{A}\boldsymbol{D}^{-1}$ 的转移概率进行游走，且该游走仅在第 L 步停止），HKPR 使用上述游走停止在任意节点 u 的概率作为节点 u 关于源节点 s 的 HKPR 邻近度。

8.2.2 图节点邻近度的计算

各类图节点邻近度指标的定义形式虽不尽相同，但其计算方式普遍可分为三类：

幂方法（power method）、前向搜索（forward search）[7]、蒙特卡罗采样（monte-carlo sampling）。下文将以 PPR 指标为例，具体介绍上述三类邻近度指标计算方法的实现细节。

值得注意的是，各类图节点邻近度指标的精确计算普遍需要涉及 $n\times n$ 大小的矩阵逆的求解。以 PPR 指标为例，根据式（8-8）所示定义式（向量（$\mathbf{1}/n$）被替换为 $\boldsymbol{e}_s$，对应 PageRank 和 PPR 不同的随机游走起点选择方式），PPR 的精确计算涉及 $(\boldsymbol{I}-(1-\alpha)\boldsymbol{P})^{-1}$ 的求解，即 $\boldsymbol{\pi}=\alpha(\boldsymbol{I}-(1-\alpha)\boldsymbol{P})^{-1}\cdot\boldsymbol{e}_s$。此处 $(\boldsymbol{I}-(1-\alpha)\boldsymbol{P})$ 为 $n\times n$ 大小的矩阵，该矩阵的逆求解运算难以扩展到较大规模图结构上。故面向实际应用中普遍需要的大图节点邻近度计算，现有工作普遍聚焦于具有可控误差保证的近似计算，具体定义如下。

定义 8.1（具有相对误差保证的图节点邻近度近似计算）[8]：给定图结构 $G=(V,E)$、相对误差 ε_r、相对误差阈值 δ、失败概率 p_f，具有相对误差保证的图节点邻近度近似计算要求返回图上各节点 $\forall u\in V$ 邻近度 $\boldsymbol{\pi}(u)$ 的估计值 $\hat{\pi}(u)$，以保证：

- $|\boldsymbol{\pi}(u)-\hat{\pi}(u)|<\varepsilon_r\cdot\boldsymbol{\pi}(u)$，若 $\boldsymbol{\pi}(u)\geqslant\delta$，或
- $|\boldsymbol{\pi}(u)-\hat{\pi}(u)|<\varepsilon_r\cdot\delta$，若 $\boldsymbol{\pi}(u)<\delta$

成立的概率不低于 $1-p_f$。

为了理论推导的方便和易读性，相对误差 ε_r 和失败概率 p_f 常被假设为常数，本文亦作如此假设，并将在推导中具体说明。

1. 幂方法

回顾上文，式（8-9）展示了 PPR 的迭代计算公式（向量（$\mathbf{1}/n$）替换为 $\boldsymbol{e}_s$），而衰减因子 $\alpha\in(0,1)$ 的存在，使得迭代轮数 $L=O\left(\log\dfrac{1}{\delta}\right)$ 时即可实现具有相对误差保证的 PPR 近似计算（即符合定义 8.1）。这是由于，经历了 i 轮迭代后的 PPR 向量 $\boldsymbol{\pi}^{(L)}$ 满足：

$$\boldsymbol{\pi}^{(L)}=(1-\alpha)\boldsymbol{P}\boldsymbol{\pi}^{(L-1)}+\alpha\boldsymbol{e}_s=(1-\alpha)^2\boldsymbol{P}^2\boldsymbol{\pi}^{(L-2)}+\sum_{i=0}^{1}\alpha(1-\alpha)^i\boldsymbol{P}^i\cdot\boldsymbol{e}_s$$

$$=\cdots=(1-\alpha)^L\boldsymbol{P}^L\boldsymbol{\pi}^{(0)}+\sum_{i=0}^{L-1}\alpha(1-\alpha)^i\boldsymbol{P}^i\boldsymbol{e}_s$$

代入 $\boldsymbol{\pi}^{(0)}$ 的赋值 $\boldsymbol{\pi}^{(0)}=\boldsymbol{e}_s$，则有：

$$\boldsymbol{\pi}^{(L)}=(1-\alpha)^{L}\boldsymbol{P}^{L}\boldsymbol{e}_{s}+\sum_{i=0}^{L-1}\alpha(1-\alpha)^{i}\boldsymbol{P}^{i}\boldsymbol{e}_{s} \tag{8-11}$$

对比式（8-10）所示 PPR 向量 $\boldsymbol{\pi}$ 的展开式，故当 $L=\log_{(1-\alpha)}\varepsilon_r\delta=O\left(\log\frac{1}{\delta}\right)$ 时（此处应用了 ε_r 为常数的假设），有：

$$\begin{aligned}\|\boldsymbol{\pi}-\boldsymbol{\pi}^{(L)}\|_1 &=\left\|\sum_{i=0}^{\infty}\alpha(1-\alpha)^{i}\boldsymbol{P}^{i}\boldsymbol{e}_{s}-\sum_{i=0}^{L-1}\alpha(1-\alpha)^{i}\boldsymbol{P}^{i}\boldsymbol{e}_{s}-(1-\alpha)^{L}\boldsymbol{P}^{L}\boldsymbol{e}_{s}\right\|_1\\ &=\left\|\sum_{i=L}^{\infty}\alpha(1-\alpha)^{i}\boldsymbol{P}^{i}\boldsymbol{e}_{s}-(1-\alpha)^{L}\boldsymbol{P}^{L}\boldsymbol{e}_{s}\right\|_1\leqslant\sum_{i=L}^{\infty}\alpha(1-\alpha)^{i}\cdot\|\boldsymbol{P}^{i}\boldsymbol{e}_{s}\|_1\\ &=\sum_{i=L}^{\infty}\alpha(1-\alpha)^{i}=(1-\alpha)^{L}=\varepsilon_r\delta\end{aligned}$$

在倒数第二步推导中，本文代入了转移概率矩阵 $\boldsymbol{P}=\boldsymbol{A}\boldsymbol{D}^{-1}$ 各列元素的加和为 1，故 $\|\boldsymbol{P}^{i}\boldsymbol{e}_{s}\|_1=1$ 的性质。因此，对任意图节点 $u\in V$，若 $\boldsymbol{\pi}(u)<\delta$，则：

$$|\boldsymbol{\pi}(u)-\boldsymbol{\pi}^{(L)}(u)|\leqslant\|\boldsymbol{\pi}-\boldsymbol{\pi}^{(L)}\|_1\leqslant\varepsilon_r\delta \tag{8-12}$$

若 $\boldsymbol{\pi}(u)\geqslant\delta$，则：

$$|\boldsymbol{\pi}(u)-\boldsymbol{\pi}^{(L)}(u)|\leqslant\|\boldsymbol{\pi}-\boldsymbol{\pi}^{(L)}\|_1\leqslant\varepsilon_r\delta\leqslant\varepsilon_r\cdot\boldsymbol{\pi}(u) \tag{8-13}$$

故返回 L 轮迭代后所得向量 $\boldsymbol{\pi}^{(L)}$ 作为 PPR 指标 $\boldsymbol{\pi}$ 的估计值即满足误差要求。幂方法伪代码如算法 8.1 所示。

算法 8.1　幂方法

输入：图 $G=(V,E)$，源节点 $s\in V$，相对误差阈值 δ，PPR 衰减因子 α；
输出：PPR 向量 $\boldsymbol{\pi}$ 的估计值.

1　$\boldsymbol{\pi}^{(0)}\leftarrow\boldsymbol{e}_s$; $L=\log_{(1-\alpha)}\delta$;
2　**For** $i=0$ to $L-1$ **do**
3　$\boldsymbol{\pi}^{(i+1)}\leftarrow(1-\alpha)\cdot(\boldsymbol{A}\boldsymbol{D}^{-1})\cdot\boldsymbol{\pi}^{(i)}+\alpha\cdot\boldsymbol{e}_s$;
4　释放 $\boldsymbol{\pi}^{(i)}$ 所占用空间;
5　**Return** $\boldsymbol{\pi}^{(L)}$.

值得注意的是，矩阵 $\boldsymbol{P}=(\boldsymbol{A}\boldsymbol{D}^{-1})$ 所含非零项个数为边数 m，故每轮迭代中（如算法 8.1 第 3 行所示），$\boldsymbol{P}\cdot\boldsymbol{\pi}^{(i)}=(\boldsymbol{A}\boldsymbol{D}^{-1})\cdot\boldsymbol{\pi}^{(i)}$ 的时间消耗为 $O(m)$，幂方法需要重复迭

代 L 轮，故其总时间消耗为 $O(mL)=O\left(m\cdot\log\frac{1}{\delta}\right)$。幂方法的时间复杂度与相对误差阈值 δ 呈对数依赖关系，故幂方法支持高精确度的 PPR 向量近似计算。另一方面，这一时间复杂度与图边数 m 呈线性依赖关系，故幂方法在大图上的可扩展性不足。

2. 前向搜索

回顾幂方法的迭代过程，如式（8-11）所示，经历了 ℓ 轮（$\ell\in\{0,1,\cdots,L\}$）迭代后的 PPR 向量 $\boldsymbol{\pi}^{(\ell)}$ 可被表示为

$$\boldsymbol{\pi}^{(\ell)}=(1-\alpha)^{\ell}\boldsymbol{P}^{\ell}\boldsymbol{e}_s+\sum_{i=0}^{\ell-1}\alpha(1-\alpha)^{i}\boldsymbol{P}^{i}\boldsymbol{e}_s \tag{8-14}$$

其中，$\boldsymbol{\pi}^{(0)}=(1-\alpha)^{0}\boldsymbol{P}^{0}\boldsymbol{e}_s=\boldsymbol{e}_s$。前向搜索算法将式（8-14）中第一项命名为残余项（Residue）$\boldsymbol{r}^{(\ell)}$，即$\boldsymbol{r}^{(\ell)}=(1-\alpha)^{\ell}\boldsymbol{P}^{\ell}\boldsymbol{e}_s$，其中，$\boldsymbol{r}^{(0)}=\boldsymbol{e}_s$；将第二项命名为获得项（Reserve）$\boldsymbol{q}^{(\ell)}$，即 $\boldsymbol{q}^{(\ell)}=\sum_{i=0}^{\ell-1}\alpha(1-\alpha)^{i}\boldsymbol{P}^{i}\boldsymbol{e}_s$，其中，$\hat{\pi}^{(0)}=\boldsymbol{0}$。故幂方法的第 ℓ 轮迭代可被表示为：

$$\boldsymbol{r}^{(\ell)}=(1-\alpha)\boldsymbol{P}\cdot\boldsymbol{r}^{(\ell-1)} \tag{8-15}$$

$$\boldsymbol{q}^{(\ell)}=\boldsymbol{q}^{(\ell-1)}+\alpha\cdot\boldsymbol{r}^{(\ell-1)} \tag{8-16}$$

作为验证，$\boldsymbol{r}^{(\ell)}$ 可被持续展开，最终得到：

$$\begin{aligned}\boldsymbol{r}^{(\ell)}&=(1-\alpha)\boldsymbol{P}\cdot\boldsymbol{r}^{(\ell-1)}=(1-\alpha)\boldsymbol{P}\cdot((1-\alpha)\boldsymbol{P}\cdot r^{(\ell-2)})=(1-\alpha)^{2}\boldsymbol{P}^{2}\cdot\boldsymbol{r}^{(\ell-2)}\\&=\cdots=(1-\alpha)^{\ell}\boldsymbol{P}^{\ell}\cdot\boldsymbol{r}^{(0)}=(1-\alpha)^{\ell}\boldsymbol{P}^{\ell}\cdot\boldsymbol{e}_s\end{aligned}$$

上述最后一步推导代入了 $\boldsymbol{r}^{(0)}$ 的赋值，即 $\boldsymbol{r}^{(0)}=\boldsymbol{e}_s$。类似地，$\boldsymbol{q}^{(\ell)}$ 亦可被逐项展开：

$$\begin{aligned}\boldsymbol{q}^{(\ell)}&=\boldsymbol{q}^{(\ell-1)}+\alpha\cdot\boldsymbol{r}^{(\ell-1)}=\boldsymbol{q}^{(\ell-2)}+\alpha\cdot\boldsymbol{r}^{(\ell-2)}+\alpha\cdot\boldsymbol{r}^{(\ell-1)}\\&=\cdots=\boldsymbol{q}^{(0)}+\sum_{i=0}^{\ell}\alpha\cdot\boldsymbol{r}^{(\ell)}=\sum_{i=0}^{\ell}\alpha\cdot\boldsymbol{r}^{(\ell)}\\&=\sum_{i=0}^{\ell}\alpha(1-\alpha)^{\ell}\boldsymbol{P}^{\ell}\cdot\boldsymbol{e}_s\end{aligned}$$

上述最后一步推导代入了 $\boldsymbol{q}^{(0)}$ 的赋值，即 $\boldsymbol{q}^{(0)}=\boldsymbol{0}$，进而证明了式（8-15）、式（8-16）所示残余项 $\boldsymbol{r}^{(\ell)}$ 和获得项 $\boldsymbol{q}^{(\ell)}$ 迭代公式的正确性。算法 8.2 展示了 $\boldsymbol{r}^{(\ell)}$ 和 $\boldsymbol{q}^{(\ell)}$ 所对应迭代过程的伪代码。

算法 8.2　幂方法-概率传播形式㊀

输入：图 $G=(V, E)$，源节点 $s \in V$，相对误差阈值 δ，PPR 衰减因子 α；

输出：PPR 向量 $\boldsymbol{\pi}$ 的估计值.

1　$\boldsymbol{r}^{(0)} \leftarrow \boldsymbol{e}_s; \boldsymbol{q}^{(0)} \leftarrow \boldsymbol{0}; L=\log_{(1-\alpha)}\delta$;

2　**For** $i=0$ to $L-1$ **do**

3　　**For** $\forall u \in V$ with $\boldsymbol{r}^{(i)}(u)>0$ **do**

4　　　**For** $\forall v \in N_{\text{out}}(u)$ **do**

5　　　　$\boldsymbol{r}^{(i+1)}(v) \leftarrow \dfrac{(1-\alpha) \cdot \boldsymbol{r}^{(i)}(u)}{d_{\text{out}}(u)}$;

6　　$\boldsymbol{q}^{(i+1)}(u) \leftarrow \boldsymbol{q}^{(i)}(u)+\alpha \cdot \boldsymbol{r}^{(i)}(u)$;

7　释放 $\boldsymbol{r}^{(i)}$、$\boldsymbol{q}^{(i)}$ 所占用空间；

8　**Return** $\boldsymbol{q}^{(L)}$.

可以观察到，在每轮迭代中，算法 8.2 将式（8-15）、式（8-16）所示的 $\boldsymbol{r}^{(\ell)}$ 和 $\boldsymbol{q}^{(\ell)}$ 迭代由矩阵-向量的乘法形式转化为逐项相乘形式，两种表示方法相互等价。具体而言，式（8-15）所示的一次矩阵-向量乘法：$\boldsymbol{r}^{(\ell)}=(1-\alpha)\boldsymbol{P} \cdot \boldsymbol{r}^{(\ell-1)}=(1-\alpha)\boldsymbol{A}\boldsymbol{D}^{-1} \cdot \boldsymbol{r}^{(\ell-1)}$，可以看作向量 $\boldsymbol{r}^{(\ell-1)}$ 中各非零项（例，$\boldsymbol{r}^{(\ell-1)}(u)$）所对应的节点（例，节点 u）向其所有出邻居 $v \in N_{\text{out}}(u)$ 进行概率传播$\left(即，\boldsymbol{r}^{(i+1)}(v)=\dfrac{(1-\alpha) \cdot \boldsymbol{r}^{(i)}(u)}{d_{\text{out}}(u)}\right)$。

图 8.4 展示了上述迭代过程的图例示意（衰减因子 $\alpha=0.2$）。值得注意的是，图 8.4 所示迭代过程在一定程度上暴露出幂方法可扩展性不足的原因。聚焦于节点 v_5，在第 ℓ 轮迭代之前，其所对应的残余项 $\boldsymbol{r}^{(\ell-1)}(v_5)=0.01$，数值较小。因此，在第 ℓ 轮迭代中，节点 v_5 向其出邻居节点 v_2、v_3 所传播的概率值亦不明显。然而，由于节点 v_5 的入邻居节点所拥有的残余项较大，即 $\boldsymbol{r}^{(\ell-1)}(v_1)$ 和 $\boldsymbol{r}^{(\ell-1)}(v_4)$ 较大，故 v_5 在第 ℓ 轮迭代后，$\boldsymbol{r}^{(\ell)}(v_5)$ 迅速增大，从而使得第 $\ell+1$ 轮迭代中，节点 v_5 向其出邻居节点所传播的概率量十分可观，对 PPR 向量的最终估计结果亦有重要作用。因此，一个可能的优化

㊀ 算法 8.2 计算结果与幂方法相同，区别在于残余项和获得项的出现，即逐项概率传播作为矩阵-向量乘法的替代，故此处称算法 8.2 为幂方法-概率传播形式。

想法为：在第 ℓ 轮迭代中，是否可以暂时不从节点 v_5 处向其出邻居节点传播概率，而等到节点 v_5 的残余项 $\boldsymbol{r}^{(\ell)}(v_5)$ 积累到较大的数值时，再进行概率传播。

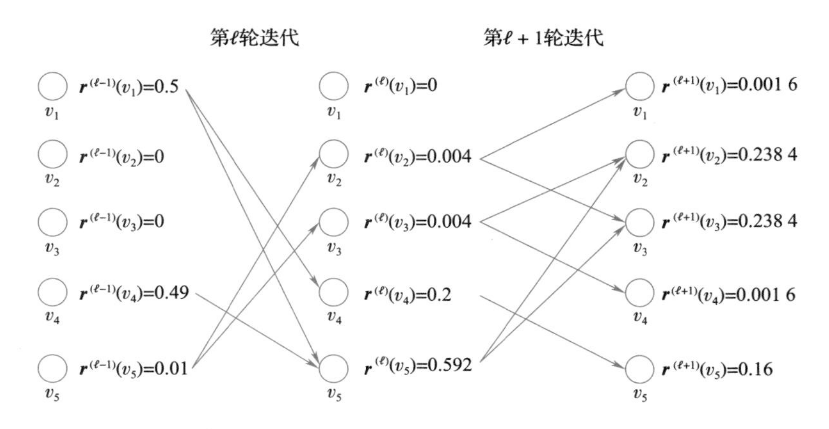

图 8.4　算法 8.2 中残余项 $\boldsymbol{r}^{(\ell)}$ 迭代过程示意图

上述想法如若可行，则可在保证算法误差可控的同时，减少概率传播的次数，提高算法效率。值得注意的是，这一想法的实现需基于如下前提。

1）图传播操作可为以节点为单位进行分割（算法 8.2 将算法 8.1 中矩阵-向量乘法形式的迭代拆分为以节点为单位的概率传播，故该前提已被满足）。

2）各节点在各轮迭代中的残余项、保留项是可继承的（即若 $\boldsymbol{r}^{(\ell-1)}(v_5)$ 在第 ℓ 轮中未被传播，其值可被节点 v_5 在下轮的残余项（如，$\boldsymbol{r}^{(\ell)}(v_5)$）所继承。而如式（8-16）所示，保留项 $\boldsymbol{q}^{(\ell)}$ 的迭代方式天然是可继承的）。

3）残余项和保留项在各轮迭代中的更新方式是相同的（如式（8-15）、式（8-16）所示，PPR 指标对应残余项和保留项在各轮迭代中的更新方式相同，故该前提已被满足）。

3. 图传播操作（push）

为了满足上述要求，进一步提高幂法的可扩展性，前向搜索算法将各轮迭代中的残余项 $\boldsymbol{r}^{(\ell)}$ 和保留项 $\boldsymbol{q}^{(\ell)}(\ell\in\{0,1,\cdots,L\})$ 提炼为一个残余向量 $\boldsymbol{r}$ 和一个保留向量 $\boldsymbol{q}$，而不再区分迭代轮次 ℓ。其中，$\boldsymbol{r}$ 被初始化为 $\boldsymbol{e}_s$，$\boldsymbol{q}$ 被初始化为 $\boldsymbol{0}$。同时，前向搜索算法重新定义了图传播操作（push），针对各节点（例，节点 u）的残余项 $\boldsymbol{r}(u)$ 和保留项 $\boldsymbol{q}(u)$ 进行更新，具体如算法 8.3 所示。

算法 8.3 前向搜索算法

输入：图 $G=(V,E)$，源节点 $s\in V$，相对误差阈值 δ，PPR 衰减因子 α;

输出：PPR 向量 $\boldsymbol{\pi}$ 的估计值.

1 $\boldsymbol{r}\leftarrow\boldsymbol{e}_s;\boldsymbol{q}\leftarrow\boldsymbol{0}$;

2 **While** $\exists u\in V$ with $\boldsymbol{r}(u)\geqslant\delta\cdot d_{\text{out}}(u)$ **do**

3 **For** $\forall v\in N_{\text{out}}(u)$ **do**

4 $\boldsymbol{r}(v)\leftarrow\boldsymbol{r}(v)+\dfrac{(1-\alpha)\cdot\boldsymbol{r}(u)}{d_{\text{out}}(u)}$;

5 $\boldsymbol{q}(u)\leftarrow\boldsymbol{q}(u)+\alpha\cdot\boldsymbol{r}(u)$;

6 $\boldsymbol{r}(u)\leftarrow 0$;

7 **Return** $\boldsymbol{q}$.

其中，第 3~6 行所示操作即被前向搜索算法定义为图传播操作（push）。可以看到，各步图传播操作会选择残余项 $\boldsymbol{r}(u)$ 满足阈值要求的节点 u（即满足 $\boldsymbol{r}(u)>\delta\cdot d_{\text{out}}(u)$ 的节点 u），对该节点（例如节点 u）及其出邻居节点（例如，节点 u 的各出邻居节点 $v\in N_{\text{out}}(u)$）的残余项和保留项进行更新：

$$\text{对}\ \forall v\in N_{\text{out}}(u):\boldsymbol{r}(v)=\boldsymbol{r}(v)+\frac{(1-\alpha)\cdot\boldsymbol{r}(u)}{d_{\text{out}}(u)} \tag{8-17}$$

$$\boldsymbol{q}(u)=\boldsymbol{q}(u)+\alpha\cdot\boldsymbol{r}(u) \tag{8-18}$$

$$\boldsymbol{r}(u)=0 \tag{8-19}$$

上述图传播操作中对残余项 $\boldsymbol{r}$ 和保留项 $\boldsymbol{q}$ 的更新亦具有概率层面的直观解释。回顾第 0 节，给定源节点 s，任意图节点 u 的 PPR 指标等于从源节点 s 出发的 α-随机游走停止在节点 u 的概率，而 α-随机游走在各步中，都有 α 的概率停止在当前节点（即概率不再进行前向传播），或以 $(1-\alpha)$ 的概率继续向前游走。因此，对于任意图节点 $u\in V$:

1）残余项 $\boldsymbol{r}(u)$ 对应从源节点 s 出发的 α-随机游走，走到节点 u 的概率；

2）保留项 $\boldsymbol{q}(u)$ 对应从源节点 s 出发的 α-随机游走，走到节点 u 并停止在 u 的概率。

故在每步图传播操作（关于节点 u）中，节点 u 的残余项 $\boldsymbol{r}(u)$ 将 $\alpha\cdot\boldsymbol{r}(u)$ 的概率

量转移给 $\boldsymbol{q}(u)$，对应走到节点 u 处的 α-随机游走将以 α 的概率停止在节点 u。此外，节点 u 将（$1-\alpha$）$\cdot\,\boldsymbol{r}(u)$ 的概率均分给点 u 的各出邻居节点 $v\in N_{\text{out}}(u)$，以表示走到节点 u 处的 α-随机游走将以（$1-\alpha$）的概率继续向前游走。最后，$\boldsymbol{r}(u)$ 被置 0，以结束节点 u 处的概率分配。

正确性。下述恒等式证明了前向搜索中图传播操作（push）的正确性。

引理 8.4：在前向搜索算法（即算法 8.3）的运行过程中，对于任意图节点 $x\in V$，如下恒等式始终成立：

$$\boldsymbol{\pi}(x)=\boldsymbol{q}(x)+\sum_{u\in V}\boldsymbol{r}(u)\cdot\boldsymbol{\pi}_u(x) \tag{8-20}$$

其中，$\boldsymbol{\pi}(x)$ 和 $\boldsymbol{\pi}_u(x)$ 分别表示节点 x 关于源节点 s 和节点 u 的 PPR 邻近度，即 $\boldsymbol{\pi}_s(x)$ 被简写为 $\boldsymbol{\pi}(x)$。

证明（引理 8.4）：本定理将借助数学归纳法证明。在前向搜索算法的起始时刻，图上任意节点 u 的保留项 $\boldsymbol{q}(x)$ 被初始化为 0。除 $\boldsymbol{r}(s)=1$ 以外，其余节点的残余项被初始化为 0，即对 $\forall u\neq s$，$\boldsymbol{r}(u)=0$。故起始时刻，式（8-20）可表示为：$\boldsymbol{\pi}(x)=1\cdot\boldsymbol{\pi}_s(x)=1\cdot\boldsymbol{\pi}(x)$，该等式成立。进一步地，对于前向搜索算法进行中的某次图传播操作（假设关于节点 u），本证明假设式（8-20）该图传播操作进行之前成立，拟验证式（8-20）在该图传播操作后亦成立。具体而言，假设在关于节点 u 的图传播操作进行前，$\boldsymbol{r}(u)=y$。则在该次图传播操作后，$\boldsymbol{q}'(u)=\boldsymbol{q}(u)+\alpha y$；且对节点 u 的所有出邻居节点，$\boldsymbol{r}'(v)=\boldsymbol{r}(v)+\dfrac{(1-\alpha)\cdot y}{d_{\text{out}}(u)}$；最后，$\boldsymbol{r}'(u)=0$。这里，$\boldsymbol{q}'(u)$、$\boldsymbol{r}'(u)$、$\boldsymbol{r}'(v)$ 均表示节点 u 或 v 在该次图传播操作后的保留项、残余项。因此，式（8-20）右侧的变化量（记为 ΔR. H. S）可表示为：

$$\Delta\text{R. H. S}=\alpha y\cdot I\{u=x\}-y\cdot\boldsymbol{\pi}_u(x)+\sum_{v\in N_{\text{out}}(u)}\frac{(1-\alpha)\cdot y}{d_{\text{out}}(u)}\cdot\boldsymbol{\pi}_v(x) \tag{8-21}$$

其中，$I\{u=x\}$ 是一个指示器变量，当 $u=x$ 时，$I\{u=x\}=1$；否则，$I\{u=x\}=0$。值得注意的是，节点 x 关于节点 u 的 PPR 指标 $\boldsymbol{\pi}_u(x)$ 与关于节点 u 的出邻居（即节点 $v\in N_{\text{out}}(u)$）的 PPR 指标 $\boldsymbol{\pi}_v(x)$ 满足如下性质：

$$\boldsymbol{\pi}_u(x)=\alpha\cdot I\{u=x\}+\sum_{v\in N_{\text{out}}(u)}\frac{(1-\alpha)\cdot\boldsymbol{\pi}_v(x)}{d_{\text{out}}(u)} \tag{8-22}$$

式（8-22）的直观理解亦可借助 α-随机游走概率，即从节点 u 出发的 α-随机游走停止在节点 x 的概率（即，$\boldsymbol{\pi}_u(x)$）可被拆分为两部分，其一，从节点 u 出发的 α-随机游走在第一步游走中即停止在节点 u 的概率（即，$\alpha \cdot I\{u=x\}$）；其二，从节点 u 出发的 α-随机游走在第一步走到节点 u 的出邻居节点 v，再从节点 v 进行 α-随机游走最终停止到节点 x $\left(\text{即，} \sum_{v \in N_{\text{out}}(u)} \frac{(1-\alpha) \cdot \boldsymbol{\pi}_v(x)}{d_{\text{out}}(u)}\right)$。将式（8-22）代入式（8-21），可得 $\Delta \text{R. H. S} = \gamma \cdot 0 = 0$，即式（8-20）在节点 u 处的图传播操作后仍然成立，故满足数学归纳法要求，式（8-20）在前向搜索算法的运行过程中为恒等式。

误差分析。基于引理 8.4 所示恒等式，前向搜索算法近似计算的估计误差可被表示为：

引理 8.5：对任意图节点 $x \in V$，算法 8.3 所得节点 x 得 PPR 估计值 $\boldsymbol{q}(x)$ 满足

$$|\boldsymbol{\pi}(x) - \boldsymbol{q}(x)| \leq \varepsilon_r \delta \cdot d_{\text{out}}(x) \tag{8-23}$$

值得注意的是，引理 8.5 所示误差界无法满足定义 8.1 所要求的相对误差。事实上，由于 $d_{\text{out}}(x)$ 的存在，前向搜索算法的误差界最差可至 $\varepsilon_r \delta \cdot n$，现有工作也多次指出这一问题。庆幸的是，很多应用场景只要求归一化 PPR 的估计误差满足定义 8.1，如社区发现。具体而言，对任意图节点 $x \in V$，$\frac{\boldsymbol{\pi}(x)}{d_{\text{out}}(x)}$ 被定义为节点 x 的归一化 PPR。可以看到，对任意图节点 $x \in V$，其归一化 PPR 满足 $\left|\frac{\boldsymbol{\pi}(x)}{d_{\text{out}}(x)} - \frac{\boldsymbol{q}(x)}{d_{\text{out}}(x)}\right| \leq \varepsilon_r \delta$，即满足定义 8.1。

证明（引理 8.5）：根据引理 8.4 所示恒等式（即式（8-20）），任意图节点 x 的 PPR 值 $\boldsymbol{\pi}(x)$ 和前向搜索算法（即算法 8.3）所返回的估计值 $\boldsymbol{q}(x)$ 满足：

$$\begin{aligned}
\boldsymbol{\pi}(x) - \boldsymbol{q}(x) &= \sum_{u \in V} \boldsymbol{r}(u) \cdot \boldsymbol{\pi}_u(x) \leq \sum_{u \in V} \varepsilon_r \delta \cdot d_{\text{out}}(u) \cdot \boldsymbol{\pi}_u(x) \\
&= \varepsilon_r \delta \cdot \sum_{u \in V} d_{\text{out}}(u) \cdot \boldsymbol{\pi}_u(x) = \varepsilon_r \delta \cdot \sum_{u \in V} d_{\text{out}}(x) \cdot \boldsymbol{\pi}_x(u) = \varepsilon_r \delta \cdot d_{\text{out}}(x)
\end{aligned}$$

上述最后一步推导应用了 PPR 指标的性质 $\sum_{u \in V} \boldsymbol{\pi}_x(u) = 1$，该性质从随机游走概率的角度理解，即从节点 x 处出发的 α-随机游走停止在图上任意节点的概率之和为 1。此外，上述倒数第二步推导应用了 PPR 指标的性质：$d_{\text{out}}(u) \cdot \boldsymbol{\pi}_u(x) = d_{\text{out}}(x) \cdot \boldsymbol{\pi}_x(u)$。该性质可借助 PPR 展开式（式（8-10））计算得到。具体而言，

$$\boldsymbol{\pi}_u(x)=\sum_{i=0}^{\infty}\alpha(1-\alpha)^i\cdot\boldsymbol{e}_x{}^{\mathrm{T}}\cdot(\boldsymbol{AD}^{-1})^i\cdot\boldsymbol{e}_u$$

$$=\alpha\cdot I\{x=u\}+(1-\alpha)\cdot\sum_{i=1}^{\infty}\alpha(1-\alpha)^{i-1}\cdot(\boldsymbol{e}_x{}^{\mathrm{T}}\boldsymbol{D})\cdot(\boldsymbol{D}^{-1}\boldsymbol{A})^{i-1}\cdot(\boldsymbol{D}^{-1}\boldsymbol{e}_u)$$

$$=\alpha\cdot I\{x=u\}+(1-\alpha)\cdot\sum_{i=0}^{\infty}\alpha(1-\alpha)^i\cdot d_{\mathrm{out}}(x)\cdot(\boldsymbol{D}^{-1}\boldsymbol{A})^i\cdot\frac{1}{d_{\mathrm{out}}(u)}$$

其中，指示器变量 $I\{x=u\}=1$ 当且仅当 $x=u$。否则，$I\{x=u\}=0$。因此，

$$\boldsymbol{\pi}_u(x)\cdot d_{\mathrm{out}}(u)$$

$$=\alpha\cdot I\{x=u\}\cdot d_{\mathrm{out}}(u)+d_{\mathrm{out}}(x)\cdot(1-\alpha)\cdot\sum_{i=0}^{\infty}\alpha(1-\alpha)^i\cdot(\boldsymbol{D}^{-1}\boldsymbol{A})^i$$

$$=\alpha\cdot I\{x=u\}\cdot d_{\mathrm{out}}(x)+d_{\mathrm{out}}(x)\cdot(1-\alpha)\cdot\sum_{i=0}^{\infty}\alpha(1-\alpha)^i\cdot(\boldsymbol{D}^{-1}\boldsymbol{A})^i$$

另一方面，$\boldsymbol{\pi}_x(u)=\boldsymbol{\pi}_x^{\mathrm{T}}(u)$，而$\boldsymbol{\pi}_x(u)=\sum_{i=0}^{\infty}\alpha(1-\alpha)^i\cdot\boldsymbol{e}_u{}^{\mathrm{T}}\cdot(\boldsymbol{AD}^{-1})^i\cdot\boldsymbol{e}_x$，故：

$$\boldsymbol{\pi}_x(u)=\boldsymbol{\pi}_x^{\mathrm{T}}(u)=\sum_{i=0}^{\infty}\alpha(1-\alpha)^i\cdot\boldsymbol{e}_x{}^{\mathrm{T}}\cdot(\boldsymbol{D}^{-1}\boldsymbol{A})^i\cdot\boldsymbol{e}_u$$

$$=\alpha\cdot I\{x=u\}+(1-\alpha)\cdot\sum_{i=1}^{\infty}\alpha(1-\alpha)^{i-1}\cdot\boldsymbol{e}_x{}^{\mathrm{T}}\cdot(\boldsymbol{D}^{-1}\boldsymbol{A})^{i-1}\cdot\boldsymbol{e}_u$$

$$=\alpha\cdot I\{x=u\}+(1-\alpha)\cdot\sum_{i=0}^{\infty}\alpha(1-\alpha)^i\cdot\boldsymbol{e}_x{}^{\mathrm{T}}\cdot(\boldsymbol{D}^{-1}\boldsymbol{A})^i\cdot\boldsymbol{e}_u$$

因此，$\boldsymbol{\pi}_u(x)\cdot d_{\mathrm{out}}(u)=\boldsymbol{\pi}_x(u)\cdot d_{\mathrm{out}}(x)$，而引理 8.5 得证。

时间复杂度。本部分具体分析前向搜索算法（即算法 8.3）的时间复杂度。具体而言，前向搜索算法的时间复杂度可表示为 $O\left(\sum_{u\in V}N_{\mathrm{push}}(u)\cdot d_{\mathrm{out}}(u)\right)$，其中，$N_{\mathrm{push}}(u)$ 表示算法 8.3 在运行过程中，在节点 u 处运行图传播操作的次数，而 $O(d_{\mathrm{out}}(u))$ 为在关于节点 u 的图传播操作中，算法 8.3 需要花费的时间，即，花费 $d_{\mathrm{out}}(u)$ 更新节点 u 各出邻居的残余项、花费 $O(1)$ 时间更新节点 u 的残余项和保留项。因此，算法 8.3 复杂度的推导可聚焦于 $N_{\mathrm{push}}(u)$ 的计算。回顾算法 8.3，$N_{\mathrm{push}}(u)\leqslant\frac{\boldsymbol{q}(u)}{\alpha\cdot\varepsilon_r\delta\cdot d_{\mathrm{out}}(u)}$，其中，$\boldsymbol{q}(u)$ 指代算法 8.3 结束后节点 u 的保留项。这是由于，在任一次关于节点 u 的图传播操作中，节点 u 保留项的增长量不小于 $\boldsymbol{\alpha}\cdot\boldsymbol{\varepsilon}_r\delta\cdot d_{\mathrm{out}}(u)$，其中，$\varepsilon_r\delta\cdot d_{\mathrm{out}}(u)$ 来

自前向搜索算法设置的残余项阈值（即算法 8.3 第 2 行），故 $N_{\text{push}}(u) \leqslant \frac{\boldsymbol{q}(u)}{\alpha \cdot \varepsilon_r \delta \cdot d_{\text{out}}(u)}$ 成立。而根据恒等式（8-20），$\boldsymbol{q}(u) \leqslant \boldsymbol{\pi}(u)$ 恒成立，故 $N_{\text{push}}(u) \leqslant \frac{\boldsymbol{\pi}(u)}{\alpha \cdot \varepsilon_r \delta \cdot d_{\text{out}}(u)}$。因此，算法 8.3 的时间复杂度界可约束为：

$$O\left(\sum_{u \in V} N_{\text{push}}(u) \cdot d_{\text{out}}(u)\right) \leqslant O\left(\sum_{u \in V} \frac{\boldsymbol{\pi}(u) \cdot d_{\text{out}}(u)}{\alpha \cdot \varepsilon_r \delta \cdot d_{\text{out}}(u)}\right) = O\left(\sum_{u \in V} \frac{\boldsymbol{\pi}(u)}{\alpha \cdot \varepsilon_r \delta}\right) = O\left(\frac{1}{\alpha \cdot \varepsilon_r \delta}\right)$$

上述推导的最后一步亦应用了 PPR 的性质 $\sum_{u \in V} \boldsymbol{\pi}(u) = 1$。

4. 蒙特卡罗采样

针对以 PPR 为代表的图节点邻近度计算，上文所述幂方法和前向搜索算法均基于 PPR 的定义式（即，式（8-8））进行迭代计算。与之不同的，蒙特卡罗采样算法利用 PPR 指标与 α-随机游走概率的对应关系，通过在图结构上大量采样 α-随机游走实现 PPR 的近似计算。具体而言，回顾第 1 节，任意图节点 u 关于源节点 s 的 PPR 值等于从节点 s 出发的 α-随机游走停止在节点 u 的概率。基于这一对应关系，蒙特卡罗采样算法从源节点 s 处独立产生 n_r 条 α-随机游走，并记录所有 n_r 条 α-随机游走停止在节点 u 的数量 $N_s(u)$，最后返回 $\frac{N_s(u)}{n_r}$ 作为节点 u 关于源节点 s 的 PPR 值的估计。

引理 8.6：当 $n_r = \frac{(2\varepsilon_r + 6)}{3\varepsilon_r^2 \cdot \delta} \cdot \log \frac{1}{p_f}$ 时，蒙特卡罗采样算法可返回具有相对误差保证的 PPR 邻近度近似计算（如定义 8.1 所示）。

上述引理的证明需基于切诺夫不等式（Chernoff bound），具体如引理 8.7 所示。

引理 8.7（切诺夫界）：对于 n_r 个独立伯努利随机变量 $\{X_1, X_2, \cdots, X_{n_r}\}$，且 $\mathrm{E}[X_i] = \mu (i \in \{1, 2, \cdots, n_r\})$，则：

$$\Pr\left\{ \left| \left(\frac{1}{n_r} \cdot \sum_{i=1}^{n_r} X_i \right) - \mu \right| \geqslant \varepsilon \right\} \leqslant \exp\left\{ - \frac{n_r \cdot \varepsilon^2}{\left(\frac{2\varepsilon}{3} + 2\mu \right)} \right\} \tag{8-24}$$

基于引理 8.7 所示切诺夫界，即可得到蒙特卡罗采样算法的近似估计误差。

证明（引理 8.6）：对于任意图节点 $u \in V$，令 X_i 表示从源节点 s 出发的第 i 条 α-随机游走停止在节点 u 的指示器变量，即 $X_i = 1$ 当且仅当从源节点 s 出发的第 i 条 α-随机

游走停止在节点 u，否则 $X_i=0$。因此，$\mathrm{E}[X_i]=\boldsymbol{\pi}(u)$。若 $\boldsymbol{\pi}(u)>\delta$，根据引理 8.7 所示切诺夫界，可得：

$$\Pr\left\{\left|\left(\frac{1}{n_r}\cdot\sum_{i=1}^{n_r}X_i\right)-\boldsymbol{\pi}(u)\right|\geqslant\varepsilon_r\cdot\boldsymbol{\pi}(u)\right\}\leqslant\exp\left[\frac{-n_r\cdot\varepsilon_r^2\cdot\boldsymbol{\pi}^2(u)}{\left(\frac{2\varepsilon_r\cdot\boldsymbol{\pi}(u)}{3}+2\boldsymbol{\pi}(u)\right)}\right]$$

$$=\exp\left\{\frac{-3n_r\cdot\varepsilon_r^2\cdot\boldsymbol{\pi}(u)}{(2\varepsilon_r+6)}\right\}$$

将 $n_r=\frac{(2\varepsilon_r+6)}{3\varepsilon_r^2\cdot\delta}\cdot\log\frac{1}{p_f}$代入上式，可得：

$$\Pr\left\{\left|\left(\frac{1}{n_r}\cdot\sum_{i=1}^{n_r}X_i\right)-\boldsymbol{\pi}(u)\right|\geqslant\varepsilon_r\cdot\boldsymbol{\pi}(u)\right\}\leqslant\exp\left\{\frac{-\boldsymbol{\pi}(u)}{\delta}\cdot\log\frac{1}{p_f}\right\}\leqslant\exp\left\{-\log\frac{1}{p_f}\right\}=p_f$$

在上述倒数第二步推导中，本文代入了 $\boldsymbol{\pi}(u)>\delta$ 的关系式。类似地，若 $\boldsymbol{\pi}(u)\leqslant\delta$，

$$\Pr\left\{\left|\left(\frac{1}{n_r}\cdot\sum_{i=1}^{n_r}X_i\right)-\boldsymbol{\pi}(u)\right|\geqslant\varepsilon_r\delta\right\}\leqslant\exp\left[\frac{-n_r\cdot\varepsilon_r^2\cdot\delta^2}{\left(\frac{2\varepsilon_r\delta}{3}+2\boldsymbol{\pi}(u)\right)}\right]\leqslant\exp\left[\frac{-n_r\cdot\varepsilon_r^2\cdot\delta^2}{\left(\frac{2\varepsilon_r\delta}{3}+2\delta\right)}\right]$$

将 $n_r=\frac{(2\varepsilon_r+6)}{3\varepsilon_r^2\cdot\delta}\cdot\log\frac{1}{p_f}$代入上式，可得：

$$\Pr\left\{\left|\left(\frac{1}{n_r}\cdot\sum_{i=1}^{n_r}X_i\right)-\boldsymbol{\pi}(u)\right|\geqslant\varepsilon_r\delta\right\}\leqslant\exp\left\{\frac{-3n_r\cdot\varepsilon_r^2\cdot\delta}{(2\varepsilon_r+6)}\right\}=\exp\left\{-\log\frac{1}{p_f}\right\}=p_f$$

故满足定义 8.1 所要求误差，该引理得证。

进一步地，基于引理 8.6，蒙特卡罗采样算法的时间复杂度即可被约束为 $O\left(\frac{n_r}{\alpha}\right)=O\left(\frac{\varepsilon_r\cdot\log(1/p_f)}{\alpha\cdot\varepsilon_r^2\cdot\delta}\right)$。这是由于，蒙特卡罗采样算法共从源节点 s 处产生了 n_r 条 α-随机游走数，而各条随机游走的期望步长为 $O\left(\frac{1}{\alpha}\right)$ $\Big($$\alpha$-随机游走的每一步均以 α 的概率停止在当前节点，故 α-随机游走的长度服从参数为 α 的几何分布，期望为$\frac{1}{\alpha}$$\Big)$。因此，在相对误差 ε_r、失败概率 p_f、PPR 衰减因子 α 均为常数的假设下，蒙特卡罗采样算法的时间复

杂度即为 $O\left(\frac{1}{\delta}\right)$。

8.3 图嵌入

图嵌入（graph embedding）是近些年来图数据挖掘和图机器学习研究领域的一个热门课题，其通过学习图数据中节点的低维嵌入向量，以保留图中的固有属性和结构。这些向量可以作为后续机器学习方法的输入，用于图数据上的常见下游任务，例如图分类、图聚类和链接预测等。

当前的大多数图嵌入算法均基于以下框架：对于一个图 $G=(V,E)$，选定一个邻近度指标 Q，对图上任意两个节点 u 和 v，训练嵌入向量 $\boldsymbol{s}_u$ 和 $\boldsymbol{s}_v$，使得 $\boldsymbol{s}_u \cdot \boldsymbol{s}_v$ 尽可能地近似 $Q(u,v)$。邻近度指标 Q 通常包括第一节所述的图节点邻近度度量指标，训练过程一般分为矩阵分解和随机游走两大类。下面，我们将分别对矩阵分解方法和随机游走方法进行介绍。

8.3.1 基于矩阵分解的方法

基于矩阵分解的方法首先利用邻接矩阵、拉普拉斯矩阵、转移概率矩阵和 Katz 相似性矩阵等来表示图数据节点之间的关系，然后对这些表示矩阵进行分解以达到图嵌入的目标，即得到图节点的低维嵌入向量。下面我们将介绍 4 种主流的基于矩阵分解的图嵌入方法，包括局部线性嵌入、拉普拉斯特征映射、GraRep 和 HOPE。

1. 局部线性嵌入

局部线性嵌入（Locally Linear Embedding，LLE）是一种重要的数据降维方法，能够对图数据进行嵌入表示。局部线性嵌入是一种流行学习（Manifold Learning）方法，这一类方法希望在低维嵌入表示中保留高维中的一些特征。

将局部线性嵌入用于图数据时，需要假设图数据中的每个节点 i 可以通过它邻域中的一些节点进行线性表示。具体来说，首先假设一个大小为 k 的邻域，并通过某种距离度量方法（如 KNN），选择节点 i 的 k 个最近邻组成样本 $\mathcal{N}(i)$。然后，可以利用均方差来衡量节点 i 和样本 $\mathcal{N}(i)$ 之间的线性关系：

$$\phi(\boldsymbol{X})=\sum_{i}\left|\boldsymbol{X}_{i}-\sum_{j}\boldsymbol{W}_{ij}\boldsymbol{X}_{j}\right|^{2} \tag{8-25}$$

其中，$\boldsymbol{X}$ 是高维嵌入表示矩阵。$\boldsymbol{W}$ 是权重系数矩阵，一般会对其进行归一化处理，即 $\sum_{j\in\mathcal{N}(i)}\boldsymbol{W}_{ij}=1$，对于不在 $\mathcal{N}(i)$ 的样本，令 $\boldsymbol{W}_{ij}=0$。我们利用拉格朗日乘子法对式（8-25）进行最小化求解，我就可以得到权重系数矩阵 $\boldsymbol{W}$。最后，为了保持高维中的线性关系，同样使用均方差来衡量低维嵌入的线性关系：

$$\phi(\boldsymbol{Y})=\sum_{i}|\boldsymbol{YI}_{i}-\boldsymbol{YW}_{i}|^{2}=tr(\boldsymbol{Y}(\boldsymbol{I}-\boldsymbol{W})(\boldsymbol{I}-\boldsymbol{W})^{\mathrm{T}}\boldsymbol{Y}^{\mathrm{T}}) \tag{8-26}$$

其中，$\boldsymbol{Y}\in\mathbf{R}^{n\times d}$ 是低维嵌入表示矩阵，对图中每个节点 i 都有 $\boldsymbol{Y}_{i}=\sum_{j}\boldsymbol{W}_{ij}\boldsymbol{Y}_{j}$，一般会有 $\sum_{i}\boldsymbol{Y}_{i}=0$ 和 $\frac{1}{n}\boldsymbol{YY}^{\mathrm{T}}=1$ 的约束条件。可以发现，对式（8-26）进行最小化得到的最优解 $\boldsymbol{Y}^{*}$ 可以通过对（$\boldsymbol{I}-\boldsymbol{W})(\boldsymbol{I}-\boldsymbol{W})^{\mathrm{T}}$ 进行特征值分解得到，$\boldsymbol{Y}^{*}$ 可以由（$\boldsymbol{I}-\boldsymbol{W}$）（$\boldsymbol{I}-\boldsymbol{W})^{\mathrm{T}}$ 的 d 个最小非零特征值对应的特征向量组成。

局部线性嵌入方法可以对图数据进行线性嵌入表示，其核心思想是对稀疏矩阵 $(\boldsymbol{I}-\boldsymbol{W})(\boldsymbol{I}-\boldsymbol{W})^{\mathrm{T}}$ 进行特征分解以得到低维嵌入表示。总的来说，局部线性嵌入方法较为简单，容易实现，但是最近邻数 k 的选择对降维结果的影响较大。

2. 拉普拉斯特征映射

拉普拉斯特征映射（Laplacian Eigenmaps，LE）和局部线性嵌入方法一样，也希望从局部去构建图节点的嵌入表示。它的直观思想是：如果两个节点 i 和 j 在高维空间很相似，即 W_{ij} 值很大，那么在降维后的低维空间中，i 和 j 也应该尽可能地靠近。基于这个简单的假设，拉普拉斯特征映射的优化目标函数为：

$$\min\ \phi(\boldsymbol{Y})=\sum_{i,j}\boldsymbol{W}_{ij}\|\boldsymbol{Y}_{i}-\boldsymbol{Y}_{j}\|^{2}\equiv\min tr(\boldsymbol{Y}^{\mathrm{T}}\boldsymbol{LY}) \tag{8-27}$$

其中 $\boldsymbol{L}=\boldsymbol{D}-\boldsymbol{W}$，表示图 G 的拉普拉斯矩阵。为了保证式（8-27）有解，需要增加 $\boldsymbol{Y}^{\mathrm{T}}\boldsymbol{DY}=\boldsymbol{I}$ 的约束条件。因此，求解低维嵌入 $\boldsymbol{Y}$ 的优化目标可改写成：

$$\min\ tr(\boldsymbol{Y}^{\mathrm{T}}\boldsymbol{LY}),\quad \text{s. t. } \boldsymbol{Y}^{\mathrm{T}}\boldsymbol{DY}=\boldsymbol{I} \tag{8-28}$$

使用拉格朗日乘子法对该目标进行求解，可以得到 $\boldsymbol{LY}_{i}=\lambda\boldsymbol{DY}_{i}$。这说明，可以利用拉普拉斯矩阵 $\boldsymbol{L}$ 的 d 个最小非零特征值对应的特征向量组成 $\boldsymbol{Y}$。可以发现，拉普拉斯特征映射和局部线性嵌入方法非常类似，都是通过对矩阵特征分解以获得相应的特征向

量。需要注意的是，在拉普拉斯特征映射方法中，权重系数矩阵 $\boldsymbol{W}$ 一般是根据实际情况自行定义的，例如，定义 $\boldsymbol{W}$ 为邻接矩阵，即 $\boldsymbol{W}_{ij}=1$ 表示节点 i 和 j 之间有边，否则 $\boldsymbol{W}_{ij}=0$；或者利用 Heat Kernel 进行表示，即 $\boldsymbol{W}_{ij}=\exp\left(-\frac{\|\boldsymbol{X}_i-\boldsymbol{X}_j\|^2}{t}\right)$。

3. GraRep

GraRep[11] 的基本思想是在 k 阶转移概率矩阵上进行奇异值分解（Singular Value Decomposition，SVD），得到图节点的一组低维嵌入表示矩阵，并将不同 k 取值的转移概率矩阵 $\boldsymbol{P}^k$ 结合起来得到最终的嵌入表示。

我们用 $\boldsymbol{A}$ 表示图 G 的邻接矩阵，$\boldsymbol{D}$ 表示度矩阵，并定义转移概率矩阵 $\boldsymbol{P}=\boldsymbol{D}^{-1}\boldsymbol{A}$，$k$ 阶转移概率矩阵则表示为 $\boldsymbol{P}^k$，意味着从节点 w 经过 k 步到达节点 c 的经验概率 $p_k(c\mid w)=P^k_{wc}$。GrapReq 的主要想法是希望通过低维表示 $\sigma(\vec{\boldsymbol{w}}\cdot\vec{\boldsymbol{c}})$ 来预测 $\boldsymbol{p}_k(c\mid w)$，其中 w 和 c 分别是源节点和上下文节点，$\vec{\boldsymbol{w}}$ 和 $\vec{\boldsymbol{c}}$ 分别表示他们的低维嵌入向量，σ 是 sigmoid 函数。GraRep 采用噪声对比估计（Noise Contrastive Estimation，NCE）作为损失函数，以希望预测的概率尽可能拟合经验概率。具体为：

$$\mathcal{L}_k=\sum_{w\in V}\mathcal{L}_k(w) \tag{8-29}$$

其中，

$$\mathcal{L}_k(w)=\left(\sum_{c\in V}p_k(c\mid w)\log\sigma(\vec{\boldsymbol{w}}\cdot\vec{\boldsymbol{c}})\right)+\lambda E_{c'\sim p_k(V)}[\log\sigma(-\vec{\boldsymbol{w}}\cdot\vec{\boldsymbol{c}'})] \tag{8-30}$$

这里 λ 是负样本个数，$p_k(V)$ 是图中节点的分布，$E_{c'\sim p_k(V)}[\cdot]$ 是负样本 c' 服从 $p_k(V)$ 时的期望。当 k 足够大时转移概率会收敛到稳定的值，节点 c 的分布为：

$$p_k(c)=\sum_{w'\in V}q(w')p_k(c\mid w')=\frac{1}{n}\sum_{w'\in V}P^k_{w'c} \tag{8-31}$$

其中，$q(w')$ 表示选中 w' 作为路径起点的概率，这里假设 $q(w')$ 服从均匀分布，即 $q(w')=1/n$，那么局部损失函数就可以写成：

$$\mathcal{L}_k(w,c)=P^k_{wc}\cdot\log\sigma(\vec{\boldsymbol{w}}\cdot\vec{\boldsymbol{c}})+\frac{\lambda}{n}\sum_{w'\in V}P^k_{w'c}\cdot\log\sigma(-\vec{\boldsymbol{w}}\cdot\vec{\boldsymbol{c}}) \tag{8-32}$$

对上式求偏导，并令导数为 0，可得：

$$\vec{\boldsymbol{w}}\cdot\vec{\boldsymbol{c}}=\log\left(\frac{P^k_{wc}}{\sum_{w'}P^k_{w'c}}\right)-\log\left(\frac{\lambda}{n}\right) \tag{8-33}$$

上述公式可以表示成矩阵形式：

$$Y_{ij}^{k}=W_{i}^{k}\cdot C_{j}^{k}=\log\left(\frac{P_{ij}^{k}}{\sum_{t}P_{tj}^{k}}\right)-\log\left(\frac{\lambda}{n}\right) \tag{8-34}$$

根据式（8-34），我们可以发现求解图节点的嵌入 W_{i}^{k} 可以通过对 Y_{ij}^{k} 进行 SVD 得到，有关具体的算法实现可以参考 GraRepl 论文。GraRep 可以很好地捕捉远距离节点之间的关系，但是计算 P^{k} 的高昂时间成本限制了 GraRep 的扩展到大规模图上的能力。

4. HOPE

HOPE 是针对有向图的图嵌入方法，其希望保留有向图的非对称性。HOPE 的主要思想是尽可能地近似某种邻近度度量指标 $\boldsymbol{Q}$，其目标函数可以写成如下形式：

$$\min\|\boldsymbol{Q}-\boldsymbol{U}^{s}\cdot\boldsymbol{U}^{t\mathrm{T}}\|^{2} \tag{8-35}$$

其中，$\boldsymbol{U}^{s}$ 和 $\boldsymbol{U}^{t}$ 分别对应节点作为源节点和目标节点的嵌入表示，$\boldsymbol{Q}$ 是选定的某种邻近度指标，例如 PPR，Katz 等，这些邻近度指标可以表示成矩阵多项式的乘积形式：

$$\boldsymbol{Q}=\boldsymbol{M}_{g}^{-1}\cdot\boldsymbol{M}_{l} \tag{8-36}$$

表 8.2 列出了几种常见邻近度指标的乘积形式。其中，$\boldsymbol{A}$ 是邻接矩阵，$\boldsymbol{I}$ 是单位矩阵，$\boldsymbol{P}$ 是转移概率矩阵，$\boldsymbol{D}$ 是对角矩阵，α 和 β 分别是 PPR 和 Katz 的衰减因子。常用的基于矩阵分解的图嵌入方法是直接对邻近度矩阵进行 SVD 分解，从而得到嵌入表示，这种方法有很大的局限性。根据上面分析的可知，如果以矩阵乘积的形式计算得到 $\boldsymbol{Q}$，时间复杂度是 $O(n^{3})$ 的，而且由于 $\boldsymbol{Q}$ 是一个稠密矩阵，对其进行 SVD 也非常耗时，因此这种方法不能应用于大规模图结构。

表 8.2　常见邻近度指标的乘积形式

邻近度指标	$\boldsymbol{M}_{g}$	$\boldsymbol{M}_{l}$
Katz	$\boldsymbol{I}-\beta\cdot\boldsymbol{A}$	$\beta\cdot\boldsymbol{A}$
PPR	$\boldsymbol{I}-\alpha\cdot\boldsymbol{P}$	$(1-\alpha)\cdot\boldsymbol{I}$
Common Neighbor	$\boldsymbol{I}$	$\boldsymbol{A}^{2}$
Adamic-Adar	$\boldsymbol{I}$	$\boldsymbol{A}\cdot\boldsymbol{D}\cdot\boldsymbol{A}$

考虑到 $\boldsymbol{Q}$ 只是一个中间产物，HOPE 提出了一种新颖的方法直接学习嵌入表示，通过在 $\boldsymbol{M}_{g}^{-1}\cdot\boldsymbol{M}_{l}$ 形式的邻近矩阵上执行 JDGSVD 来避免计算 $\boldsymbol{Q}$ 以及常规 SVD 带来的高时间复杂度，即：

$$\boldsymbol{M}_g^{-1} \cdot \boldsymbol{M}_l = \boldsymbol{V}^s \boldsymbol{\Sigma} \boldsymbol{V}^{t\mathrm{T}} \tag{8-37}$$

这里 V^s 和 V^t 是正交矩阵，Σ 是由特征值 σ_i 构成的对角矩阵。那么存在一个非奇异矩阵 X 和两个对角矩阵 Σ^l、Σ^g，满足：

$$\boldsymbol{V}^{t\mathrm{T}} \boldsymbol{M}_l^{\mathrm{T}} \boldsymbol{X} = \boldsymbol{\Sigma}^l, \quad \boldsymbol{V}^{s\mathrm{T}} \boldsymbol{M}_g^{\mathrm{T}} \boldsymbol{X} = \boldsymbol{\Sigma}^g \tag{8-38}$$

其中，$\boldsymbol{\Sigma}^l$ 和 $\boldsymbol{\Sigma}^g$ 分别是由 $\boldsymbol{M}_l$ 和 $\boldsymbol{M}_g$ 对应的特征值 σ_i^l 和 σ_i^g 构成的对角矩阵，最终可以得到嵌入表示矩阵，计算公式如下：

$$\begin{cases} \sigma_i = \dfrac{\sigma_i^l}{\sigma_i^g} \\ U^s = [\sqrt{\sigma_1} \cdot v_1^s, \cdots, \sqrt{\sigma_d} \cdot v_d^s] \\ U^t = [\sqrt{\sigma_1} \cdot v_1^t, \cdots, \sqrt{\sigma_d} \cdot v_d^t] \end{cases} \tag{8-39}$$

这样就避免了 $\boldsymbol{M}_l$ 和 $\boldsymbol{M}_g$ 的矩阵相乘，同时可以改变乘法顺序进一步降低时间复杂度至 $O(md)$，m 是图 G 中的边数目，而 JDGSVD 的时间复杂度是 $O(md^2L)$，L 是迭代次数。

综上所述，HOPE 的时间复杂度与图的边数目 m 呈线性关系，使得 HOPE 可以应用于大规模图结构。不过，由于 HOPE 没有显式地计算出邻近度矩阵，无法对矩阵进行非线性操作，这在一定程度上限制了方法的预测能力。

8.3.2 基于随机游走的方法

基于随机游走的图嵌入方法通常被用于近似图数据的许多属性，包括中心性和相似度等。该类方法尤其适用于图数据的规模较大而无法完整测量或者只能观察到部分图的情况。近年来，基于随机游走的方法得到了研究人员的广泛关注，这里将介绍 3 种具有代表性的工作，包括 DeepWalk、Node2Vec 和 VERSE。

1. DeepWalk

DeepWalk[9] 是第一个将 Word2Vec 模型应用于图数据上的算法，它将在图上得到的随机游走序列近似为自然语言处理中的句子来进行学习。DeepWalk 使用随机游走序列作为图嵌入模型的输入有很多优势。首先，随机游走可以刻画局部图结构信息，以获得局部邻域结构；其次，随机游走容易并行化实现，DeepWalk 可以同时从不同的节点开始进行随机游走；最后，DeepWalk 是一个在线学习算法，当后续有新信息加入时不需要从头学习，只需要针对变化的部分进行新的随机游走以更新模型。

DeepWalk 算法主要由随机游走生成器（random walk generator）和更新过程（update procedure）两个部分组成。前者首先随机且均匀地选取图节点，然后进行长度为 t 的随机游走，以得到 r 个随机游走序列；后者使用 SkipGram 模型对表示进行更新。在自然语言处理中，SkipGram 模型的主要思想是把由上下文预测单词的问题转变成由单词预测上下文的问题。Deepwalk 将 SkipGram 模型扩展到了图数据上，其中单词指的是图上的某个节点，上下文指的是从这个节点出发随机游走采样的一条路径上的所有节点。具体来说，对于节点 v_i，用 $\boldsymbol{\Phi}(v_i)$ 表示其低维嵌入向量，那么 SkipGram 模型将最大化下面概率来更新 $\boldsymbol{\Phi}$。

$$\Pr(\{v_{i-w},\cdots,v_{i+w}\}\backslash v_i \mid \boldsymbol{\Phi}(v_i))=\prod_{j=i-w,j\neq i}^{i+w}\Pr(v_j \mid \boldsymbol{\Phi}(v_i)) \tag{8-40}$$

其中，$\{v_{i-w},\cdots,v_{i+w}\}$ 表示随机游走序列。在实际的训练过程中，DeepWalk 使用了 Hierarchical Softmax 方法来降低时间成本，Hierarchical Softmax 方法也是自然语言处理中的常见技巧，其更详细的描述请参考，DeepWalk 通过该方法，将时间复杂度降到了 $O(|\log|V||)$。

总的来说，DeepWalk 是将自然语言处理的方法扩展到图嵌入的开门之作，并且巧妙地利用了随机游走的优势，能够对大规模图数据进行低维嵌入表示，为后面的研究奠定了基础，值得深入阅读和理解。

2. Node2Vec

图节点的相似性度量一般包括内容和结构两个方面。在图 8.5 中，我们从节点 u 出发分别执行广度优先遍历（BFS）和深度优先遍历（DFS），可以看出，节点 u 和 $s_1 \sim s_4$ 属于同一个社区，它们之间的内容相似性较高；节点 u 和节点 s_6 虽然不属于同一社区，但它们在结构上都扮演中心节点的角色，具有较高的结构相似性。上节中介绍的 DeepWalk 采用的随机游走实际上是 DFS，没有考虑到邻居节点对于描述节点特征也非常重要。

Node2Vec[10] 针对这个缺陷设计了一种二阶随机游走方式，其不仅可以通过 DFS 刻画图结构的全局特征，而且可以通过 BFS 保留节点的本地邻域信息。具体而言，我们

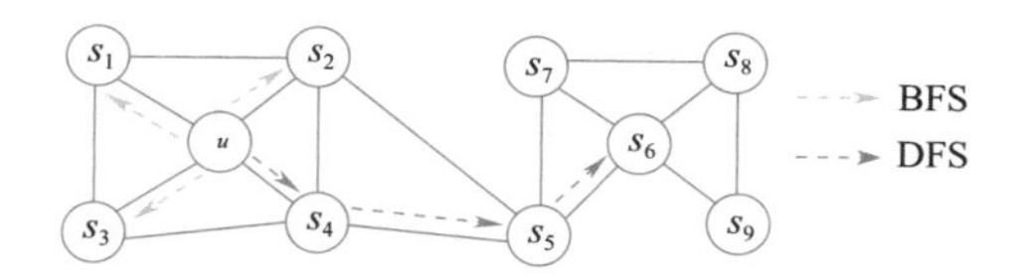

图 8.5 从点 u 出发的 3 步 BFS 和 DFS

从一个源节点 u 出发进行步长为 l 的随机游走，将产生的随机游走序列中第 i 个节点记为 c_i，其中 $c_0=u$，c_i 被定义为：

$$P(c_i=x \mid c_{i-1}=v)=\begin{cases}\dfrac{\pi_{vx}}{Z}, & (v,x)\in E,\\ 0, & \text{其余。}\end{cases} \tag{8-41}$$

其中，Z 表示归一化常量，π_{vx} 表示 v 到 x 的转移概率，由二阶随机游走得到。例如，在图 8.6 中，我们假设当前的随机游走处于节点 t，并经过边 (t,v) 到达了节点 v，现在要决定下一步游走的方向，即选择转移概率最大的边，设边 (v,x) 的权重为 w_{vx}，则 $\pi_{vx}=\alpha_{pq}(t,x)\cdot w_{vx}$，其中 $\alpha_{pq}(t,x)$ 由返回（return）参数 p 和进出（in-out）参数 q 决定：

$$\alpha_{pq}(t,x)=\begin{cases}\dfrac{1}{p}, & d_{tx}=0;\\ 1, & d_{tx}=1;\\ \dfrac{1}{q}, & d_{tx}=2\text{。}\end{cases} \tag{8-42}$$

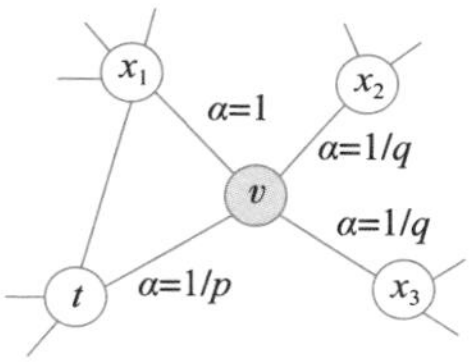

图 8.6 Node2Vec 中的随机游走策略

其中，d_{tx} 表示节点 t 和 x 之间的最短路径距离。也就是说，当下一个节点 x 与前一个节点 t 有连边时，$\pi_{vx}=w_{vx}$；当 $x=t$ 时，$\pi_{vx}=w_{vx}/p$；其他情况下，$\pi_{vx}=w_{vx}/q$。从直观上来看，返回参数 p 和进出参数 q 分别控制了随机游走立即重新访问节点和倾向 BFS 还是 DFS 的概率。当参数 p 取值较小时，随机游走倾向返回节点 t，使得产生的随机游走可能都是 t 的邻居，从而保证本地结构信息；当参数 p 取值较大时，随机游走倾向于向外探索。当参数 q 较小时，随机游走倾向于 DFS，反之参数 q 较大时，随机游走倾向于 BFS。

在训练过程中，Node2Vec 与 DeepWalk 一样同样采用了 SkipGram 模型学习图嵌入表示，不同的是，为了提高计算效率，Node2Vec 使用了基于负采样的 SkipGram。

3. VERSE

VERSE 设计了一种可以适用于多种相似度计算方式的图嵌入表示训练模型，它具有简单、通用和节约内存的特点。VERSE 可以明确地学习图中每个顶点的任何相似性度量的分布，例如 PPR、邻接相似度、SimRank。VERSE 通过训练单层神经网络，实现了在线性时间内学习图嵌入表示。

下面介绍 VERSE 算法的基本思想。首先，假设嵌入表示矩阵为 $\boldsymbol{W}$，定义两个节点 u 和 v 在嵌入空间中的非标准化距离为它们对应的嵌入表示的点积 $\boldsymbol{W}_u \cdot \boldsymbol{W}_v^{\mathrm{T}}$，然后使用 Softmax 对嵌入空间中的相似度分布进行归一化：

$$\mathrm{sim}_E(v,\cdot)=\frac{\exp(\boldsymbol{W}_v \cdot \boldsymbol{W}^{\mathrm{T}})}{\sum_{i=1}^{n}\exp(\boldsymbol{W}_v \cdot \boldsymbol{W}_i)} \tag{8-43}$$

VERSE 希望最大限度地减少从实际相似度分布到重构相似度分布的偏差，其目标函数如下：

$$\mathcal{L}=-\sum_{v\in V}\mathrm{sim}_G(v,\cdot)\log(\mathrm{sim}_E(v,\cdot)) \tag{8-44}$$

其中，sim_G 代表可选的相似度，例如 PPR、SimRank 等，可以通过随机梯度下降来拟合上面的目标函数，这允许在每个节点上单独更新模型。然而，梯度下降需要完全计算出 sim_E 和 sim_G，这一过程十分耗时，即使选择容易计算的 sim_G，例如邻接矩阵，$\mathrm{sim}_E(v,\cdot)$ 计算公式中的 Softmax 仍然必须在图中的所有节点上归一化，这会使得算法效率非常低。因此，为了简化 $\mathrm{sim}_E(v,\cdot)$ 的计算，VERSE 采用了基于负采样的 SkipGram 模型提升算法效率。需要注意的是，采样正样本的策略是根据所选的相似度 sim_G 变化的。如果选了 PPR，那么从 v 出发进行随机游走，采样路径终点就是正样本；如果选了邻接相似度，那么正样本就是从 v 的一阶邻居中随机选择一个。另外，如果希望学习图的非对称性，可以在模型中增加一个嵌入表示矩阵 $\boldsymbol{W}'$ 进行学习，此时节点 u 和 v 在嵌入空间中的非标准化距离应该变为 $\boldsymbol{W}_u \cdot \boldsymbol{W'}_v^{\mathrm{T}}$。

8.4 图神经网络

卷积神经网络（Convolutional Neural Networks，CNN）、循环神经网络（Recurrent

Neural Network，RNN）等神经网络模型在计算机视觉、自然语言处理等具有规则空间结构的数据的领域展现出了巨大的优势。然而对于图这种结构不规则数据，CNN、RNN 等无法直接应用；同时，图结构中的连接定义的是一种广义的数据结构，结构规则的数据（网格图、文本序列等）一定程度上可视为图结构的特例，因此在图数据上如何利用神经网络，是非常有价值而又颇具挑战性的研究领域。

近年来，研究人员开始研究如何将神经网络方法迁移到图结构数据上来，涌现出了 ChebNet[12]、GCN[13]、GAT[14] 等一系列的图神经网络（Graph Neural Network，GNN）方法，在图节点分类、链接预测等任务中表现出了卓越的性能。我们可以将图神经网络看作是对图结构和图特征进行学习的过程。以图节点分类任务为例，GNN 模型希望为每个图节点学习到一个向量表示以用于分类任务。该学习过程以图结构和图特征（属性）为输入，并输出相应的节点向量表示。具体可以表示为：

$$\boldsymbol{Z}=f(\boldsymbol{A},\boldsymbol{X}) \tag{8-45}$$

其中，$\boldsymbol{A}\in\mathbf{R}^{n\times n}$ 表示图的邻接矩阵（即图结构），$\boldsymbol{X}\in\mathbf{R}^{n\times F}$ 表示维度为 F 的特征矩阵（即图特征），$\boldsymbol{Z}\in\mathbf{R}^{n\times c}$ 表示输出矩阵，其中 c 为节点分类的类别数目，f 表示不同的 GNN 模型。

本节将首先介绍图神经网络的起源，并详细阐述一些主流的图神经网络模型，希望读者可以理解他们背后的思想；然后将介绍当前主流的可扩展图神经网络模型，其被看作是 GNN 进入实际应用的关键；最后将介绍一些近年来热门的复杂图神经网络，包括异配图神经网络、异质图神经网络和动态图神经网络。

8.4.1 图神经网络的起源和演变

早期的图神经网络模型将传统的傅里叶变换和卷积操作类比到图数据上来，并定义出相应的图傅里叶变换和图卷积操作。这里我们考虑图 G 的对称归一化拉普拉斯矩阵 $\boldsymbol{L}=\boldsymbol{I}-\boldsymbol{D}^{-1/2}\boldsymbol{A}\boldsymbol{D}^{-1/2}$，可以证明了 $\boldsymbol{L}$ 是半正定的，因此对其进行特征分解得到 $\boldsymbol{L}=\boldsymbol{U}\boldsymbol{\Lambda}\boldsymbol{U}^{\mathrm{T}}$，其中 $\boldsymbol{U}$ 和 $\boldsymbol{\Lambda}$ 分别表示特征向量和特征值组成的矩阵。对于图信号向量 $\boldsymbol{x}$，其图傅里叶变换定义为 $\hat{\boldsymbol{x}}=\boldsymbol{U}^{\mathrm{T}}\boldsymbol{x}$，傅里叶逆变换为 $\boldsymbol{x}=\boldsymbol{U}\hat{\boldsymbol{x}}$。从而，可以定义出图卷积操作：

$$y=\boldsymbol{U}g_{\theta}\boldsymbol{U}^{\mathrm{T}}x \tag{8-46}$$

其中，$g_\theta=\mathrm{diag}(\theta)$，$\theta\in\mathbf{R}^n$ 表示卷积核。可以发现，图卷积操作包括三个步骤：首先，通过图傅里叶变换将图信号向量 x 由空域变换到频域；其次，通过卷积核 g_θ 在频域进行操作；最后，通过傅里叶逆变换将操作后的结果变换到空域。到这里，一个显然的问题是如何定义或者学习到有效的卷积核 g_θ，可以发现，学习 g_θ 的前提是对拉普拉斯矩阵 $\boldsymbol{L}$ 进行特征值分解，然而该过程的时间复杂度 $O(n^3)$ 限制了这样做的实用性。Defferrard 等人提出了 ChebNet 以解决该问题。

1. ChebNet

ChebNet 首先将卷积核 g_θ 看作拉普拉斯矩阵 $\boldsymbol{L}$ 特征值的函数，即 $g_\theta=g(\Lambda)$，并称 $g(\Lambda)$ 为图滤波器；然后利用多项式近似该滤波器，即：

$$g(\Lambda)\approx\sum_{k=0}^{K}w_k\Lambda^k \tag{8-47}$$

其中，w_k 表示多项式系数。则式（8-47）可以表示为：

$$y=\boldsymbol{U}g(\Lambda)\boldsymbol{U}^{\mathrm{T}}x\approx\boldsymbol{U}\sum_{k=0}^{K}w_k\Lambda^k\boldsymbol{U}^{\mathrm{T}}x=\sum_{k=0}^{K}w_k\boldsymbol{L}^kx \tag{8-48}$$

可以发现，式（8-48）中的图卷积操作直接由拉普拉斯矩阵 $\boldsymbol{L}$ 来定义，避免了特征值分解，并且 $\boldsymbol{L}^k$ 可以衡量 k-hop 邻居的可达性，不同的系数 w_k 控制了卷积操作对不同 k 阶邻居的权重比例。进一步，ChebNet 提出使用 Chebyshev 多项式来近似图滤波器，其对应的图卷积操作可以表示为：

$$y\approx\sum_{k=0}^{K}w_kT_k(\hat{\boldsymbol{L}})x \tag{8-49}$$

其中，$\hat{\boldsymbol{L}}=\dfrac{2\boldsymbol{L}}{\lambda_{\max}}-\boldsymbol{I}$ 表示缩放的拉普拉斯矩阵，$\lambda_{\max}$ 是 L 的最大特征值。Chebyshev 多项式可以循环地定义为：$T_k(x)=2xT_{k-1}(x)-T_{k-2}(x)$，且 $T_0(x)=1, T_1(x)=x$。因此，ChebNet 的每一层模型结构可以表示为：

$$Z=\sum_{k=0}^{K}T_k(\hat{\boldsymbol{L}})\boldsymbol{X}\boldsymbol{W}_k \tag{8-50}$$

其中，$\boldsymbol{X}$ 表示特征矩阵，$\boldsymbol{W}_k$ 表示可训练的权重矩阵。可以发现，ChebNet 没有显示地学习 Chebyshev 系数 w_k，而是将其隐式地包含在 $\boldsymbol{W}_k$ 中。

2. GCN

Kipf 等人通过对 ChebNet 进一步简化，提出了 GCN。具体来说，对于式（8-49）

中的图卷积公式，设置 $K=1$，$\lambda_{\max}=2$，并令 $w=w_0=-w_1$，则可以得到简化的图卷积 $y=w(2\boldsymbol{I}-\boldsymbol{L})x=w(\boldsymbol{I}+\boldsymbol{D}^{-1/2}\boldsymbol{A}\boldsymbol{D}^{-1/2})x$。GCN 提出重归一化技巧（renormalization trick）将 $\boldsymbol{I}+\boldsymbol{D}^{-1/2}\boldsymbol{A}\boldsymbol{D}^{-1/2}$ 替换为 $\widetilde{\boldsymbol{D}}^{-1/2}\widetilde{\boldsymbol{A}}\widetilde{\boldsymbol{D}}^{-1/2}$，其中 $\widetilde{\boldsymbol{A}}=(\boldsymbol{A}+\boldsymbol{I})$ 表示加自环的邻接矩阵，$\widetilde{\boldsymbol{D}}$ 为对应的度矩阵。至此，GCN 的图卷积操作可以表示为：

$$y=w(\widetilde{\boldsymbol{D}}^{-1/2}\widetilde{\boldsymbol{A}}\widetilde{\boldsymbol{D}}^{-1/2})x \tag{8-51}$$

从空域上来看，式（8-51）对每个节点聚合邻居的特征和自身特征，通过多层叠加可以在多层节点之间进行消息传递。在实际的模型设置中，GCN 的每一层模型结构可以表示为：

$$\boldsymbol{H}^{(\ell+1)}=\sigma(\widetilde{\boldsymbol{D}}^{-1/2}\widetilde{\boldsymbol{A}}\widetilde{\boldsymbol{D}}^{-1/2}\boldsymbol{H}^{(\ell)}\boldsymbol{W}^{(\ell)}) \tag{8-52}$$

其中，$\boldsymbol{H}^{(\ell)}$ 表示第 ℓ 层的特征表示，初始状态下 $\boldsymbol{H}^{(0)}=\boldsymbol{X}$，$\boldsymbol{W}^{(\ell)}$ 是可训练的权重矩阵，$\sigma(\cdot)$ 是激活函数，一般情况下为 ReLu 函数。

3. SGC

自 GCN 提出后，图卷积神经网络的相关的研究井喷式增长，研究者们从各个角度切入，对图卷积神经网络进行了不同程度的改进，SGC 在 GCN 的基础上考虑去掉了非线性激活函数 $\sigma(\cdot)$，多层的 GCN 就可以进一步进行简化。例如，用于分类任务的 K 步 SGC 模型的结构可以表示为：

$$\boldsymbol{Z}=\text{softmax}((\widetilde{\boldsymbol{D}}^{-1/2}\widetilde{\boldsymbol{A}}\widetilde{\boldsymbol{D}}^{-1/2})^{K}\boldsymbol{X}\boldsymbol{W}) \tag{8-53}$$

从消息传递的视角上理解 SGC，它本质利用了高阶邻域信息，尝试聚合 K 阶邻居的信息。最后的可训练权重矩阵 $\boldsymbol{W}$ 通过线性变换得到图节点的嵌入，从而用于具体的任务。

4. GAT

GAT 将自然语言处理领域的注意力（attention）机制引入到图神经网络，考虑从邻居权重角度改进 GCN。GAT 利用注意力机制学习节点与邻居之间的权重，以融合拓扑结构和节点特征的相似度，利用新的相似度定义去聚集邻居节点的特征。GAT 没有加入太多参数，并利用多头注意力（multi-head-attention）以提升表征能力，整体的模型结构如下：

$$\boldsymbol{h}_i^{(\ell+1)}=\sigma\Big(\sum_{j\in\mathcal{N}_i}\alpha_{ij}\boldsymbol{W}\boldsymbol{h}_j^{(\ell)}\Big) \tag{8-54}$$

其中，

$$\alpha_{ij}=\frac{\exp(\text{LeakyRelu}(\boldsymbol{a}^{\mathrm{T}}[\boldsymbol{W}\boldsymbol{h}_i^{(\ell)}\parallel\boldsymbol{W}\boldsymbol{h}_j^{(\ell)}]))}{\sum_{k\in\mathcal{N}_i}\exp(\text{LeakyRelu}(\boldsymbol{a}^{\mathrm{T}}[\boldsymbol{W}\boldsymbol{h}_i^{(\ell)}\parallel\boldsymbol{W}\boldsymbol{h}_k^{(\ell)}]))} \tag{8-55}$$

ℓ 是卷积的层数，$\boldsymbol{a}$ 是用来计算权重的全局向量，对于任一节点 i，其邻居节点 j 对其权重等于两节点分别做线性变换然后拼起来与 $\boldsymbol{a}$ 点积，然后对于 i 的所有邻居进行上述操作，最后 softmax 归一化，有了权重之后直接把邻居的特征聚集到节点 i，实现邻居特征的加权聚集，而权重是训练得到的。

8.4.2 可扩展图神经网络

可扩展图神经网络的设计目标是将图神经网络模型扩展到大规模图数据上，希望能够高效地对实际工业生产中产生的图数据进行学习和训练。现有的大规模可扩展图神经网络可以大致分为三类。

1）分层采样方法。GraphSAGE 提出了一种邻居采样方法，为每个节点采样固定数量的邻居。VRGCN 利用历史激活来限制采样节点的数量并减少采样方差。FastGCN 根据每个节点的度对每个层的节点进行独立采样，并在所有层中保持恒定的采样大小以实现线性缩放。LADIES 进一步提出了一个依赖于层的采样器来约束邻居的依赖，这保证了所采样的邻接矩阵的连通性。

2）图采样方法。Cluster-GCN 通过每个小批量中的 Cluster 来构建完整的 GCN。GraphSAINT 提出了几种轻量级的图采样器，并引入了归一化技术来消除小批量估计的偏差。

3）线性模型。SGC 在预处理步骤中计算特征矩阵与归一化邻接矩阵的 K 次幂的乘积，并执行标准 logistic 回归以去除多余的计算。PPRGo 使 PPR 来捕获多跳邻域信息，并使用 Forward-Push 算法来加速计算。GBP[15] 使用基于特征向量和训练节点的局部双向传播算法以预计算图信息传播矩阵，然后通过全连接层神经网络进行训练。下面将对这些可扩展图神经网络的时间复杂度进行具体的分析。

以下以 GCN 为例，分析其复杂度。GCN 的模型结构可以表示为：

$$\boldsymbol{H}^{(\ell+1)}=\sigma(\widetilde{\boldsymbol{P}}\boldsymbol{H}^{(\ell)}\boldsymbol{W}^{(\ell)}) \tag{8-56}$$

其中，$\widetilde{\boldsymbol{P}}=\widetilde{\boldsymbol{D}}^{-1/2}\widetilde{\boldsymbol{A}}\widetilde{\boldsymbol{D}}^{-1/2}$ 表示加自环（self-loop）的归一个邻接矩阵。当 GCN 被应用到节点分类任务时，具有 ℓ 层的 GCN 的训练和推理时间复杂度为 $O(LmF+LnF^2)$，其中 $O(LmF)$ 是稀疏-稠密矩阵乘法 $\widetilde{\boldsymbol{P}}\boldsymbol{H}^{(\ell)}$ 的总开销，$O(LnF^2)$ 是通过应用 $\boldsymbol{W}^{(\ell)}$ 进行特征变换的总开销。乍看之下，$O(LnF^2)$ 似乎是主要开销，因为无标度网络的平均度 d 通常比特征维度 F 小得多，因此 $LnF^2>LndF=LmF$。但是，实际上由于稠密-稠密矩阵乘法能够更好地并行化，特征变换可以在很少的开销下执行。因此，$O(LmF)$ 才是 GCN 的主要复杂度，执行完整的邻域传播 $\widetilde{\boldsymbol{P}}\boldsymbol{H}^{(\ell)}$ 是实现可扩展的主要瓶颈。为了加快 GCN 训练，可扩展图神经网络使用了各种技术来近似完整的邻域传播 $\widetilde{\boldsymbol{P}}\boldsymbol{H}^{(\ell)}$ 并使用小批量训练，表 8.3 中总结了它们的时间复杂度。

表 8.3 GNN 训练和推理的时间复杂度总结

方法	预处理	训练	推理
GCN	—	$O(LmF+LnF^2)$	$O(LmF+LnF^2)$
GraphSAGE	—	$O(ns_n^LF+ns_n^{L-1}F^2)$	$O(ns_n^LF+ns_n^{L-1}F^2)$
FastGCN	—	$O(Lns_lF+LnF^2)$	$O(Lns_lF+LnF^2)$
LADIES	—	$O(Lns_lF+LnF^2)$	$O(Lns_lF+LnF^2)$
SGC	$O(LmF)$	$O(nF^2)$	$O(nF^2)$
PPRGo	$O(m/\varepsilon)$	$O(nKF+LnF^2)$	$O(nKF+LnF^2)$
Cluster-GCN	$O(m)$	$O(LmF+LnF^2)$	$O(LmF+LnF^2)$
GraphSAINT	—	$O(LbdF+LnF^2)$	$O(LmF+LnF^2)$
GBP	$O\left(LnF+L\dfrac{\sqrt{m\lg n}}{\varepsilon}F\right)$	$O(LnF^2)$	$O(LnF^2)$

分层采样方法在每一层对邻居的子集进行采样以减小邻域大小。GraphSAGE 对每个节点的 s_n 个邻居进行采样，并且仅汇总来自采样节点的嵌入。对于批处理大小 b，特征传播的开销为 $O(bs_n^LF)$，因此 GraphSAGE 的每个 epoch 总开销为 $O(ns_n^LF+ns_n^{L-1}F^2)$。该复杂度随层数 L 呈指数增长并且在大型图上不可扩展。FastGCN 和 LADIES 在所有层上限制了相同的样本大小，以限制指数扩展。如果使用 s_l 表示每层采样的节点数，则每批次特征传播的时间复杂度为 $O(Ls_l^2F)$。因为每个 epoch 需要 n/s_l 批量，因此每个 epoch 前向传播的时间复杂度为 $O(Lns_lF+LnF^2)$。小批量训练显著加快了逐层采样方法的训练

过程。但是，训练时间复杂度仍然与 m 呈线性关系，因为样本数 s_l 通常比平均度 d 大得多。

图采样方法首先在整个图结构上进行子图采样，然后在每个子图上分别进行 GNN 的训练。Cluster-GCN 使用图聚类技术将原始图划分为几个子图，并采样一个子图以在每个小批量中执行特征传播。在最坏的情况下图中的 Cluster 为 1，就时间复杂度而言，Cluster-GCN 本质上变为原始 GCN。GraphSAINT 对一定数量的节点进行采样，并使用得到的子图在每个小批量中执行特征传播。令 b 表示每个批次的采样节点数，则 n/b 表示批次的数量。给定采样的节点 u，也对 u 的邻居进行采样的概率为 b/n。因此，子图中预期的边数由 $O\left(\frac{b^2 d}{n}\right)$ 限定。对 n/b 批进行求和后得出，GraphSAINT 的每个 epoch 特征传播时间复杂度为 $O(LbdF)$，其与图的边数成亚线性关系。但是，GraphSAINT 在推理阶段需要完整的前向传播，从而导致时间复杂度为 $O(LmF+LnF^2)$。

线性模型消除了前向传播中各层之间的非线性，从而可以对最终特征传播矩阵进行预计算，并获得 $O(nF^2)$ 的最佳训练时间复杂度。SGC 在预计算阶段重复执行归一化的邻接矩阵 $\widetilde{\boldsymbol{A}}$ 和特征矩阵 $\boldsymbol{X}$ 的乘法，这需要 $O(LmF)$ 的时间。PPRGo 通过 Forward Push 算法计算近似的个性化 PageRank（PPR）矩阵 $\sum_{l=0}^{\infty}\alpha(1-\alpha)^l\widetilde{A}^l$，然后将 PPR 矩阵应用于特征矩阵 X 以得出传播矩阵。令 ε 表示 Forward Push 算法的误差阈值，预计算开销以 $O\left(\frac{m}{\varepsilon}\right)$ 为界。PPRGo 的主要缺点在于，它需要 $O\left(\frac{n}{\varepsilon}\right)$ 的空间来存储 PPR 矩阵，从而使其在十亿规模的图上不可扩展。GBP 使用基于特征向量和训练节点的局部双向传播算法预计算图信息传播矩阵，其预处理时间复杂度为 $O\left(LnF+\frac{LF\sqrt{mlgn}}{\varepsilon}\right)$，然后通过全连接层神经网络进行训练，时间复杂度和 SGC 相同。

8.4.3 复杂图神经网络

实际应用中面临的图数据大多比较复杂，例如拥有不同类型的节点和边，并且可能随着时间不断变化。为了处理真实的图数据，当前已有大量的研究着眼于不同类型的图数据，并提出了相对应的复杂图神经网络。下面将重点介绍三种复杂图神经网络，包括异配图神经网络、异质图神经网络和动态图神经网络，这些方法一方面是当前的研究热点，另一方面它们着眼于真实的图数据，更易应用于实际的工业生产。

1. 异配图神经网络

异配图是现实生活中普遍存在的图数据，其相邻的节点之间一般具有不同的标签信息。例如，在金融机构的管理者关系网络中，相邻的节点代表了不同管理人员，他们往往有着不同的级别；在客户-商品二部图中，连边的节点分别属于客户和商品这两种不同的类别。前面介绍的基于简单图的 GNN 模型主要基于相邻节点的类别趋于一致的假设，因此基于消息传递机制的 GCN 模型是有效的。但是异配图的特殊性打破了这一假设，让 GCN 处理异配图的效果下降。为了有效地处理异配图数据，现有的方法可以大致分为空域和频域异配图神经网络。

1）空域异配图神经网络。这一类方法的主要思想是通过获取高阶邻域信息并尝试找到和当前节点相似的潜在邻居。其中代表性的工作包括：Geom-GCN 首先将图结构映射到连续的潜在空间（latent space），然后将符合预先定义的几何关系的邻居也加入到图学习的信息聚合中。H2GCN 在消息传递步骤中聚合高阶邻居的信息，验证了当一跳邻居的标签独立于当前节点的标签时，两跳邻居倾向于与当前节点具有相同类别的节点有关系。NL-GNN 利用注意力机制对潜在邻居节点进行排序，进而发现异配图中与当前节点最相似的潜在邻居。UGCN 利用两跳网络作为传播图来执行消息传递，并进一步重新定义了两跳邻居集。

2）频域异配图神经网络。这一类方法的主要思想是频域中的高通滤波器对应了变化剧烈的图信号，可以通过学习或者设定不同的图滤波器建模不同的 GNN 模型，以自适应不同类型的图数据。其中具有代表性的工作包括：FAGCN 利用自门控注意力机制，调整模型中低通和高通的滤波器的比例以学习低频和高频信号。GPR-GNN 通过 Generalized PageRank（GPR）技术，学习多项式滤波器的权重以自适应地结合各层的表征。GNN-LF/HF 从图优化的视角分别构建了基于低通滤波器和高通滤波器的 GNN 模型，可以有效地适用不同类型的图数据。BernNet 利用伯恩斯坦多项式学习任意的图滤波器，从而自适应异配图数据。

2. 异质图神经网络

异质图一般由多种类型的节点和边组成，在实际应用中广泛存在。例如，论文、作者和会议之间的关系可以通过异质图来描述。当前的研究表明，利用元路径来处理异质图中的异质性是有效的，元路径可以捕获图节点之间具有不同语义的各种关系。具体地说，元路径被看作是节点之间的边，并且那些遵循相同元路径模式的元路径通常被视为相同类型的边。每一种元路径模式都定义了一个简单的同质图，它的边为具有该元路径模式实例。给定元路径模式 ψ，如果节点 v_i 可以通过 ψ 中的元路径到达 v_j，那么 v_j 就被称为 v_i 的 ψ-邻居。下面给出基于元路径的邻居的正式定义。

定义 8.2　基于元路径的邻居：在异质图中，给定一个节点 v_i 和元路径模式 ψ，节点 v_i 的 ψ 邻居表示为 $N_{\psi}(v_i)$，其由模式 ψ 的元路径与节点 v_i 相连的节点组成。

基于元路径的设计用于异质图的图卷积包含两个步骤：①对于每一个 $\psi \in \Psi$，聚合来自 ψ-邻居的信息，其中 Ψ 表示在任务中采用的元路径模式集合；②结合从每种邻居类型聚合的信息，以生成节点表示。这其中的代表性工作包括：HAN 使用元路径来建模高阶邻居的相似性，同时使用注意力机制为不同的邻居学习不同的权重，并通过语义级注意力机制聚合不同元路径的语义特征。HPN 在聚合过程中以适当的权重吸收节点的局部语义，能够捕捉到每个节点的特征并设计语义融合机制来学习元路径的重要性。HDGI 使用元路径建模异质图结构中的语义信息，并通过数个基于元路径的高阶邻接矩阵进行特征编码，并使用语义级别的注意力机制聚合不同元路径下的节点嵌入获得高阶节点嵌入。

3. 动态图神经网络

现实中的图数据往往是动态变化的，称为动态图。由于无法捕获时间信息，现有的图神经网络模型无法直接应用于动态图。依据动态性的粒度，动态图通常可以分为离散型的动态图和连续型的动态图，其中离散型的动态图是指以离散的时间对图进行划分表示，例如可以固定时间间隔获取图快照用以描述该动态图，而连续型动态图将图的变化过程看作是不断变化的事件。与之对应地，支持动态图数据的图神经网络模型因其处理图数据的类型不同，也可被大致分为离散型动态图神经网络模型和连续型动态图神经网络模型。

1）离散型动态图神经网络。这一类方法的主要思想是分别对每个图快照进行建模，之后再综合考虑不同图快照之间的动态性。EvolveGCN 是这一类方法的主要代表，该模型的参数在时间推移下随着图的变化而变化。我们考虑由 T 个图快照组成的离散型动态图，EvolveGCN 将会学习 T 个具有相同结构的 GNN 模型。具体来说，EvolveGCN 首先随机初始化第一个 GNN 模型的参数，然后在训练过程中进行更新，并且通过第（$t-1$）个 GNN 模型的参数演化出第 t 个 GNN 模型的参数。EvolveGCN 采用循环神经网络（RNN）体系结构更新模型参数，因此用于 RNN 的 LSTM 和 GRU 变体均可用于更新模型参数。

2）连续型动态图神经网络。目前连续型动态图神经网络主要是基于 RNN 和基于时间点的，时间点过程通常由神经网络来参数化。其中具有代表性的工作包括：SGNN 利用基于时间感知的 LSTM 更新事件发生后与之关联的节点状态，并将更新结果传播到相邻节点。JODIE 关注交互图数据，多用于建模用户-商品购买网络，由两个不同的 RNN 用来分别更新新的用户和商品的表示，这两个 RNN 结构相同且具有不同的权重。KPGNN 采用对比性损失项以应对不断变化的事件类别数量，同时为了处理大型社交网络数据流，采用了小型批量子图采样策略进行可扩展的训练，并定期删除过时的数据以保持动态嵌入空间。

8.5 本讲小结与展望

在前面的小节中，本讲首先介绍了图的基本定义和性质，然后着重讨论了图节点邻近度的度量指标和计算方法，最后介绍了当前主流的图嵌入和图神经网络方法，并对它们中的一些具体算法和模型进行详细的解释。接下来，将介绍这些方法在实际生活的中的应用场景和在未来它们可能的发展方向。

图节点邻近度的计算作为图数据挖掘方法的基础，其为图嵌入和图神经网络等方法提供了技术保障。图节点邻近度的计算的一个重要的实际应用是社区发现。在社交网络中，用户相当于每一个图节点，用户之间的好友关系可以抽象成边，由此社交网络组成了一个庞大的图结构，其中连接较为紧密的节点被视作一个社区，而社区发现的目标是要在整个社交网络中找到可能存在社区。目前大多数的社区发现研究都遵从相同的方式：首先给定社区发现的种子节点 s；然后计算图上各节点关于源节点 s 的 Heat Kernel PageRank（HKPR）邻近度指标的分数值；最后依据各节点的 HKPR 值找到质量最好的社区。因此对于图节点邻近度计算的研究和分析显得尤为重要，特别是如何进一步提升计算效率以达到在真实大规模图数据应用的可能。

图嵌入和图神经网络方法可用于推荐系统和生物化学分析。在推荐系统领域，我们通常将用户购买网络、商品交易网络等抽线成为图数据，然后可以利用图嵌入算法将网络关系表示为嵌入向量，进而用于推荐系统的训练。在生物化学和医疗健康领域，化学分子、生物蛋白质往往可以表示成图数据。例如，化学分子可以自然地表示为以原子为节点、以键为边的图。蛋白质相互作用（Protein-Protein Interactions，PPI）记录了两个或多个蛋白质之间的物理联系，这种联系可以很自然地用图的形式表示。此外，在制药行业中，药物相互作用（Drug-Drug Interactions，DDI）描述了在使用不同药物组合治疗复杂疾病时的不良结果，这种相互作用也可以用图来表示。图嵌入、图神经网络具有强大的图表示学习能力，已被应用于许多生物化学和医疗健康应用中，包括药物开发与发现、药物相似性整合、复方药物副作用预测、药物推荐和疾病预测。

在未来，图节点邻近度指标如何根据具体应用场景，以自动或半自动的方式自适应地发掘出任务导向的邻近度指标，并给出该指标对应的高阶结构，以期通过社区发现算法反哺对现实情景的理解，是一个值得研究的问题。图嵌入中基于矩阵分解的方法更直观和易于实现，但受限于邻近度矩阵的计算复杂度，可扩展性较差。近两年提出的 HOPE 方法避免了计算邻近度矩阵，具有良好的可扩展性，但无法利用非线性操作提升方法的预测能力。基于随机游走的方法通常采用 SkipGram 模型学习嵌入表示，可扩展性较好，可以利用非线性操作增强预测能力，在未来可能有着进一步的发展。图神经网络的研究领域和应用已经扩展各个方面，因为许多现实世界应用和系统产生的数据都可以转换成用图来表示。图上的许多组合优化问题，如最小顶点覆盖和旅行商问题都是 NP 困难问题，图神经网络可以被用来学习这些 NP 困难问题的启发式算法。另外，图可以从多个角度表示程序中的源代码，例如数据流和控制流。因此，可以自然地利用图神经网络学习源代码的表示，这有助于实现各种任务的自动化，例如变量误用检测和软件漏洞检测。物理学中动力系统的对象及其关系通常可以用图表示，所以图神经网络也可以被用于推断动态系统的未来状态。

参考文献

[1] BARABÁSI A L. Network Science[M]. Cambridge: Cambridge University Press, 2016.

[2] EULER L. Solutio problematis ad geometriam situs pertinentis[J]. Commentarii academiae scientiarum Petropolitanae, 1741, 8: 128-140.

[3] HEIN J L. Discrete Structures, Logic, and Computability[M]. Burlington: Jones & Bartlett Learning, 2015.

[4] BARABÁSI A L, ALBERT R. Emergence of scaling in random networks[J]. Science, 1999, 286(5439): 509-512.

[5] PAGE L, BRIN S, MOTWANI R, et al. The PageRank citation ranking: Bringing order to the web[R]. Palo Alto: Stanford InfoLab, 1999.

[6] LOFGREN P. Efficient algorithms for personalized pagerank[M]. Palo Alto: Stanford University, 2015.

[7] ANDERSEN R, CHUNG F, LANG K. Local graph partitioning using pagerank vectors[C]//2006 47th Annual IEEE Symposium on Foundations of Computer Science (FOCS' 06). Piscataway: IEEE, 2006: 475-486.

[8] WANG H, WEI Z, GAN J, et al. Personalized pagerank to a target node, revisited[C]//Proceedings of the 26th ACM SIGKDD International Conference on Knowledge Discovery & Data Mining. New York: ACM, 2020: 657-667.

[9] PEROZZI B, AL-RFOU R, SKIENA S. Deepwalk: Online learning of social representations[C]//Proceedings of the 20th ACM SIGKDD international conference on Knowledge discovery and data mining. New York: ACM, 2014: 701-710.

[10] GROVER A, LESKOVEC J. node2vec: Scalable feature learning for networks[C]//Proceedings of the 22nd ACM SIGKDD international conference on Knowledge discovery and data mining. New York: ACM, 2016: 855-864.

[11] BELKIN M, NIYOGI P. Laplacian eigenmaps and spectral techniques for embedding and clustering[J]. Advances in Neural Information Processing Systems, 2001, 14.

[12] DEFFERRARD M, BRESSON X, VANDERGHEYNST P. Convolutional neural networks on graphs with fast localized spectral filtering[J]. Advances in Neural Information Processing Systems,

2016, 29.

[13] KIPF T N, WELLING M. Semi-supervised classification with graph convolutional networks[C]// International Conference on Learning Representations. Ithaca: OpenReview, 2017.

[14] VELIČKOVIĆ P, CUCURULL C, CASANOVA A, et al. Graph Attention Networks[C]//International Conference on Learning Representations. Ithaca: OpenReview, 2018.

[15] CHEN M, WEI Z, DING B, et al. Scalable graph neural networks via bidirectional propagation [J]. Advances in Neural Information Processing Systems, 2020, 33: 14556-14566.

第 9 讲
大数据可视化

编者按

本讲由袁晓如撰写。袁晓如是北京大学研究员、长聘副教授，是我国数据可视化领域的技术领导者，科研成果在国内有广泛影响力。

可视化通过将数据映射到视觉通道对数据进行编码，转化为图形，并允许用户与数据进行交互，从而支持用户高效地完成数据探索、分析、信息传播等任务。从研究全球气候和洋流变化到根据扫描数据解析新冠病毒结构，从社会经济发展数据、城市的交通移动数据到个人的生活起居数据，可视化都可以帮助人们快速了解数据的全貌，发现有趣模式，进行深入探索，从而帮助解决科学问题，改善社会生活。

9.1 可视化发展历史与理论模型

可视化历史悠久，许多今天常用的可视化远在计算机发明之前已开始应用于数据分析和展示，并逐渐得到改进和扩展。随着可视化学科的发展，研究者也提出了可视化的理论模型以揭示人类使用可视化完成任务的过程。

9.1.1 早期的可视化

从史前时期开始，人类就通过绘制图形、使用绳结等方式记录生活中的重要数据。地图则是古代常见的可视化形式，并随着时间推移逐渐精细化。目前已知的最早的地图，是约公元前6世纪，巴比伦人制作的黏土板地图。该地图以巴比伦为中心，绘制了当时的城镇和周围的河流。随着测量技术的提高，人们绘制了更为精细的地图。例如，刻制于南宋时期的《平江图》石碑，精准地绘制了苏州城的建筑、道路、河流等的位置，是现存最古老的刻有城市平面地图的石碑。

18世纪之后，可视化的先驱设计了经典的可视化和信息图形式，使用图形来表达和交流数据。例如，苏格兰工程师威廉姆（William Playfair）绘制了分组柱状图，其中垂直方向按照不同国家进行分组，每组内的两个矩形宽度分别代表进出口贸易量，根据贸易量对不同国家进行了排序如图 9.1 所示。

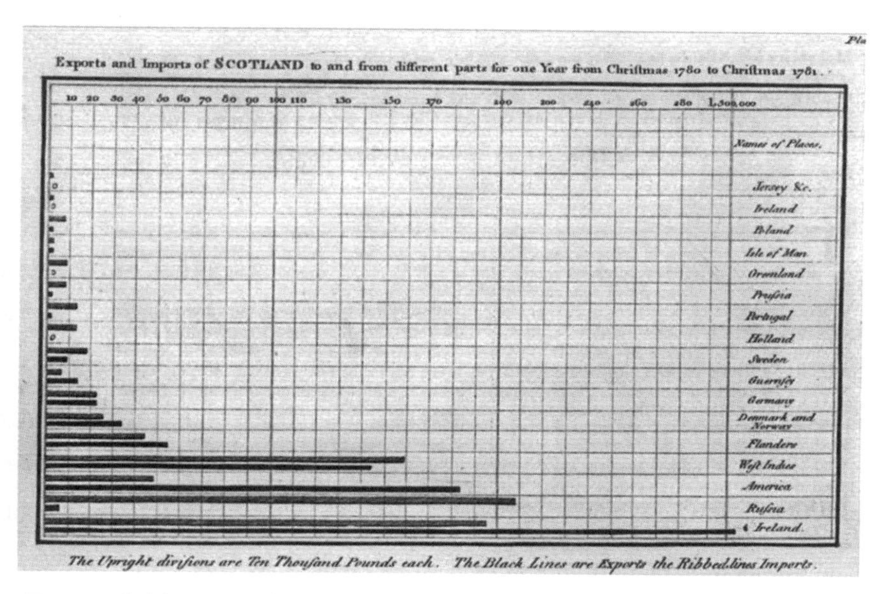

图 9.1 威廉姆制作的苏格兰 1780 至 1781 年间与不同国家的进出口贸易比较图

法国工程师查尔斯（Charles Joseph Minard）绘制了著名的拿破仑进军莫斯科信息图，如图 9.2 所示，生动展示了军队的行军过程和不同阶段的损失，以及地形信息和气候数据，反映了 1812—1813 年间这段历史的概貌。

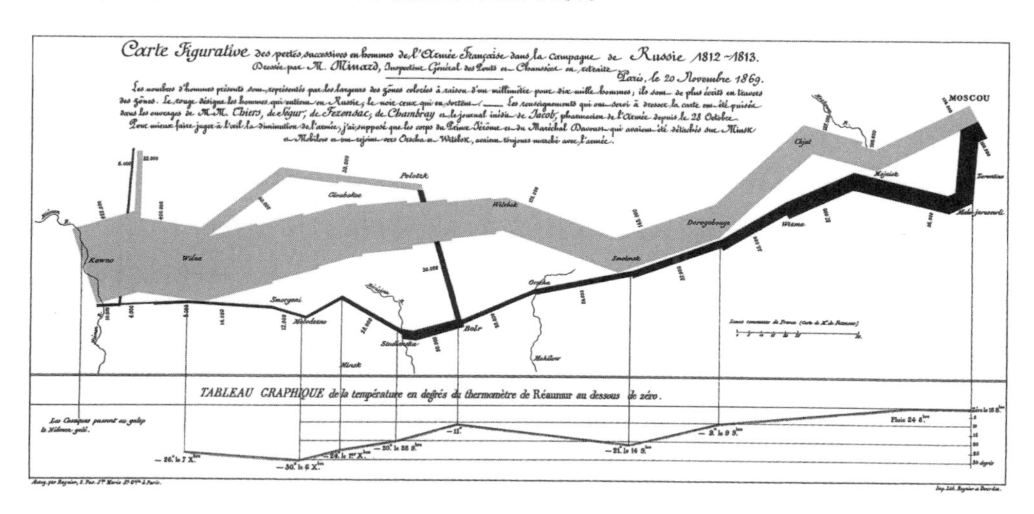

图 9.2 查尔斯绘制的拿破仑进军莫斯科信息图

英国的工程绘图师亨利·贝克（Henry Charles Beck）改进了伦敦地铁图，强调拓扑关系而非绝对距离，形成了今天广为使用的地铁图形式，有效地帮助人们规划地铁出行路线。

20世纪70年代开始，计算机图形界面、显示设备的发展和人机交互技术的发明进步，推动了可视化在计算机系统中的发展。进入80年代，医学、超算模拟等产生的大量数据对探索分析提出了强烈的需求。1987年2月，美国国家科学基金会首次举办了以科学可视化（scientific visualization）为主题的会议，吸引了学术界、工业界以及政府部门的大量研究人员参与。这次会议正式确定了科学可视化的名称和定义，系统概括了可视化发展的前景和需求。这次会议明确了可视化促进主要科学学科的突破潜力，并认为需要将计算机图形学、计算机视觉、图像处理、信号处理、人机交互、计算机辅助设计等众多领域相结合形成新的多学科交叉的研究方向。此后，科学可视化得到了研究者和业界的关注和推动，迅速发展成为新兴学科。科学可视化主要关注体数据、流场数据等几何数据的问题，研究者提出了等值面计算、流线提取等诸多经典算法。1986年IEEE举办了首届可视化会议（IEEE Visualization Conference），形成了以科学可视化为主题的国际学术会议。2012年，该会议更名为IEEE Conference on Scientific Visualization，成为IEEE可视化会议中三个并行会议之一。

随着统计图形学的发展，越来越多的抽象数据被产生和关注，其中包括多维数据、网络和层次结构数据、时变数据、非结构化数据（如文本数据）等。如何对这些新的类型数据进行可视探索和分析成了重要的课题。William S. Cleverland和Marylyn E. McGill在1988年的*Dynamic Graphics for Statistics*一书中介绍了分析多变量统计数据的可视化交互方法。1989年，Stuart K. Card、George G. Robertson和Jock D. Mackinlay定义了信息可视化（information visualization）这一新的研究方向。从1995年开始，IEEE信息可视化研讨会（IEEE Symposium on Information Visualization）举办并附属于IEEE可视化会议。在2007年，信息可视化研讨会改名为信息可视化会议（IEEE Conference on Information Visualization）。

2001年之后，人们对海量、高维、异构和动态数据的分析需求与日俱增，从这一类数据中挖掘丰富数据模式，提炼有价值信息，支持并进行高效的决策成为重要的任务和目标。这些任务很大程度上挑战了现有的可视化技术，同时这类任务需要可视化、数据挖掘、机器学习、人机交互等多学科的交叉融合。为了更好地应对数据分析的新挑战，可视分析（visual analytics）的概念随之被提出和关注。2005 年，《照亮前路：可视分析的研究和发展规划》报告全面总结了可视分析的挑战和发展前景。2006 年，IEEE 举办了可视分析研讨会（IEEE Symposium on Visual Analytics Science and Technology）。该研讨会于 2012 年更名为 IEEE 可视分析会议（IEEE Conference on Visual Analytics Science and Technology）。2008 年至 2011 年，IEEE 可视化会议简称 VisWeek，由 Vis、InfoVis 和 VAST 三个并行会议组成。2012 年以后，IEEE 可视化会议简称为 VIS，包含 SciVis、InfoVis 和 VAST 三个并行会议。2021 年开始，随着可视化不同方向的相互融合，2021 年起，这三个并行会议融合成为一个整体。

9.1.2　基本流程

信息可视化的主要流程包括数据处理、视觉编码（visual encoding）、可视化生成和用户交互等步骤，如图 9.3 所示。数据变换步骤对原始数据形式进行数据清洗和结构规范，包括过滤其中的敏感数据、冗余数据，去除原始数据中的错误信息，提取分析任务需要的数据维度，并转化为适合后续可视化步骤使用的规范化数据表格。在数据处理之后，需要对数据进行视觉编码，即定义图元类型以及数据属性与图元不同视觉通道的映射关系。最后对编码的图元进行视图变换和渲染获得用户观察的可视化视图。用户针对自己的任务与可视化进行交互，调整数据变换、视觉编码、可视化生成等步骤，进行深入细节的分析。

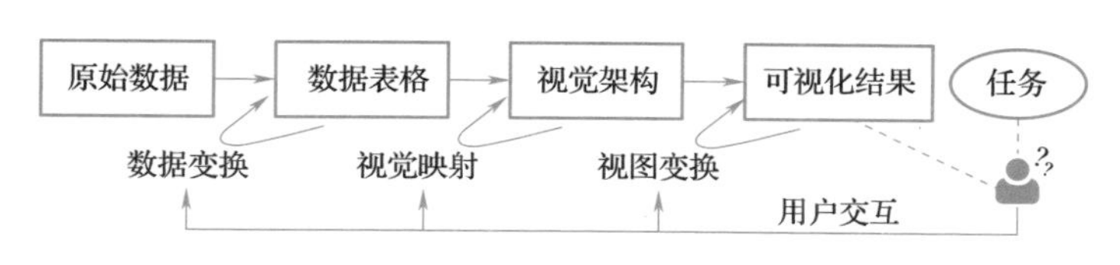

图 9.3　卡德等人提出的信息可视化流水线模型[1]

9.2　概念、分类及主要方法

可视化从数据出发，根据不同的分析任务，依照相应的视觉映射将数据映射为不同的数据可视化。本节介绍了基本的数据类型和视觉映射规则，并分析讨论了若干经典的数据可视化类型以及相应案例。

9.2.1 数据类型及视觉映射

在对数据展开分析任务之前，需根据数据类型有的放矢。不同的数据类型因其组成结构不同，所适用的视觉映射的有效性也相应不同。接下来，我们介绍数据的分类和组成、数据属性分类以及视觉映射及其有效性。

1. 数据类型

数据可以分为结构化数据和非结构化数据。结构化数据包括表格（tabular data）、网络（network data）、树（tree）、场（filed data）和几何数据（geometry data）等。非结构化数据包括自然语言文本、图像、视频等，对这些非结构化数据的可视化通常需要先将非结构化数据转化为结构化数据。

组成结构化数据的基本单元包括数据项（item）、数据属性（attribute）、连接（link）、网格（grid）和空间位置（position）。数据项表示一个独立的实体，如表示一个学生或者一个城市等。数据属性是数据项的可测量的变量，如学生的身高、性别或城市的面积。连接表示两个实体之间的关系，如两个城市之间是否存在航班连接。网格是在连续空间中的采样，表达了拓扑关系。而空间位置则是表达了在二维空间或者三维空间中的定位，如经纬度可以表示在地球上的特定地点。

表格、网络、树、场、几何数据由组成单元以特定的含义组织起来。

1）表格数据是由行和列组成的最常见的数据类型。表 9.1 展示了一个二维的表格数据，每一行是一个数据项（学生），而每一列是一个属性。每个格子表示的数值的含义同时依赖于所在的行和列，即表示该数据项在该属性的值。多维表格是二维表格在高维空间中的延伸。区别在于多维表格具有多个属性作为索引的标识符。

表 9.1　二维表格数据样例

姓名	学号	分数	性别
张三	12001	98	男
李四	12002	87	女
王五	12003	78	男

2）网络数据（或图数据）表示了多个数据项之间的关系，连接表达两个数据项存在特定关系。此时，这些数据项也可被称作节点（node）而连接也可被称作边（edge）。网络数据可以表示一群人之间的交友关系、国家间的贸易关系等，数据项之间的连接在不同数据中具有不同的语义。网络数据可具有属性，每个节点和边可以具有特定的属性。

3）树（tree）是一种特殊的网络数据。在树中，每个节点仅具有一个父节点。因此所有的节点都可以追溯到根节点且树中不存在环状结构。树结构可以用来表示层次结构，如图书馆目录层级或者公司人员上下级关系的层级架构。

4）场数据表示了连续空间中的数据情况。对于表示如一片海域的温度情况时，通常是对连续空间进行采样，并且记录这些采样点的情况。场数据由网格和属性构成，而由网格构成的格点内部的属性则是通过差值等方式计算。根据采样的网格的方式是否均匀可以分为三类：均匀网格（uniform grid）指在空间上均匀、平行地划分网格；平行网格（rectilinear grid）是通过平行的直线划分网格，直线的分布未必均匀，在使用过程中可有的放矢地对重点区域进行高频采样而节省空间，但同时也需要额外记录网格线的分布；非结构化网络（unstructured grid）则是一种完全自由的划分形式，其中每个网格点的位置都需要记录。这三种划分网格的形式自由度逐渐上升，但需要额外记录的网格的信息也在增加。

5）几何数据包括具有特定形状的线、曲线、表面等。几何数据通常关注物体的形状，在图形学领域更为常见，并非可视化的核心主题。

此外还有数组、集合等数据类型，也是由数据项和属性构成。在实际可视化的分析任务中，多种不同类型的数据也往往会组合出现。

2. 数据属性

属性是结构化数据的共有组成部分。可视化任务在一定程度上可以认为是围绕数据属性展开的。数据属性具有多种分类方法，如按照是否可量化、是否可排序进行分类。如表 9.2 所示，按照是否可量化、可排序进行分类，可以分为三大类，定类（categorical）、定序（ordinal）和定量（quantitative）。定类数据是不可量化且内部无序的属性，如学生的性别、国家所在的洲等。定序数据是不可量化且内部有序的属性，如考试等级优秀、良好、不及格等。定量属性是可量化且内部有序的，如温度、身高等。

表 9.2　定类、定序和定量数据样例

数据属性	定类	定序	定量
可量化	否	否	是
可排序	否	是	是
适用运算	==	=，≠，>，<	=，≠，>，<，−，（+，÷）

在有序的数据属性定序和定量属性中，可以分为单一序列（sequential）、发散序列（divergent）和循环（cyclic）三种。单一序列是具有一个方向上的顺序关系，在定序属性中，单一序列的属性包括考试的等级高到低，在定量属性中，如年龄从低到高。而发散序列则存在两个方向，在定序属性中，李斯特量表图的认可程度从中立出发有两个方向，分别有若干等级；定量属性中，pH 值从 7 出发也有酸碱两个方向。循环也是一种序列关系，定序属性中可表示一个迭代开发流程的若干步骤；定量属性中的一天的 24 小时也是循环的。

在定量属性内部，依照支持的运算可以分为定距（interval）和定比（ratio）。两者的区别在有无存在真实意义的零点。定距属性只可以计算两者之间的差值，而比例却无意义。两个温度的差值是有意义的，但计算比例却没有实际意义。例如，20 摄氏度比 10 摄氏度高 10 摄氏度，但却不是 10 摄氏度的两倍。定比数据如长度、重量等都可以计算比值。

属性的分类需要借助于数据背景的语义进行分析。以时间这一常见的变量为例，可以发现在不同的场景下，其可以表示不同的属性类型。绝对的时间，如 2022 年 1 月 1 日，可以看成是定量属性中的定距类型，两个时间可以计算差值但无法计算比例。相对的时间，如一个程序运行的时间，是定量属性中的定比类型。两个程序的运行时间是可以计算倍率进行比较的。在表示早上、中午、晚上的情况下，则可以看成是定序类型。此外，时间也具有循环的特征。由此可以发现，在不同的数据分析场景下，对属性的理解很大程度需要参考其背景信息进行理解。

3. 视觉映射

视觉映射是选择合适的视觉标记和视觉通道来表示数据项、数据属性和类别等。视觉标记可以用来表示数据项或者连接，包括点、线、形状和三维体等。而视觉通道可以根据属性值来控制视觉标记的外观。常见的视觉通道，如图 9.4 所示，根据其是否可排序可以分为两类：可排序的通道包括位置、大小、角度、深度、亮度、饱和度、弯曲程度、倾斜度；不可排序的通道包括色调、动效、形状等。通常有序的数据属性定量和定序的属性通常映射为前者，而定类属性则映射为后者。

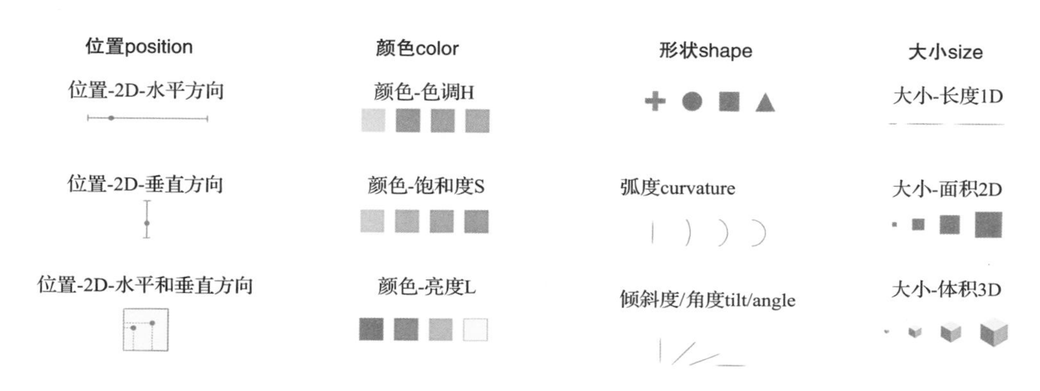

图 9.4　视觉通道

不同的属性类型根据有效程度可以选择不同的视觉通道。如图 9.5 所示，不同通道的有效性可以进行排序[2]。在选择映射方式的时候，重要的属性应该使用有效性高的视觉通道。也应当考虑视觉通道的特性，包括选择性、关联性、可序性、量化性、可序性和容量。选择性表示标记之间是否容易区分；关联性表示标记之间是否容易根据近似程度分组；可序性体现了通道可否区分序列；量化性是衡量该通道是否容易表示数量；容量是体现该通道允许表达的最大标记数量。

位置通道（position channel）是最强力的通道，它在选择性、关联性、可序性、量化性方面都具有很好的性质。同时，由于微小的差距也能被感知，因此其具有巨大的容量。位置通道在表达定类、定序、定量的属性时都具有良好的性质。长度（length）和尺寸（size）也是常见的较好的通道，是否对齐和距离远近也影响着其有效性，在对齐的情况下等同于位置通道。亮度（luminance）和饱和度（saturation）是次一级的通道，在量化性方面较位置、长度、尺寸较差；而且由于人眼难以察觉微小的差距，因此表示的容量具有限制。色调（hue）不具有定量性和可序性，因此只能表示定类型属性。色调容量有限，通常人眼只能识别 7~9 个不同颜色。形状（shape）也不具有定量性和可序性，也只能用于表示定类属性。形状通道其具有非常大的容量，用户可以构建形式各

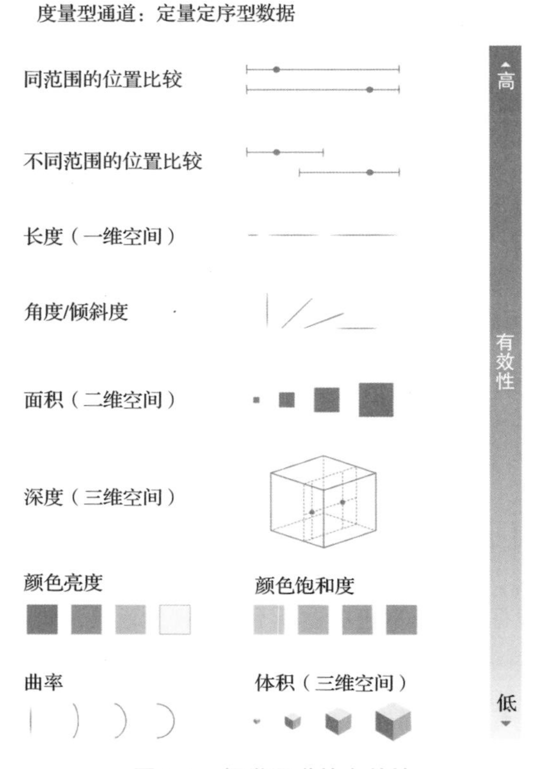

图 9.5 视觉通道的有效性

样的属性，但其缺陷是关联性不强，且难以让用户感知分组。

视觉通道之间可能会互相影响，根据视觉通道之间的可分离性可以分为：完全分离、部分干扰、明显干扰和严重干扰。位置和色调之间几乎没有互相影响；尺寸和长度一起使用时，当尺寸较小时会影响色调的感知；长度和宽度一起使用时，会让用户对整体的形状产生感知；而红色和绿色通道一起使用时，则是会产生单独的脱离原始红绿两种颜色的新色彩。在选择视觉映射的过程中应考虑尽量比较视觉通道之间的互相干扰。

9.2.2 高维与表格数据可视化

高维数据作为记录抽象信息的一种重要类型，一直是信息可视化研究的重点之一。高维数据的数据样本拥有多个属性，如包含多项指标的汽车数据和包含姓名、性别、年龄等个人信息的人口普查数据。分析高维数据的挑战主要体现在两个方面：一是人不具备三维以上的空间想象力，无法直观想象高维数据分布情况；二是人不善于同时处理多维度信息。针对这些挑战，研究人员提出了散点图矩阵（scatterplot matrix，SPLOM）[3]、平行坐标（parallel coordinates，PCPs）[4] 和降维投影（dimensionality reduction，DR）等高维数据可视化方法，使得人们能够在低维空间感知高维数据，促进它们对数据的理解与分析。

1. 散点图矩阵

散点图矩阵是高维数据可视化的常用方法。包含 n 个维度的散点图矩阵由 n^2 个网格组成，其中每行和每列都表示一个数据维度，每个网格以散点图的形式呈现对应两个维度之间的关系，揭示数据间的成对相关性。

散点图矩阵的主要不足在于它有限的可扩展性。从维度角度来看，它包含的散点图数量随维度数量呈平方增长。可视化数量众多的散点图一方面会受到屏幕空间的限制，另一方面也会给用户造成极大的探索负担。因此，许多研究提出了帮助用户寻找他们可能感兴趣的散点图的方法。散点图识别系统（scatterplot computer-guided diagnostics，简称 scagnostics）[5] 提供描述异常值、点分布和密度、形状以及关联性的指标，用于识别散点图中有趣的模式。scagnostics 是无参数度量，因此不需要手动调整参数，使用起来很方便。然而，它没有考虑到人的感知，不仅在可以检测到的视觉分组模式的种类上有局限，而且常常与人类对聚类的感知不一致。

从数据项的角度，考虑到每个单独的散点图占据的屏幕空间也十分有限，在数据项较多时会出现严重的视觉混乱（visual clutter）。这类问题可以通过数据采样（data sampling）或者数据聚合（data aggregation）等方式来缓解。采样在视觉映射之前减少数据量，常用的采样策略包括随机采样、蓝噪声采样等。这些采样策略在不同的方面表现不一，用户可以根据自己的需要进行选择。研究人员还将密集的数据点归类为轮廓线，然后对剩余的点进行采样[6]，如图 9.6 所示。它还结合基于感知的颜色混合技术，以揭示数据子群之间的关系。

2. 平行坐标

平行坐标广泛用于统计学、数据分析和可视化领域。它将数据维度映射为彼此平行的垂直轴，数据项映射为轴上相交的多段线，由轴和多段线之间的交点标记数据值。它可以有效地揭示相邻轴之间的数据模式。

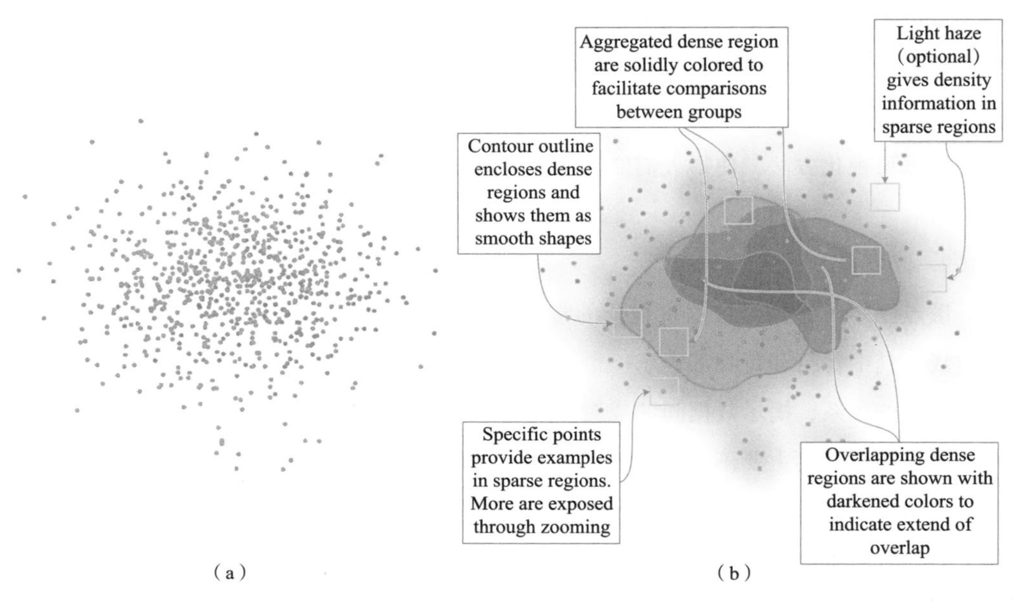

图 9.6 Splatterplots[6]

相比于散点图中的点，平行坐标的多段线需要使用更多的像素来表示每个数据项，因此当数据量增大时，显示空间更容易由于过度绘制（overplotting）产生视觉混乱。这一问题可以通过设置透明度、数据采样或者数据聚合等方式来缓解。研究人员证明了随机采样是一种有效降低混乱的技术[7]，以及采样透镜（lens）可以促进特定区域的焦点和上下文（focus+context）观察。他们根据密度确定透镜区域内的采样率，以使保留的数据子集能够保持数据的主要特征，如图 9.7（a）所示。边捆绑（edge bundling）是一种在平行坐标中常用的降低视觉混乱的聚合技术，它将具有相似特征的边聚合在一起，以减少这些边所占据的屏幕空间并增强视觉聚类。研究人员根据最小化曲率的同时最大化相邻边平行度的策略对边进行捆绑[8]，如图 9.7（b）所示。

此外，由于平行坐标只能揭示相邻维度间的关系以及能在屏幕空间中显示的维度数量有限，许多研究还通过轴过滤（axes filtering）和轴重排（axes reordering）等方式减少视觉混乱并增强视觉模式。一些学者提出了针对单个维度三种度量指标，分别对应相关性、离群值和聚类这三个特定的数据结构[9]。他们允许用户交互式地设定指标权重，然后通过指标的加权组合进行维度选择和轴的自动排序。

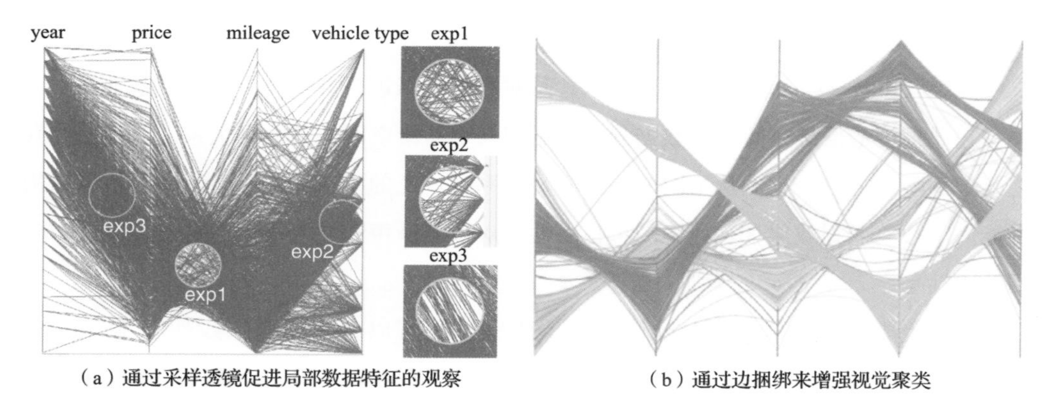

（a）通过采样透镜促进局部数据特征的观察　　（b）通过边捆绑来增强视觉聚类

图 9.7　平行坐标

当数据中存在定类维度时（categorical dimension），使用上述视觉编码会使得数据项在轴上只分布在几个代表不同类别的点的位置，从而产生大量的视觉遮挡（visual occlusion）。平行坐标集（parallel sets）[10] 对当前平行坐标进行改进，显示数据频率而非单个数据点，以使其更好地可视化定类数据。该方法基于平行坐标的轴布局，框表示类别，轴之间的平行四边形表示类别之间的关系，如图 9.8 所示。

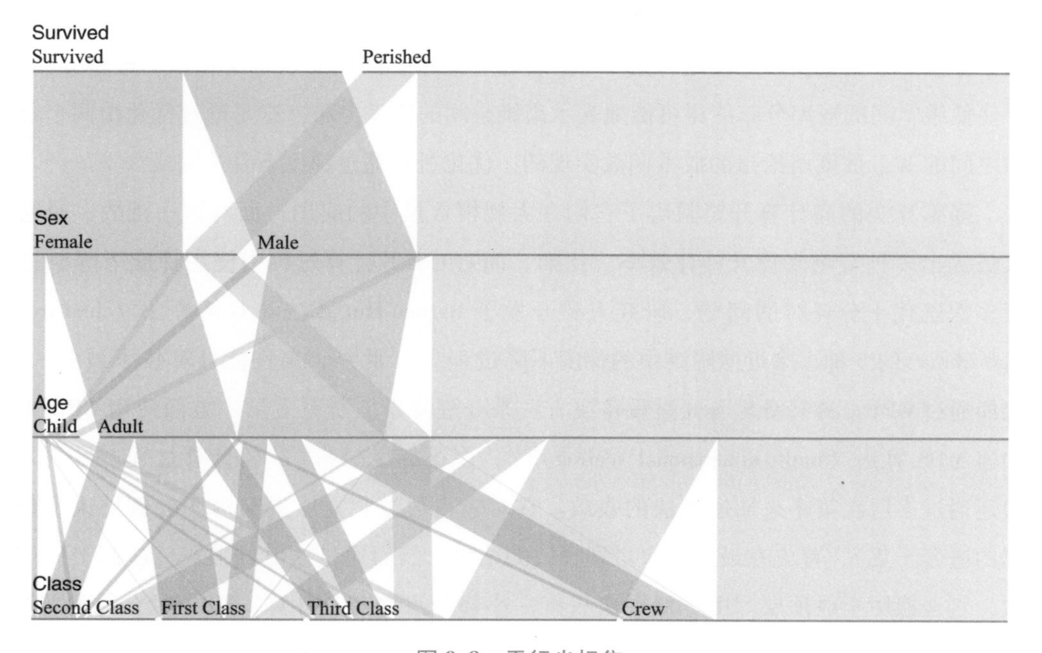

图 9.8　平行坐标集

3. 降维投影图

降维（dimensionality reduction，DR）是对高维数据进行分析和可视化的基本技术之一。它通过构造低维空间中的数据分布来近似展现高维空间中的数据关系。目前已经存在几十种降维方法，它们从不同的方面满足一系列广泛的要求，包括显示高维数据结构的能力、距离或邻域保存、计算的可扩展性、对数据噪声和异常值的稳定性，以及实际的易用性等。

根据投影空间与原数据空间的关系，降维方法可以分为两类：线性降维（linear DR）和非线性降维（non-linear DR）。前者可以用变换矩阵来表示，生成的维度是原始维度的线性组合。后者通常假设数据是一种嵌入在高维空间中的低维流形结构，通过将数据映射到低维，使该低维数据能够反映原高维数据内在的结构特征。相比之下，线性降维结果的可解释性更强，而非线性降维方法能够捕获更复杂的结构。

t-分布随机近邻嵌入（t-distributed stochastic neighbor embedding，简称 t-SNE）[11] 是当下十分流行的非线性降维方法。它创建的低维表征能够非常准确地捕捉高维空间中的复杂模式并将它们展示为具有良好分离性的聚类。t-SNE 的计算包含两个主要阶段。首先，它在成对的高维数据项上构造一个概率分布，使相似的数据项被分配较高的概率，而不相似的数据项被分配较低的概率。然后它对低维空间内的点定义相似的概率分布，并使低维空间的概率分布能尽可能地表示高维空间的概率分布。这是通过优化由两个分布之间的 K-L 散度所给出的成本函数实现的，优化过程通过梯度下降法完成。

降维算法的高计算开销阻碍了它们在大规模数据中的应用。面对这一挑战，研究人员提出多种策略来提升计算效率。比如，面对 t-SNE 计算过程中使用梯度下降法进行多次迭代十分耗时的问题，研究人员开发了 Barnes-Hut 算法和双树算法（dual-tree algorithm）的变种，来近似降维中的梯度下降过程[12]。此外，高性能计算技术被引入，比如通过 GPU、并行计算等先进设备或方法来处理降维。研究人员一方面使用 GPU 来加速 MDS 算法（multi-dimensional scaling）[13]，多维标度分析[14] 的计算过程，另一方面还通过多层次策略来加速算法的收敛。它对输入数据建立层次结构（较低层次是数据的嵌套子集），首先在最低层次得到收敛的结果，然后通过插值的方式传递到上一层次，直至遍历至最顶层。由于低层次只有一小部分点参与了计算，所以系统会很快收敛，而高层次因为放置在低层次的点很可能接近最终位置，收敛迭代次数也很少。

4. 高维数据可视化的方法比较

散点图矩阵、平行坐标以及降维这三种常用的高维数据可视化形式各有优缺点，在实际使用中需要根据数据与任务进行相应的选择。

如表 9.3 所示，散点图矩阵可用于分析成对维度之间的相关性。然而，它的可扩展性有限，只适用于维度数小于 20，数据项少于 1 000 个的情况。平行坐标主要显示相邻轴之间的关系。相比散点图矩阵，它的可扩展性有所提高，适用于小于 50 维，数据项少于 5 000 个的情形。降维可以展示数据在所有维度上的关系。虽然降维具有最好的可扩展性，但在实际使用时也需要注意降维结果可能由于维数灾难（curse of dimensionality）的影响使得所有数据项趋于等距。

表 9.3　散点图矩阵、平行坐标和降维的比较

可视化形式	任务	可扩展性（维度）	可扩展性（数据项）
散点图矩阵	分析成对维度之间的相关性	差（<20）	差（<1 000）
平行坐标	分析相邻轴之间的关系	适中（<50）	适中（<5 000）
降维	从整体上分析数据之间的关系	好	好

为了发挥不同方法在分析上的优势，研究人员提出一些复合可视化（composite visualization）形式。一些学者提出一种在平行坐标中结合点的方法（scattering points in parallel coordinates，简称为 SPPC）[15]。SPPC 允许将平行坐标中相邻的两个轴转换为散点图，或者将相邻的多个轴转换为投影，而不是使每个可视化形式占据一个单独的窗口。通过检查两种形式之间的无缝过渡动画，用户可以了解隐藏在这种过渡过程中的潜在关系，如图 9.9 所示。

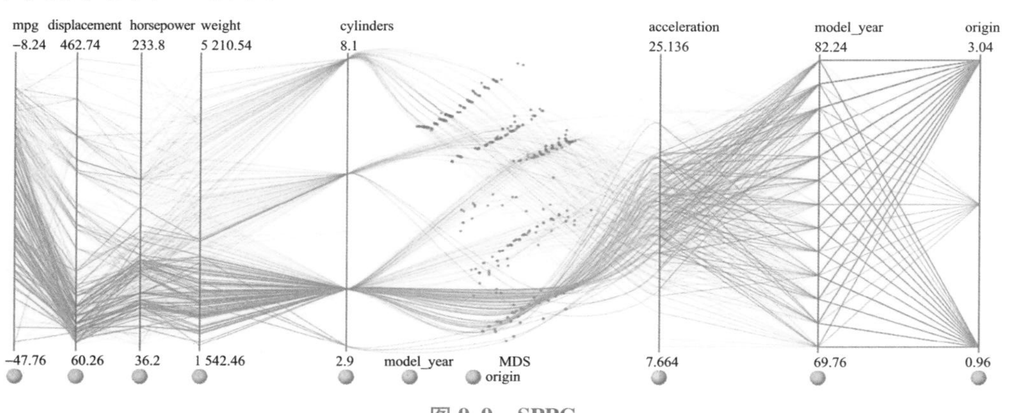

图 9.9　SPPC

9.2.3 网络（图）数据可视化

网络（图）由一组节点和连接这些节点的边组成，一种最常见的网络（图）数据可视化方法是节点—链接图。如图 9.10 所示是小说《悲惨世界》中人物关系网络的节点—链接图，图中每个节点代表不同的人物，节点的颜色代表不同的人物群体，节点之间的边代表两个人物曾经相遇过。另一种网络（图）数据可视化方法是邻接矩阵可视化，在矩阵中，节点被映射为矩阵的行和列，行和列交汇处的单元格则表示一条边。生活中还存在其他各种各样的网络数据，比如微信、QQ 等社交媒体中好友关系构成的社交网络，不同学术论文之间引用构成的论文引用网络，生物学中的蛋白质相互作用网络等等。网络数据规模的增大以及动态变化对网络数据可视化带来了挑战，近年来，新的大规模网络可视化和动态网络可视化技术的提出对人们分析和理解大规模动态网络数据提供了帮助。

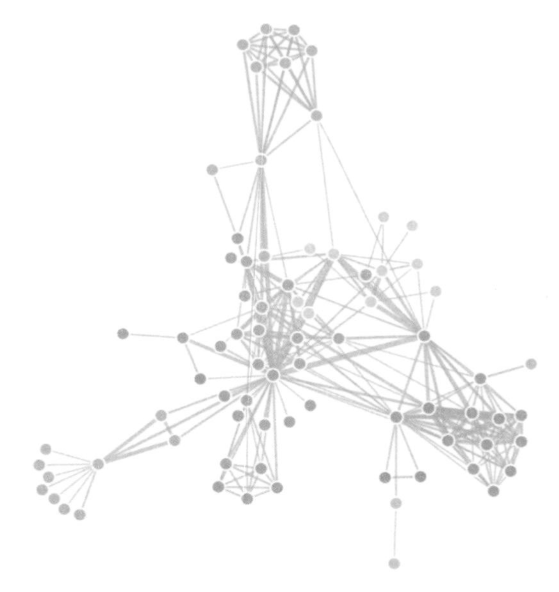

图 9.10 《悲惨世界》中的人物关系网络可视化

1. 大规模网络可视化

大图（large graph），通常指包含节点数量在万级以上的图，可视化时通常使用节点-链接图。对于大图的布局，需要考虑布局的时间复杂度，视觉混淆等问题。下面介绍对于大图的布局算法以及视觉抽象。

（1）布局算法

力导向布局算法（force-directed placement）是一种广泛使用的图布局算法，最早由彼得·埃德斯（Peter Edes）[16] 提出，借用了物理模型来模拟图布局的过程。图中的节点就像磁铁，两两之间存在斥力使它们分开，边就像弹簧，将其连接的两个节点拉近。图中的节点首先被随机放置在平面上，之后算法通过多次的迭代来调整节点的位置，逐渐改善布局效果，最终整个系统达到一个平衡的状态。这种图布局方法使用了弹簧做比喻，易于理解，同时用户可以观察到图中节点从随机位置逐渐达到平衡位置的过程，更容易接受布局的结果。

对于朴素的力导向图布局算法，在每一步的迭代时，需要计算两两节点之间的斥力，时间复杂度与节点数量的平方成正比，即 $O(n^2)$，这对于大图来说时间开销过大。为了减少时间开销，一些学者将空间划分为网格，只计算相邻网格单元中节点之间的斥力[17]，但是这种方法忽略了距离较远节点之间的斥力，会造成较大的误差。如图 9.11 所示，另一种更好的方法[18] 使用四分树对节点进行递归分组，在计算一个节点的斥力时，如果一组节点所在的区域在位于该节点足够远，那么可以将这组节点视为一个超节点来计算斥力，否则我们继续遍历四分树，对下一层的四组节点进行判断和计算，这种算法的时间复杂度降低至 $O(n\log n)$。

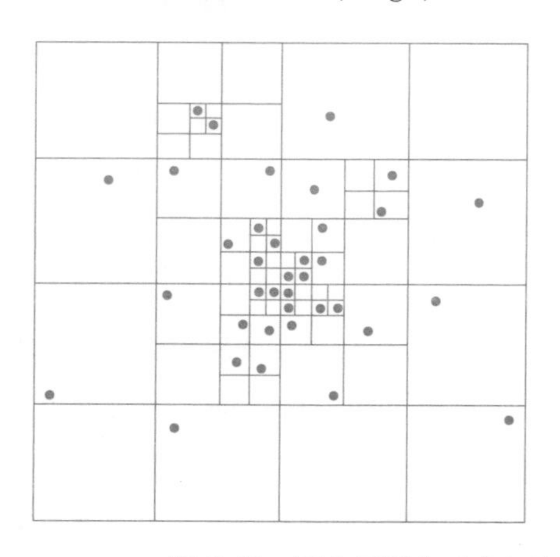

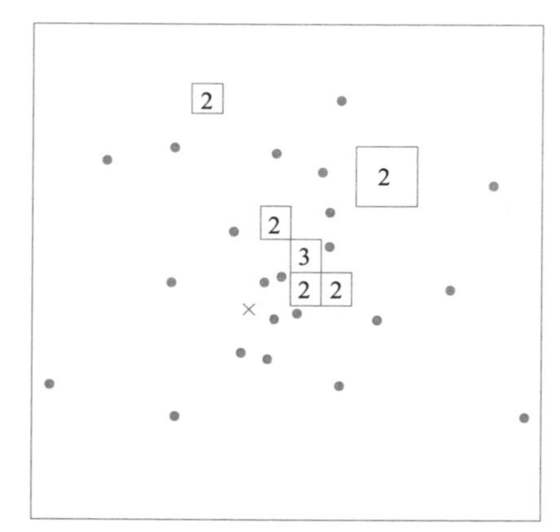

图 9.11　四分树划分（左）和计算斥力时的超节点（右）[18]

力导向布局算法对于一个随机的初始布局不太可能得到一个全局最优解，容易陷入局部最优的情况，多层次的布局方法可以克服这个限制。多层次的图布局算法首先通过多次合并节点得到大图的多层次近似图，然后对最终的近似图进行力导向布局，使用得到的结果作为上一层的近似图力导向布局的初始布局，逐步回溯直到最初的大图，得到原图的全局最优布局结构。

（2）视觉抽象

随着图数据规模的增大，边交叉、节点遮挡会变得严重，影响用户对图中节点和边特征的观察与分析。视觉抽象（visual abstraction）方法对大图进行简化得到简单的抽象，对于这些抽象的布局比原始大图的布局更符合图的美学。

最常见的简化方式是利用图中拓扑结构的冗余性，将相同拓扑结构的节点进行聚合，将聚合的节点使用单个节点表示，从而极大地减少了图的规模，减少视觉混淆。进一步的，还可以使用图元（glyph）来编码额外的信息。

另外的语义抽象利用图的属性来建立一个超级图来解释或补充原始的大图可视化。聚合图（pivotGraph）[19] 可以对多变量图中的节点进行语义上的聚合，它将在一个或两个属性上具有相同值的节点聚合，这些属性可以手动挑选来得到不同的语义抽象。

另一种对图进行语义抽象的方法是缩略图（graph thumbnail）[21]，如图 9.12 所示，该方法使用嵌套圆包装的布局形式，根据大图中节点的度数对其进行抽象，这种方法可以在线性时间内计算得到结果，并且能够提供关于大图结构的精确信息，另一方面，这种方法是确定性的，对于同构图总是有相同的缩略图，可以用于大图之间的比较。

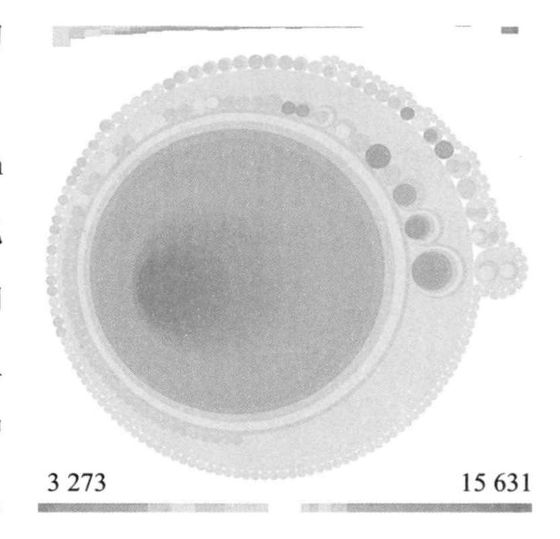

图 9.12　缩略图

除了对大图的直接抽象，另一种方法是对布局结果进行视觉变换和改造，从而降低由于节点和边数量过多导致的视觉混淆，其中边过滤（edge filtering）和边捆绑（edge bundling）是两种常见的方法。边过滤方法通过过滤弱边或构建最小生成树的方式来揭示大图的骨干信息，在保留大部分拓扑信息的情况下降低视觉复杂度。边捆绑方法将相似的边捆绑成束，使得节点之间的关系更加清晰，降低视觉复杂度，如图 9.13 所示，使用边捆绑后的图可视化能够更清楚的体现大图的骨架。

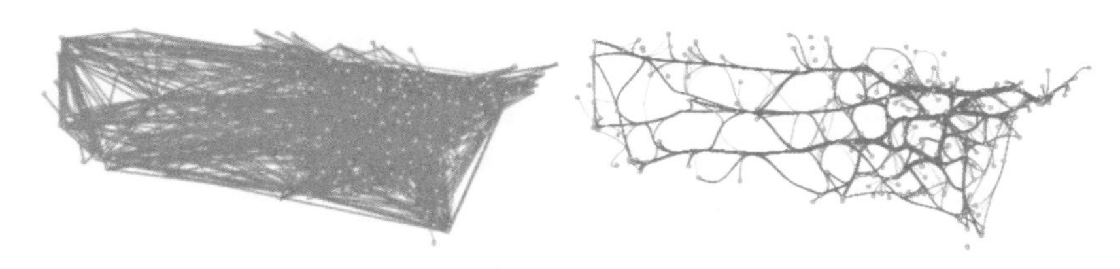

图 9.13 原始图布局（左）和边捆绑后的图布局（右）[20]

2. 动态网络可视化

动态图（dynamic graph）指的是节点和边的拓扑结构或属性会随时间变化的图数据。对于动态图的可视分析，主要关注于图从一个时间步到下一个时间步如何改变，例如图的节点数量在增加还是减少，节点的度数或者边权重的变化情况等。经典的动态图可视化方法，根据时间映射方式的不同，可分为时间-时间映射方法、时间-空间映射方法以及混合映射方法。

时间-时间映射方法通过动画的方式直接展示图的变化过程，在节点-链接图和邻接矩阵可视化中都可以使用。但是动画的方式会对用户的认知造成负担，在大规模的图布局中，可能同时发生太多的变化，用户难以对这些变化进行追踪。而时间-空间映射方法使用时间线来提供时间的概览，展示一个完整的静态图序列。

生成静态图序列的方法主要分为三种：并列（juxtaposed），堆叠（superimposed）和融合（integrated）。其中最简单的方法是并列，它将不同时间步的图布局结果相邻放置。但是简单的并列很难看到不同时间步之间的差异，或者是在不同时间步中追踪一个或多个节点。为了对不断变化的图布局保留一个连贯的心理图（mental map），如图 9.14 所示，一些学者使用拉普拉斯约束的距离嵌入（laplacian constrained distance embedding）[22] 来保持序列中相邻图布局形状的相似性，在不同时间步中，子图结构得到了一定的保持，这能帮助用户跟踪和洞察图数据的变化。

9.2.4 层次结构数据可视化

层次结构数据是一种特殊的图数据。在层次结构数据中，节点和节点之间的联系组成了不含回路的图结构，这样的结构也被称作树结构（tree structure）。层次结构数据描述了数据项的等级关系。除根节点外，其余的所有节点均有且仅有一个父节点；相应

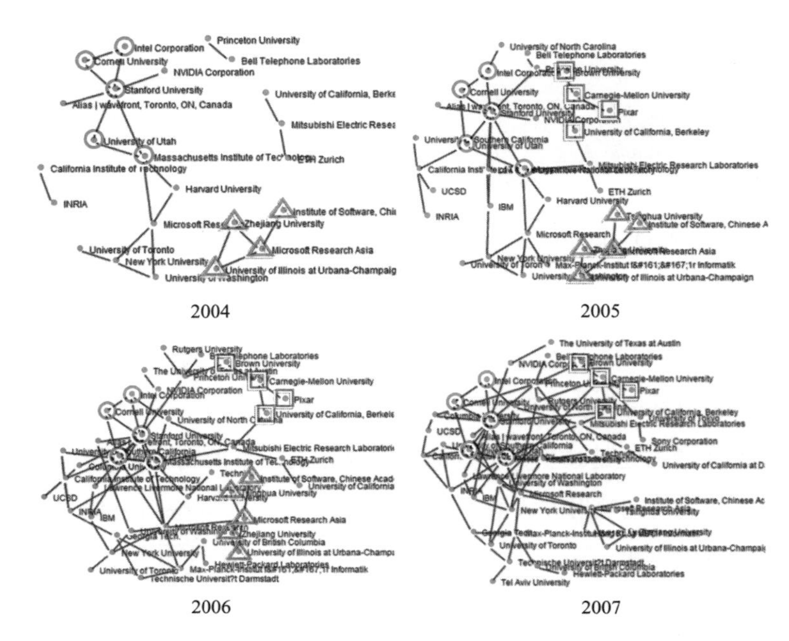

图 9.14 在不同时间步之间保持子图的结构的动态图可视化

的，这些节点也被称为父节点的子节点。没有父节点的节点即是整棵树的根节点，而没有子节点的节点则被称为树的叶子节点。在同一层次中，具有相同的父节点的节点互为兄弟节点。

层次结构数据出现在各类情景之下，针对这样的数据结构进行的可视化具有相当广泛的应用价值。常见的层次结构包括计算机文件管理系统、公司或组织的人员结构等。另外，树也可以用来描述分支或是决策这类无回溯的过程。如家族的族谱、生物的进化树，或是决策树、搜索树等等。借助可视化技术，可以帮助人们更快更好地理解层次结构数据。

1. 显式映射可视化

作为一种特殊的图结构，树同样可以采用图可视化的技术，使用节点和线段表示数据项和他们之间的关系。同时，根据数据中的层次信息对整体节点进行重新布局，就能够显式地将层次结构展现出来。最为常见的做法是将同一层次的节点放置在相同高度上，子节点放置在父节点下方。这样的表示方法在树中节点较少时，能够非常清晰地展示节点之间的关系以及层次等级关系。Reingold 和 Tilford 在 1981 年提出的 Reingold-

Tilford 布局算法[23] 就使用了这种布局方式。算法自底向上进行递归布局，在确保子树绘制的前提下绘制上层节点。利用二维包围盒技术计算子树占用空间大小，并使得相邻子树的间隔尽可能小。父节点被放置在子节点中心的位置上。Reingold-Tilford 布局算法注重布局的紧凑性和对称性，是最常见的树结构布局方式，如图 9.15 所示。

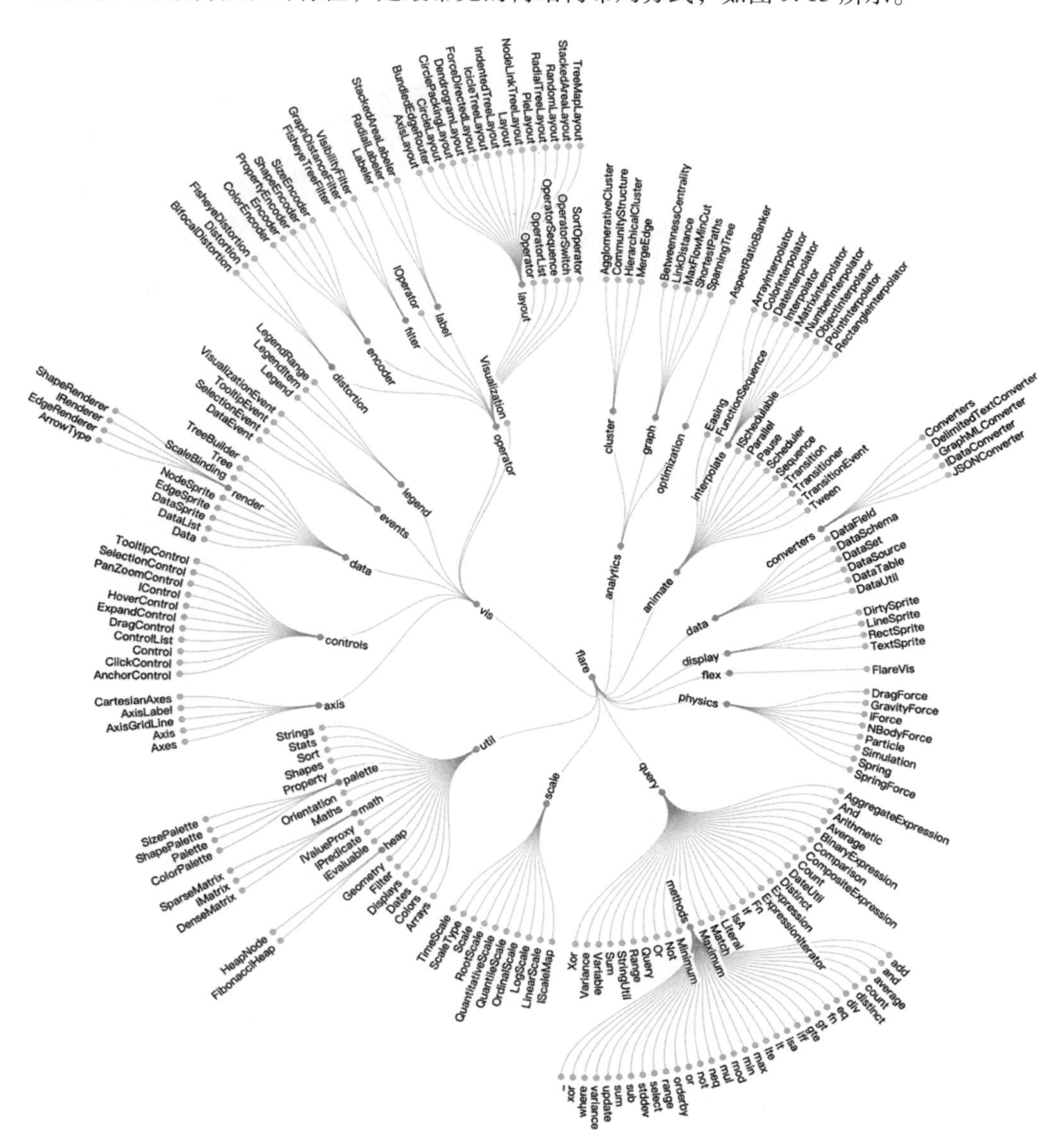

图 9.15　Reingold-Tilford 布局算法

在处理大规模数据时，树结构的节点显著增多，同时节点数量往往随着在树结构上的深度加深呈指数增长。为了确保叶子节点之间没有重叠，树结构中上层结构的空间利用率就会显著降低。如图 9.16 右侧所示，采用径向布局的方法可以在一定程度上缓解空间浪费的问题。将根节点放置在圆心，不同层次的节点则布局在不同半径的圆上。圆周的长度随着半径的提高而提高，进而能够容纳更多的节点。

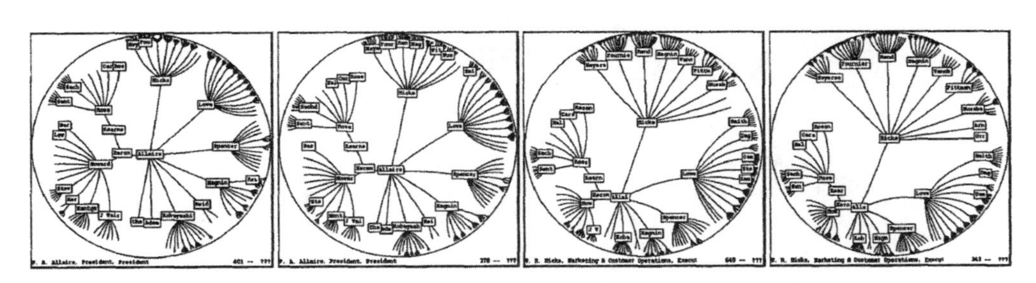

图 9.16 双曲线树[24]，选取不同的焦点，将感兴趣的部分拖拽到中间区域

即便如此，对于大型的层次数据结构来说，节点数量随着层次增多而指数增长的问题仍然难以解决。因此，更多的交互式手段被提出，来辅助对于层次结构数据的探索。利用交互手段，可以动态地改变树结构的布局方法。最常见的便是通过折叠隐藏不重要的子树，减少这些节点所占用的视觉空间来缓解节点数量增长带来的布局问题。必要时，用户可以通过交互手段展开这些被隐藏的节点，来探索更加细节的信息。此外，类似于径向布局的方法，双曲线树（hyperbolic tree）将树结构布局在双曲空间中，中心区域具备更低的显示密度，而边缘的区域节点排布则相对较密。如图 9.16 所示，这样的布局方式搭配上交互操作，允许用户将感兴趣的部分拖拽到中间区域，即可对局部的信息进行细致的探索。另一种思路是将树结构放置到三维区域中，例如锥形树[25]、圆盘树[26] 和三维双曲空间树[27]，如图 9.17 所示。这些方法将二维空间扩展到三维，获得了更大的空间用于布局节点，但同时也引入了三维可视化容易造成遮挡、视觉混乱等问题。

2. 隐式映射可视化

层次结构数据由于其节点关系的特殊性，即无环且仅存在父节点到子节点的关系，可以采用隐式映射的方式进行可视化。不同于显式映射，隐式映射不再使用视觉元素表达节点之间的父子关系，而是将这个关系映射到节点的相对位置关系上。隐式树可视

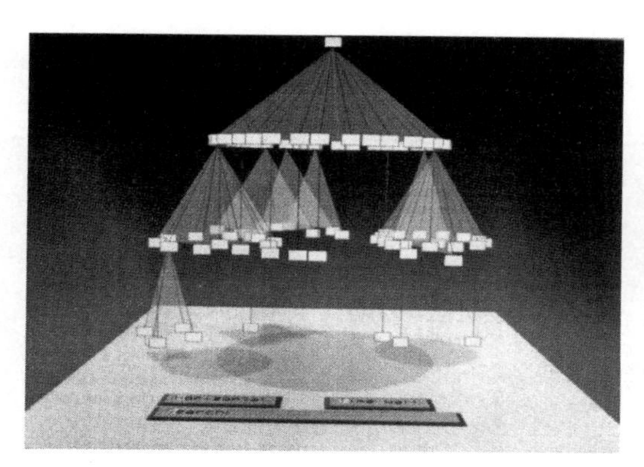

图 9.17　锥形树、三维双曲空间树

化将父子关系映射为包含关系、重叠关系以及邻接关系等。在隐式映射可视化中，树图（treemap）是最为常见的一种方法。树图源于可视化硬盘上文件存储的实际问题需求，使用矩阵之间的嵌套来映射父子节点关系，在高效利用空间的同时，也能够有效地映射节点的属性值。如图 9.18 所示，每个节点为长方形，节点的面积、颜色都可以编码相应的属性。树图各个节点布局的计算方法中，最常见的是等方树图（squarified treemap）[28]。在这种布局方法中，每个节点、子树具有更好的平均长宽比，即使生成的矩形尽量接近于正方形。正方形的节点更容易辨认、比较和做点击交互，可以提高数据展示的准确性。另外，正方形和同等面积的长方形相比，具备更短的周长，使用等方树图布局也减少了矩形边框占用的像素量，更有效地利用显示空间。

除了树图外，还有其他隐式映射可视化方法，如采用邻接关系映射父子关系的冰柱图（iceberg plot）和旭日图（sunburst plot）。还有一些精心设计的隐式映射方法，如条形码树图（barcodetree）[29] 通过编码矩形的宽与高来映射节点的层次结构信息，最终形成类似于条形码的样式，一行即可以编码一棵树的信息。类似条形码树图这样精心设计树可视化方法，能够更加高效地利用空间，实现对数以百计的层次结构数据的比较任务，如图 9.19 所示。总体来说，相比于显示映射方法，隐式映射的方法节省了用于映射节点关系的视觉元素所占用的空间，从而能够更有效地利用显示空间，并能够支持更大规模的层次结构数据可视化。但同时，使用位置关系映射的节点关系相应的，也远没有节点链接图一样显示映射方法清晰明确。因此，在选用可视化方法时，需要结合实际的数据和需求，甄选最佳的数据映射方式。

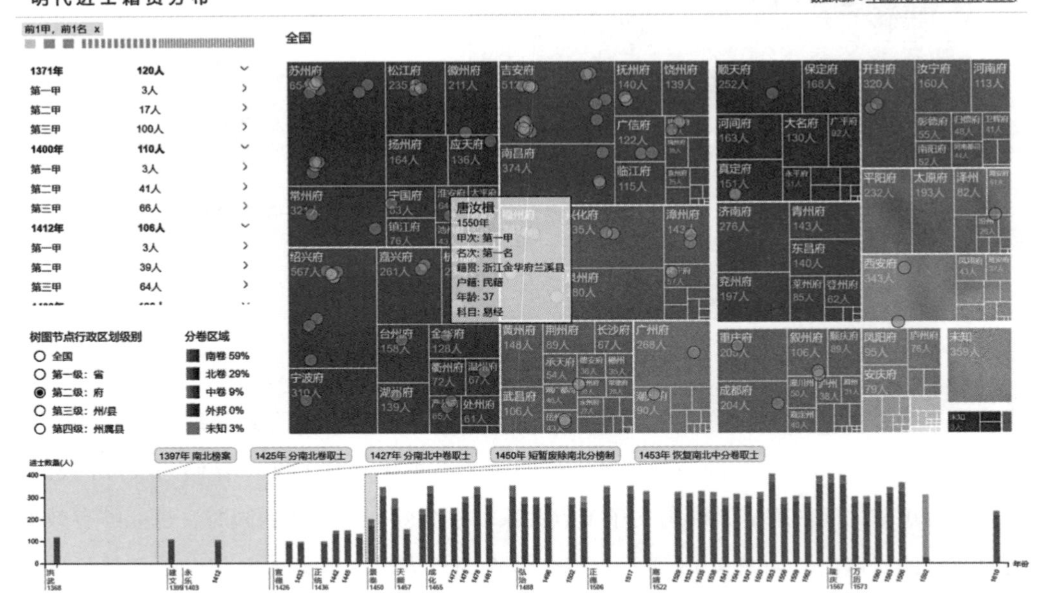

图 9.18　用等方树图表示的明代进士籍贯分布

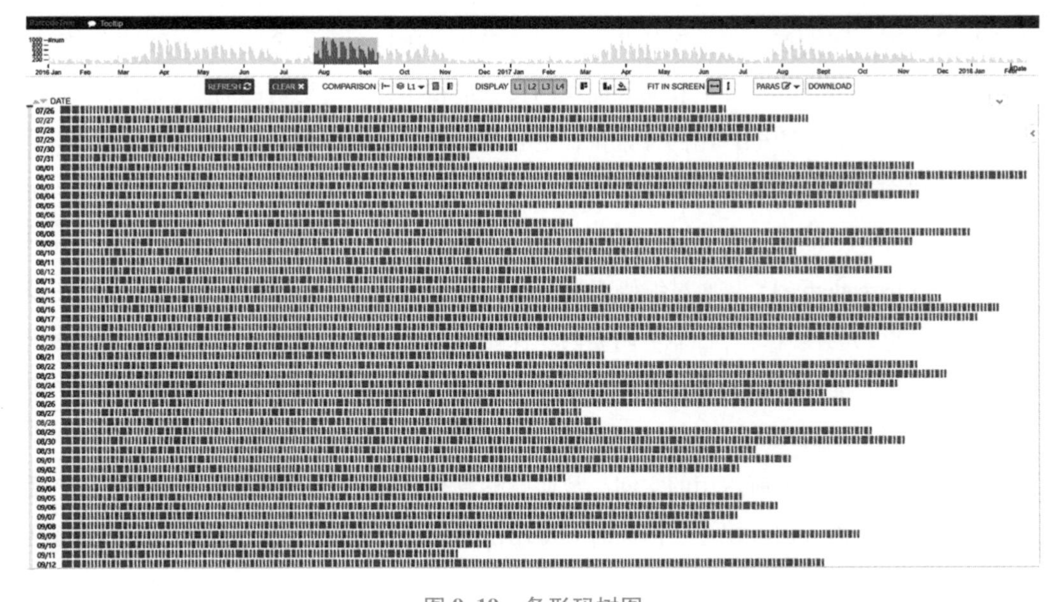

图 9.19　条形码树图

9.2.5 时空数据可视化

时空数据可视化，即针对既包含时间维度又包含空间维度的数据的可视化。如果去掉时间维度，只考虑对空间数据的可视化，我们所熟知的地图就是一个非常典型的空间可视化，地图作为人类历史上最早出现的可视化形式之一，存在着一个非常古代经典的学科地图学（cartographics）来专门研究如果更好地将空间数据可视化。在早期地图中，“箭头”这一代表着过程的符号，已经隐约地传递着时间的含义，而随着文明的发展，人们发现将体现“时间”与“变化”的数据绘制在地图上的需求越来越重要，越来越多人正式地研究如何对时空数据进行可视化。

在早期的时空数据可视化中，1983 年由 Charles oseph Minard 绘制的拿破仑行军地图（图 9.2）是一个非常著名而典型的案例，这张地图不仅展示了拿破仑军队进攻与撤退的地理路线，用户也能清晰地从图中读出对应的时间，以及气温与军队规模等信息。在今天，无论是在地理信息系统学科（geographic information system）还是在可视化领域，都有着对时空数据可视化的大量研究。

1. 时空数据可视化中处理的数据

要了解时空数据可视化，就要先了解时空数据可视化的对象——时空数据，在实际应用中，时空数据的形式是复杂多样的。例如，数据中的空间信息可以在空间维度方面有不同的表现形式，最常见的是在各种二维地理空间相关数据，也有着在物理，医学等领域较为常见的三维空间信息，在少数情况也存在着一维空间信息。同时一个数据条目中的空间信息可能是空间中的一个点，一个连续的区域，或者是更加复杂的由空间点组成的集合。同样，数据中的时间信息，也能以时间点，时间区间，或是时间集合的形式秒描述。在设计时空数据可视化时，充分理解时空数据的特征，使用不同的可视化方法应对不同形式的时空数据，才能设计出有效的可视化工具。

时间这一概念在现实世界中就是无形的，人对时间的感知主要在于“变化”。考虑随着时间的推移数据中事物如何变化，如何将数据中的重要变化清晰地展示给用户是可视化最重要的目标之一。于是，研究人员将时空数据中的变化分为了三类：出现与消失、地理信息的变化和其他数据属性的变化[30]。时空数据中最为常见的就是轨迹数据。

2. 轨迹数据可视化

根据文献［31］的分类，轨迹可视化可以依据抽象程度由低到高被分为①直接轨迹可视化，②轨迹聚合可视化，③轨迹特征可视化。直接轨迹可视化是将最原始的轨迹数据直接映射成视觉元素，只适用于规模较小较为简单的轨迹数据。当数据规模较大时，无论是屏幕的显示资源还是用户的心理资源都无法承受巨量轨迹的直接展示，此时将轨迹数据进行抽象聚合而化简最终的可视化结果是一个合适的选择。当轨迹数据变得更加复杂时，轨迹特征可视化进一步加入了额外的计算与处理，从复杂的数据中只提取出对可视化任务有用的特征信息展示给用户。

直接轨迹可视化是我们生活中最容易接触到的轨迹可视化，这种可视化方法往往直接将轨迹绘制成使用箭头或弧度表示方向的线条，这是最简单易懂最适合大众的轨迹可视化方法，例如各种地图软件中的导航，或是航空旅行软件的行程记录往往都使用了这种方法。

基于这种基本的线条轨迹表示，许多时候可视化中还会加入其他的编码方式辅助表示其他信息。例如在一幅用于向公众展览的人物轨迹地图（图 9.20）中，线条的明度被用来编码多条轨迹之间的先后，同时加入了动画使得观众更加容易理解轨迹的含义。

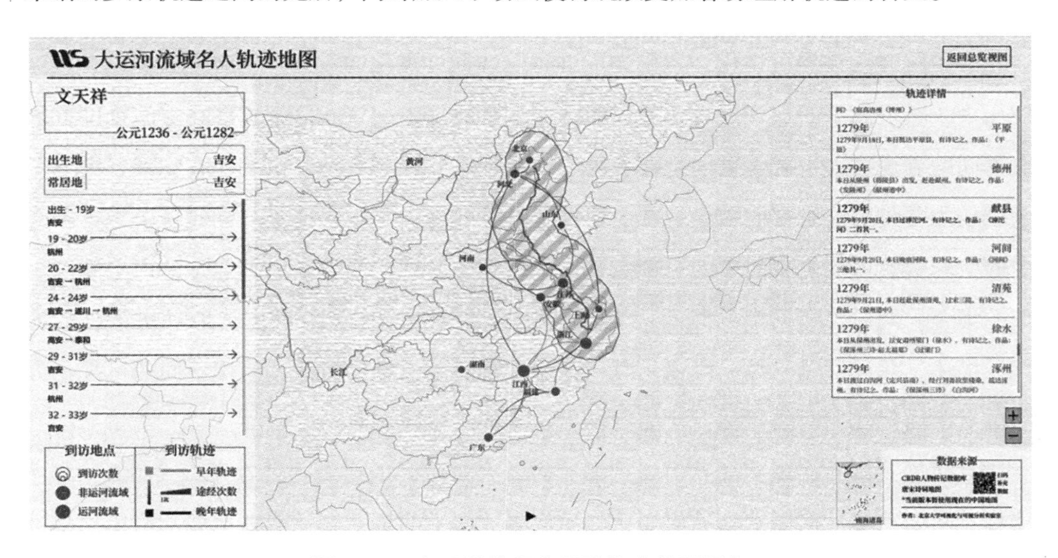

图 9.20　文天祥的部分行踪轨迹的可视化

对于轨迹聚合可视化，一种经典的方法是在原始轨迹数据上进行采样与聚合，提取出大量轨迹数据中最显著的若干主要轨迹方向进行可视化，例如一些学者提出了一种轨迹采样方法[32]，如图 9.21（b）所示，将所有起点与终点接近的轨迹按照高斯分布加权，聚合计算一系列带权轨迹，然后按照权重从高到低在这一些带权轨迹中选择具有一点间隔与分布多样性的轨迹。另一种经典的方法是只对轨迹的边进行视觉上的聚合，因为在使用线编码的直接轨迹可视化中，可以发现相较于点，相互交错的线对视觉的干扰更加严重，所以边捆绑（edge bundling）也是一个非常常见的轨迹聚合可视化方法。在数据规模较大时，相比直接的轨迹绘制如图 9.21（a）所示，轨迹聚合可视化方法能极大地改善可视化的效果。

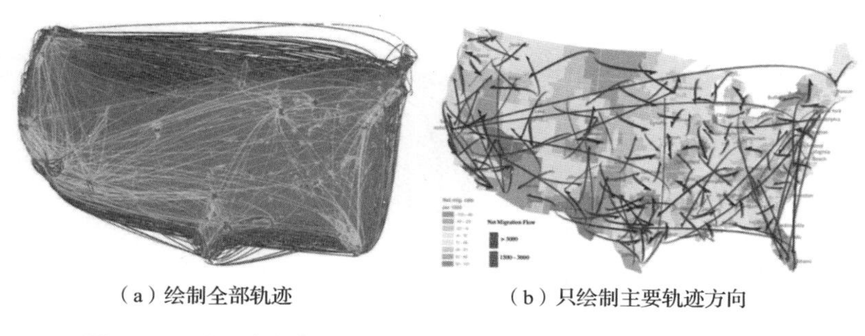

（a）绘制全部轨迹　　（b）只绘制主要轨迹方向

图 9.21　绘制全部轨迹和只绘制主要轨迹方向的可视化的对比

在轨迹特征可视化中，在将数据展示给用户之前，自动计算算法会做更多的工作，从而只抽取更重要的部分展示给用户。例如在针对交通用户的可视分析工具中[33]，可视化并不是直接展示车辆的轨迹，而是抽取了轨迹中停止或缓慢行驶事件的传递关系，形成了交通拥堵的传递关系图如图 9.22 所示，使得用户能够更加轻松有效地分析交通拥堵的发生模式。

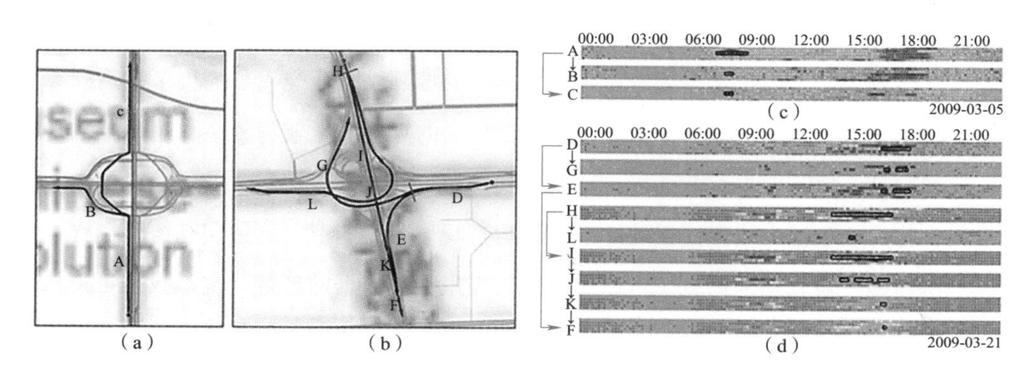

（a）　（b）　（c）　（d）

图 9.22　交通拥堵的传递关系图

在实际应对复杂轨迹数据时，往往需要将多种可视化方法有机地结合起来，共同支撑起一个高效的可视化系统。例如在一些学者分析了微博博主移动模式[34]，从图 9.23 中可以看到，系统中不仅包含如平行坐标轴（d）等直接的细节可视化，也包含轨迹聚合（b），移动的分布（c），时间分布（a）等聚合化简后的可视化，系统中也有提取更高层次特征的不确定性模型（e）帮助用户理解过滤可靠的数据。在多种可视化方法的配合下，用户能够快速了解目标博主的常用交通方式、频繁访问的地点序列和关键词描述，高效且高置信度地分析目标博主移动轨迹中的模式。

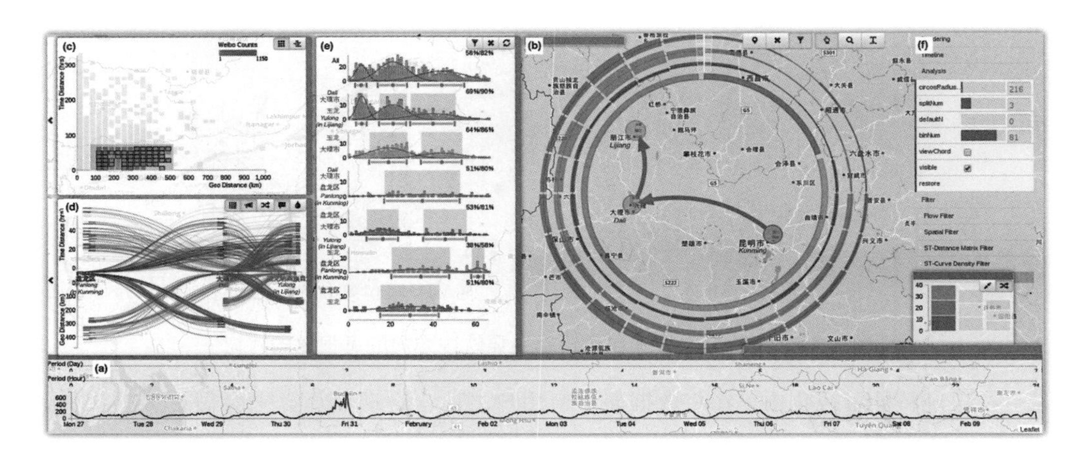

图 9.23　分析微博数据中移动行为模式可视分析系统

9.2.6　文本数据可视化

文本是最为普遍交流沟通的手段。书籍、文档、网页、新闻、社交网络上充满了丰富的文本信息，文本信息越来越海量化。在文本挖掘领域，研究人员提出了一系列算法来处理文本数据，从中提取有效信息。然而，自动的算法通常较为复杂，用户难以理解其过程和原理，也不容易对其结果进行判断和解释。而人类利用视觉处理信息的能力十分强大，将文本数据和数据挖掘的结果转化为直观形象的图形，通过交互探索过程，来使人们迅速地获得有用的信息，可以提高对大规模文本数据的理解。文本数据可视化帮助人们理解和分析文本数据，在实际场景中被广泛应用。例如标签云技术（word cloud）出现在众多的网站和博客中，引导用户快速了解网站、博客的主题内容；主题河技术

（theme river）能帮助人们理解文本主题随着时间流逝发生的变化。

1. 关键词可视化

标签云是一种最典型的文本关键词可视化技术。将大规模的文本数据中的关键词根据词频或者其他规则进行排序，按照一定规律进行布局排列，使用颜色、大小等其他视觉属性对关键词进行可视化，该技术可以帮助用户对大规模文本数据有一个概览，此技术已经被广泛地应用在众多的网站和博客中，来引导用户快速地了解网站、博客的内容。Wordle[35] 则是一种更为美观、灵活的标签云形式，它的排布方式更加灵活，用户可以自定义画布的填充区域，比如正方形、圆形等。如图 9. 24 所示，词可以纵向排布，互相嵌入，从而在空间利用率和美学上都有所提升。为了提高空间利用率，Wordle 的布局方式常采用螺旋式布局，从画布中心开始，按照螺旋线的方式依次摆放关键词。

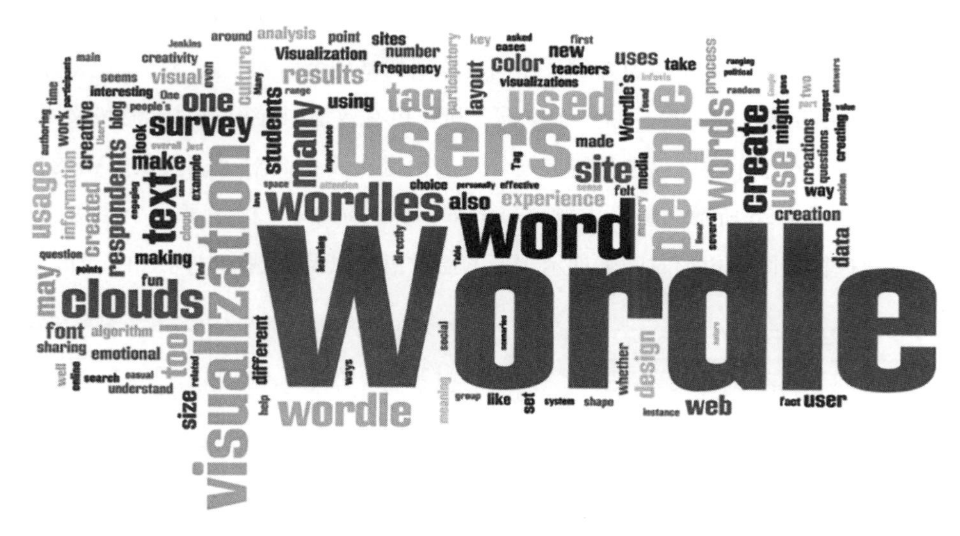

图 9. 24　一种对文本关键词的可视化方法 Wordle

标签云的可视化形式还可以与其他可视化方法结合，如在空间地图上展现不同区域讨论的热点词，可以帮助人们了解空间的舆情态势。如图 9. 25 所示，基于地理位置的标签云可视化（TypoTweet maps）[36] 是一种基于地理位置的关键词可视化形式，不同街区以及道路被相应关键词填充。

2. 主题可视化

基于关键词的可视化方法处理简单、容易理解，然而很难理解词与词之间的关系以

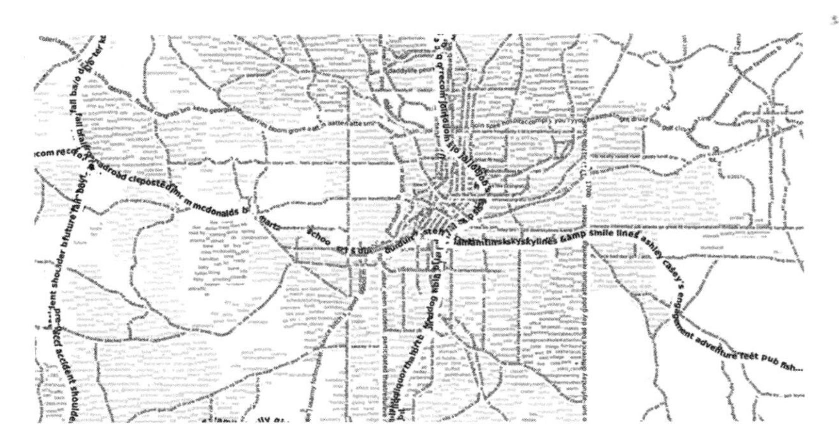

图 9.25　基于地理位置的标签云可视化

及词出现的语境。主题模型是一种常见的文本挖掘方法，用来从海量文本中提取高质量信息。主题模型基于概率模型的方式，在词典空间的基础上引入主题空间，使得原有的文本-关键词分析转化为文本-主题-关键词分析，更有效地引导用户对于海量文本的分析。更进一步，对于主题可以进行层级划分，从而进一步提高对于大规模数据的探索、分析能力。如图 9.26 所示，层级主题（hierarchical topics）[37] 构建了一个层级主题结果，然后通过树状图和树形时间轴展示主题的层次信息以及主题在时间上的分布。

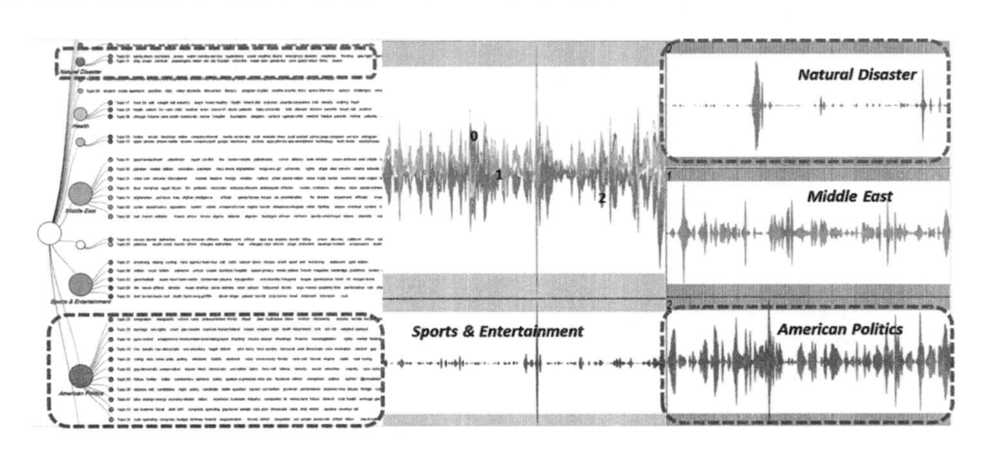

图 9.26　层级主题展示了主题的层次特征及每个主题的时变趋势

然而，对于大规模文本的主题生成往往需要较长的响应时间，已有工作通过固定数据集和主题的方式预先保存计算结果来提高系统响应速度，但是交互性不足，无法支持用户的灵活分析需求。如图 9.27，Kim 等人[38] 提出一种渐进式主题分析的方式，当用户选择一部分文档集后，系统会通过动画实时产生主题建模的中间结果，用户不用长时间等待就可以看见部分结果，极大提高了系统的交互体验。

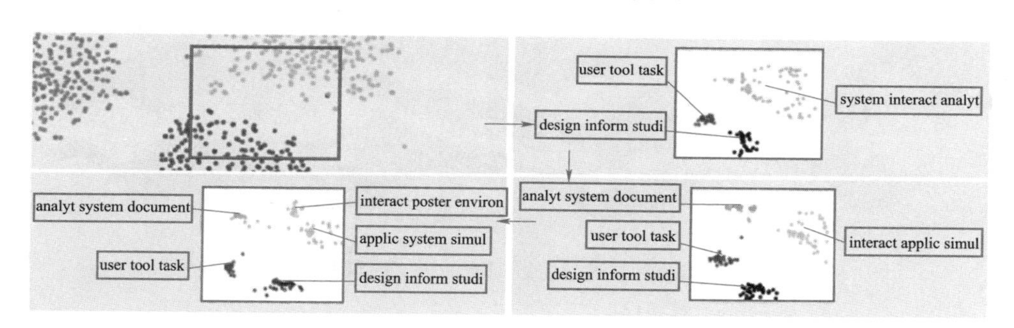

图 9.27　渐进式生成文本主题

除此以外，文本数据往往包含时间属性，时间属性使得人们可以分析文本中信息的演化过程。在新闻媒体中，新闻中所涉及的事件的发生、发展到结束总是在时间维度上展开；在社会媒体中，人们谈论的主题也会随着时间的推进而发生演变。而随着微博等新兴社交媒体的发展，信息的实时性得到了极大的提高，很多时候我们可以利用社交媒体中的时间信息来进行态势感知。因此，时间维度也是文本可视化中一个重要的元素，充分利用文本数据中的时间信息，可以帮助人们分析事件随时间的发展。主题河流（theme river）将河流作为隐喻可视化文本中的主题演变。河流从左到右的流淌表示时间序列，将文本数据中的主题按照不同的颜色的色带表示，主题的频度以色带的宽窄表示，如图 9.28 所示。这种可视化方法可以提供宏观的主题演变结果，帮助用户了解主题的产生、变化和消亡的过程。然而单一色带只能表示某个事件主题强度的变化，不能展现主题所包含的细节内容以及关系。此外，还可以通过在主题河流中加入关键词线条，从而帮助用户理解主题的关键词信息。主题与主题之间不是独立的关系，而是存在融合与分裂的过程，这些关系也可以通过主题河流的分裂与合并展现出来。而对于海量的文本数据，其中往往包含大量的主题。为了提高主题河流对大规模主题的分析能力，基于层级的聚类、可视化是一种常用的方法。这时每一条河流可以包含多个主题，而用户可以交互式的对于河流进行展开，从而查看某个主题下包含的子主题。

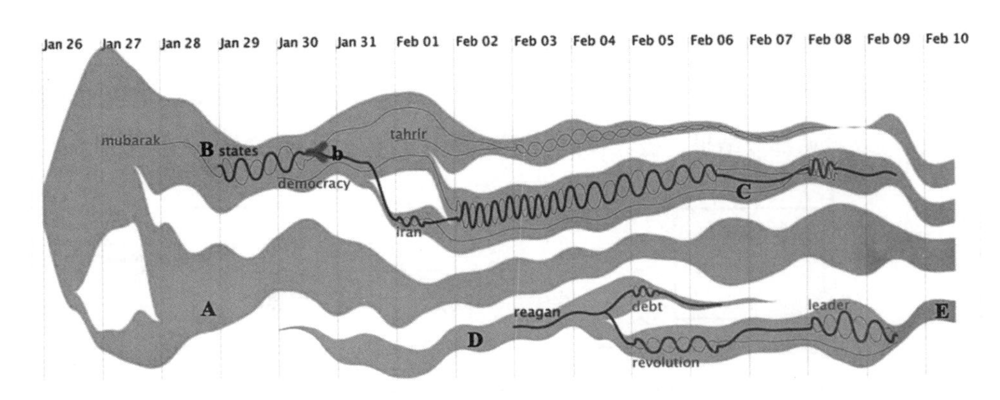

图 9.28 TextFlow[39] 通过主题河流的形式展现主题的演变过程

3. 情感可视化

此外，文中还往往包含着丰富的情感信息，对于文本中情感分析可以帮助了解说话者或者作者在主题或者整个语境中的情感以及态度，常应用于社交媒体数据中，可以反映出公众对于某个事件的态度。对于情感分析可以基于极性进行量化，从-1 表示最消极，0 表示中立，1 表示最积极，每个文本具有这样一个分数属性，可以直观的通过颜色，例如红色（-1）到蓝色（1）进行区分。如图 9.29 所示，基于用户的评价数据，一些学者通过矩阵展示了用户对评价对象的反馈[40]。其中，矩阵的行和列分别代表被评价的对象和它们的各项属性，颜色表示评价倾向（积极和消极），矩阵中每个矩形中包含一个子矩形，其大小映射了评价人数。对情感也可以进行更细粒度的分类，如开心、讨厌、愤怒、害怕等具体类别。一大类情感可视化是关注文本数据中情感随着时间的变化，如新闻数据集、微博数据集，这类方法常采用基于时间线的可视化形式，如主题河流来表现不同的情感随着时间的变化。

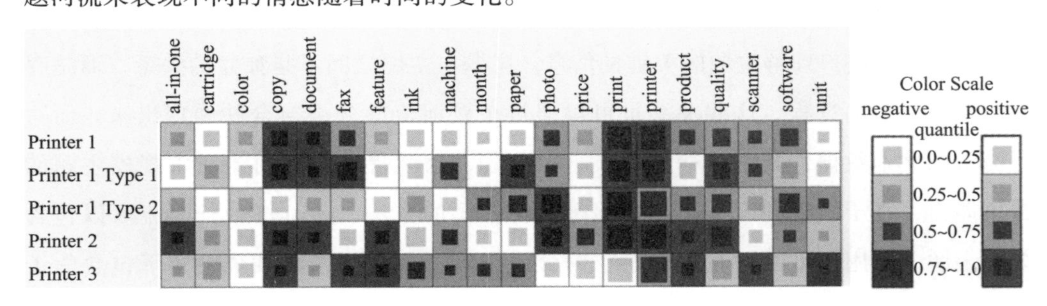

图 9.29 用户对打印机的评价反馈可视化（见彩插）

4. 文本探索技术

对于大规模的文档集合，如何有效的进行探索非常重要。基于文本的相似性进行分析是一种非常流行的方法。聚类是一种十分常见的方法，聚类分析技术是将抽象的对象按照其相似性进行分组分析的方法。通常情况下，文本聚类技术是在划分的类别未知的情况下，将文本数据按照其内容或其他维度特征分成不同的簇的过程。聚类分析技术可以很好地将大量的文本数据集划分为若干类，每一类中的文档都有一些相似的特征，这可以很大程度上帮助人们入手进行海量文本数据的分析。用户可以查看感兴趣的文档聚类，这些文档又会进一步分为不同的子类，最后展示每一个文本。

此外，基于文本的搜索和查询也广泛应用于文本可视化中。在输入感兴趣的关键词后，已有的可视化技术通过利用基于投影或者图布局的方式来表现文档之间的内在关系，而不是只显示相关文档的排名列表。常用的刷选-链接交互方式也会在文本可视化系统中应用，如选择一个主题后，通过词云展现主题包含的关键词。

9.3 可视分析

大规模数据的分析能力成为许多研究领域的重要任务。然而，与数据存储和管理技术相比，分析人员从海量数据里面获取信息的能力严重不足。可视分析通过人机交互将自动和可视化方法紧密结合，极大提高了分析人员从复杂数据中获取知识的能力。本节将介绍可视分析的基本理论以及相关分析案例。

9.3.1 基本理论

可视分析结合人的感知认知能力和机器的计算分析能力，使得用户参与到数据分析挖掘的过程中，帮助用户高效地理解数据模式，进行分析决策，从而完成数据分析的任务，包括从海量异构数据中获取发现，检测预期的结果并发现数据中的异常，对事件态势提供实时的、可理解的评估以及为进一步的行动有效传递评估结果。可视分析融合多个学科领域的知识来改善人和机器之间的分工合作，如统计、数据挖掘、人机交互、认知理论。不同的学科知识用来帮助解决所面对复杂问题的不同方面，通过这些领域的紧密合作可以帮助问题的有效解决。可视分析与可视化高度相关，但是传统的可视化并不一定要处理分析任务，也不一定使用数据分析算法。可视分析不仅仅是可视化，它是结合了人的要素、数据分析以及可视化来进行综合的决策。当面对的问题采用自动化的算法受到限制时，可以通过可视化以及交互技术与分析算法结合来提供一个综合的解决方案。

如图 9.30 所示，图中提出了一种可视分析模型[41,42]。在这个流程中，数据经由可视化通路和模型通路，传达给用户信息，增加用户的知识，用户根据知识和任务对数据、可视化和模型进行反馈。其中，模型使用数据挖掘、机器学习等自动分析技术对数据构建模型，分析结果可以反馈给可视化部分进行展示；用户通过观察可视化，也可以发现模型问题或数据的有趣模式，对模型进行进一步的调整。

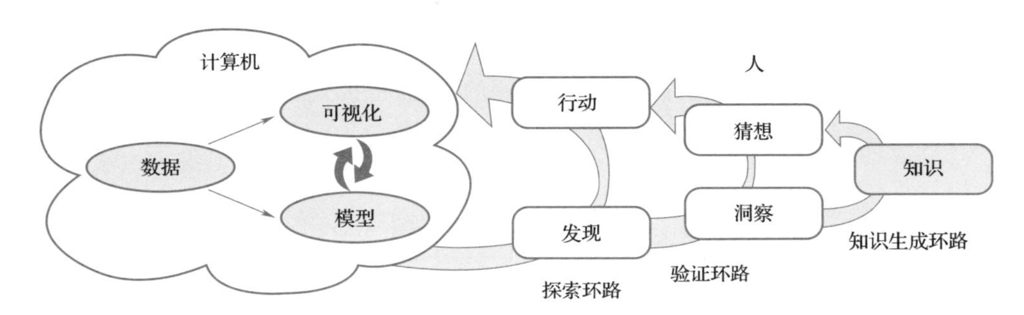

图 9.30　可视分析知识生成模型

数据是对客观事实的描述，是一切可视分析系统的出发点。数据应当具有代表性、与分析问题紧密相关，否则分析过程不太可能揭示问题所在。在可视分析流程中，第一步就是要对数据进行创建、处理、转换等操作满足后续的分析。在这个过程中，可以通过自动方法如聚类、分类或者手动注释等方式增加额外的数据。在对数据进行处理后，用户可以选择使用可视化或自动分析方法。

1）数据-可视化。为了支持可视化的构建与验证，塔玛拉·蒙泽纳（Tamara Munzner）提出了一个包含四个层级的嵌入式模型[43]（图 9.31）。首先，可视化设计者需要了解目标用户的数据分析需求。每个领域都有特定的专有名词来描述数据以及问题，可视化设计者需要通过和用户深入交流来理解相应需求，从复杂名词中将问题进行抽象表征出来，对应到特定的问题领域。在对问题完成表征后，一方面是对原始数据进行处理，变成可视化方法可以输入的数据类型。另一方面，需要对任务进行抽象、分类，对任务进行抽象可以摆脱原始问题中具象信息的干扰，认清问题所在的领域，常用的处理策略。而对任务进行分类，可以帮助对复杂问题进行分解，直到找到对应的解决办法。下一步是进行编码和交互设计，对于不同的数据类型采用合适的编码方式，可以参考上一节 9. 2. 1 内容。最后是对于可视化的设计和交互进行相应实现，得到可用的可视分析系统。

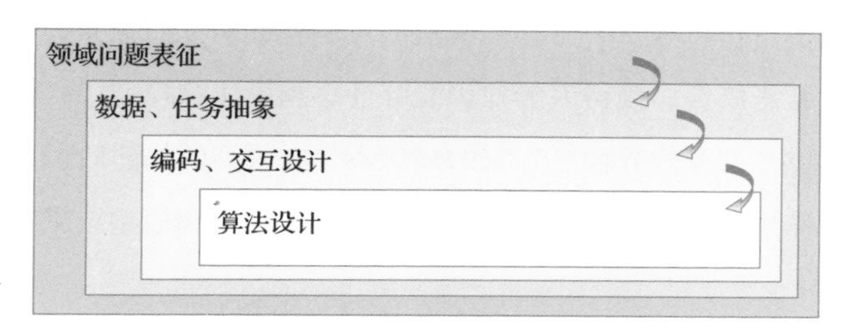

图 9. 31　Munzner 提出的可视化设计嵌入式模型

在实际可视化设计过程中，以上四个步骤并不是严格按照时间的顺序，往往需要进行迭代。每个层级的修正，可能都会引起其他层级进行相应的变化。在每一个层级中，往往会存在一些陷阱，因而需要对于每一层所得到的结果进行验证。学者进一步对于以上 4 个层级划分为 9 个阶段，总结了 32 个可能潜在问题，如没有找到正确的合作者、问题本身不需要可视化、没有领域用户对系统进行使用评估[44]。

2）数据-模型。通过数据挖掘模型或者机器学习算法可以从原始、低层级的信息中提取用户更关注的重要特征。用户需要选择合适的模型以及参数来从数据找到有价值的特征，这些特征可以转换成为人的知识。同样，这个过程是需要不断迭代的，用户需要决定采用的模型，依据模型的输入要求对数据进行相应的变换，选择合适的参数得到合适的输出结果。为了应对大数据分析的要求，可视分析中越来越多结合机器学习技术和其他自动分析方法来构建系统，从而帮助用户理解数据。常见的技术包括，降维投影、聚类、分类、回归等方法。在使用这些模型时，可视分析系统更关注模型能够接收用户的反馈，对输出结果进行调整，如用户可以对于模型的参数进行调整，或直接修改输出结果，模型能够理解用户的意图进行调整。此外，深度学习模型的引入进一步提高了可视分析系统的智能性。

3）模型-可视化。模型与可视化互相紧密关联。一方面，用户可以通过可视化来理解模型，通过交互界面选择合适的模型和参数。另一方面，在可视分析进行探索后，可以通过模型来验证用户的猜想和假设。近年来，模型的可解释性越来越受到关注。模型必须对自身的输出提供可解释性，这样才能应用于实际决策中。可视分析在模型的可解释性方面发挥着重要作用。一些学者提出了可视分析支持下的、以人为中心的机器学习研究框架[45]，如图 9. 32 所示。在这个框架中，“*Informed* ML”指在基于数据构建模型时引入人的先验知识，“*Informed* XAI”指对模型的可解释性引入专家知识。模型的建立会把机器学习算法和人紧密结合，使得人的知识能够迁移到算法和模型中，而可视分析系统为这样的迁移过程提供了交互式界面。专家的知识不仅在模型的构建阶段，也在模型的可解释性上发挥着重要作用。可视分析界面需要能够将专家知识和模型结果有效组织起来。

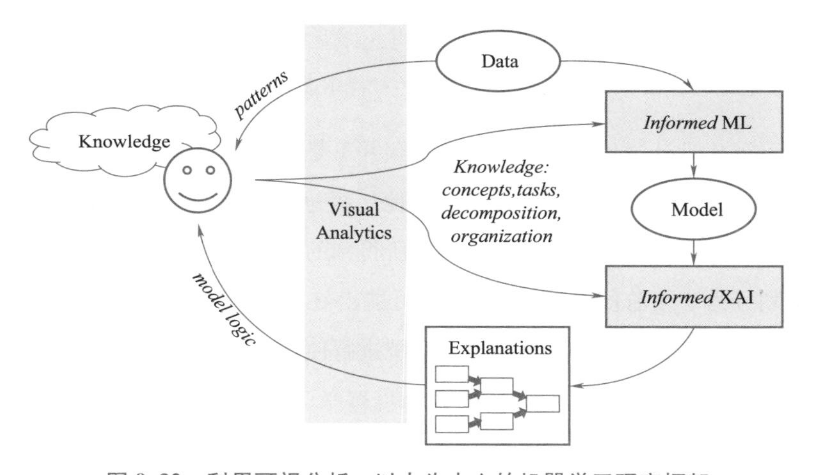

图 9. 32　利用可视分析，以人为中心的机器学习研究框架

4）探索环路。用户通过与可视分析系统交互来生成新的可视化或者模型来分析数据。基于分析的目的，用户采取特定的交互方式来对数据进行探索。如果缺少具体的分析目标，探索数据的过程也会产生新的发现，从而生成新的分析目标。此外，分析的结果不一定和预定的分析目标相关，会产生新的发现或者开拓新的分析方向。

5）验证环路。用户从探索阶段得到发现中获得洞察，这些洞察又会帮助用户从数据中产生新的猜想，这些新的猜想引导用户对于数据进行进一步的探索，来验证猜想的正确性。有时洞察不一定和需要验证的猜想相关，但是会促成其他问题的解决或者产生新的问题。

6）知识生成环路。通过这样产生假设与验证的过程，用户获取数据所在领域的知识。这些知识又会影响新的猜想的形成。

以上环路的形成离不开用户与可视分析系统进行交互。可视分析系统通过图形界面，让用户可以直接对可视化进行交互，如选择、过滤，或者提供控制组件帮助用户控制模型中的参数。然而，随着数据规模变大、模型越来越复杂，用户在调整模型时存在巨大的挑战，如不知道调整哪些参数、得不到预期的输出结果。为了提高可视分析系统的可用性，研究者提出了语义交互（semantic interaction）的概念[46]。语义交互指理解用户在数据探索中的意图，隐式的修改模型。比如，用户通过鼠标将投影图中两个点分开，模型理解用户的意图后，调整投影参数，使得新的投影结果中两个点分开。这种交互方式不需要用户直接操作模型，通过捕获用户在可视化中直接操作数据的隐性意图，来调整模型，极大降低了用户的交互负担如图 9.33 所示。

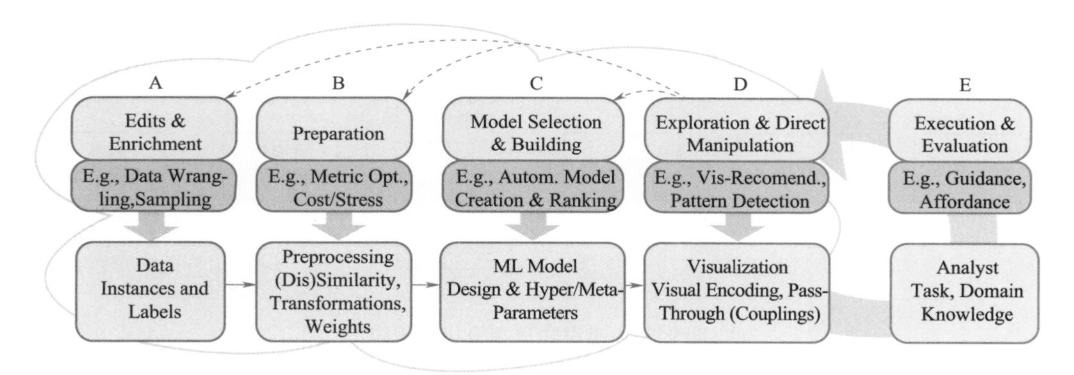

图 9.33　结合机器学习的可视分析流程

大规模数据的分析使得可视分析更加需要和机器学习紧密相结合。有学者提出了将传统机器学习和可视分析进行了融合和统一的框架[47]（图 9.34）。在这个流程中，可视分析界面（D）作为人和模型交互的媒介，用户可以修正每一步中的操作。修改后的结果然后返回到分析界面呈现给用户。蓝色框中是列举了支持用户进行交互的自动方法的例子。这个模型将机器学习和可视分析中的不同领域多学科相融合，数据操作（A）、可视化技术（D），人机交互（E）属于可视化研究范畴，处理算法（B），模型选择（C）则机器学习的研究范畴。

随着数据的规模越来越大、算法越来越复杂，可视分析流程面临着严重的性能瓶颈。大规模数据带来的处理、渲染、交互延迟，让用户需要等待可视分析系统输出结果后进行下一步的操作，极大影响了分析过程的体验。一种方式是通过预计算的方式保存可能的结果，较少交互过程中的实时计算，但是这种方式限制了交互的灵活性和自由度。另一种方式是通过大规模并行处理来加速算法的计算过程，但是需要大量额外的硬件资源。为此，近年来渐进式可视分析（progressive visual analytics）的概念受到研究者的关注。这种方法强调算法模型可以在执行过程中产生部分结果，这些部分结果可以输入到可视分析系统中，让用户可以探索部分结果，而无须等待所有的结果计算完成。与预计算和加速方法相比，这种方法不需要所有结果计算完成才可以进行分析。与流数据分析相比，这种方法分析的数据不变，当部分数据处理后即可以产生可视化结果。渐进式方法为可视分析带来了许多优势。例如，以前等待分析完成所花费的时间现在可以用于评估早期的部分结果。根据这些部分结果，用户可以调整输入参数、更改数据集或终止产生不重要结果的错误分析。

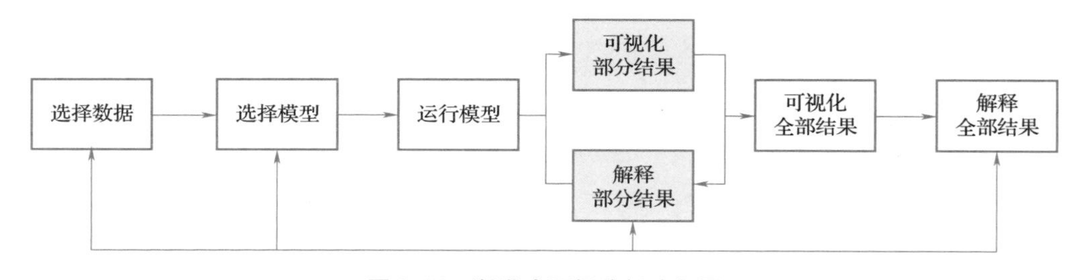

图 9.34　渐进式可视分析流程图

9.3.2　可视化与可视分析案例

本小节将介绍三个可视分析系统案例，分别针对微博的转发传播、以个人为中心的信息传播，以及社交媒体事件传播问题设计了相应的可视分析系统。

1. 微博转发传播可视分析

社交媒体上一条消息发出后，会引起大量转发。针对社交媒体上的转发行为分析，已有工作主要集中在可视化转发结构或传播的语义变化。然而很少研究支持对于转发的结构与语义的综合探索。在展现转发结构的同时，帮助理解产生这样转发结构的原因，以及传播过程中用户观点的变化。为了解决上述挑战，R-Map 采用了地图隐喻的可视化方法，展现信息的转发结构以及语义特征[48]。在这个地图中，湖泊表示关键人物，转发关键人物的用户构成湖泊周围的城市。语义相似的转发城市组成区域，而湖泊及其周围的城市组成一个国家，代表一个转发子树。转发的国家形成了大陆，而孤立的岛屿代表了与大陆不同的转发。使用多种地图符号来表示关键人物之间的转发关系。河流表示关键人物之间具有转发关系，桥梁表示转发的关键人物之间存在语义差异，而航线代表的关键人物之间不存在关注关系，如图 9.35 所示。

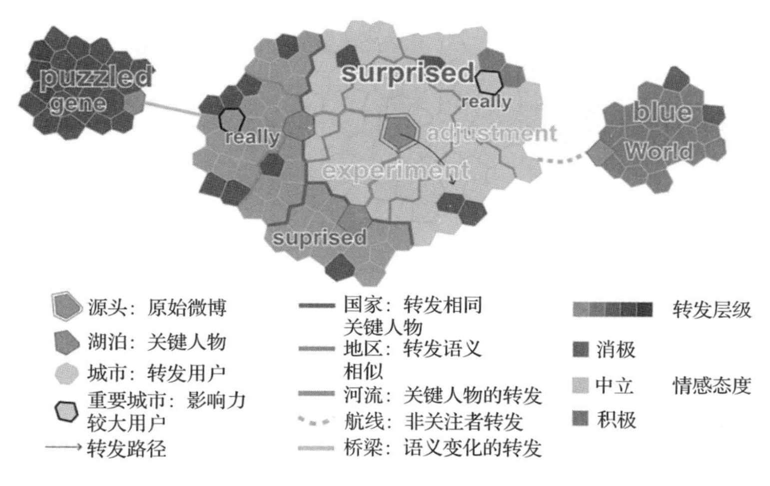

图 9.35 R-Map 中的视觉编码方式

下面用一个案例分析一个热门微博的转发过程，如图 9.36 所示。该地图按情感进行颜色编码，为提供了有关转发过程和微博用户评论的情感概述。可以看出，地图上很少有正面的情感态度，大多数人都表示是负面或者中立的评论。三个主要分支从地图中心向外延伸。查看原始微博，发现拥有近 400 万粉丝的财经网发布微博称世界上第一个经过基因编辑的双胞胎在中国出生，该消息引发了激烈的讨论，短时间内有 9 000 多人转发了该消息。从地图中心，可以发现与事件相关的关键字诸如“人类”“道德”和“基因”的频率很高。人们也对此实验感到惊讶和担忧。在查看了这些关键词之后，点击这些词可以显示相关的微博。相反，很少有转发带有积极的情绪。而从离大陆的两个岛上的词语中，发现这两个岛有许多共同的关键词，例如“世界”，“蓝色”和“清洁”，它们都是罕见的积极词。一些用户的评论非常相似，其中包含“为了保护的蓝色和纯净的世界”。经过进一步研究，发现这句话取材自名为《机甲战士高达》的漫画，该漫画讲述了人类与基因改造人类之间的战争故事。人们在评论中使用此句子时，他们对此事件表示关注和讽刺。

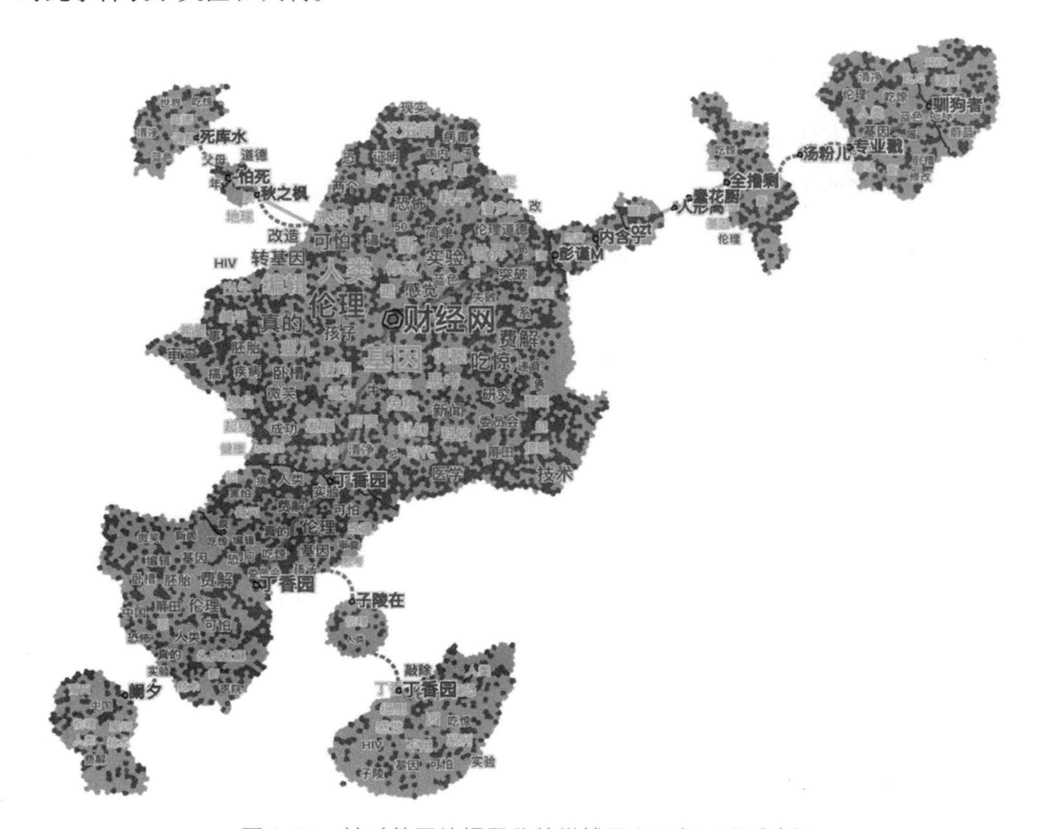

图 9.36　针对基因编辑婴儿的微博语义理解（见彩插）

在该大陆的左下角发现了更多有价值的信息。沿着河流，找到了一个名为丁香园的关键人物，它拥有 120 万粉丝。它转发原始的微博，并质疑该实验的伦理检查。在转发中，一个没有关注丁香园的名为子陵的用户从专业角度分析了此事件，并指出该实验未通过伦理检查。然后丁香园转发了他的微博，并将其报告给了大众。尽管他们不是彼此的粉丝（通过航线连接），但他们在这个主题上进行了深入的讨论，很多账户参与了转发。后来，丁香园进一步转发了以前的微博，并添加了有关此研究的更多信息。“本研究的伦理学已获莆田医院批准”的说法引起了负面情绪的进一步讨论，因为莆田医院在中国拥有很差的声誉。

2. 以个体为中心的信息传播可视分析

R-Map 是对于一条微博的传播过程进行分析，然而很少有研究工作探索社交媒体的用户是如何参与一个中心用户的多条微博转发的。D-Map 从中心用户的微博出发，针对这个人一系列微博的所有转发，构造出这个人的社会媒体地图 D-Map。图 9.37 将所有人按照相关性构造出一个基于六边形网格的地图，这个地图可以没有遮挡地描述出不同社群之间信息的传播。每个六角形块是一个或者一群用户，颜色代表不同的社群。其中有重要影响力的角色用大的六角形块进行表示。箭头的粗细代表社群之间人带来的总共转发量的大小。社群是由算法自动根据他们的传播结构、参与微博的相似性进行划分的。通过交互，用户可以探索不同传播过程的重要传播路径以及有重要影响力的用户。该可视分析系统可以辅助用户从时序、层次结构以及高维空间中探索信息的传播行为。

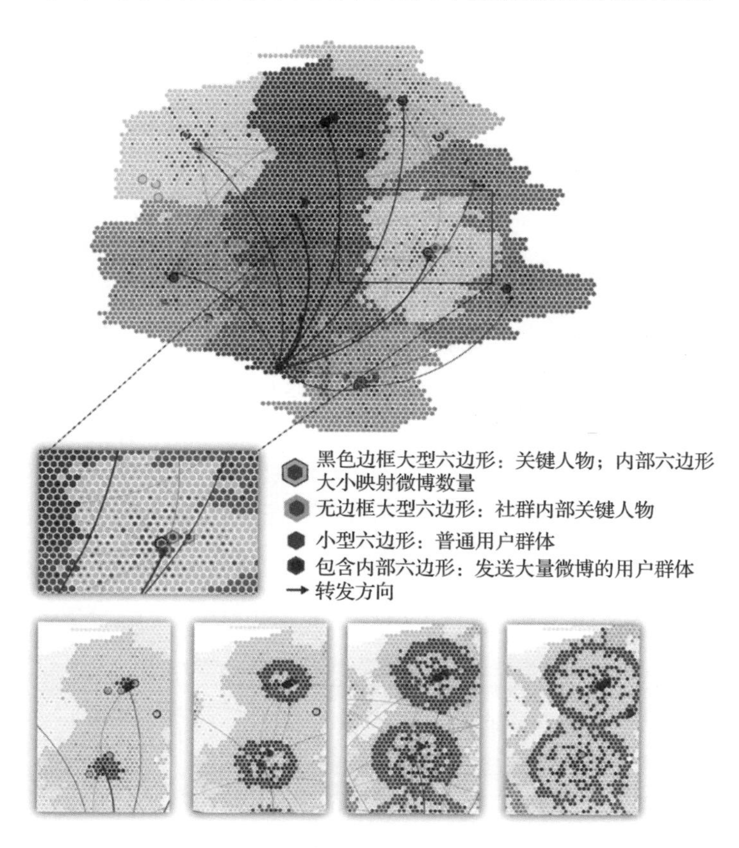

图 9.37 D-Map 的视觉编码[49]（见彩插）

在这个案例中，中心用户是一个学术研究者。在抽取了它的500条微博后，并且对这500条微博抽取了所有转发共14 597条。其中包含了9 142位用户，从中检测出了11个社群。综合而言，这些社群分布较为均衡。通过点击选择中心用户，以观察到直接转发他微博的人群。在其中，分布在他周围的红色社群包含了大部分这样行为的人。为了更进一步了解传播的过程，使用一条原微博来阐述可视分析的探索过程。首先，选择一条有600人参与的微博。除了中心用户（C1）之外，参与人群主要分布在三个社群之中，黄色（C2）、绿色（C3）以及暗黄色（C4），如图9.38所示。在地图上，顺着传播的顺序，我们可以容易地探寻事件传播的过程。首先，中心用户发送了一条微博，紧接着，在前八个小时中，它被C2中的一个重要角色转发了，扩散到C2群体，如图9.38-T1所示。同时它从C2扩散到C3。之后引发在C3、C4中的下一轮的转发与讨论如图9.38-T2所示，并且持续在这几个社群中讨论与发酵，如图9.38-T3所示。可以看出高亮的点都集中在社群的边缘，说明这是一个长延时的转发行为，经过了很多步，最终传到了不同社群的人群中。

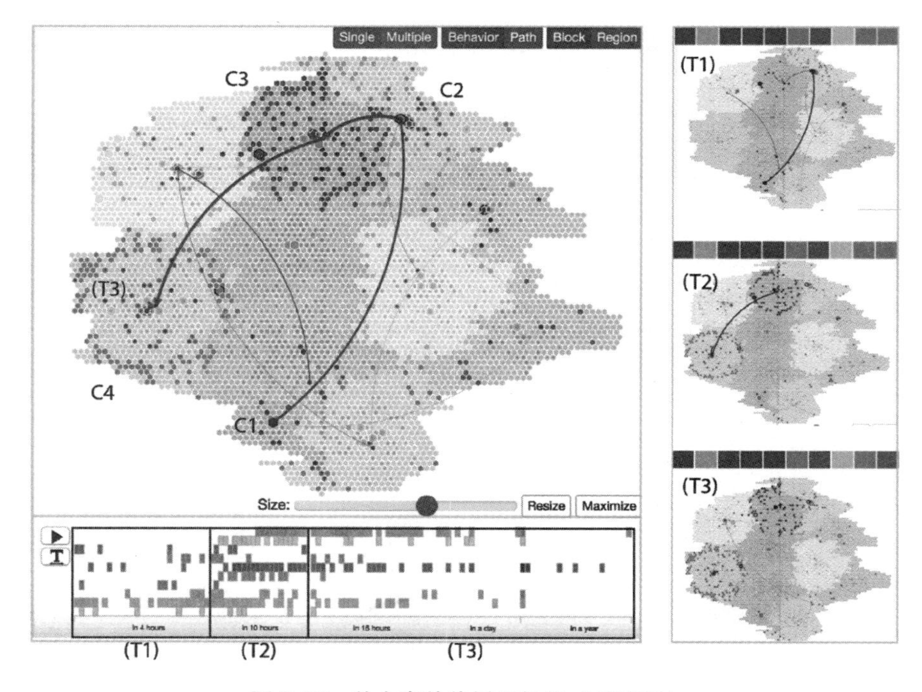

图9.38　单个事件传播可视化（见彩插）

9.4 大规模数据管理

可视化在数据分析中起到重要作用，用户利用相应的系统对数据进行探索和分析。然而随着数据规模的增大，可视化系统对数据进行筛选、展示、探索时，数据量导致的延迟也会增加，从而损害用户的探索体验。对交互延迟的研究表明，500ms 的延迟便会降低用户在可视化系统中的积极性。因此，对大规模数据进行可视化时，需要使用合适的数据管理方法来降低数据延迟，保证用户的探索体验。

9.4.1 数据立方体

在信息可视化以及可视分析任务中，数据立方体是一种常用的索引方法。数据立方体通过预计算以及预存储，在所有可能的维度组合上提前进行聚合，得到相应的值，聚合操作包括求和、取最值、求平均等，查询时直接返回预计算的结果，因此能够支持聚合值的快速查询。计算机科学家詹姆斯・格雷（Jim Gray）等人[50] 在提出数据立方体时，就认为可视化是数据分析过程中的重要一步。而基于数据立方体，可视化领域结合该领域需求提出了的数据管理方法。

基于数据立方体，一些学者在 2013 年提出了 imMens[51]，根据可视化视图将数据立方体划分为多个子立方体，并对数据块切片来进行数据管理。聚合过程中，离散维度的数值直接映射到立方体维度上；连续维度的数值，如位置等，经过离散化后再进行映射。数据立方体所需要的空间会随着维度的增加而急剧增大，而划分子立方体能够减少构建立方体的空间需要。例如一个包含空间 x/y 位置、月份、天、小时等五个维度的数据，需构建五维的立方体，imMens 根据可视化系统的视图将其分解为多个小的三维或四维的立方体，例如划分为空间、月份的子立方体，空间、天的子立方体，空间、小时的子立方体和月、天、小时的子立方体，即将五维立方体划分为 4 个三维的立方体，如图 9.39，在子立方体上，再根据维度上的数据，imMens 把子立方体分为几部分，以便通过并行计算加快查询。例如具有二维空间的子立方体，在两个空间维度上分别进行切分，划分为 4 个数据片，查询时对数据片进行并行查询。

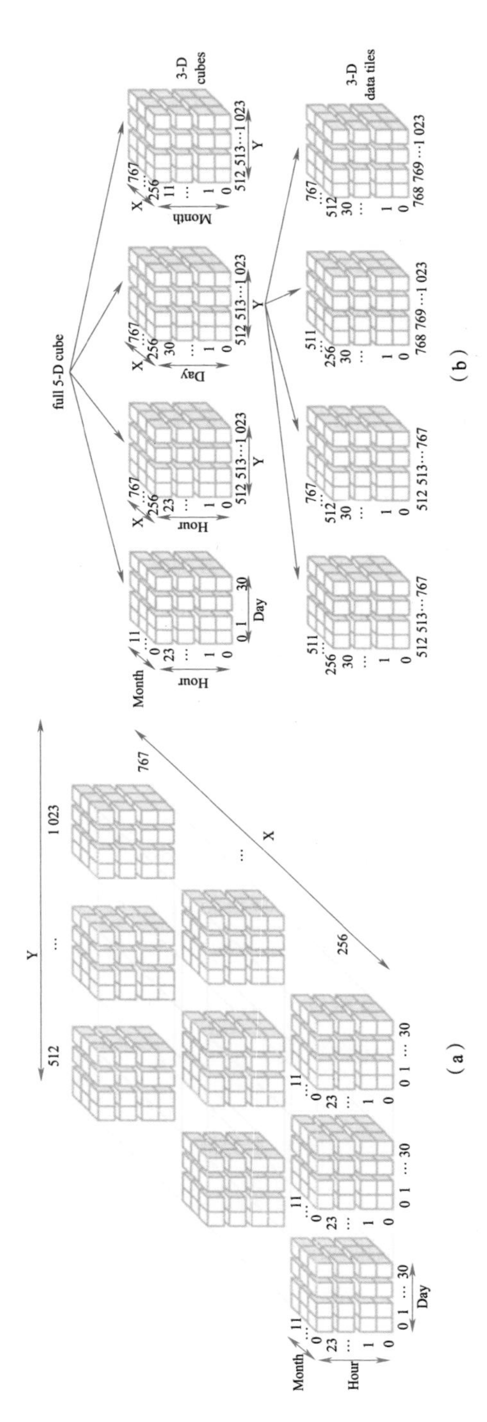

图9.39 imMens对高维数据立方体的划分

还有一些学者提出了 nanocubes[52]，在时空数据上建立数据立方体，并支持高维度的立方体构建。该方法通过树状结构实现了数据立方体，支持在空间、时间和其他类别维度的属性上建立索引，并且利用共享机制减少了内存的占用。图 9.40 描述了索引的建立过程，nanocubes 是一种具有两种层次结构的树状结构，大的层次对应立方体中不同的维度组合，层次内部对同一属性按不同的数据粒度进行聚合。在空间上，nanocubes 使用四叉树建立索引，递归划分到指定的深度，因此具有相同划分路径的多个数据点能够聚合；在其他类别维度上，该方法采用了 n 叉树，n 的大小与这一维度上值的情况有关。在时间维度上，nanocubes 将时间按照指定的粒度离散化后按升序排列，并在相应的时间区间内聚合数据，之后在聚合后的数组中从小到大对数值进行累加，得到一维的区域求和表（Summed-Area Tables，SAT），来提高时间段内数据总和的查询速度。在查询时，空间维度的值通过四叉树的方法进行查询。类别维度通过查询值直接到达下一层结点，在时间维度上利用区域求和表通过两次查找得到查询值的起始和结束位置的值，两值相减即可得到此时间区间内值的总和。

数据立方体的方法需要提前对可能进行的查询进行预计算和存储，需要大量的预计算时间和存储空间。然而在实际的使用过程中，用户可能并不需要对所有的可能情况进行查询，而是根据探索需要进行部分查询。因此可以考虑根据用户的查询来动态更新数据立方体的结构，以便减少不必要的预计算时间和存储空间。一些学者基于此思路提出 SmartCube[53]，使用树状的结构建立索引，同时使用 nanocubes 中的共享机制来减少内存的使用。SmartCube 将每一个维度组合作为更新数据立方体的基本单元，当用户不断查询时，内部结构根据查询的情况动态更新，产生新的立方体单元保存对应的聚合值以便加速之后的查询，如图 9.41 所示。为了支持内部结构的更新，结构内部需要记录额外的、表示共享状态的信息，以便顺利进行添加和删除。记录的信息主要是结点和边被立方体单元共享的次数，称之为引用数。添加立方体单元时，相应的结点和边的引用数增加 1，删除立方体单元时，引用数减少 1，当引用数归零时删去该结点或边。

同样为了应对数据立方体所需空间大的问题，Hashedcubes 使用一个连续数组存储聚合值[54]，建树过程与 nanocubes 类似，但是建树的数据划分中只对数组进行排序并保存划分轴值，而不创建新的结点，因此避免了空间大的问题，但是在查询时与划分过程不一致的查询需要实时计算获得结果。

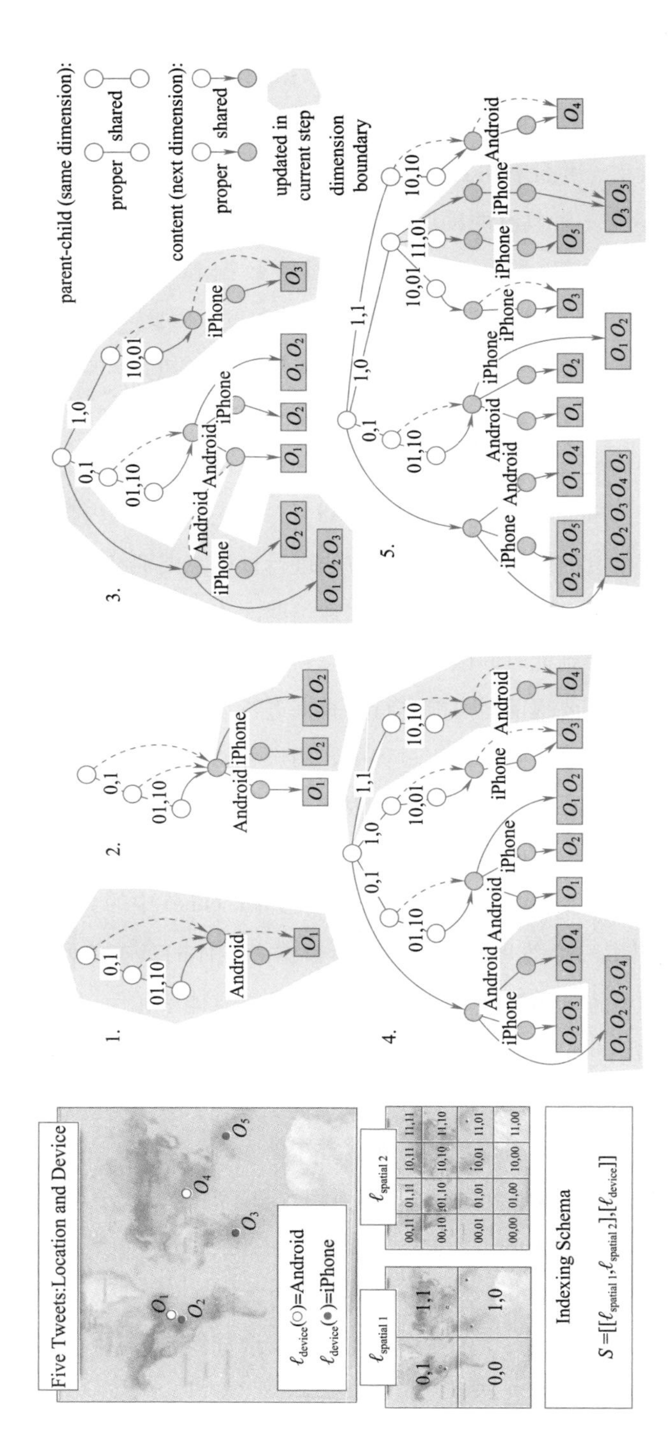

图9.40 Nanocubes构建数据立方体的过程

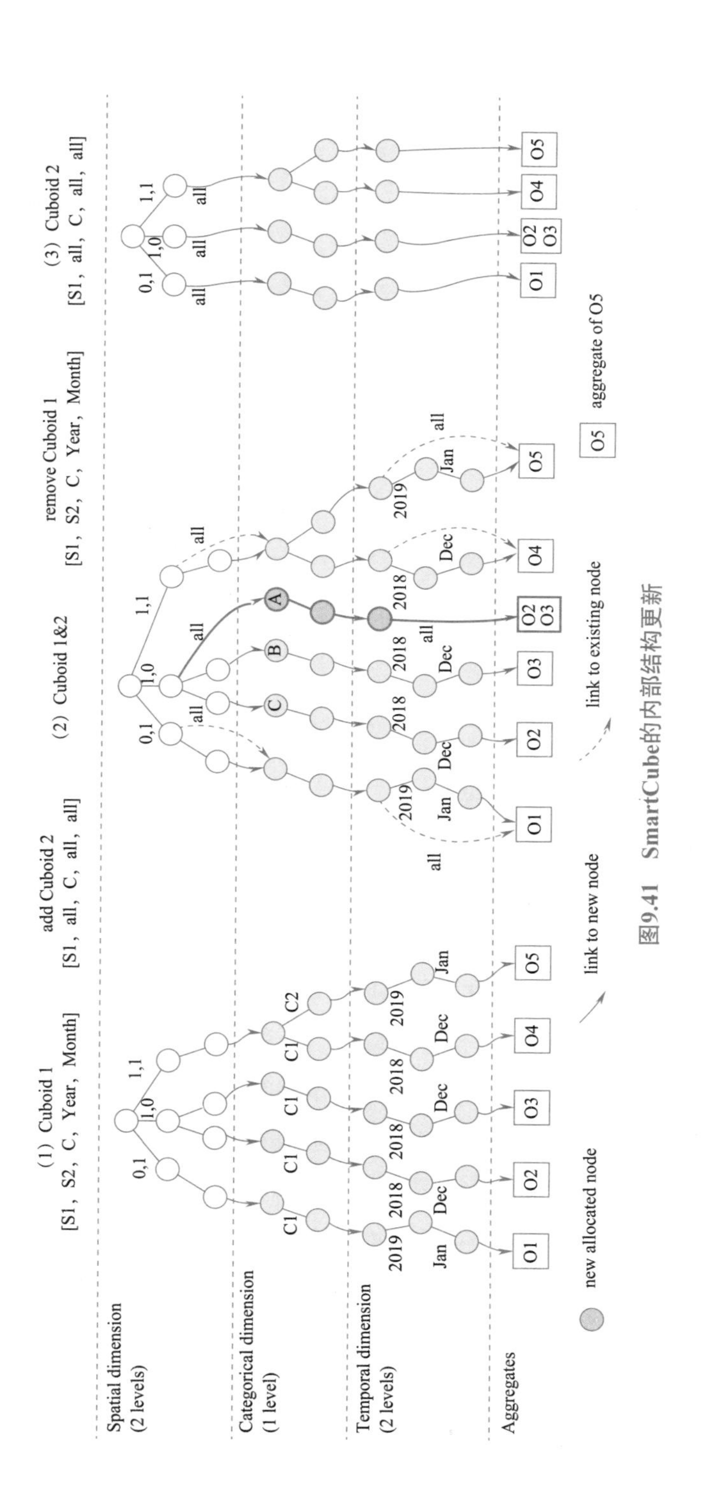

图9.41　SmartCube的内部结构更新

可视化社区还对数据立方体进行了扩展，以支持可视化特定的任务。TopKube在结点中额外保存了所属数据的排序情况，支持查询前 k 大的数据，用来探索事物发展的趋势[55]。一些学者在对具有时空属性的文本数据进行处理时，也使用了数据立方体的方法，提出了语义立方体，对文字进行特殊处理，通过主题模型的方法将文字数据转化为向量数据，使得数据立方体能够为文本数据建立索引。例如，为了较好地处理时间维度而提出的Time Lattice[56]，在时间维度上建立了层次结构，保留了更多时间的属性，如年、月、日、小时、分钟、秒等。在原始数据之外，GaussianCubes存储了被称为充分统计数据的额外数据[57]，并利用这些数据进行一定程度上的模型拟合，故在数据统计值查询之外，GaussianCubes可以在选择的数据中进行最小二乘法或者主成分分析等。还有学者提出了QDS（quantile datacube structure），基于顺序统计量（order statistics）使用非参数分布的近似方案[58]，对数据分布进行查询。在空间处理上，ConcaveCubes基于空间上的多层次聚类，通过一种凹包算法，支持具有现实意义的空间划分，而不仅是对空间进行规则的四分[59]。

9.4.2 其他数据管理方法

在数据立方体外的数据管理方法上，社区也进行了一些探索。针对移动/放缩（pan/zoom）的可视化交互类型，一些学者在大规模数据的处理中提出了Kyrix[60]。Kyrix的后端服务器采用了分层的思想，通过多个数据转化器预先对原始数据进行处理，得到多个不同层级的数据，可视化系统在放缩到不同的层级时，后端返回适合的数据层级用于渲染展示。基于R树，一些学者提出了一种分布敏感的数据结构RSATree[61]。在空间中，RSATree使用R树来进行空间分布敏感的划分，在R树的每个结点中，使用积分直方图（integral histograms，IH）来进行高效的近似的范围查询。该方法在降低存储使用的情况下，支持低延迟的近似查询。一些方法利用GPU进行数据管理。一些学者提出STIG（spatio-temporal indexing using GPUs）[62]，其基于GPU在点数据中进行快速时空数据检索，其内部结构通过KD树进行索引，并在GPU上不同的数据块并行查询，同时支持多边形区域的查询。

对于过大规模的数据，可视化领域也可通过一种渐进式（progressive，incremental）的方法来管理数据。渐进式的数据管理方法每次只在部分数据上进行查询，尽快返回这部分的结果并展示给用户，然后再次在另一部分数据中进行查询，并将本次的结果与之前的结果合并，更新可视化效果，重复这一过程直到在所有的部分数据上都进行了查询，此时返回的结果为对所有数据进行查询的结果，或者用户认为此时的结果已经满足要求而不需要进行后续的查询。

一些学者在 2014 年的研究中开始将渐进式的分析方法应用到可视分析中[63]，对过程式的可视分析范式进行了描述，并为渐进式可视分析系统的可视化部分和算法部分分别设计了实现目标。2017 年，一些学者设计了 SwiftTuna[64]，对大规模的高维数据，进行增量式的可视化探索，同时保证增量响应之间的延迟在几秒钟内。增量式的方法避免了使用预计算方法提前保存大量数据导致的存储需求。SwiftTuna 首先将数据分为多个块，在处理查询时将任务在多个数据块上分为多个作业进行，并在需求端询问时返回已有的结果，最终将所有数据块的结果返回。

9.5 常用可视化工具与软件

随着可视化与可视分析的发展，各种可视化工具与软件也应运而生，层出不穷。针对可视化的各个细分领域，也衍生出不同的工具，如高维数据可视化工具、文本可视化工具、网络可视化工具乃至可视化构建工具与基于交互操作的构建工具。

9.5.1 高维数据可视化工具

高维数据的可视化工具发展较早，目前已经有许多应用广泛的工具和软件。Polaris[65] 是一款早期的高维数据可视化软件，能够配合数据库查询，帮助用户展现结构化的表格数据。用户通过简单的图形界面交互，就能创造出多种可视化形式，如平行坐标、柱状图等。经过长期的应用和发展，Polaris 丰富了支持的可视化形式和用户交互操作，成为目前流行的可视化工具 Tableau。Tableau 迄今为止仍是功能最强大、应用最广泛的可视化工具之一。但其中功能繁多、需要用户进行一定的学习与训练。

此外，还有许多在线的交互式可视化工具，无须用户安装客户端和环境，简化高维数据可视化的流程。例如，北京大学自主研发的可视化装配线系统，能够允许用户上传自己的高维数据，通过简单的鼠标点击和拖拽、生成新颖多样的高维可视化图表并相互共享，如图 9.42 所示。有兴趣的读者可自行尝试、并加深对高维数据可视化的理解。SeeDB[66]、VizDeck[67]、Voyager[68] 等研究系统可以根据用户指定的数据维度或模式，根据不同维度数据的统计属性，推荐用户可能感兴趣的视图，方便高维数据的探索和挖掘。

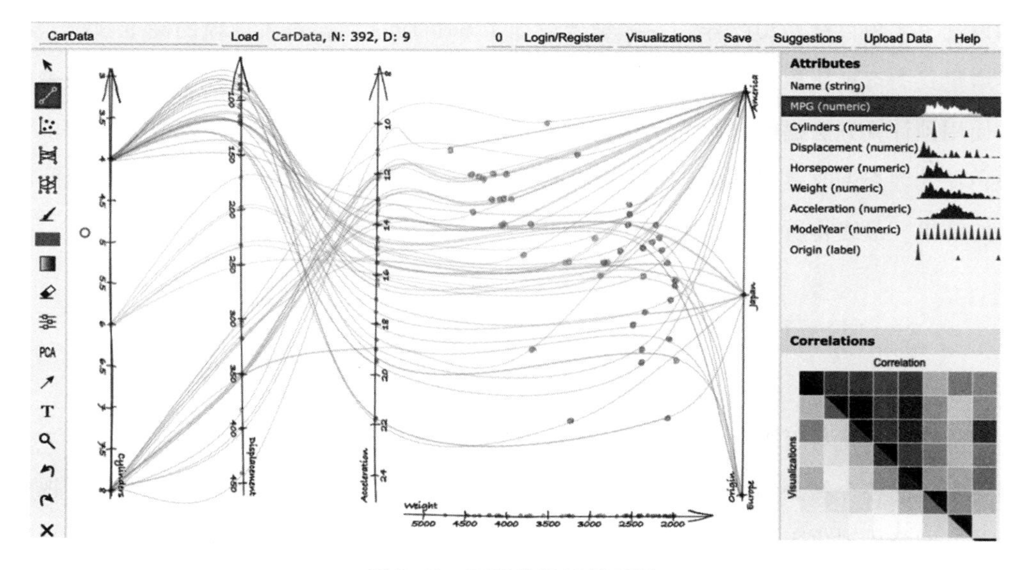

图 9.42　可视化装配线系统

9.5.2　文本可视化工具

文本可视化最为常见的方法是词云（Wordle），在互联网上有许多网站提供在线的词云生成工具，如 WordArt、图悦等能根据用户提供的任何文本，快速生成词云的效果。Tagxedo 还能够连接到目标网页，并生成多种风格化的词云效果。

面向特定领域或数据类型的文本可视化工具也十分常见。例如针对新闻类数据的可视化，Contextifier[69] 可以为在线的商业新闻提供叙事可视化，为文本中提到的公司股价生成可视化并添加注释，展示公司的历史事件对于股票的影响。NewsViews[70] 还可以从新闻语料库生成极值（如最小值/最大值）的观察性注释等。北京大学微博可视分析系列通过新颖的可视分析技术，从文本数据挖掘微博传播、事件、关键词、用户等信息，让用户从不同角度理解社交媒体事件的动态发展。

9.5.3　网络可视化工具

目前已经有许多用于可视化和绘制网络可视化的软件和框架。Graphviz[71] 最早的开源网络布局和渲染引擎之一，由 AT&T 实验室开发，支持多层次的力导向图布局和分层布局算法，以及各种图论算法等，可通过 R 语言和 Python 使用。Gephi 是一款基于 Java 的开源网络分析和可视化软件包，提供了多种布局算法（multilevel spring-electrical models），支持大规模图的渲染，能够处理复杂的静态和动态图形。OGDF 是一个用于自动布局图的 C++类库，支持基于力导向模型的算法和快速多极力近似（multipole force approximation），以及分层、正交和平面布局算法。Tulip[72] 也是一个 C++框架，它将 OGDF 图形布局算法作为插件，用于开发交互式网络可视化应用，促进组件的重复使用。

此外，D3. js[73] 也有基于力导向模型的布局模块，可以快速绑定网络数据，构建基于浏览器页面的网络可视化效果，并具有较强的可复用性和可移植性。

9.5.4　可视化构建工具

可视化构建是将数据转换为可视化的过程。任何提供数据存储访问和图形界面方法都可以用于构建可视化。随着互联网和终端设备的发展，基于 HTML 和 JavaScript 构建的可视化能够在网页端被用户通过计算机、手机或平板电脑随时随地访问，更好地辅助可视化的传播，并支持丰富的用户交互，提升用户体验和参与感。因此目前大多数的可视化和可视分析系统，主要使用 JavaScript 编程语言及相关工具构建，这也是本章介绍的重点。

1. 基于文本编程的构建工具

基于文本编程的构建工具主要分为命令式语法与描述性语法。命令式语法具有很强的表达性，能够根据具体需求以及分析场景设计出高效的可视化形式，但构建过程相对复杂，适合有编程经验的可视化开发人员；描述性语法编写的是关于最终目标可视化的描述，更加关注可视化形式的设计与结果，适合编程基础较弱的初学者，或需要快速构建可视化原型的场景，但描述性语法只能支持预设的可视化形式，灵活性和可扩展性比命令式语法低。

命令式语法需要用户指定数据读取，数据变换，视觉映射，可视化渲染以及用户交互，能够支持多种不同可视化形式以及交互方式，流程较为复杂和烦琐。因此，许多可视化构建框架和可扩展工具包应运而生，简化用户可视化构建的工作。

D3 是目前可视化领域最为主要的编程工具库，全称是 Data-Driven Documents，是一个开源的 JavaScript 函数库，提供许多简单易用的函数和可视化部件，基于数据驱动的方法去操作文档对象模型（DOM）大大简化了 JavaScript 操作数据的难度。基于 D3 强大的表达能力，仅仅通过少量代码就可以实现数据绑定和交互事件绑定，并且灵活地进行更新和代码重用，如图 9.43 所示。

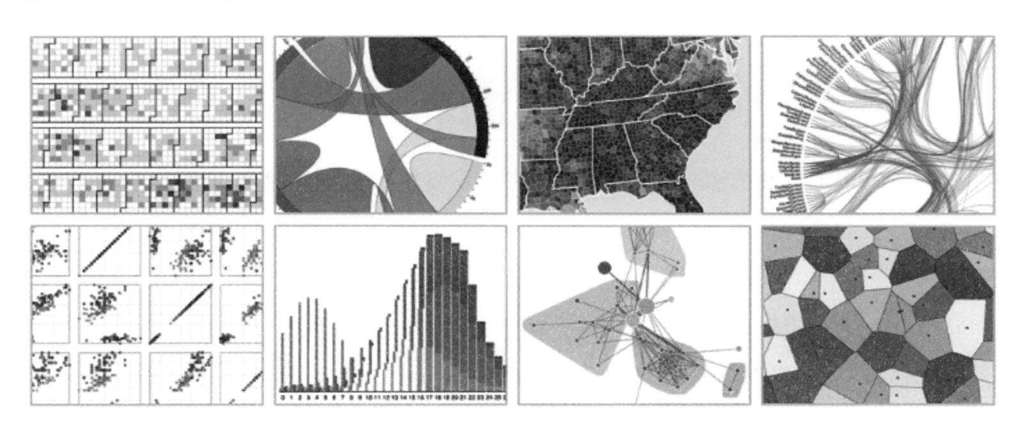

图 9.43　基于 D3 构建的可视化

在构建具有复杂三维结构的可视化页面时，还会用到 WebGL（Web graphics library）的三维绘图标准。WebGL 程序由 JavaScript 编写的句柄和 OpenGL 编写的着色器代码组成，支持调用硬件加速渲染三维图形图像，大大加快了三维场景和模型显示的速度。由于原生的 WebGL 较为复杂，通常会使用基于 WebGL 的 JavaScript 工具库，如 three. js，创建网页中的 GPU 加速的 3D 动画元素。

此外，还有大量的图表库，例如 Echart 是百度公司开发的用 JavaScript 实现的开源可视化库，可以运行在 PC 和移动设备上，底层依赖轻量级的矢量图形库，提供定制的数据可视化图表；Highcharts 是一个基于 JavaScript 编写的图表库，能够很便捷地在 Web

页面或 Web 应用程序上添加可交互的可视化图表，如柱状图、饼状图、散点图、仪表图、气泡图、瀑布流图等多达 20 种图表，用户可以通过代码或配置文件调整可视化的具体参数，如视觉元素的颜色、大小等。

通过命令式语法构建可视化的过程较为复杂，具有较高的学习和使用门槛，没有编程经验的用户难以使用该方法构建可视化。与之相比，描述性语法则支持用户通过描述性语言的库来实现可视化，方便进行跨平台部署，不需要关心编程实现可视化的过程，集中精力投入到可视化的设计中，在一定程度上简化了用户的编程负担。

目前存在多种不同的描述性语言，例如 GoG[74]，ggplot2[75]，Vega[76]，Vega-lite[77]等。GoG（the grammar of graphics）是最早的描述性语法之一，提供了可视化形式的抽象表达，帮助用户更加高效地考虑不同的可视化形式。ggplot2 是基于 GoG 实现的 R 语言工具包，能够支持多种不同的可视化形式，但依然无法支持交互式的可视化形式。Vega 支持用户通过编辑 JSON 文件，描述图表的坐标轴、数据、视觉元素的数据绑定和交互方式，构建基础的交互式可视化。虽然 Vega 具有较强的表达能力，但其较为复杂的语法规则，也给用户记忆和使用带来一定负担。Vega-lite 是一个更为简化的描述性语法，能够支持用户迅速构建交互的可视化，并通过分层、连接、分面、重复的方式支持多种简单统计图表的复合，但也相应地降低了 Vega 的表达性。Vega 与 Vega-lite 构建的可视化，具体的交互还是依赖于命令式语言中的事件处理器。

面对可视化巨大的设计空间，通用的描述性语法不足以细粒度地描述所有的可视化形式，针对特定可视化领域的描述性语法也是十分必要的。通过聚焦到具体的可视化领域，提供更细粒度的可视化形式描述，用户能够更灵活地定制某种类型的可视化。例如，单元可视化（unit visualization）通过将每个数据对象映射到独立的视觉元素中，更好地展示原始数据中细节信息，是非常受欢迎的可视化形式，但 Vega 和 Vega-lite 等通用描述性语法无法很好地支持单元可视化的构建。ATOM[78] 描述性语法针对单元可视化的特征，将原始数据与展示空间进行递归地划分，可以让每个数据对象与屏幕的空间单元一一对应。除此之外，还有针对多类密度地图可视化[79]，针对体绘制可视化[80]，针对树可视化的描述性语法等。

尽管描述性语法相对于命令式语法已经大大降低了实现难度，但是基于文本编程的构建工具对于普通用户仍然非常困难，通过编写代码或者 JSON 文件的方式并不直观，需要用户将目标可视化形式转换为代码或者规定的描述形式。

2. 基于交互操作的构建工具

基于交互操作的构建工具通过提供交互构建可视化的界面，让用户使用交互操作自由地构建多种多样的可视化形式，不需要编写代码或描述，操作更加简单、直观。

Adobe Photoshop、Adobe Illustrator 等图形编辑器软件，由可视化元素面板、操作面板和画布组成。可视化面板包含基本视觉元素，如矩形，圆形等。从可视化面板中选择视觉元素添加到画布后，可以直接操纵视觉元素调整其大小和布局，在操作面板或对话框中对视觉元素的颜色、透明度、对比度、亮度等视觉映射属性进行设置，并添加辅助线，网格线等辅助元素，在画布直接预览显示可视化结果。该类工具不需要用户具有编程知识，用户只需要初步设计好目标的可视化形式，通过拖拽、操纵的交互式构建方法得到结果，目前已经发展成为可视化设计师创建可视化的重要手段。

随着互联网和云端存储业务的发展，在团队协作设计的需求推动下，许多在线的构建工具越来越流行，如 Sketch、Figma、Pixso、蓝湖等 UI 设计软件。这些工具通常基于浏览器或客户端设计，能够将项目随时保存在云端，支持多方用户对设计进行实时评论或修改，并查看历史版本和修改记录，获得更流畅、更高效的团队协作体验。

上述基于交互操作的构建工具，通常需要用户从头开始使用基本视觉元素构建可视化，并且无法将视觉元素与数据属性或者对象进行绑定。因此，数据驱动的交互构造可视化的系统，通过数据绑定和模块化可视化设计的方式，提供给用户具有强大表达能力的框架，支持通过拖拽的交互方式构建复合可视化元素和可视分析模块。如 Lyra[81]、iVisDesigner[82]、DDG[83] 等交互式设计工具，方便用户指定数据绑定关系和定义各种形状组合，所创造出的可视化形式能够方便的复用，在绑定的数据发生更改时，数据所绑定的形状会相应地发生变化。

在目前广泛应用于可视化的商业软件中，如 Tableau、PowerBI，用户可以上传需要可视化的数据，通过拖拽或者下拉菜单选择的方式，直接将数据字段映射到目标的编码通道（如 XY 轴、颜色、形状），系统自动根据指定的映射方式生成有效的图表，从而降低用户在可视化构建中的负担。

9.6 本讲小结与展望

可视化早期通过绘制图形图表的方式，帮助人更好理解和分析数据。从早期地图，到现在的交互隐喻地图帮助人们梳理社交媒体的信息传播脉络；从古代家谱，到复杂的大规模图可视化，可视化在帮助人们处理数据、表达信息、形成洞见等方面发挥了巨大的作用。20 世纪 80 年代，由于计算水平的飞速进步，特别是图形计算能力的提升，以及同时期观测或者计算获得数据能力的增长，计算机驱动的大数据可视化快速成为一个新兴的学科交叉方向。当前，可视化变得更加动态和多样化，在科研、商业、社会管理等方面都发挥着重要作用。

可视化是人类在大数据时代的另一种“语言文字”，它可以表达纷繁复杂的数据，协助沟通，帮助决策。今天，可视化领域和其他计算学科一样，面临着与更多领域和学科结合的机遇与挑战，例如近年来人文领域掀起了数字人文的热潮。这让人们看到了大数据可视化日新月异的发展及与其他学科不断融合的可能性。

本讲梳理了可视化的概念与分类，介绍了不同类型数据的可视化方法和可视分析、大规模数据管理，以及常用可视化工具与软件，力图为读者呈现大数据可视化的基本图景。在过去的数十年间，计算机科学和信息科学都在经历着前所未有的变化，下一个时代，可视化的使用者和提供者的角色也会融合在一起，让机器更好地“理解”数据，把自动化全面接入到可视化的设计、构建、交互、利用的全流程，是让可视化被更多学科和大众使用的必由之路。发展更加智能的可视化，将能够对接更加广阔的应用领域和更加庞大的用户。随着各方面加入可视化方向的研究队伍不断壮大，原有的技术挑战将会被不断解决，新的方向会被不断发现，研究领域也会不断扩展，让我们共同期待未来有更多的学者、学科和用户加入，激发更多可视化交叉领域的遐想，为大数据时代的可视化不断注入新的活力与想象力。

参考文献

[1] CARD S K, MACKINLAY J D, SHNEIDERMAN B. Readings in information visualization: using vision to think[M]. Burlington: Morgan Kaufmann Publishers, 1999: 647-650.

[2] MACKINLAY J. Automating the design of graphical presentations of relational information[J]. Acm Transactions On Graphics (Tog), 1986, 5(2): 110-141.

[3] CARR D B, LITTLEFIELD R J, NICHOLSON W L, et al. Scatterplot Matrix Techniques for Large N[J]. Journal of the American Statistical Association, 1987, 82(398): 424-436.

[4] INSELBERG A. The Plane with Parallel Coordinates[J]. The Visual Computer, 1985, 1(2): 69-91.

[5] WILKINSON L, ANAND A L. Grossman. Graph-Theoretic Scagnostics[C]//In IEEE Symposium on Information Visualization, 2005: 157-164.

[6] MAYORGA A, GLEICHER M. Splatterplots: Overcoming Overdraw in Scatter Plots[J]. IEEE Transactions on Visualization and Computer Graphics, 2013, 19(9): 1526-1538.

[7] GEOFFREY P E, ALAN J D. Enabling Automatic Clutter Reduction in Parallel Coordinate Plots [J]. IEEE Transactions on Visualization and Computer Graphics, 2006, 12(5): 717-724.

[8] ZHOU H, YUAN X R, QU H M, et al. Visual Clustering in Parallel Coordinates[J]. Computer Graphics Forum, 2008, 27(3): 1047-1054.

[9] JOHANSSON S, JOHANSSON J. Interactive Dimensionality Reduction through User-defined Combinations of Quality Metrics[J]. IEEE Transactions on Visualization and Computer Graphics, 2009, 15(6): 993-1000.

[10] KOSARA R, BENDIX F, HAUSER H. Parallel Sets: Interactive Exploration and Visual Analysis of Categorical Data[J]. IEEE Transactions on Visualization and Computer Graphics, 2006, 12 (4): 558-568.

[11] VAN DER MAATEN L, HINTON G. Visualizing Data using t-SNE[J]. Journal of Machine Learning Research, 2008, 9(11): 2579-2605.

[12] VAN DER MAATEN L. Accelerating t-SNE using tree-based algorithms[J]. Journal of Machine Learning Research, 2014, 15(1): 3221-3245.

[13] INGRAM S, MUNZNER T, OLANO M. Glimmer: Multilevel MDS on the GPU[J]. IEEE Transactions on Visualization and Computer Graphics, 2009, 15(2): 249-261.

[14] COX T F, COX M A. Multidimensional Scaling[M]. London: Chapman and Hall/CRC Press, 2000.

[15] YUAN X R, GUO P H, XIAO H, et al. Scattering Points in Parallel Coordinates[J]. IEEE Trans-

actions on Visualization and Computer Graphics, 2009, 15(6): 1001-1008.

[16] EADES P. A heuristic for graph drawing[J]. Congressus numerantium, 1984, 42: 149-160.

[17] FRUCHTERMAN T M J, REINGOLD E M. Graph drawing by force directed placement[J]. Software-Practice and Experience, 1991, 21: 1129-1164.

[18] BARNES J, HUT P. A hierarchical O(NlogN) force-calculation algorithm[J]. Nature, 1986, 324: 446-449.

[19] WATTENBERG M. Visual exploration of multivariate graphs[C]//In Proceedings of the international conference on human factors in computing systems, 2006: 811-819.

[20] CUI W, ZHOU H, QU H, et al. Geometry-based edge clustering for graph visualization[J]. IEEE Transactions on Visualization and Computer Graphics, 2008, 14(6): 1277-1284.

[21] YOGHOURDJIAN V, DWYER T, KLEIN K, et al. Graph Thumbnails: Identifying and Comparing Multiple Graphs at a Glance[J]. IEEE Transactions on Visualization and Computer Graphics, 2018, 24(12): 3081-3095.

[22] CHE L, LIANG J, YUAN X, et al. Laplacian-based dynamic graph visualization[C]//In Proceedings of IEEE Pacific Visualization Symposium, 2015: 69-73.

[23] REINGOLD, EDWARD M, JOHN S T. Tidier drawings of trees[J]. IEEE Transactions on software Engineering, 1981(2): 223-228.

[24] LAMPING J, RAMANA R, PIROLLI P. A focus+ context technique based on hyperbolic geometry for visualizing large hierarchies[C]//Proceedings of the SIGCHI conference on Human factors in computing systems, 1995: 401-408.

[25] ROBERTSON G, MACKINLAY J D, STUART C. Cone Trees: Animated 3D Visualizations of Hierarchical Information[C]//In Proceedings of the ACM CHI 91 Human Factors in Computing Systems Conference, 1991: 189-194.

[26] JEONG, CHANG S, ALEX P. Reconfigurable disc trees for visualizing large hierarchical information space[C]//Proceedings of IEEE Symposium on Information Visualizatio, 1998: 29-52.

[27] MUNZNER, TAMARA. H3: Laying out large directed graphs in 3D hyperbolic space[C]//Proceedings of VIZ' 97: Visualization Conference, Information Visualization Symposium and Parallel Rendering Symposium. IEEE, 1997: 2-10.

[28] BRULS, MARK, KEES H, et al. Squarified treemaps[C]//Data visualization 2000. Springer,

2000. 33-42.

[29] LI G Z. Barcodetree：Scalable comparison of multiple hierarchies[J]. IEEE Transactions on Visualization and Computer Graphics，2019，26(1)：1022-1032.

[30] BLOK C A. Monitoring Change：Characteristics of Dynamic Geo-spatial Phenomena for Visual Exploration[J]. Spatial Cognition，2000：16-30.

[31] ANDRIENKO G，ANDRIENKO N，DYKES J，et al. Geovisualization of dynamics，movement and change：key issues and developing approaches in visualization research[J]. Information Visualization，2008，7(3)：173-180.

[32] GUO D，ZHU X. Origin-Destination Flow Data Smoothing and Mapping[J]. IEEE Transactions on Visualization and Computer Graphics，2014，20(12)：2043-2052.

[33] WANG Z，LU M，YUAN X，et al. Visual Traffic Jam Analysis Based on Trajectory Data[J]. IEEE Transactions on Visualization and Computer Graphics，2013，19(12)：2159-2168.

[34] CHEN S，YUAN X，WANG Z，et al. Interactive Visual Discovering of Movement Patterns from Sparsely Sampled Geo-tagged Social Media Data[J]. IEEE Transactions on Visualization and Computer Graphics，2016，22(1)：270-279.

[35] FERNANDA B V，MARTIN W，JONATHAN F. Participatory visualization with Wordle[J]. IEEE Transactions on Visualization and Computer Graphics，2009，15(6)：1137-1144.

[36] GODWIN A，WANG Y G，STASKO J T. TypoTweet Maps：Characterizing Urban Areas through Typographic Social Media Visualization[J]. EuroVis，2017：25-29.

[37] DOU W W，YU L，WANG X Y，et al. Hierarchical Topics：Visually Exploring Large Text Collections Using Topic Hierarchies[J]. IEEE Transactions on Visualization and Computer Graphocs，2013，19(12)：2002-2011.

[38] MINJEONG K，KYEONGPIL K，DEOKGUN P，et al. Efficient Multi-Level Visual Topic Exploration of Large-Scale Document Collections[J]. IEEE Transactions on Visualization and Computer Graphocs，2017，23(1)：151-160.

[39] CUI W W，LIU S X，TAN L，et al . TextFlow：Towards Better Understanding of Evolving Topics in Text[J]. IEEE Transactions on Visualization and Computer Graphics. 2011，17(12)：2412-2421.

[40] DANIELA O，HAO M C，ROHRDANTZ C，et al. Visual opinion analysis of customer feedback

data[J]. IEEE VAST, 2009: 187-194.

[41] KEIM D, ANDRIENKO G, FEKETE J D, et al. Visual Analytics: Definition Process, and Challenges[J]. Information Visualization, 2008, 4950: 154-178.

[42] DOMINIK S, ANDREAS S, FLORIAN S, et al. Knowledge Generation Model for Visual Analytics [J]. IEEE Transactions on Visualization and Computer Graphics, 2014, 20(12): 1604-1613.

[43] Tamara M. A Nested Process Model for Visualization Design and Validation[J]. IEEE Transactions on Visualization and Computer Graphics. 2009, 15(6): 921-928.

[44] SEDLMAIR M, MIRIAH D M, TAMARA M. Design Study Methodology: Reflections from the Trenches and the Stacks[J]. IEEE Transactions on Visualization and Computer Graphics. 2012, 18(12): 2431-2440.

[45] NATALIA V A, GENNADY L A, LINARA A, et al. Visual Analytics for Human-Centered Machine Learning[J]. IEEE Computer Graphics and Applications, 2022, 42(1): 123-133.

[46] ENDERT A, FIAUX P, NORTH C. Semantic interaction for visual text analytics[C]//CHI Conference on Human Factors in Computing Systems, 2012: 473-482.

[47] DOMINIK S, MICHAEL S, ZHANG L S, et al. What you see is what you can change: Human-centered machine learning by interactive visualization[J]. Neuro computing, 2017, 268: 164-175.

[48] CHEN S, LI S H, CHEN S M, et al. R-Map: A Map Metaphor for Visualizing Information Reposting[J]. IEEE Transactions on Visualization and Computer Graphics, 2020, 26(1): 1204-1214.

[49] CHEN S M, CHEN S A, WANG Z H, et al. D-Map: Visual Analysis of Ego-centric Information Diffusion Patterns in Social Media[C]//In Proceedings of IEEE Conference on Visual Analytics Science and Technology, 2016: 41-50.

[50] GRAY J, CHAUDHURI S, BOSWORTH A, et al. Data Cube: A Relational Aggregation Operator Generalizing Group-by, Cross-Tab, and Sub Totals[J]. Data Mining and Knowledge Discovery, 1997, 1(1): 29-53.

[51] LIU Z H, JIANG B Y, JEFFREY H. imMens: Real-time Visual Querying of Big Data[J]. Comput. Graph. Forum, 2013, 32(3): 421-430.

[52] LAURO D L, JAMES T K, CARLOS E S. Nanocubes for Real-Time Exploration of Spatiotemporal Datasets[J]. IEEE Transactions on Visualization and Computer Graphics. 2013, 19(12): 2456-2465.

[53] LIU C, WU C, SHAO H N, et al. SmartCube: An Adaptive Data Management Architecture for the Real-Time Visualization of Spatiotemporal Datasets[J]. IEEE Transactions on Visualization and Computer Graphics. 2020, 26(1): 790-799.

[54] CICERO A D L P, STEPHENS S A, SCHEIDEGGER C, et al. Hashedcubes: Simple, Low Memory, Real-Time Visual Exploration of Big Data[J]. IEEE Transactions on Visualization and Computer Graphics. 2017, 23(1): 671-680.

[55] MIRANDA F, LAURO D L, KLOSOWSKI J T, et al. TopKube: A Rank-Aware Data Cube for Real-Time Exploration of Spatiotemporal Data[J]. IEEE Transactions on Visualization and Computer Graphics. 2018, 24(3): 1394-1407.

[56] FABIO M, MARCOS L, HARISH D, et al. Time Lattice: A Data Structure for the Interactive Visual Analysis of Large Time Series[J]. Computer Graphics Forum, 2018, 37(3): 23-35.

[57] WANG Z, FERREIRA N, WEI Y H, et al. Gaussian Cubes: Real-Time Modeling for Visual Exploration of Large Multidimensional Datasets[J]. IEEE Transactions on Visualization and Computer Graphics. 2017, 23(1): 681-690.

[58] CÍCERO A L P, NIVAN F, JOÃO L D C. Real-Time Exploration of Large Spatiotemporal Datasets Based on Order Statistics[J]. IEEE Transactions on Visualization and Computer Graphics. 2020, 26(11): 3314-3326.

[59] LI M Z, CHOUDHURY F M, BAO Z F, et al. ConcaveCubes: Supporting Cluster-based Geographical Visualization in Large Data Scale[J]. Computer Graphics Forum, 2018, 37(3): 217-228.

[60] TAO W B, LIU X Y, WANG Y D, et al. Kyrix: Interactive Pan/Zoom Visualizations at Scale[J]. Computer Graphics Forum, 2019, 38(3): 529-540.

[61] MEI H H, CHEN W, WEI Y, et al. RSATree: Distribution-Aware Data Representation of Large-Scale Tabular Datasets for Flexible Visual Query[J]. IEEE Transactions on Visualization and Computer Graphics. 2020, 26(1): 1161-1171.

[62] HARISH D, HUY T V, CLÁUDIO T S, et al. A GPU-based index to support interactive spatio-temporal queries over historical data[C]//International Conference on Data Engineering, 2016: 1086-1097.

[63] CHARLES D S, ADAM P, DAVID G. Progressive Visual Analytics: User-Driven Visual Exploration of In-Progress Analytics[J]. IEEE Transactions on Visualization and Computer Graphics.

2014, 20(12): 1653-1662.

[64] JAEMIN J, WONJAE K, SEUNGHOON Y, et al. SwiftTuna: Responsive and incremental visual exploration of large-scale multidimensional data[C]//IEEE Pacific Visualization Symposium, 2017: 131-140.

[65] STOLTE C, TANG D, HANRAHAN P. Polaris: A system for query, analysis, and visualization of multidimensional relational databases[J]. IEEE Transactions on Visualization and Computer Graphics, 2002, 8(1): 52-65.

[66] VARTAK M, RAHMAN S, MADDEN S, et al. Seedb: Efficient data-driven visualization recommendations to support visual analytics[C]//In Proceedings of the 2015 International Conference on Very Large Databases. ACM. 2015, 8(13): 2182.

[67] KEY A, HOWE B, PERRY D, et al. VizDeck: Self-organizing Dashboards for Visual Analytics [C]//In Proceedings of the 2012 International Conference on Management of Data. ACM. 2012: 681-684.

[68] WONGSUPHASAWAT K, MORITZ D, ANAND A, et al. Voyager: Exploratory analysis via faceted browsing of visualization recommendations[J]. IEEE Transactions on Visualization and Computer Graphics. 2015, 22(1): 649-658.

[69] HULLMAN J, DIAKOPOULOS N, ADAR E. Contextifier: automatic generation of annotated stock visualizations[C]//In Proceedings of the SIGCHI Conference on human factors in computing systems. 2013: 2707-2716.

[70] TONG G, JESSICA R H, EYTAN A, et al. NewsViews: an automated pipeline for creating custom geovisualizations for news [C]//In Proceedings of the SIGCHI Conference on Human Factors in Computing Systems. 2014: 3005-3014.

[71] GANSNER E R, NORTH S. An open graph visualization system and its applications to software engineering[J]. Software-Practice & Experience, 2000, 30: 1203-1233.

[72] TUNKELANG D. A Numerical Optimization Approach to General Graph Drawing[D]. Pittsburgh: Carnegie Mellon University, 1999.

[73] BOSTOCK M, OGIEVETSKY V, HEER J. D3 Data-Driven Documents[J]. IEEE Transactions on Visualization and Computer Graphics, 2011, 17(12): 2301-2309.

[74] WILKINSON L. The Grammar of Graphics[M]. Berlin: Springer, 2006.

[75] WICKHAM H. ggplot2: Elegant Graphics for Data Analysis[M]. Berlin: Springer, 2016.

[76] SATYANARAYAN A, RUSSELL R, HOFFSWELL J, et al. Reactive Vega: A Streaming Dataflow Architecture for Declarative Interactive Visualization[J]. IEEE Transactions on Visualization and Computer Graphics, 2016, 22(1): 659-668.

[77] SATYANARAYAN A, HEER J. Lyra: An Interactive Visualization Design Environment[J]. Computer Graphics Forum, 2014, 33(3): 351-360.

[78] SATYANARAYAN A, MORITZ D, WONGSUPHASAWAT K, et al. Vega-Lite: A Grammar of Interactive Graphics[J]. IEEE Transactions on Visualization and Computer Graphics, 2017, 23(1): 341-350.

[79] JO J, VERNIER F, DRAGICEVIC P, et al. A Declarative Rendering Model for Multiclass Density Maps[J]. IEEE Transactions on Visualization and Computer Graphics, 2019, 25(1): 470-480.

[80] SHIH M, ROZHON C, MA K. A Declarative Grammar of Flexible Volume Visualization Pipelines [J]. IEEE Transactions on Visualization and Computer Graphics, 2019, 25(1): 1050-1059.

[81] LI G, TIAN M, XU Q, et al. GoTree: A Grammar of Tree Visualizations[C]//. In Proceedings of the 2020 CHI Conference on Human Factors in Computing Systems, 2020, 170: 1-170: 13.

[82] REN D, HÖLLERER T, YUAN X. iVisDesigner: Expressive Interactive Design of Information Visualizations[J]. IEEE Transactions on Visualization and Computer Graphics, 2014, 20 (12): 2092-2101.

[83] KIM N W, SCHWEICKART E, LIU Z, et al. Data-driven guides: Supporting expressive design for information graphics[J]. IEEE Transactions on Visualization and Computer Graphics, 2016, 23 (1): 491-500.

第 10 讲
工业大数据

编者按

本讲由王建民撰写。王建民是清华大学教授，是我国大数据领域的知名专家，是工业大数据领域的技术领导者，创立了 Apache IoTDB 等著名开源项目，影响广泛。

20 世纪 60 年代以来，工业数字化进程经历了信息化、网络化和智能化 3 个相互叠加的历史阶段，工业数据从企业信息化数据到互联网跨界数据，再到工业物联网数据，最终形成了工业数据集，成为现代工业的基础生产资料。进入 21 世纪，美国通用电气公司将工业物联网数据称为工业大数据，后来整个工业数据集也为被广义地称为工业大数据。

本讲以工业物联网数据为主线而展开，10.1 节主要解释工业大数据基本概念，10.2 节主要介绍工业数据采集方法，10.3 节主要介绍工业时序数据库，10.4 节介绍工业数据治理技术，10.5 节介绍工业时序数据分析方法。

10.1 引言

10.1.1 工业数据集

20 世纪 60 年代开启了企业信息化这一“有起点、没终点”的历史进程，数据是企业信息化项目成功的关键要素，“三分技术、七分管理、十二分数据”是信息化领域重要定律。计算机辅助设计/分析/工艺/加工（CAD/CAE/CAPP/CAM）、产品数据/生命周期管理（PDM/PLM）、物料需求计划/企业资源规划（MRP/ERP）、供应链管理（SCM）和客户关系管理（CRM）等企业信息系统中，积累了产品研发数据、生产制造数据、供应链数据以及客户服务数据，是工业企业重要的数据资产，是价值密度最高、数据质量最好的工业数据。

进入 21 世纪，互联网快速发展，互联网上可以自由爬取访问的数据，例如气象、环境、市场、政治事件、自然灾害、市场变化等方面的数据，为工业发展提供了企业之外的数据来源。21 世纪初，日本企业就开始利用互联网数据分析获取用户的产品评价，今天小米手机利用社区社交媒体数据成功实现产品创新研发，金风科技公司主动利用气候与气象数据优化风电场设计、提高风机运维效率。今天互联网上还存在着影响产品市场预测的宏观经济数据、影响企业生产成本的环境法规数据等，它们为工业数据集提供了跨界数据。

近十年来，随着物联网、工业互联网等技术的快速发展，企业车间内生产设备/生产线以及交付给用户的产品状态与工况数据，成为增长较快的数据来源。一方面，机床等生产设备物联网数据为智能工厂生产调度、质量控制、能量优化和绩效管理提供了实时数据基础；另一方面，交付给用户的工业装备使用过程中由传感器采集的大规模时间序列数据，包括装备状态参数、工况负载和作业环境等工况信息，控制器产生的控制指令数据，以及执行器产生的反馈信号数据等，可以帮助用户进行设备健康管理（Prognostics Health Management）、提高装备运行效率，并提供预测性维修服务（Maintenance Repair and Overhaul，MRO）。

综上，企业信息化数据、互联网跨界数据、工业物联网数据，它们构成了工业领域的“0层”数据，称其为工业数据集，它本质上是“企业信息化”与“互联网”“物联网”叠加应用的结果，如图10.1所示。

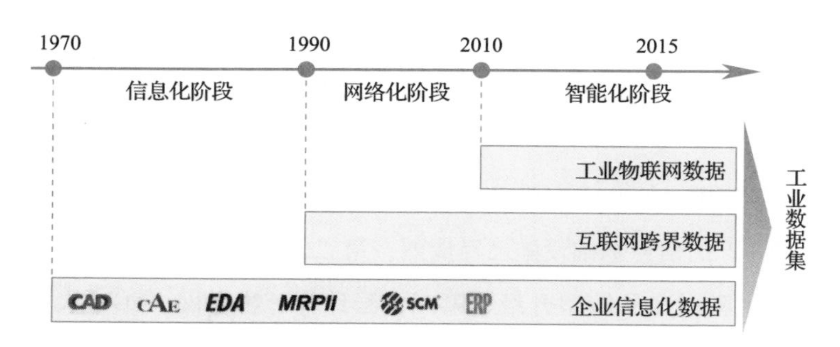

图10.1 信息化、网络化、智能化各发展阶段积累的工业数据集

10.1.2 工业大数据

2012年通用电气公司（GE）在其《工业互联网：突破智慧与机器的界限》研究报告中明确提出了“工业大数据”的概念[2]，并指出“充分利用海量时序数据驱动工业创新、竞争和成长，是大数据技术为新工业革命带来的历史性机遇”，如图10.2所示，

体现出工业大数据所蕴含的巨大价值。

GE
Intelligent Platforms
The Rise of
Industrial Big Data
Leveraging large time-series data sets to drive innovation, competitiveness
and growth—capitalizing on the big data opportunity

图 10.2　GE《工业互联网：突破智慧与机器的界限》研究报告

工业大数据就是工业物联网时序数据，是工业设备物理量的数字化记录，是带时间戳的工况数据，它蕴含着丰富的工业语义。

2014 年，哈佛大学迈克尔·波特教授进一步指出：信息技术正在带来工业产品革命，高端装备必将升级为智能联网产品[3]。以拖拉机为例，制造业不再是简单制造一个机械产品，而是制造一个数字化、网络化的智慧联网产品，在此基础上，拖拉机与播种机、松土机、收获机器等构成了农业机群系统，这些农机系统与天气、种子、灌溉等系统进行协同形成现代农业系统，促进了工业、农业和服务业的有机融合，如图 10.3 所示。

“工业大数据”概念的产生主要由于以下五个方面的变化：第一，装备和产品网络化连接（互联网+）的信息基础设施已经成熟；第二，嵌入式硬软件与工业装备和产品快速融合，数字化联网产品转型升级；第三，云计算、物联网、5G、大数据、人工智能等信息技术拥有成本大幅下降，并成为普遍服务；第四，工业企业不仅需要通过制造产品获得利润，而且产品售后服务成为企业新的增长点，即向服务型制造业转型；第五，环境与资源压力要求制造业必须回归“从摇篮到摇篮”制造理念，绿色制造是经济可持续发展的必然要求。

这里的工业大数据就是工业物联网数据，有时人们广义上也把工业数据集称为工业大数据。

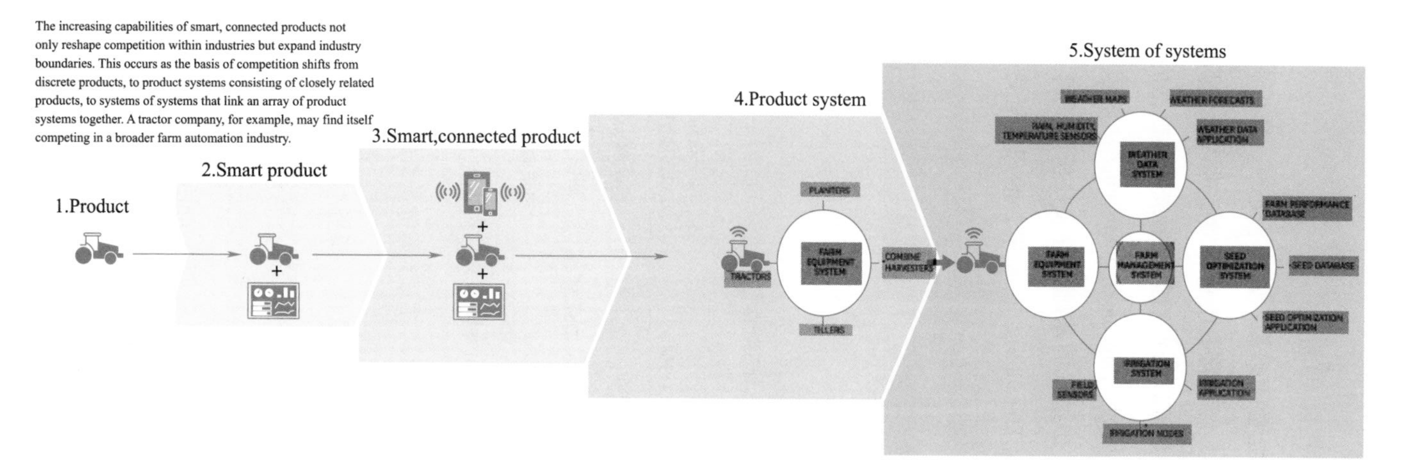

图10.3　未来智慧联网产品

10.1.3 工业大数据生命周期

工业大数据生命周期包括数据采集、管理、处理、分析和应用五个阶段，即采集阶段获得的0层机器时序数据，经过接收解析存储后进入管理阶段，在管理阶段与相关的企业信息化数据和外部跨界数据进行按需集成形成0层数据的工业数据湖，之后进入数据处理阶段即通常所说商务智能（business intelligence）阶段，形成以报表为主要表达形式的N层数据，在0和N层数据的基础上进入分析阶段即人工智能（artificial intelligence）阶段，将数据加工成工业知识，在采集、治理、处理、分析基础上实现工业大数据应用，如图10.4所示。

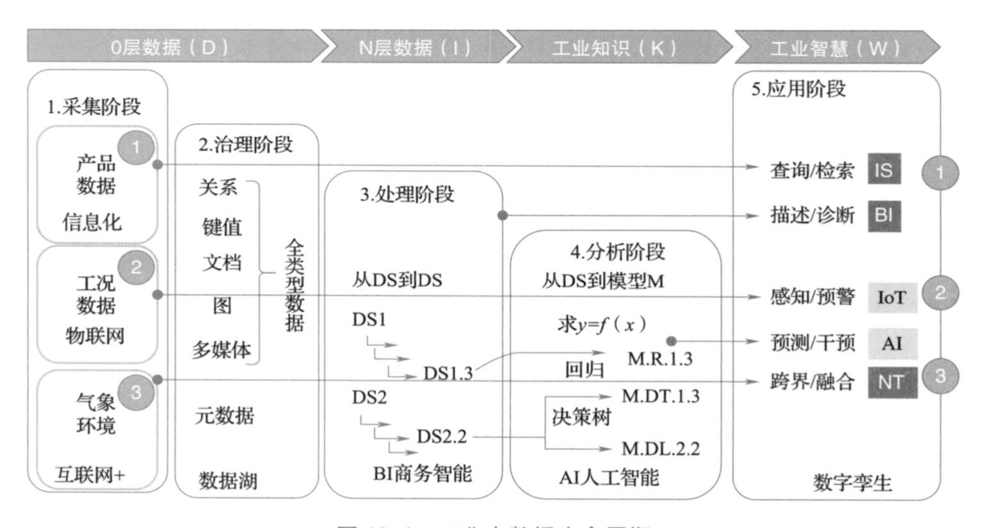

图10.4 工业大数据生命周期

由上图可以看出，将物联网、信息化、商务智能、人工智能进行综合应用是工业4.0时代的特征，工业大数据应用也是一个集大成者，就是一个应用当中只有物联网是不行的，只有信息化也不行，还要再加上商业智能，再加上人工智能。也就是说现代工业大数据应用就是遵循大数据价值金字塔创造价值的过程。

数据是整个工业物联网的核心。随着物联网与工业的深度融合，机器数据的传输方式由局域网络走向广域网络，从管理企业内部的机器拓展到管理企业外部的机器，支撑人类和机器边界的重构、企业和社会边界的重构，进而释放工业物联网的价值。

10.1.4　工业大数据应用场景

工业大数据典型应用场景主要包括以下几种。

（1）物联网应用场景：采集、报警与控制。

工业物联网数据首先应用于设备工况监控，即人们通常所说的大屏应用，也是传统的数据采集与监视控制系统（SCADA 系统）应用。例如工程机械地理位置与安全运行监控，交通车辆能耗情况与行驶速度监控，民航飞机航线与状态监控等。在此应用场景中还需要对采集数据进行故障、异常等指标进行报警，如果条件允许还要进行现场干预与控制。

（2）信息化应用场景：管理、查询与检索。

工业物联网数据主要反映的物理设备或工作环境状态数据，它需要存储起来并和企业信息化数据、互联网跨界数据进行集成，形成工业物联数据的 0 层数据，实现装备跨生命周期阶段数据集成、查询与检索。例如，水泥泵车臂架震动传感器数据不仅用于实时检测，而且需要与泵车实例物料表（BOM）进行集成，以方便以零部件视角查询臂架震动历史数据。

（3）商务智能应用场景：集成、处理、报表。

来自企业信息化系统的业务数据主要是企业执行层的细粒度业务数据，来自传感器的工业物联网数据是物理空间微观数据，因此它们都需要被加工成粗粒度、中观宏观事件，形成了工业物联网 N 层数据（对应 0 层数据而言），其应用形式即为企业多维报表。

（4）人工智能应用场景：分析、预测与决策。

基于工业物联网数据与企业信息化数据、互联网跨界数据构成的 0 层数据，以及处理阶段形成的 N 层数据，进行深度数据分析，从而为工业预测与决策提供支撑。例如，构建计算机主板锡膏质量深度学习网络，工程装备维修保养行为识别，风场区域短时风力预测。

（5）“互联网+”应用场景：跨界、融合。

当前社会与政府治理数字化转型步伐加快，互联网上的数据资源日趋丰富，例如国家气象科学中心已经开放了基本气象资料和产品共享目录，中国环境监测总站也在其网站上开始提供实时数据。企业需要将外部跨界数据源进行集成，如农机公司就可以将天气数据、灌溉数据、种子数据以及农机数据进行跨界融合，为农业粮食增产、农民增收服务。

上述 5 种工业大数据应用场景可以组合与综合应用，例如河北天远科技实现了装备物联网、企业信息化、商务智能与人工智能等应用的融合，新疆金风科技实现了风机物联网、企业信息化、商务智能、人工智能和气象互联网+应用的融合，因此上述 5 种应用场景应用发展路径和台阶需要根据企业实际情况而定，并最终实现工业数字孪生等最终发展目标。

10.2 工业数据采集

10.2.1 总体架构

工业数据采集系统包括三个核心部分，即物联网终端设备、网络（包括现场网络和 TCP/IP 网络）和边缘网关构成。工业“终端”设备包括嵌入的传感器、控制器、执行器以及网络天线构成，与装备一起构成了智慧联网产品（smart connected product）。

数据采集即从数字化终端生成工况数据并编码，通过工业网络将编码后的工况数据传送到边缘网关并进行工况解析的过程，解析后即形成工业物联网实现数据，进入数据管理阶段。

工业大数据生命周期的起点即物联网数据采集，它与工业物联网大数据管理阶段的分离点在于工况数据到达边缘网关并完成解析。

工业网络包括基于现场网络的数字化终端之间通信，以及数字化终端和边缘网关之间通信。数字化终端之间透过现场网络通信，又可以分为短距离有线通信（比如 Field Bus、工业以太网等）和短距离无线通信（如蓝牙、Zigbee、WiFi 等）两种方式；数字化终端与边缘网关的通信一般采用中/长距离移动通信（如 4G、5G 等）或 TCP/IP 互联网通信（如 TCP/IP 协议）等。

20 世纪 70 年代在电力系统、流程制造等领域发展起来的数据采集与监视控制系统，即 SCADA 系统，是工业物联网采集系统的前身。一般来讲，SCADA 系统包括监控计算机、远程终端单元（RTU）、可编程逻辑控制器（PLC）、通信基础设施和人机界面（HMI）五个部分组成。对照SCADA系统，本节主要讲述远程终端单元（RTU）、可编程逻辑控制器（PLC）和通信基础设施三方面内容。

10.2.2 工业终端

在工业4.0时代，工业物联网数字化终端主要包括工业传感器、工业控制器和工业执行器三大类。

（1）工业传感器

工业传感器让工业装备具有了感知能力，是工业物联网数据的起点。

根据国标GB/T 7665—2005标准定义：传感器（transducer/sensor）能感受被测量并按照一定规律转换成可用输出信号的器件或装置，通常由敏感元件和转换元件组成。

敏感元件（sensing element）指传感器中能够直接感受或响应被测量的部分，转换元件（transducing element）指传感器中能将敏感元件感受或响应的被测量转换成适于传输或测量的电信号的部分，当输出为规定的标准信号时则成为变送器（transmitter）。

常见的工业传感器主要涉及声音、光照、磁场、温度、位移、振动、压力、流量、电流、电压等物理量的测量，具有技术密集、多品种、小批量、使用灵活及应用分布广泛的典型特征。

工业传感器最显著特点是，在不对物联网设备造成任何损伤的条件下，利用传感器的物理性质变化表征被测对象的物理状态变化，并通过电信号输出，供后续分析。随着信息、通信、材料等技术的发展，工业传感器呈现出小型化、一体化、集成化、智能化的发展趋势。

随着现代工业的飞速发展，人们对复杂产品的可靠性要求不断提高。相应地，工业感知技术在生产过程中的安全性保障、装备运维、产品质量控制等方面发挥了重要的作用[1]。

（2）工业控制器

控制器（controller）是指按照预定顺序改变主电路或控制电路的接线和改变电路中电阻值来控制电动机的启动、调速、制动和反向的指令装置。由程序计数器、指令寄存器、指令译码器、时序产生器和操作控制器组成，它是发布命令的“决策机构”，即完成协调和指挥整个计算机系统的操作。

根据国标 GB/T 15969.1—2007 标准给出的“可编程序控制器”定义：一种用于工业环境的数字式操作的电子系统。这种系统用可编程的存储器作面向用户指令的内部寄存器，完成规定的功能，如逻辑、顺序、定时、计数、运算等，通过数字或模拟的输入/输出，控制各类型的机械或过程。可编程序控制器及其相关外围设备的设计，使它能够非常方便地集成到工业控制系统中，并能很容易地达到所期望的所有功能。该标准还给出了可编程序控制器系统定义，以及可编程序控制器系统基本功能结构。

（3）工业执行器

执行器是自动控制系统中必不可少的一个重要组成部分。它的作用是接受控制器送来的控制信号，改变被控介质的大小，从而将被控变量维持在所要求的数值上或一定的范围内。执行器按其能源形式可分为气动、液动、电动三大类。

国标 GB/T 26815—2011 定义：执行器（final controlling element）即控制系统正向通路中直接改变操纵变量的仪表，由执行机构和调节机构组成。

10.2.3 工业现场协议

工业现场协议是数字化的现场数据通信标准，用于取代模拟信号传输，让更多的实时现场信息在现场设备和控制系统之间进行双向传输。目前常用的自动控制系统与分散的 I/O 设备之间的现场工业协议包括 Modbus、Profibus、Profinet、CAN、Fieldbus 等，其工业现场总线周期一般不超过 10ms。

为了简化数据传输这个复杂的问题，国际标准化组织（ISO）开放系统模型 OSI 模型采用了七层模型。OSI 模型给出了三个重要的概念：①协议：第 N 层协议跟对等的 N 层协议进行对话；②服务：每一层向上一层提供服务，上一层调用下一层服务；③接口：每两层之间，上一层根据服务接口调用下一层的服务而不用知道具体实现。

工业现场总线协议也是根据 ISO/OSI 模型构建的，但是在大部分情况下，聚焦不同场景的工业协议根据自身数据的特点，选择七层模型中的若干层进行组合，快速实现相应的工业现场协议。

Modbus 是美国 Modicon 公司于 1979 年制定的工业现场协议标准，目前它已发展成一种实现简单、工作可靠的工业现场协议。

对照 OSI 七层模型来看，Modbus 位于第七层应用层。根据应用层的数据交换特点，Modbus 协议具体可以分为以下两类。

1）Modbus RTU（Remote Terminal Unit 远程终端单元）。这种方式常采用 RS-485 作为物理层，一般利用芯片的串口实现数据报文的收发，报文数据采用二进制数据进行通信。

2）Modbus ASCII[4]。报文使用 ASCII 字符。ASCII 格式使用纵向冗余校验和。Modbus ASCII 报文由冒号（“:”）开始和换行符（CR/LF）结尾构成。

Modbus 协议的物理层采用 RS-485 和 RS-232 两类线缆。其中 RS-485 是半双工收发接口，一种最常用的 Modbus 物理层，其信号采用差分电平编码，物理传输介质是一对双绞线，抗干扰性能高；RS-422 是一种全双工收发接口，信号采用差分电平编码，物理传输介质需要两对双绞线，其优势在于可以实现全双工，具有更高的通信效率，但其物理传输介质需要两对双绞线，增加了一定的实施成本。RS-232 是一种全双工收发接口，常用于工业通信场景的点对点通信，但不适合多点拓扑连接。此外 RS-232 采用共模电平编码，一般需要 Rxd/Txd/Gnd 三根线连接。

Modbus 是一种比较简单的主站（master）/从站（slave）方式的数据链路控制模式。对物理传输介质的访问控制相当于时分复用。通信总是由主站发起，能够以单播和广播两种方式进行主从通信。其中，单播方式（unicast）就是主站向特定地址字段的从站设备发出通信请求，该设备收到请求后做出应答；广播方式（broadcast）是主站向总线所有设备发起广播报文通信请求（报文中地址为 0，则为广播请求），所有从站设备都不做应答。

在 Modbus-RTU 通信协议中，从站设备分配有一个单字节地址。地址 0 为广播地址，所有从站设备必须处理广播报文；地址 1~247 为从站设备地址；地址 248~255 为保留地址。

如图 10.5 所示，在报文中，字节地址的取值范围是 0~247。如果是 0，为主站广播报文；如果是 1~247，则是主站请求或从站应答。功能码即报文命令，表示主站对从站的操作，即读或写。图中的数据是指数据字段，主站请求报文，从站应答报文会有所差异。Modbus-RTU 协议采用 16 位循环冗余校验（CRC16）。

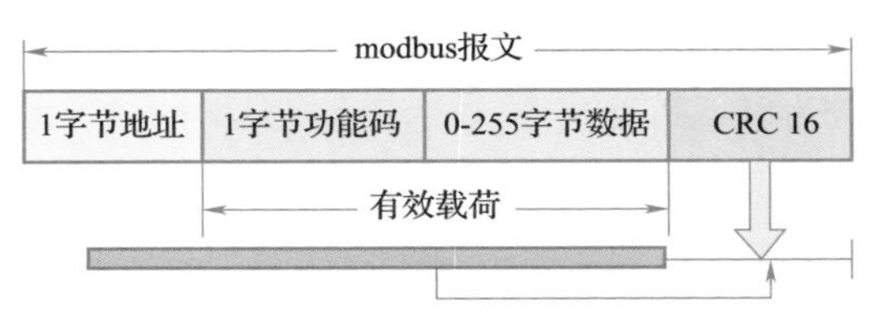

图 10.5　Modbus 报文

10.2.4　工业数据协议

用于大范围和复杂通信的车间级总线 OPC UA、MT Connect、NC-link 等，常用来解决车间级的实时通信任务，其工业数据协议总线周期一般要求小于 100ms，时间跨度允许在秒级或分钟级，且有效建立了工业现场数据向管理信息网络输送的通道。

OPC UA[11] 的英文全称是 Open Platform Communications Unified Architecture（统一架构）。为应对工业数据跨平台交换标准化需求，OPC 基金会在基本版 OPC 的成功应用基础上，推出了能应用在自动化以及其他领域统一的数据通信标准——OPC UA。该技术支持在不同协议、不同平台（例如 Windows，Mac 以及 Linux）上运行的工业设备之间相互通信。

OPC UA 跨越了从自动化金字塔最低层开始的采集实时数据的现场设备，诸如传感器、控制器和执行器等一直到最高应用层，例如 SCADA（supervisory control and data acquisition），MES（manufacturing execution systems），ERP（enterprise resource planning）系统和云计算中心。

OPC UA 支持自动化金字塔各层级的以不同协议或不同平台运行的工业设备之间相互通信。OPC UA 接口协议包含了之前的 A&E，DA，OPC XML DA or HDA，只使用一个地址空间就能访问之前所有的对象，而且不受平台限制。这得益于它是从 OSI 模型的传输层以上来定义的，使得灵活性和安全性较之前基本版 OPC 均有所提升，如图 10.6 所示。

OPC UA 实现了经典 OPC 的所有功能，并增加或增强如下一些功能：①发现。可以在本地 PC 和/或网络上查找可用的 OPC 服务器。②地址空间。所有数据都是分层表示的（例如文件和文件夹），允许 OPC 客户端发现、利用简单和复杂的数据结构。③按需。基于访问权限读取和写入数据/信息。④订阅。监视数据/信息，并且当值变化超出

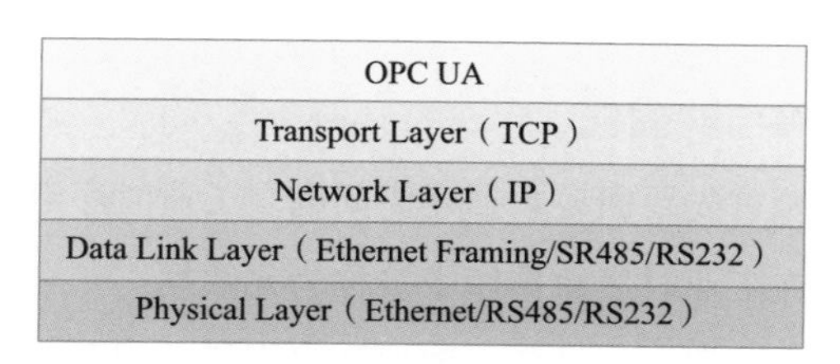

图 10.6 OPC UA 与 ISO/OSI 模型的对应关系

客户端设定时，报告异常。⑤事件。基于客户端的设定通知重要信息。⑥方法。客户端可以基于在服务器上定义的方法来执行程序等。⑦OPC UA 产品和 OPC Classic 产品之间的集成可以通过 COM/Proxy Wrappers 轻松实现。

OPC 统一架构（OPC UA）是跨平台的，不依赖于硬件或者软件操作系统；可以运行在 PC、PLC、云服务器、微控制器等不同的硬件下，支持 Windows、Linux、Apple OS、Android 等操作系统。

OPC UA 支持会话加密、信息签名等安全技术，每个 UA 的客户端和服务器都要通过 OpenSSL 证书标识，具有用户身份验证，审计跟踪等安全功能。

OPC UA 多层架构提供了一个“面向未来”的框架。诸如新设计的传输协议、安全算法、编码标准或应用服务等创新技术方法均可以并入 OPC UA，同时保持现有产品的兼容性。

OPC UA 信息建模框架可以将数据转换为信息；即通过完全的面向对象技术，即使非常复杂多层次结构也能够被建模和扩展。

10.3 工业时序数据库

工业时序数据是工业设备物理量的数字化记录，是带有时间戳的数据，蕴含着丰富的工业语义，它是物理空间在信息空间的实时映像。

工业物联网应用场景要求工业时序数据库同时具有实时数据库的特性。一方面要求它针对时间序列存储和处理进行优化，另一方面要求它数据处理结果返回的要足够快，以保证系统实时做出正确的反应。

10.3.1 设备建模与弱模式

作为数据库管理系统首先要回答数据建模问题。工业时序数据来源于物理设备，描述这些物理设备的数据在工业时序数据库中被称为元数据。

工业时序数据库中元数据包括设备元数据和序列元数据两部分：设备元数据描述采集时间序列的传感器，与设备、项目、地区、单位相关的信息；序列元数据描述时间序列数据的类型、编码、压缩方式等信息，这部分内容将在后面讨论。

工业物联网环境下时序数据主要来自工业终端，这些工业终端主要是监测复杂装备运行工况，因此工业设备元数据就是要明确工业终端与复杂装备及其部件的关联情况，总体上看是对工业设备的建模。

20 世纪 70 年代随着计算机在生产车间里的使用，人们开始研究设备资产管理模型与方法。在 ISA-88 中，物理模型（physical model）被用来描述生产场景中设备资产的层次结构，这一模型在 ISA-95 中被称为基于角色的设备层次（role based equipment hierarchy）。模型中设有企业（Enterprise）、场地（Site）、区域（Area）、过程单元/工作中心（Process Cell/Work Center）、单元/工作单元（Unit/Work Unit）、设备模组（Equipment Module）与控制模组（Control Module）共 7 个层次，较高层次的设备资产可以包含较低层次的设备资产，低层次的设备资产向其所属的高层次设备资产提供服务，其中设备模组和控制模组可以包含自身同层次的设备资产。

在通用电气资产模型（predix asset model）中，将企业（Enterprise）、场地（Site）、工段（Segment）、资产/设备（Asset）和标签（Tag）抽象为资产实体集。资产实体集由实例组成，实例之间可以设置亲子关系（parent-child relationship），这些关系要符合不同实体集之间的层次关系，如图 10.7 所示。需要说明的是，序列标签的实例一般代表了一个传感器或经过聚合计算的时间序列，这类资产可以与其他任何一类资产直接建立亲子关系。创建资产分类、确定类别、建立资产之间关系的过程，就是设备建模的过程。

当前工业时序数据库针对设备资产建模方式可以分为三类：基于标签（tAG）的建模，基于关系属性（attribute）的建模和基于树型结构（tree）的建模，其典型时序数据库及建模语句如表 10.1 所示。

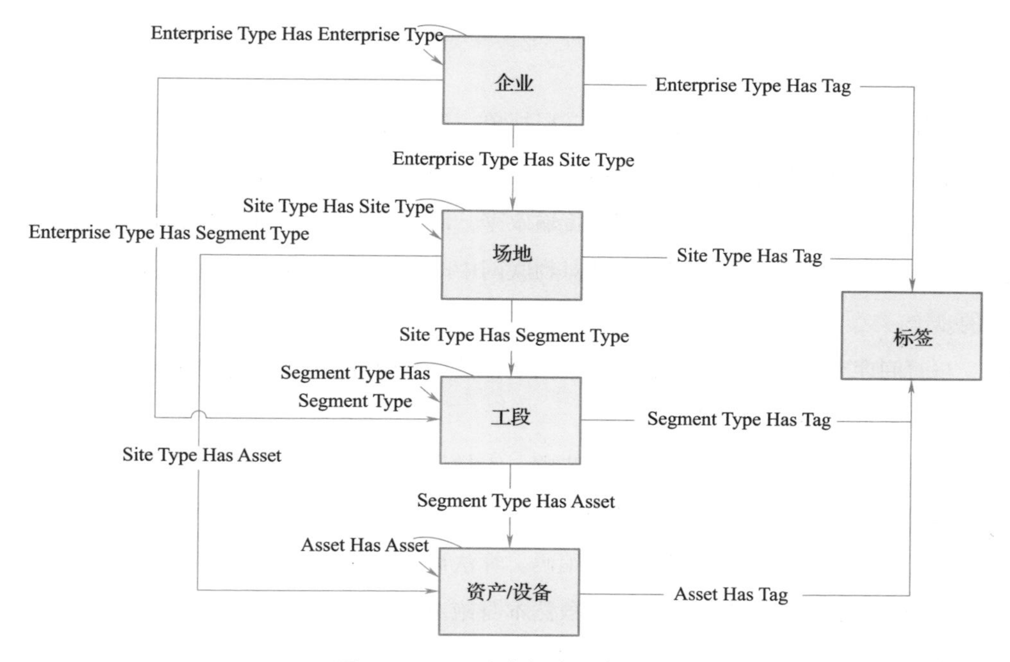

图 10.7　GE 资产概念层次结构

表 10.1　工业时序数据库三类建模语句示例

序号	时序数据库	Insert/Put/Create 语句语法
1	InfluxDB	INSERT<measurement>,｛<tagKey>:<tagVal>｝* <field>=value
2	OpenTSDB	Put<metric><timestamp><value><tagk1=tagv 1[tagk2=tagv2...tagkN=tagvN]>
3	KairosDB	Put<metric name><time stamp><value><tag><tag>...
4	TimescaleDB	Create table<tableName>(｛<colName><type>｝+)
5	DolphinDB	Create table<tableName>(｛<colName><colType>[columnDescription]｝+)
6	QuestDB	Create table<tableName(｛<colName><colType>｝+)timestamp(ts);
7	eXtremeDB	Create table<tableName>(｛<colName><type>｝+)
8	Apache IoTDB	Create timeseries<path>with[datatype][encoding]

在跨越端边云的工业物联网环境下，时序数据模式主要由工业终端决定，而不是由后端数据库服务器决定，因此目前工业时序数据库普遍采用弱模式方式工作，即服务器会根据前端插入语句中传入的元数据创建新的时间序列。

10.3.2 编码与压缩

数据库管理系统通常对数据进行三层抽象，设备建模主要给出了数据逻辑模型。但是由于物联网时序数据规模大而价值稀疏，因此物理存储文件的大小十分敏感，它不仅决定了存储开销，还会影响远端网络传输效率，以及数据中心集群节点之间数据同步的效率。因此，在工业时序数据库中针对物联网中时序数据物理层进行编码压缩是十分必要的。

与时间序列逻辑层相适应，时序数据通常按序列保存在文件中。时序数据可分为时间戳列和数值列两个组成部分。

时序数据落盘一般经过以下三个步骤。①排序。时序数据测点进入到数据库时没有按照时间戳的排序到达，即时间戳小的数据点比时间戳大的数据点延后到达，因此需要根据时间戳对数据进行重新排序。②编码。算法可基于时序数据的时序特征，将其编码为二进制数据，例如可能时序数据值虽然本身绝对值很大，但差分后绝对值会变小，因此可采用基于差分的算法编码时序数据。③压缩。采用压缩算法压缩编码后的二进制数据，最后将压缩后的数据存储到磁盘文件中，如图 10. 8 所示。

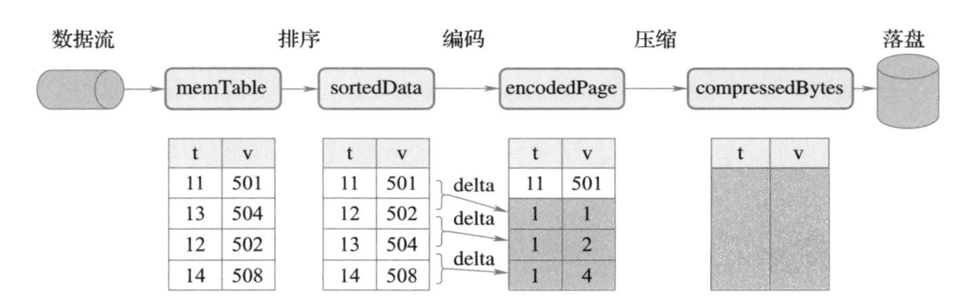

图 10. 8　时序数据存储的三个步骤

时序数据物理文件大小主要取决于时间戳序列编码和值序列编码。

1. 时间戳序列编码

时间戳序列编码旨在充分利用时序数据时间戳列的数据特点，特别是时间序列数据通常具有固定的时间间隔的特点，从而可以基于时间间隔、开始时间戳、序列长度等相对少量的时间戳数据统计信息，来更好的缩减时间戳数据的空间占用。但是在实际应用场景中，由于传输延迟、设备故障、重复请求或其他诸多问题，时间戳列数据往往并不严格满足等间隔的要求，而是可能会出现很多不规则的特殊情况。于是在时间戳编码算法中，需要去识别特殊点、处理不规则的情况、记录它们的位置和差异大小等，从而在实现更小的空间占用，做到无损编码。

2. 数值型序列编码

这里介绍七种常用的数值型时序编码算法，包括差分编码（TS_2DIFF）、差分异或编码（GORILLA）、游程编码（RLE）、耙状编码（RAKE）、差分游程编码（RLBE）、预测编码（SPRINTZ）和频域编码（FREQ）。

1）差分编码。TS_2DIFF 编码是基础二阶差分编码的变体，它包括二阶差分编码和按位包装编码等 2 个编码过程。第一步通过用当前值减去前一个值来计算每个值的差分值（delta）。然后，算法找到最小的差分值（min_{delta}），并通过用差分值（delta）减去（min_{delta}）来得到要存储的最终值。最后，去除固定长度二进制数据的前置位的零（前导零），以得到最终的编码字节流。因此，序列的方差和差分方差越小，序列的差值位宽越小，最终的压缩比就越小。TS_2DIFF 也适用于大的差分均值，因为这些值可以通过在第二个差分编码过程中减去大的最小值得到一个小的值来存储。

2）差分异或编码。GORILLA 编码最初是为脸书（Facebook）的内存时间序列数据库设计的，它包括二阶差分编码、异或编码和按位包装编码。首先，它使用二阶差分处理时间戳，当值在一个几乎固定的间隔到来，使用二阶差分压缩时间戳会产生大量的 0。它使用异或编码压缩数值，通常，这个过程会产生许多前导零和尾导零。如果异或结果为零，它只写一个“0”来表示它。否则，它将写入结果的不同位与前导零和尾导零的个数。GORILLA 适合于小方差数据，因为它增加了异或结果中前导零和尾导零的数量。另一方面，当时间序列发生剧烈变化时，它可能会表现较差，因为更多的非零比特被用于最终的编码。

3）游程编码。RLE 编码存储一个元素的连续重复次数，而不是一遍又一遍地重复相同的元素。例如，一个序列“444556666”可以存储为带数值长度的“435264”，其中 4 之后的数字 3 表示 4 重复 3 次。当值是非连续的时候，RLE 引入了额外的空间开销来存储重复次数，因此具体实现可以将位填充编码与 RLE 结合。在 IoTDB 中，游程编码仅应用于重复次数大于 8 的值，对其他值实现了简单的位填充。显然，使用按位包装的 RLE 在时间序列有大量重复时表现良好，因为可以将更多的值编码到一个值及其重复次数中。位填充减少了重复数据量少所造成的存储成本，当重复频率较高、均值较低且为正时，算法性能较好。

4）耙状编码。RAKE 基于位计数操作，使用个 T 齿耙每次处理 T 个 bit 位。如果所有的 T 位都是 0，则存储一个 0 的设置位，否则，它首先存储一个设置位 1。然后，根据耙中的数字生成一个 $L=\lfloor \log_2 T \rfloor$的码。代码字记录了二进制记数法中第一个 1 的位置 p_{first}，并且，T 齿耙向右移动 $p_{\text{first}}+1$ 位。因此，我们希望二进制数中的“1”更稀疏，这样 T 个“0”就可以压缩成一个“0”。对于 INT64 数据，数据有更多的前导零，并且会比 INT32 数据更有效地压缩。

5）差分游程编码。RLBE 将原始时序数据分别进行差分编码、游程编码和斐波那契编码。具体来说，首先它用差分编码原始数据，并计算每个差分值去前导零的长度。然后将游程编码应用于二进制数的长度，在拼接阶段，前 5 位表示二进制码的长度（长度用二进制码编码），然后是长度码的重复次数的斐波那契码，然后依次是相同长度的微分值的二进制值。当差值是正的和小的，RLBE 表现良好。当差值为负值时，RLBE 表现不好，因为符号位是“1”，前导的“0”不能被取消。

6）预测编码。SPRINTZ 将原始时序数据分别进行预测、按位包装编码、游程编码和熵编码。首先，它使用一些预测函数，例如差分编码或快速整数回归编码（FIRE），来估计下一个值，然后对实际值与预测值的差值进行编码。第二步，它对第一步获得的差分块进行位编码，块中最大的有效位被写入头部，前导的零被去掉。采用游程编码和熵编码（如霍夫曼编码）来减少数据重复和冗余。游程编码通过记录零的个数来压缩连续的零块，熵编码压缩报头和有效载荷。SPRINTZ 算法适合于可预测的时间序列。

7）频域编码。FREQ 是一种有损但具有较高压缩比的频域编码算法，包括时域转化为频域值、降序排列编码等两个编码过程。具体来说，首先，使用离散余弦变换将时域的数值转化为频域值，再根据频域分析中的信噪比（SNR），以适当的精度量化数据值。进一步，可以对数据值进行降序排序，以便在编码时动态减少位宽，降序后将索引和数值分离开，并分别进行按位宽编码处理。

3. 文本型序列编码

这里介绍 3 种文本时间序列编码算法，包括字典编码（DICTIONARY）、文本游程编码（TRLE）和霍夫曼编码（HUFFMAN）。

1）字典编码。DICTIONARY 算法的基本思想即在字典中查找文本值。如果成功找到该值，则用字典中的键替换该值；否则，算法将在字典中添加一个新的键值对。例如，如果字典中的映射是｛1：True，0：False｝，时间序列 TS =｛True，False，False，True｝可以编码为 1001。文本值种类越少，字典的键值越小，字典编码效果越好。

2）文本游程编码。TRLE 与数值型游程编码类似，例如长度为 16 字节的“abbaaaaabaabbbaa”可表示为“1a2b5a1b2a3b2a”。显然，字符重复性越好，文本游程编码的编码效果越好。

3）霍夫曼编码。HUFFMAN 算法通过构建霍夫曼树，为出现频率较高的字符分配较短的编码来减少数据的总长度，采用这种用变长码替换固定长度码的策略，会很大程度上节约文本编码后的空间成本。当文本值频率倾斜度越大，越能体现霍夫曼树的作用，因此其编码效果也会越好。

10.4 工业数据治理

10.4.1 工业数据集特点

1. 企业信息化数据

根据精益管理思想，以减少运营复杂性为目标，企业会将从“客户订单”到“订单交付”的“端到端”业务按照职能领域进行划分，主要包括研发设计域、生产控制域、经营管理域和服务保障域。

企业信息化数据是指在企业内部业务域的信息系统中保存的业务数据，相应分为研发设计类数据、生产控制类数据、经营管理类数据和服务保障类数据。

研发设计类数据主要是计算机辅助设计（CAD）、计算机辅助工程（CAE）、系统建模与仿真（SMS）等工具软件产生的，包括二维图纸、三维模型、技术单、仿真文件、有限元分析等多种格式，主要以非结构化数据为主。

生产控制类数据主要是计算机辅助制造（CAM）、计算机辅助工艺设计（CAPP）、制造执行系统（MES）、分布式控制系统（DCS）、数据采集与监控系统（SCADA）等所产生的，包括数控加工代码、工艺卡片、机床工况数据、工件检测数据、生产线运行数据，主要以半结构化和结构化数据为主。

经营管理类数据主要是企业资源规划系统（ERP）、企业销售系统（ESS）、客户服务系统（CRM）、供应链管理系统（SCM）等所产生的，包括“人、财、物”和“产、供、销”数据，主要以结构化数据为主。

服务保障类数据主要是维护维修与运行系统（MRO）、预测与健康管理系统（PHM）、企业资产管理系统（ECM）等产生的，包括维修工作卡、运行工况数据、装备故障数据、维修手册等，服务保障类数据以半结构化数据为主。

2. 互联网跨界数据

与企业内部数据相比，互联网跨界数据是企业的外部数据，它一般以网页形式广泛地存在于互联网上。网页数据具有一定的结构性，但这种 HTML 标签带来的结构性不能够满足网页结构化的要求。

第一类互联网数据被称为表面网数据，是指数据保存在静态网页中，网页之间用超链接跳转的这一类数据；这类数据需要特定内容的数据时，难于快速通过超链接定位网页，数据采集比例也低；今天可以利用机器学习方法快速找到相关超链接，实现高效定位所需网页数据。

第二类互联网数据被称为深网数据，是指数据保存在动态网页中，网页数据需要利用检索接口才能获取；这类数据难以确定一套检索关键词实现高比例和高效采集，但可以利用有偏采样技术和机器学习算法实现检索关键词的精准学习。

3. 工业物联网数据

工业物联网数据是工业系统相关要素在赛博空间产生的数字化映像，其显著特点是数据质量问题。

工业应用中因为技术可行性、实施成本等原因，很多关键的量没有被测量、没有被充分测量或者没有被精确测量（数值精度），同时某些数据具有固有的不可预测性，例如人的操作失误、天气、经济因素等，这些情况导致往往数据质量不高，却是数据分析和利用最大的障碍，对数据进行预处理以提高数据质量也常常是耗时最多的工作。

10.4.2　工业数据集成框架

计算机集成制造（computer integrated manufacturing）较早地提出了跨越业务部门进行数据共享以促进工业精益发展，在此基础上产品全生命周期管理得到了企业广泛关注。

产品生命周期管理是透过准确有效数据的利用来减少物质、能源与时间等要素浪费的新型方法论。产品生命周期可划分为三个阶段，即设计制造、使用维护和回收利用，如图 10.9 所示。

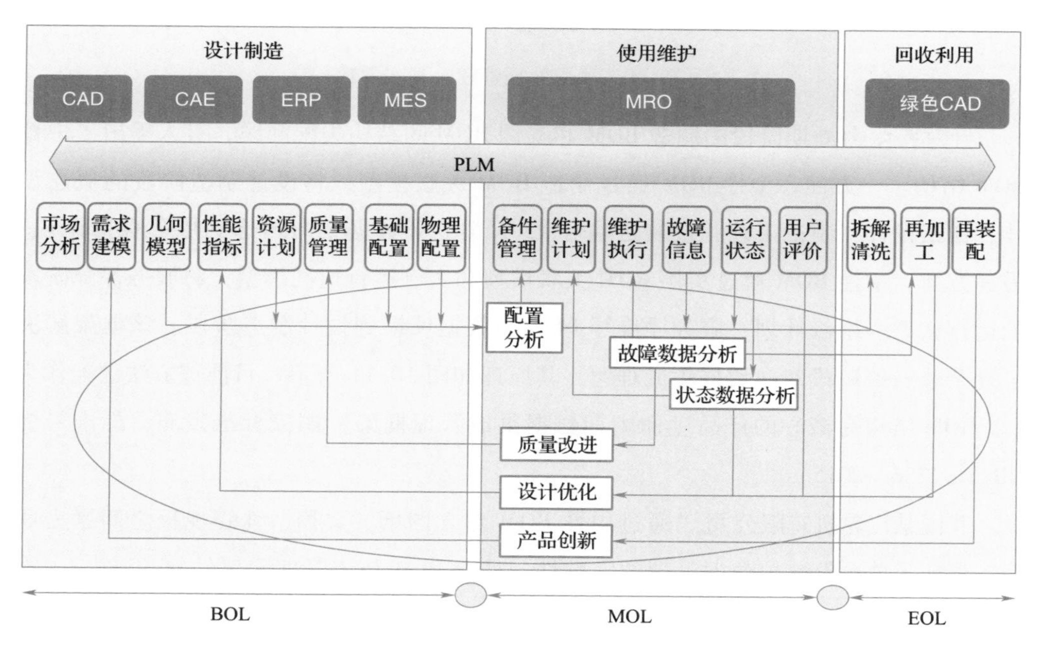

图 10.9　产品生命周期工业软件及其数据流

复杂装备设计制造和服务保障生命周期中存在大量的文档、图纸、模型、音视频等非结构化数据，具有格式异构、语义繁杂、版本多变等特点。层次化的物料表（Bill Of Material，BOM）定义了上述装备数据的核心语义结构，BOM 定义了产品结构具有跨越业务部门进行数据共享的场景基础，因此基于 BOM 进行非结构化数据组织关联成为产品生命周期数据集成主流方法，如图 10.10 所示。

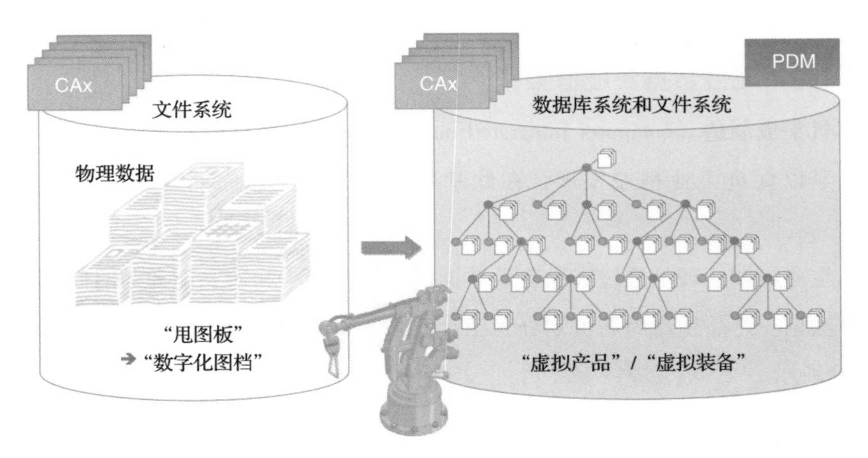

图 10.10　产品数据管理的基本逻辑

针对跨生命周期阶段的制造 BOM 和实例 BOM 间结构失配问题，有人提出了中性 BOM 结构。一方面，中性 BOM 通过制造 BOM 关联模型，将设计制造阶段的概念设计、详细设计、制造工艺、包装运输等 15 大类业务数据正向传递到服务保障阶段；另一方面，中性 BOM 通过实例 BOM 关联模型和实例运行追溯模型，将服务保障阶段的运行状态、维修计划、服务评价等 14 大类数据反馈到设计制造阶段。该框架解决了复杂装备跨阶段双向数据集成难题，其原理如图 10.11 所示。目前该方法已经作为《以 BOM 结构为核心的产品生命中期数据集成管理框架》国家标准发布，标准号为 GB/T 32236—2015。

我国某汽轮机有限公司"通过中性 BOM 建立图纸、文档、维修规程之间紧密联系，保证了单台份维护数据管理的完整性。目前 PLM 系统管理零部件 69 万件、二维图纸 19 万套、三维模型 1.2 万个、技术文档 11 万份、业务单据 10 万份"。某重汽轮电机有限公司"通过机组 BOM 信息管理，支持现场维修保障人员远程获取产品设计和制造信息，并实现了跨产品生命周期的信息共享"。山西兰花科技创业股份有限公司"通过建立以中性 BOM 为核心的维修知识管理和集成框架，有效地解决了多源、异构和个性化维修策略、维修规程和维修数据的管理和信息集成问题"。

10.4.3　时序数据质量控制

在工业大数据场景下，数据质量是物联网数据能够被顺利使用的保障。由于传感器

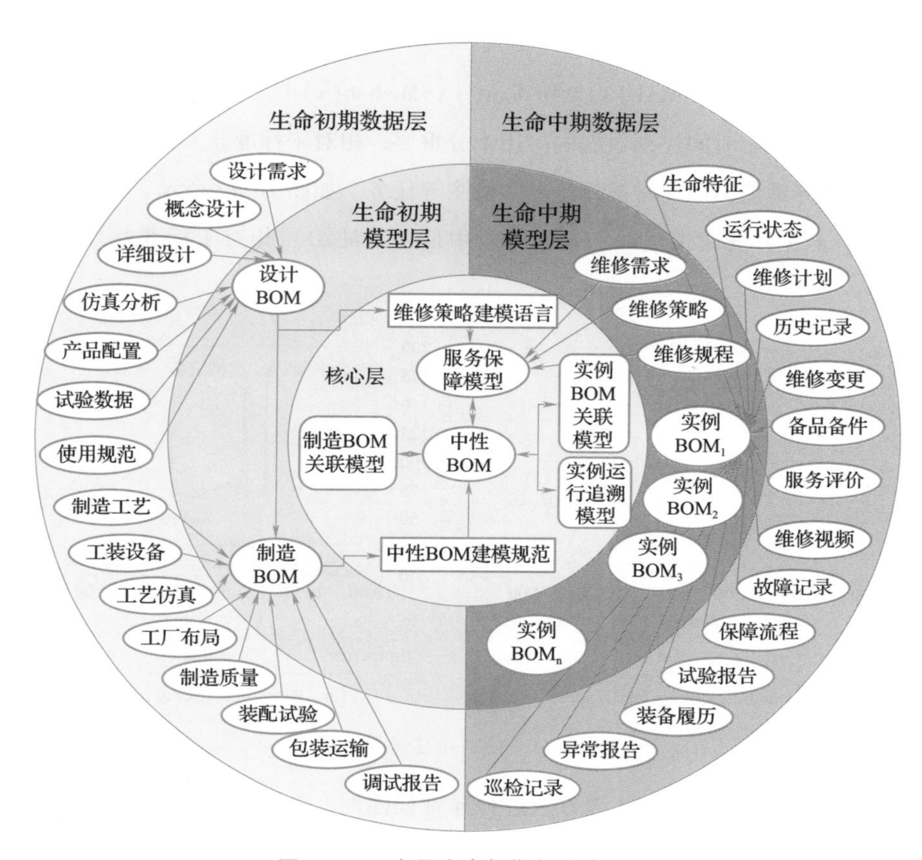

图 10.11　产品生命初期与生命中期

错误和设备异常等问题，物联网时间序列数据可能面临着数据质量低的问题，因此，时序数据的质量控制非常重要。时序数据质量控制主要包括时序数据画像、时序数据质量评估、缺失值填补和异常值修正等步骤，不仅能够对数据质量问题进行检测和评估，同时也能够通过填补修复等方法进一步提升数据质量。

1. 时序数据画像

时序数据画像是时序数据质量控制的第一步，其主要通过对时序数据的一系列指标进行统计，建立数据画像，进一步利用画像对数据质量和异常进行检测。统计量一般包括均值、方差、中位数与绝对中位差等。其中，均值、方差、中位数等统计量可以用于展示时序数据的直观分布情况，进一步利用数据分布进行异常检测，而绝对中位差则首先计算所有数据到中位数的偏差绝对值，接着对所有得到的偏差绝对值取中位数得到。

对于时间序列 x，绝对中位差的定义如下式：

$$\mathrm{MAD}(x)=\mathrm{Median}(\,|x-\mathrm{Median}(x)|\,)$$

绝对中位差对于时间序列数据的应用十分重要，相对于标准差来说，绝对中位差能够更好地处理异常值，因此常被用于异常检测等任务。如图 10.12 所示，给定时间序列（timeseries）数据和异常值（outlier），绝对中位差（MAD）相对于标准差（SD）来说更加稳定。

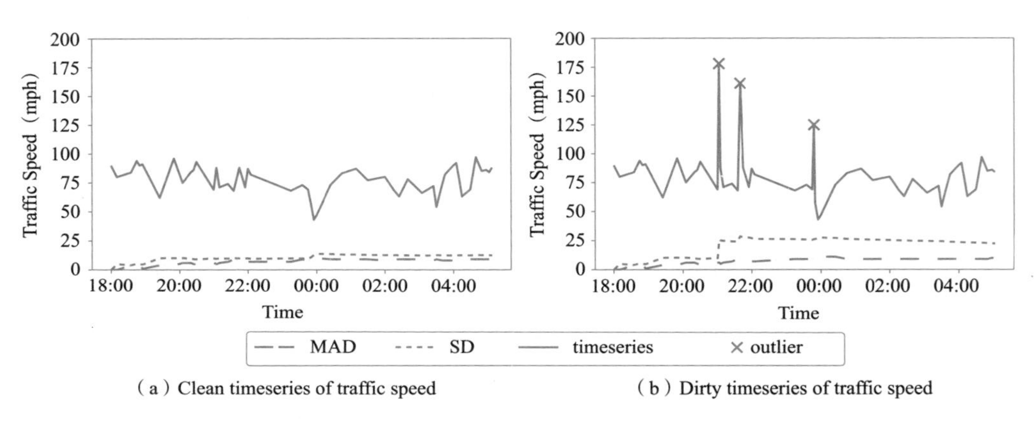

（a）Clean timeseries of traffic speed（b）Dirty timeseries of traffic speed

图 10.12　绝对中位差示意图

进一步地，当利用 3-sigmd 等方法进行异常检测时，利用中位数（MEDIAN）和绝对中位差（MAD）得到的区间相对于均值（MEAN）和标准差（SD）的组合来说更为精准，能够更好地对时序数据中的异常值进行识别和检测，如图 10.13 所示。

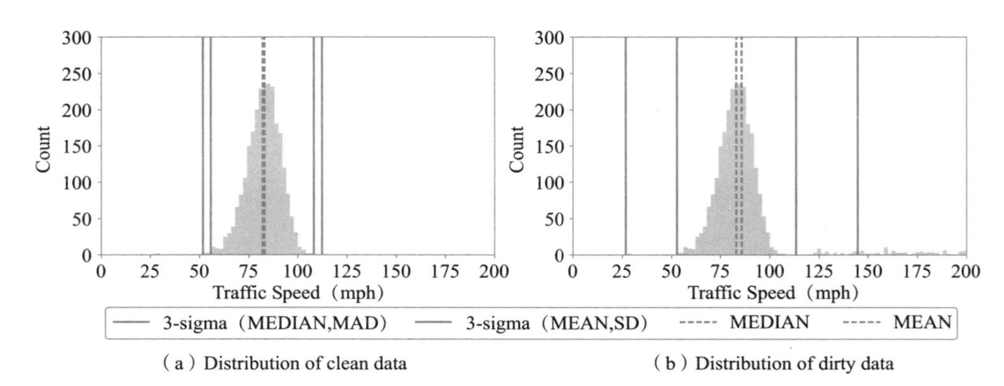

（a）Distribution of clean data（b）Distribution of dirty data

图 10.13　绝对中位差异常检测示意图

此外，常用的时序数据画像方法还包括分布直方图、数据积分值、众数、分位数、总体偏度和极差等。

2. 时序数据质量评估

基于时序数据画像，时序数据质量评估主要从四个维度出发，包括完整性（completeness）、一致性（consistency）、时效性（timeliness）和有效性（validity），如图 10.14 所示。其中，完整性、一致性和时效性主要考虑时序数据的时间戳存在的质量问题，有效性主要考虑时序数据的采集值存在的质量问题，四个指标均在 0~1 之间。通常通过这四个维度衡量高质量的数据所应该满足的标准，以此评估数据质量。

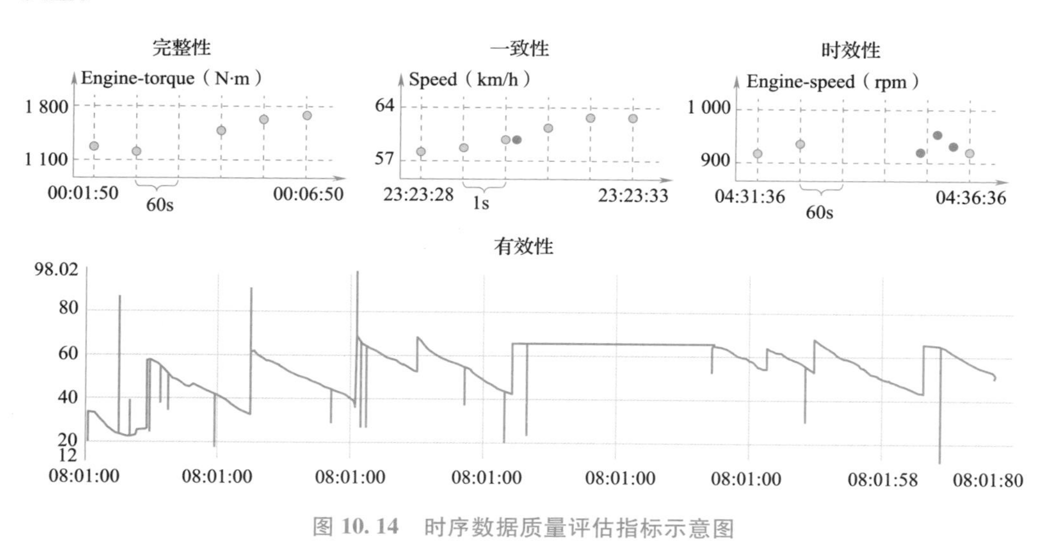

图 10.14　时序数据质量评估指标示意图

由于传感器可能发生的错误，时序数据经常出现缺失。完整性主要通过计算数据丢失异常、空值异常和特殊值异常所占的百分比，统计数据中的缺失值，给出数据的完整性度量。当数据的完整性出现问题时，需要采用数据填补的方法修复数据，提高数据质量。具体计算公式如下：

$$\text{Completeness}=1-(N_{\text{null}}+N_{\text{special}}+N_{\text{miss}})/(N+N_{\text{miss}})$$

其中，N 是时间序列总数据点个数，N_{null}、N_{special}、N_{miss} 分别是空数据点、特殊值、丢失点的个数。

一致性主要针对数据过密异常，即传感器出现异常重传等问题时导致的一系列重复点或是过密点。一致性通过统计过密点数据的百分比给出衡量标准，当数据的一致性较差时，需要通过数据清洗等方法，减少重复点。具体计算公式如下：

$$\text{Consistency} = 1 - N_{\text{redundancy}} / N$$

其中，N 是时间序列总数据点个数，$N_{\text{redundancy}}$ 是过密数据点的数目。

时效性主要针对数据延迟异常，即数据因为网络、信号等原因延迟到达的情况。时效性通过延迟点数据所占的百分比进行计算，当数据的时效性较差时，需要通过数据清洗、修复等方法，对数据的时效性进行修复。具体计算方式如下：

$$\text{Timeliness} = 1 - N_{\text{late}} / N$$

其中，N 是时间序列总数据点个数，N_{late} 是延迟数据点的数目

由于物理因素的影响，时间序列数据值通常满足一定的约束，例如速度约束、加速度约束等，这些约束结合物理原理，对数据的变化值进行限制，以此对数据异常进行检测。有效性主要考虑取值范围异常、取值变化范围异常、速度范围异常和速度变化范围异常等，通过数据约束对数据采集值进行验证，计算异常点的百分比。有效性检测到的异常值可以进一步通过数据清洗、修复算法提高数据质量。具体计算方式如下：

$$\text{Validity} = 1 - (N_{\text{value}} + N_{\text{variation}} + N_{\text{speed}} + N_{\text{speedchange}}) / (4 \times N)$$

其中，N 是时间序列总数据点个数，N_{value}，$N_{\text{variation}}$，N_{speed}，$N_{\text{speedchange}}$ 分别是违反取值约束、取值变化约束、速度约束和速度变化约束的数据点数目。

时序数据质量评估从完整性、一致性、时效性和有效性四个维度出发，衡量时序数据的数据质量，进一步对后续数据填补、修复等任务提出要求，保证数据质量的提高。

3. 时序数据缺失值填补

当发现序列存在数据完整性低的问题时，需要利用时序数据填补方法，对数据进行填补，提高完整性。通过完整性指标的计算，可以得到时序数据中缺失值的位置。而基于时间序列的特性，时序数据填补主要通过插值方法进行，即考虑数据前后值和平滑性，对缺失值进行填补。通常缺失值的填补方式有以下几种。

1）前值填补。即通过缺失点前一个数据值对缺失点进行填补。

2）均值填补。即通过缺失点前后数据的均值对缺失点进行填补。

3）线性插值填补。通过考虑缺失点前后一系列值，利用线性函数拟合数据，对缺

失点进行填补。

4）自回归填补。通过考虑数据的自回归性对缺失点进行填补。

5）滑动平均填补。通过考虑数据的滑动平均值对缺失点进行填补。

如图 10.15 中标出的缺失值，通过时序数据缺失值填补算法进行填补后，能够得到更为完整的数据，以便后续任务使用。

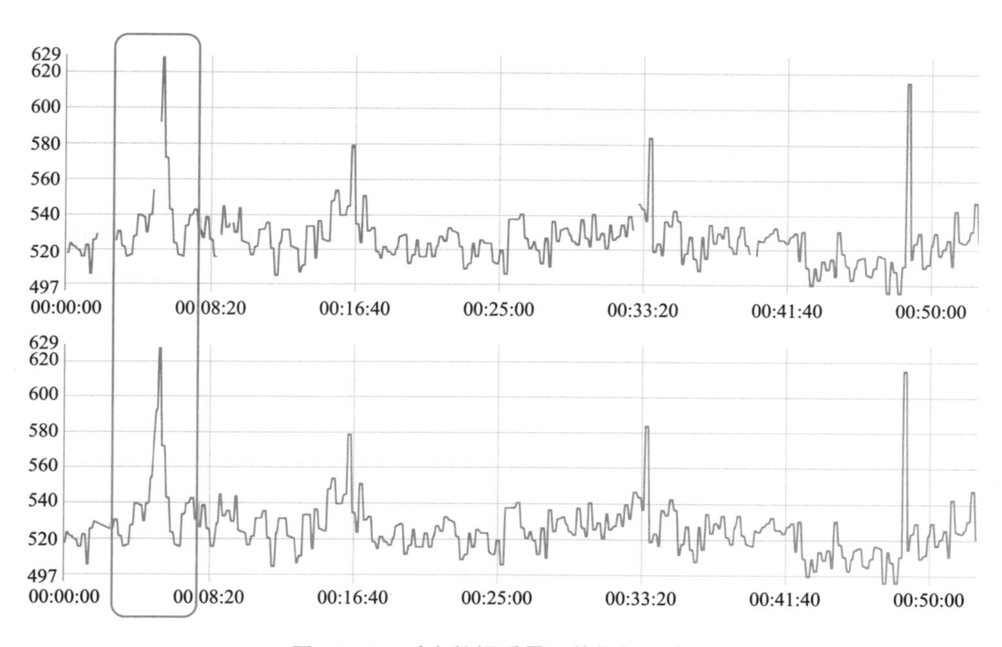

图 10.15 时序数据质量评估指标示意图

4. 时序数据异常值修正

当发现序列存在异常值（一致性、时效性、有效性低）时，需要通过时序数据异常值修正方法，对异常值进行修正。

针对时间戳上的异常值（一致性、时效性低），通常根据给定的标准时间间隔，采用最小化修复代价的方法，通过对数据时间戳的微调，将原本时间戳间隔不稳定的数据修复为严格等间隔的数据。在未给定标准时间间隔的情况下，则可以通过时间间隔的中位数、众数或聚类中心等来推算标准时间间隔。

针对数据值中的异常值（有效性低），通常采用基于速度阈值的方法或基于速度变化似然的方法进行修复。

基于速度阈值的修复方法（Screen）的核心思想是，在修改尽可能少的数据点的前提下，使整个时间序列的速度都不超过阈值，以此对时间序列进行修复。该方法也可以通过滑动窗口的方式，在各个时间窗口中使用。

基于速度变化似然的修复方法（LsGreedy）的核心思想是，对速度变化分布进行建模，并找到使似然函数最大化的修复方案。通常速度变化模型可以被视作高斯模型。为了降低运算复杂度，这里采用贪心算法寻找较优的修复方案。减小速度变化与中心的偏移可以增大似然函数。利用大根堆维护序列的速度变化，找到与高斯分布中心偏移最大的值，并对其进行调整，使其更加接近中心。当所有的速度变化与中心的偏移都小于3倍标准差时，贪心算法终止。

图10.16中的两处异常值，通过时序数据异常值修正方法进行修正后，得到更加合理的数据，提高数据的有效性。

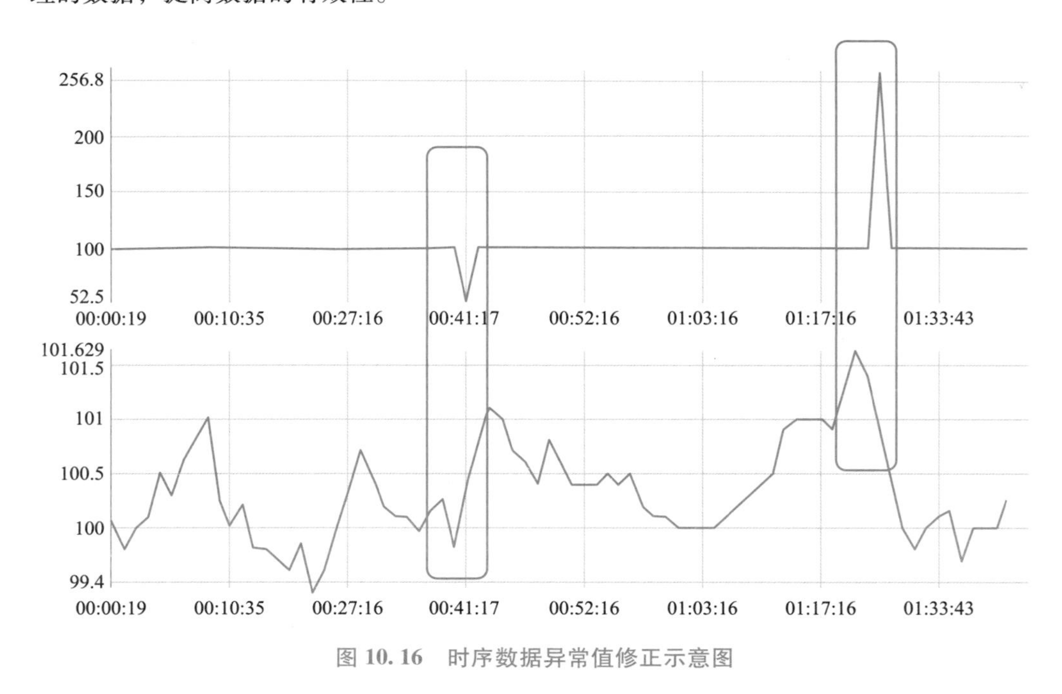

图 10.16 时序数据异常值修正示意图

综上，工业大数据中的时序数据质量控制从时序数据画像与质量评估出发，考虑数据质量的四个维度，进一步利用四个维度的指标，引导后续缺失值填补和异常值修正等任务的进行，最终实现对数据质量的提高。

10.5 工业时序数据分析

10.5.1 工业数据分析流程

CRISP-DM 模型是欧盟起草的跨行业数据挖掘标准流程（CRoss-Industry Standard Process for Data Mining）的简称。它将相关工作分成业务理解、数据理解、数据准备、建模、验证与评估、实施与运行等六个基本的步骤，如图 10.17 所示。在该模型中，相关步骤不是顺次完成，而是存在多处循环和反复。在业务理解和数据理解之间、数据准备和建模之间，都存在反复的过程。

值得注意，在内圈循环之外还有一个外圈，这是跨越某一次挖掘任务的跨周期的循环，这一循环意味着内圈中除了沉淀数据集之外，还会沉淀模型与算法，为未来大模型微调以及迁移学习等预留了空间。

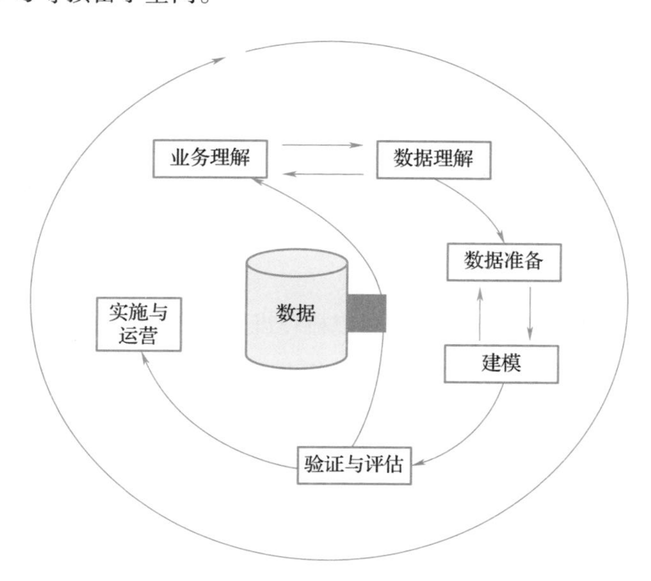

图 10.17　CRISP-DM 流程图

CRISP-DM 为大数据分析挖掘提供了方法论指导，但是依据这一模型对工业时序数据分析时，需要进行领域化思考与改进。

10.5.2 时序数据分析方法

1. 业务理解与数据理解

业务理解是 CRISP-DM 中的第一步，也是后续步骤的基石。在业务理解中，首先要根据业务专家提出的业务目标，定义要分析的业务对象以及相关的业务上下文。下面分别阐述工业时序分析场景中的业务对象和业务上下文含义。

（1）业务对象

对于工业时序分析场景，业务对象主要是指产生时序数据的生产设备、生产环境、生产系统、生产物料、供应链的上下游状态以及随时间变化的其他生产相关的信息等。在实际的时序分析中，可能需要同时分析多个具体的业务对象，可以利用业务对象之间的联系，建立一个统一的抽象的业务对象，完整地进行分析。从业务对象的定义，可以明确时序数据的数据源。

（2）业务上下文

在工业时序分析中，业务上下文主要是指与业务对象的状态变化相关联的业务规则、机理知识、常识性知识、政策法规等。业务上下文可能隐含了对时序数据产生原因的解释，也可能意味着时序数据变化带来的影响，所以通常可以从中找到对数据理解、模型构建有指导意义的信息，帮助设定更具体、更准确的业务目标。业务上下文是获得问题定义、约束条件的重要依据。

根据业务对象和业务上下文，人们可以梳理得到较为完整的业务需求。业务需求包含了业务问题定义、约束条件、时序数据源等内容。其中，业务问题的定义工作需要在了解业务目标、业务上下文的同时，运用包括数据处理、模型构建在内的数据分析技术，建立从业务需求到技术支撑的联系。在典型的工业时序分析场景中，通常可以将业务需求拆解为如下三种时序分析技术。

1）时序数据预测

时序数据预测即给定过去一段时间内的时间序列数据，预测之后一段时间内的某个时序数据。其中，用来作为输入的时序数据与作为预测目标的时序数据都可以是多元变量。时序数据预测的典型工业应用包括风力发电中的风功率预测、工厂产量规划中的市场需求预测、市场营销中的商品价格预测等。

2）时序异常检测

时序异常检测通常是根据某种标准或一系列正常序列寻找序列中的离群数据点，如意料之外的峰谷、趋势变动等。时序数据异常检测的典型工业应用包括设备运行监控、数据去噪与修复等。

3）时序数据分类

时序数据分类是对给定的一段时序数据预测一个类别标签。其中，作为输入的时间序列长度通常是固定的，但也可以是变化的。时序数据分类的典型工业应用包括设备故障类型预测、信号检测等。

除了确定用来解决业务问题的技术类型，业务理解阶段的另一项重要工作就是从业务上下文中挖掘约束条件。约束条件的首要意义在于限定问题的范围，包括数据分析的时间范围、环境条件、数值条件等。如果不对业务问题的范围加以限定，仅凭借对数据的认识构造分析模型，很容易导致模型构建人员以局部的数据样本作为建模依据，引入错误的数据假设，造成后续的分析工作存在方向性错误。相反地，充分分析得到的约束条件可以缩小业务问题范围，帮助简化数据处理并模型构建的复杂性提供更多的技术依据。约束条件还可以作为数据分析模型的验证标准，帮助提升技术方案的可解释性。

业务理解和数据理解通常是密不可分的。一方面，业务理解得到的信息通常是抽象的，在实际运用中必须结合数据的实际情况。另一方面，从数据理解中可以获得一些业务理解没有得到的隐含信息，对需求加以补充，形成更加准确的业务问题定义和约束条件。时序数据的数据理解常常以可视化技术为手段，如用于直接观察变化趋势的时序图，用于观察季节性变化的季节图，用于观察数值分布的散点图，用于观测自相关性的滞后图等[25]。时序数据的统计量信息对于数据理解也非常重要，通常也会以可视化手段加以运用。数据理解为我们提供了数据的周期性、稳定性、噪声干扰程度、变化趋势等信息，这些为后续应该如何处理数据、运用数据建模提供了重要依据。

2. 数据准备

数据准备阶段的目标是构建一个用于支撑数据分析模型构建和测试的数据流，包括数据的采集、存储、质量控制、数据标注、特征选择、预处理等环节。其中时序数据的采集、存储、质量控制已经在前文详细阐述，下面主要阐述时序数据的标注、特征选择和预处理相关内容。

对于监督学习任务，数据标注是首要的知识来源。时序数据预测和时序异常检测均是无监督学习任务，不需要额外标注数据。所以，在工业时序分析场景中时序数据的标注主要用于分类任务。典型的标注操作为，选择一定范围内的连续的时序数据，并为其选择一个类别标签。这里所选择的连续的时序数据，也会被作为数据分析模型的输入数据。如果类别来自于另一个时序数据，也可以通过时间对齐或者特定规则实现非人工的标注。标注质量在很大程度上决定了监督学习的水平。对于时序数据，标注质量主要体现在时间范围的准确程度、类别标签的准确性。在时序数据分析中，经常要面临类别不平衡等问题，通常在建模中通过对不同类别样本采用不同的权重、样本重采样等方法解决。

业务对象可能会涉及不同时间粒度上的多个序列的时序数据，如何从中选择时间粒度和序列组合，构造符合业务需要和技术需要的特征，对模型构建来说非常重要。业务约束可能就包含了一些数据选择的机理依据，甚至是一些特征构造手段，如将风向的角度值和风速一起换算成两个相交的风速分量。从数据理解中，我们会获得序列自身的变化周期性、序列之间的相关性等信息，这可以帮助我们选择合适的样本时间长度，并排除掉一些非常不相关的特征。还有一些手段也常被用于构造特征，例如通过滑动平均得到排除噪声干扰的特征，以凭借机理启发得到的序列统计量作为特征，利用多粒度组合构造信息更加丰富的特征等。除了上述在数据准备阶段完成的特征选择方法，还可以考虑在建模阶段根据特征的重要性进行特征选择[24]。

在时序数据的预处理上，需要重点考虑两方面因素，一是时序模型需要使用哪种时序数据的表示模式，另一个是时序模型依据了哪种时序数据的分解假设。在时序数据的表示模式上，主要可以分为时域、频域两种。其中，时域表示是以时间轴为坐标直观地表示数值与时间的关系，而频域表示是以一个或多个频率的组合间接地表示数值与时间的关系。频域表示中的每个频率，利用其振幅和相位表示随时间周期变化的数值，某时刻下所有频率取值的加和即构成了原始时序数据在该时刻的数值。从时域到频域的转换通常采用傅里叶变换[29] 完成。

时序数据的处理还可能受到分解假设的影响。时序数据可以基于加法模型或者乘法模型两种分解假设。其中，这两种模型都将原始数据拆分为季节数据、趋势数据、残差数据等三种主要成分，但各自的组织形式不同。加法模型即是三种成分进行加和，一般适用于周期性不随着趋势发生明显变化的情况。乘法模型即是三种成分进行乘积，一般适用于周期性随着随时发生变化的情况，尤其是与经济数据相关的情况。特别的是，乘法模型经过 log 变换后即可变成加法模型。

3. 模型构建

业务问题在拆分细化后，一般会对应到某个典型的任务类型，如时序数据预测、时序异常检测、时序数据分类等。每种任务类型通常会对应一个或若干个被广泛采用的评价指标，除了这种技术指标外，从业务理解中也可能会得到一些非技术指标。这些指标可以帮助我们为学习算法设定满足需求的学习目标，它们同时也可以作为我们评价模型的手段。依据任务类型和评价指标，我们能够定义出模型的业务语义，这时，应该回到业务目标做一次检查，确保学习的目标与业务目标保持一致。

下面简要阐述几种典型时序分析算法的选择。

（1）时序数据预测

以往在工业界应用较为广泛的时序数据预测方法主要是一些传统的统计模型，如 ARIMA[27]。ARIMA 模型是多个领域中应用最为广泛的时间序列预测方法之一，也有很多后续预测方法是基于该方法拓展得到的。ARIMA 模型旨在描绘数据的自回归性，对于变化比较简单的时序数据有较好的效果。但是工业时序数据中广泛存在着非平稳性，常常存在未观测到的外生影响因子，使得这些统计模型极容易失效。

基于深度学习的时序预测模型可以突破传统统计模型面临的诸多限制。当数据量较为充分时，深度学习模型的强大特征表示能力可以较为充分的挖掘数据中的潜在知识，具备同时捕捉长、短时段数据特征内在联系的能力。但当问题较为复杂而数据量相对不足时，深度学习模型难以发挥其效力，反而会造成较低的投入产出比。在实际研发中，应该从数据特征的完备度、采集和标注成本等多个角度考虑是否应该采用深度学习技术。

（2）时序异常检测

工业应用中，很多异常检测应用通过专家设定的阈值进行异常检测，但这种方式面临着数据维度高、经验总结难度大、对业务场景适应性不足等挑战。基于深度学习的时序分析模型善于处理高维时序数据，在数据量充足时也能够具备较强的适应能力。但在使用深度学习模型时，还要考虑时序异常检测中正负样本不平衡等问题带来的挑战[28]。

（3）时序数据分类

时序数据分类任务需要对时序样本的判别性特征进行学习。传统工业应用中的常见做法是通过人为指定的时序特征抽取算法，将序列特性转化为无序的特征表示，再通过传统的机器学习分类器进行分类。但时序数据的序列特性对于挖掘数据中隐含的判别性信息尤为重要，时序数据分类模型应该具备在时间维度上挖掘特征间关系的能力。通过面向时序分析的深度学习模型，可以较好地捕捉序列特性，同时具备对较为复杂的特征间关系的提取能力[26]。

定义好算法以后，在模型训练开始前，还需要考虑如何使用训练数据。为了防止过拟合训练数据，我们会从训练数据中拆分出一部分不参与训练，而用于验证训练效果，并基于验证的结果调整训练中要设定的超参数。通常，应通过随机采样选择验证数据，或者选择多组验证集进行交叉验证。但在时序数据分析中，需要考虑数据的时序关系对学习任务的影响，要针对场景的具体情况考虑验证数据的拆分策略。

4. 模型部署

模型在实际应用中，通常要与应用程序相结合，将模型实现的功能融合到完整的业务逻辑中。机器学习模型具有一定的不稳定性，因此在应用中需要进行容错处理。对于时序分析场景，常用的提升鲁棒性的方法包括多次预测取均值、多粒度预测融合等。

在部署环境上，根据场景需要，可以部署为云端的微服务，或者嵌入终端设备上的应用程序中。微服务模式具有部署方便、兼容性强等特点，还可以根据实际需求动态伸缩，适合于用户分布零散、访问量大的场景。但使用微服务需要在每次请求中向云端传送数据，一方面响应时间受限于网络，另一方面存在隐私风险。部署在终端设备上则不再依赖网络，可以应对实时性要求较高的场景，也具备较强的数据安全性，但同时增加了部署和维护成本。在终端设备上运行深度模型，需要依赖适配终端设备的推力引擎框架。同时，为了保证终端推理的速度并限制对终端设备的资源占用，通常需要对训练得到的模型进行压缩处理。当然，这种压缩也会牺牲一定的模型精度。

对于工业时序分析场景，数据产生的过程会受各种因素影响发生变化，例如设备老化、气候变化、工艺流程变化等。这种变化也称作概念偏移（concept shift），它可能导致时序分析模型失去原有的准确性，做出错误的预测。为了解决这一问题，研究者们提出了众多偏移检测方法（drift detection）。其主要手段就是评估模型在运行时处理的数据是否与训练数据存在显著差异，这种差异可能通过数值分布的差异计算得到，也可能是根据预测效果变差来判断。在实际应用中，应该持续监督模型的运行情况，基于偏移检测方法实现模型失效的预警机制，在发现失效后触发模型的迭代更新。

10.5.3　风机时序数据分析案例

伴随着“双碳”战略目标的提出，绿色能源在我国的能源结构中正在起着越来越重要的作用。其中，风力发电因为布设简单、对环境影响小，装机容量正在经历快速增长。然而，尽管在环境的视角下风力发电有着诸多优势，受环境因素影响风电出力变化迅速、难以预测，这给电网的平稳调度带来了巨大的困难。预测风电出力，就能够让电网调度部门提前制定应对方案，在出力发生变化时更好完成调度。因此，提前准确地预测风电机组的出力，对于风力发电的广泛应用重要。

金风科技公司是国内较大规模的风电装机公司之一。项目的业务目标是短时风速预测，即当天早上8点预测第二天全天的风场平均风速。所提供的数据包括通过气象数值预报得到的风场所在地气象数据，以及通过风机采集的风场历史风速数据。

这一项目并不是典型的时间序列预测任务，因为金风公司额外提供了从气象部门获得的网格气象预报数据。在进行风速预测时，可以提前获得对应时间区间的气象预报数据；因此，这一工作更类似于相同时间段内的时间序列推理任务。这一问题的挑战在于，气象预报提供了20×20网格点上多个特征的数据，其数据量较大；此外，气象预报的时间间隔为1小时而目标风速预测间隔为15分钟，需要处理数据对齐的问题。

为了降低特征规模，在任务之初进行了数据相关性分析，尝试分析气象预报数据中各个指标对于风速推理的影响。相关性分析的结果表明，部分气象指标与风电场的目标风速有较强的相关关系；另外，雨量、雪量、云量等一些气象指标与目标风速相关性不明显，如表10.2所示。因此，该项目抛弃了这部分相关性不明显的气象指标。

表 10.2　基于皮尔逊相关系数的特征相关性分析

序号	特征名称	不同时节的皮尔逊相关系数			
		1-3 月		9-11 月	
0	辐照度	不明显	-0.25	不明显	-0.15
1	地面雨量	\	\	\	\
2	地面雪量	\	\	\	\
3	地表温度	不明显	-0.26	明显负相关	-0.55
4	露点温度	不明显	-0.15	明显负相关	-0.58
5	低云量	\	\	\	\
6	中云量	\	\	\	\
7	高云量	\	\	\	\
8	10m 风速	明显正相关	0.71	明显正相关	0.66
9	10m 温度	明显负相关	-0.30	明显负相关	-0.58
10	10m 压强	不明显	0.16	明显正相关	0.38
11	10m 空气密度	不明显	0.26	明显正相关	0.54
12	10m 相对湿度	不明显	0.15	不明显	-0.28
13	30m 风速	明显正相关	0.75	明显正相关	0.77
14	30m 温度	明显负相关	-0.31	明显负相关	-0.59
15	30m 压强	不明显	0.12	明显正相关	0.39
16	30m 空气密度	不明显	0.26	明显正相关	0.55
17	30m 相对湿度	不明显	0.16	不明显	-0.27
18	50m 风速	明显正相关	0.78	明显正相关	0.80
19	50m 温度	明显负相关	-0.35	明显负相关	-0.59
20	50m 压强	不明显	0.10	明显正相关	0.40
21	50m 空气密度	不明显	0.27	明显正相关	0.57
22	50m 相对湿度	不明显	0.20	不明显	-0.25
23	70m 风速	明显正相关	0.80	明显正相关	0.81
24	70m 温度	明显负相关	-0.38	明显负相关	-0.60
25	70m 压强	不明显	0.05	明显正相关	0.41
26	70m 空气密度	明显正相关	0.30	明显正相关	0.55
27	70m 相对湿度	不明显	0.25	不明显	-0.17

另外，注意到气象数据中包括 10 米、30 米、50 米等不同高度的南北、东西方向风速分量。因此，项目计算了这些高度下的总风速大小，并进行了数据可视化，发现 10 米高度下的总风速大小与待预测目标风速有基本相同的变化趋势，如图 10.18 所示。对

于 10 米总风速这一特征，项目尝试了将其加入最终输出结果、将其并入输入数据特征维度两种方案，最终根据结果的优劣选择了后者。

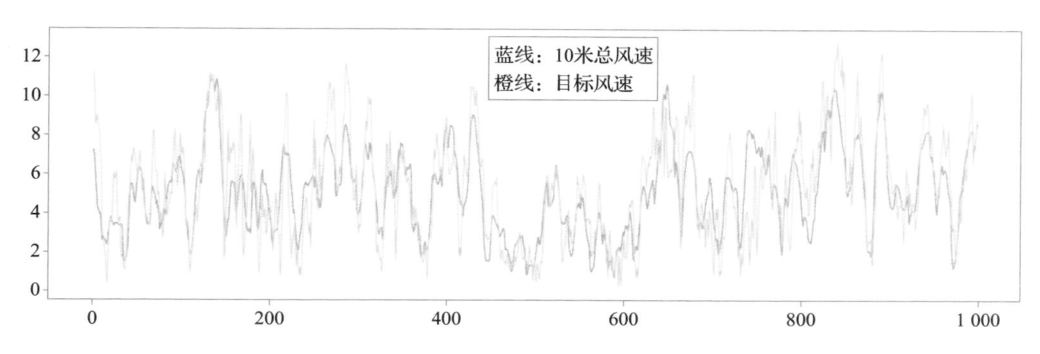

图 10.18　目标风速与 10 米总风速

为了解决数据间隔不一致的问题，项目使用了数据插值，将初始气象数据经过双线性插值后输入模型网络；对于网格数据输入，利用卷积网络将 20×20 数据压缩至 3×3，再将这一维度归并至特征维度中。在模型的选择上，由于气象预报数据与目标风速处于相同时间段中，项目不需要建模过去与未来之间的依赖关系，而更需要建模同一时间以及邻近区间的关系，因此没有选择基于时间维度上迭代计算的 ARIMA 或者 RNN。项目对比了基于 Transformer 的模型与基于 Mixer 的模型，在比较效果后选择了基于 Mixer 的模型，该模型能以较小的参数量实现更好的结果。原始 Mixer 模型使用了特征维度的全连接与时间维度上的全连接，并使用直连改善多层网络的学习能力。在项目的算法中，将时间维度上的全连接改为卷积，更注重邻近时刻之间的关系；同时，部分卷积使用了空洞卷积以扩大卷积的感受野。风速预测的实际效果如图 10.19 所示。

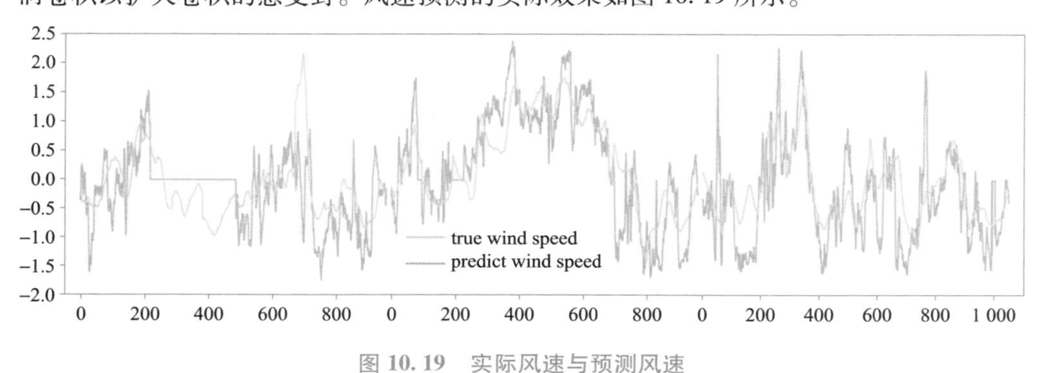

图 10.19　实际风速与预测风速

10.6 本讲小结与展望

从数字化的角度来看，工业大数据技术主要关注如何有效地采集、存储、检索各类工业数据，但工业体系无论从时间上的研发设计、生产制造、运维服务全生命周期的强关联性，还是在空间维度上人、机、料、法、环多因素协同作用的强耦合性，工业数据必须要能够在时间和空间维度上高度集成，才能通过构建以产品和流程为核心的数字主线，实现物理空间在信息空间的动态全息数字化表征。

从智能化的角度来看，现有研究工作更多通过大数据机器学习方法在问题点上对工业现象、征兆、问题进行识别，而工业体系本质上通过机理与知识实现运转，需要的是在机理模型无法定量刻画的扰动与差异场景下，通过大数据分析方法实现增量的知识表征与生成，并与机理、知识模型相融合，最终实现信息空间对物理空间的实时智能化控制决策。

参考文献

[1] ANON. COMPUTER IS A MANUFACTURING TOOL[J]. Amer Mach, 1970, 114(13): 68-84.

[2] 王建民，郭朝晖，王晨. 工业大数据分析指南[M]. 北京：电子工业出版社，2019.

[3] 王建民. 工业大数据技术综述[J]. 大数据，2017，3(6).

[4] 王建民. 工业大数据技术[J]. 电信网技术，2016(8)：5.

[5] JAMES. 互联网 OSI 七层模型详细解析[J]. 网络与信息，2009，23(09)：44.

[6] 王思卓，梁海宁. 基于 MODBUS 协议的单台 PLC 对多台变频器控制方法[J]. 电气开关，2022，60(02)：58-61.

[7] 薛春阳，尤丽静，陈炳秋，et al. 西门子 CM PtP 模块 Modbus RTU 主站通信程序设计[J]. 自动化与仪表，2022，37(07)：99-102.

[8] ZHANG G, CHEN Z. MODBUS-based Data Share of Multi-touch Screen and Its Application In Coals Blending Automatic Shooting Control System of Jiexiu Coal Washing Factory[C]//第 26 届中国控制与决策会议，中国湖南长沙，2014.

[9] 陈熙，何璇. 基于 Modbus TCP/IP 协议的远程控制系统的设计与实现[J]. 集成电路应用，

2022, 39(08): 84-6.

[10] 汪钦臣, 方益民. 基于Modbus UDP 协议的STM32 与 PC 实时通信的实现[J]. 仪表技术与传感器, 2020(07): 67-70.

[11] 闫兆振, 贺耀宜, 丁瑞琦. 基于 OPC UA 的数据交互中间件的研究[J]. 工矿自动化, 2012, 38(12): 80-82.

[12] 杨传颖, 李赫. OPC 技术发展综述[J]. 仪器仪表用户, 2012, 19(04): 6-8.

[13] 王威, 王海涛, 孙明军. 基于 Silverlight、WCF 和 OPCUA 的 2 级系统 B/S 架构[J]. 制造业自动化, 2012, 34(12): 63-71.

[14] 熊伟杰, 郭宇, 黄少华, 等. 基于 OPC UA 的数字孪生车间实时数据融合与建模研究[J]. 机械设计与制造, 2022(07): 143.

[15] 董政. 面向工业互联网的 OPC UA 架构研究与设计[D]. 杭州: 杭州电子科技大学, 2022.

[16] CHEN Z, SONG S, WEI Z, et al. Approximating median absolute deviation with bounded error [J]. Proceedings of the VLDB Endowment, 2021, 14(11): 2114-2126.

[17] SONG S, ZHANG A. IoT data quality[C]//Proceedings of the 29th ACM International Conference on Information & Knowledge Management. New York: ACM, 2020: 3517-3518.

[18] SONG S, ZHANG A, WANG J, et al. SCREEN: stream data cleaning under speed constraints [C]//Proceedings of the 2015 ACM SIGMOD International Conference on Management of Data. New York: ACM, 2015: 827-841.

[19] SONG S, GAO F, ZHANG A, et al. Stream Data Cleaning under Speed and Acceleration Constraints[J]. ACM Transactions on Database Systems (TODS), 2021, 46(3): 1-44.

[20] SONG S, ZHANG A, CHEN L, et al. Enriching data imputation with extensive similarity neighbors [J]. Proceedings of the VLDB Endowment, 2015, 8(11): 1286-1297.

[21] SONG S, CAO Y, WANG J. Cleaning timestamps with temporal constraints[J]. Proceedings of the VLDB Endowment, 2016, 9(10): 708-719.

[22] SONG S, HUANG R, CAO Y, et al. Cleaning timestamps with temporal constraints[J]. The VLDB Journal, 2021, 30(3): 425-446.

[23] ZHANG A, SONG S, WANG J. Sequential data cleaning: A statistical approach[C]//Proceedings of the 2016 International Conference on Management of Data. New York: ACM, 2016: 909-924.

[24] CHRIST MA W, FEINDT M. Kempa-Liehr. 2016. Distributed and parallel time series feature ex-

traction for industrial big data applications[J]. arXiv preprint. 2016, arXiv: 1610. 07717.

[25] HYNDMAN, ATHANASOPOULOS. Forecasting: principles and practice [M]. 2nd ed. Melbourne: OTexts, 2018.

[26] ISMAIL, FAWAZ HG, WEBER J, et al. Deep learning for time series classification: a review[J]. Data Mining and Knowledge Discovery. 2019, 33(4): 917-963.

[27] MAKRIDAKIS SM, HIBON. ARMA models and the Box-Jenkins methodology[J]. Journal of forecasting, 1997, 16(3): 147-163.

[28] XU J H, WANG J, LONG M W. Anomaly Transformer: Time Series Anomaly Detection with Association Discrepancy [C]//International Conference on Learning Representations. Ithaca: ICLR, 2021.

[29] 杨毅明. 数字信号处理[M]. 2 版. 北京 :机械工业出版社, 2017.